普通高等教育"十一五"国家级规划教材(本科)

非织造材料与工程学

郭秉臣　主编

中国纺织出版社

内 容 提 要

本书系统地介绍了非织造材料这个新型工业及其各种产品的生产过程、工艺原理和设备基本原理。内容主要包括非织造布的分类、发展、产品应用领域、生产方法以及干法非织造材料、湿法非织造材料、聚合物直接成网法非织造材料的加工工艺、理论及实际应用等内容。

本书可作为高等院校非织造材料与工程专业的教材，亦可供从事非织造产品研发、生产及相关学科领域的工程技术人员参考。

图书在版编目(CIP)数据

非织造材料与工程学/郭秉臣主编.—北京:中国纺织出版社,2010.7(2020.7重印)
普通高等教育"十一五"国家级规划教材.本科
ISBN 978-7-5064-6451-2
Ⅰ.①非… Ⅱ.①郭… Ⅲ.①非织造织物—高等学校—材料 Ⅳ.①TS17
中国版本图书馆CIP数据核字(2010)第085580号

策划编辑:裘　康　孔会云　　责任编辑:张冬霞　　责任校对:俞坚沁
责任设计:李　然　　责任印制:何　建

中国纺织出版社出版发行
地址:北京市朝阳区百子湾东里A407号楼　邮政编码:100124
销售电话:010—67004422　传真:010—87155801
http://www.c-textilep.com
E-mail:faxing@c-textilep.com
中国纺织出版社天猫旗舰店
官方微博 http://weibo.com/2119887771
北京虎彩文化传播有限公司印刷　各地新华书店经销
2010年7月第1版　2020年7月第6次印刷
开本:787×1092　1/16　印张:21.25
字数:444千字　定价:48.00元

《非织造材料与工程学》和大家见面了，这是我国非织造行业的一件好事。《非织造材料与工程学》是在原天津市高等教育“九五”重点教材《非织造布学》的基础上，经重新设计、策划、布局、修改、完善、编辑而成。

《非织造材料与工程学》是教育部2005年正式批准，高等教育增设“非织造材料与工程”专业后的国内第一本专业教材。本书可以使学生比较系统地了解非织造布的加工及原理，掌握各种非织造布的加工方法，并了解其工艺原理与设备原理，为培养学生的综合素质及开发他们的创新意识打下较深厚的基础。

《非织造材料与工程学》的主要特点是：融工艺原理与设备原理为一体，融理论与实践为一体，融常规产品与新产品为一体，是一部较全面、系统、规范的教材。原教材《非织造布学》曾得到一些企业家和读者的称赞，并被评为部委级优秀教材，获得科学技术进步奖。这是对作者们的鼓励和鞭策，在此表示感谢。

本书绪论由郭秉臣编写；第一篇第一章～第四章由郭秉臣编写，第八章、第十章由郭秉臣、康卫民编写，第五章～第七章、第九章由焦晓宁编写；第二篇各章由姚向荣编写，任元林参加部分内容编写和修改；第三篇第一章～第三章、第四章的第一节和第二节由程博闻编写，第四章第三节和第四节、第五章由张宇峰编写，第六章由程博闻、刘亚编写，第七章由钱晓明编写，第八章由钱晓明、刘亚编写，第九章由康卫民编写。全书由郭秉臣策划、组织、统稿、定稿，由康卫民协助，编写提纲由著名纺织专家、工程院院士孙晋良，工程院院士郁铭芳审核。全书内容由徐朴、朱民儒主审。

本书的出版得到一些企业、公司、企业家、专家、教授、海外学者及一些关心非织造事业人士的大力支持。在此，对他们表示真诚的感谢。他们是：山东同大海岛新材料有限公司总经理王乐智先生，美亚无纺布纺织产业用布（东莞）有限公司董事长、INDA（美国非织造布协会）荣休副会长黄祖基先生，海南欣龙控股（集团）有限公司董事长兼总裁郭开铸先生，江苏常熟迎阳非织造布设备有限公司总经理范立元先生，浙江金三发集团董事长兼总裁严华荣先生，常熟市飞龙机械有限公司董事长韩雪龙先生，山东青岛纺织机械股份有限公司董事长兼总经理冀新先生，江苏扬州志成非织造布有限公司总经理戴继才先生，南六企业（平湖）有限公司董事长黄和村先生，河南光山纺织器材有限公司董事长张永刚先生，江苏仪征海润纺织机械有限公司董事长梅宝成先生，温州昌隆化纤总经理陈立东先生，德国欧瑞康纽马格公司，杭州卡丽科技有限公司总经理沈亚斌先生，中国纺织科学研究院副院长、东纶科技实业有限公司董事长刘瑞彪先生，沈阳纺织工业非织造技术开发中心主任孙天柱先生，珠海嘉维无纺布科技有限公司总经理黄永辉先生，福建兴泰非织造布有限公司董事长王火烟先生，福建鑫华股份有限公司首席总裁粘伟诚先生等。

非织造工业是一个正在不断前进、发展的新型工业，而且非织造工业使用的原料在不断增加，非织造材料产品的应用领域也在不断扩展，所以编者非常希望本书能对我国非织造工业技术人才的培养、企业的产品开发和生产工艺深化起到积极的作用。

编写过程因各种因素的存在，书中难免出现错误，衷心希望业内专家及所有读者批评指正。

编　者

2010年1月于天津

课程设置指导

本课程设置意义　本课程可帮助学生比较系统地了解非织造布的加工及原理，掌握各种非织造布的加工方法等，可为培养学生的综合素质及开发他们的创新意识打下较深厚的基础。

本课程教学建议　“非织造材料与工程学”课程作为非织造布材料与工程专业的主干课程，建议授课90学时（其中理论教学65学时，实验教学25学时），每课时讲授字数建议控制在5000字以内，教学内容包括本书全部内容。

本课程教学目的　通过本课程的学习，学生应达到以下要求：

1. 掌握干法非织造布的各种成网方法、加固方法及产品加工的基本原理，能进行简单的工艺设计、产品设计，并了解有关新设备、新产品、新工艺、新材料。
2. 掌握湿法非织造布生产的基本原理及方法、湿法非织造布与造纸的区别、湿法非织造布的生产原料及工艺过程、产品特性及应用领域，对湿法非织造布有整体的认识。
3. 掌握纺黏法、熔喷法的生产工艺流程，以及纺丝、铺网的基本原理和生产工艺；了解聚合物成网法非织造布产品的主要特性及其应用领域。

绪 论

一、非织造材料的定义

非织造材料也称非织造布(Nonwoven Fabric)、无纺布、不织布。称为非织造材料是因为很多非织造产品都叫材料,如非织造卫生材料、土工材料、过滤材料、抛光材料等。本书称为非织造材料是根据教育部设立的专业目录名称“非织造材料与工程”专业来定义的。国际标准及国家标准仍然以非织造布来定义,在教材中仍称非织造布或非织造材料,特此说明。其定义为:定向或随机排列的纤维通过摩擦、抱合、黏合或这些方法的组合而制成的片状物、纤网或絮垫(不包括纸、机织物、针织物、簇绒织物、带有缝编纱线的缝编织物以及湿法缩绒的毡制品),其纤维可以是天然纤维或化学纤维,可以是短纤、长丝或当场形成的纤维状物。非织造布的真正内涵是不织,也就是说它是不经纺纱和织造而制成的布状材料。但是也有一些非布状产品也是非织造布产品,例如各种非织造抛光轮、过滤筒、非织造复合材料等。从结构特点上讲,非织造布是以纤维的形式存在于布中的,而机织或针织品是以纱线的形态存在于布中。

二、非织造布的分类

非织造布的品种很多,分类方法也有多种。一般可按厚薄分为厚型非织造布和薄型非织造布,也可按使用强度分为耐久型非织造布和用即弃非织造布(即使用一次或几次就抛弃),还可按应用领域和加工方法分类。

(一)按应用领域分类

(1)服装、制鞋用非织造布。

(2)家用非织造布。

(3)医用卫生保健非织造布。

(4)土木建筑工程用非织造布。

(5)工业用非织造布。

(6)农业与园艺用非织造布。

(7)军事与国防用非织造布。

(8)其他非织造布。

(二)按加工方法分类

按加工方法一般分为三大类,即干法非织造布、湿法非织造布和聚合物直接成网法(也称螺杆挤压法)非织造布,这是按成网形式来分类的。干法一般利用机械梳理成网,然后再加工成非织造布;湿法一般采用造纸法即利用水流成网,然后再把纤网加工成非织造布;聚合物直接成网法是将聚合物高分子切片通过熔融纺丝(长丝)直接成网,然后再把纤网加工成非织造布。

加工非织造布有一个很重要的工序，即把纤网加工成布，这就是纤网固结或加固。故也可按加固方法来分类，即机械加固、化学黏合加固和热黏合加固等几种。非织造布按加工方法分类如下：

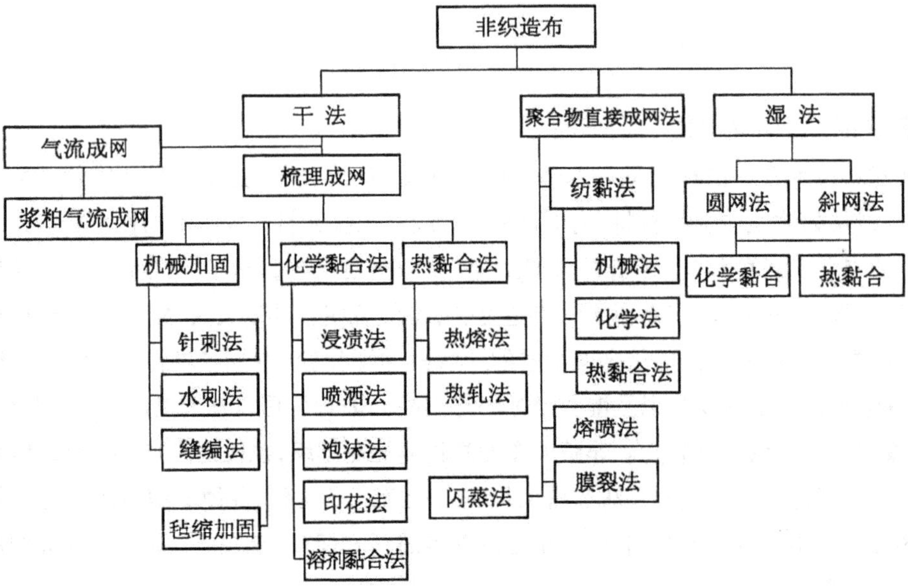

三、非织造布的结构特点和工艺特点

（一）非织造布的结构特点

非织造布与机织或针织物无论从外观上还是从结构上看，都有很大差异。

非织造布的加工过程主要是成网和加固，成网后再加固便成了布。然而，由于成网和加固方法不同，非织造布的结构会有很大的差异，并表现出各种各样的性能特点。但从总体上讲，非织造布都是纤维网（纤网）形成的布状材料，这些纤维在纤维网中以不同的形式存在，有的纤维之间基本是平行排列，有的纤维之间是二维杂乱排列，也有的是三维杂乱排列。纤维之间的连接又有不同的方式，如纤维与纤维之间可以以机械外力的形式互相纠结在一起；也可以通过黏合剂黏合在一起；还可以利用热黏合的方式黏合在一起等。

（二）非织造布的工艺特点

1. *原料使用范围广，产品品种多* 非织造布工业除传统纺织工业所用的原料都能使用外，传统纺织工业不能使用的各种下脚原料、没有纺织价值的原料、各种再生纤维都能使用。

一些在传统纺织设备上难以加工的无机纤维、金属纤维（如玻璃纤维、碳纤维、石墨纤维、镍纤维、不锈钢纤维等）也可通过非织造的方法加工成各种工业用产品。

一些新型的高性能、功能型化学纤维（如耐高温纤维、超细纤维、抗菌纤维、高强纤维、高模量纤维、高吸水纤维乃至极短的纤维素纤维、纸浆等）都可以用于非织造布工业。由于原料使用的广泛性，使得非织造布产品也具有多样性，而且可以加工成各种生活用品及附加值较高的产业用非织造布产品。

2. 生产工艺过程简单，劳动生产率高 传统纺织品的生产工艺繁而长，而非织造布的生产工艺却是简而短。如纺黏法非织造布，其工艺流程比传统纺织品少很多。有的加工生产线从投料开始，几分钟就可以生产出产品来。与传统的纺织品相比，非织造布的产量成倍增长，劳动用工少、占地少、建厂快，劳动生产率提高了 4 ~5 倍。由于非织造布加工流程短，所以其产品变化快、周期短，质量易控制。

3. 生产速度快，产量高 生产速度与产量具有一致性，当然与经济效益也有直接关系。非织造布与传统纺织品的生产速度之比是(100 ~2000):1。非织造布产品下机幅宽大，一般为 2 ~10m，甚至更宽。因此单产量远远超过了传统纺织品。速度、产量的提高使经济效益也明显提高，非织造布产品的利润率一般在 10% ~40%。

4. 工艺变化多，产品用途广 非织造布的加工方法很多，每种加工方法的工艺又可多变；各种加工方法还可以互相组合，组成新的加工工艺。从工艺变换上讲，设备工艺参数的变化，黏合剂种类、浓度的变化及加固工艺参数的变化都能引起产品的变化。产品结构、性能的变化，将导致产品品种的增多、功能及应用范围的扩大。

四、非织造布的应用

(一)服装及鞋用非织造布

黏合衬，衬绒，衬里，领底衬；垫肩，絮棉，针刺棉，喷胶棉，仿丝棉，无胶棉；内衣、裤，儿童、妇女外套，浴衣，戏装，校服，仿真皮外衣，人造麂皮女装；鞋内衬，鞋中底革，合成革鞋面，旅游鞋用材料。

(二)家用非织造布

被胎，枕芯，床罩，垫子，沙发布，百叶帘，地毯，墙布，包装用品，餐巾纸，防尘布，清洁布及家用滤材。

(三)医用及卫生用非织造布

手术衣帽、帘子、口罩、包扎材料，医用手帕、绷带、纱布、膏药布、病人服，裹尸布，衣用、床单、床罩、枕头、枕巾，婴儿尿布，卫生巾、老年失禁垫等用即弃产品。

(四)土木建筑用非织造布

水利、铁路、公路、机场、球场用土工布，土工隔栅，渗水管，防水材料等。

(五)工业用非织造布

造纸毛毯，过滤材料(空气、液体过滤及防毒、防腐、耐高温过滤等)，绝缘材料(隔热防寒、隔音、电绝缘)，抛光材料(抛光布、抛光轮、抛光轴)，防护材料(防静电、防尘、防腐蚀、防辐射、防弹)，篷盖材料(防护盖布、汽车外衣、管道包覆物)，工业用毡(缓冲垫、油箱密封垫)，各种吸附材料(吸水材料、吸油材料)，复印机和计算机用材，工业运输带及增强材料，汽车工业用非织造布，如汽车内的坐椅外套、垫材、地毯、顶篷等装饰材料和汽车顶篷、保温夹层、模压件、门材、滤芯、保险杠等用料。

(六)农业、园艺用非织造布

地膜、保温、覆盖、遮光、防病虫害、无土栽培用非织造布，种子保湿布等。

(七)军事、国防用非织造布

航天、船舶用材，高温隔热材料，军用帐篷，各种军械抛光材料，飞行器结构材料，军用地图、降落伞用材，飞行员御寒服。

（八）其他

合成纸、包装袋、油画布、书法纸、书法毡、钞票纸、舞台道具、香烟滤嘴、餐具、艺术品抛光材料、体育器材用料、玩具材料、集装箱用材、模型用材、标签、商标、人造花等。

目前，非织造布已经用于工业、农业、国防，人类生活中的衣、食、住、行各个领域。随着科学技术的不断发展，非织造布的应用领域还会扩大。

第一篇　干法非织造布

第一章　概　述

本章知识点

1. 非织造布的几种分类。
2. 各类非织造布加工方法及基本特点。
3. 干法非织造布用的原料。

一、干法非织造布加工方法的分类

在非织造布的加工方法中，干法非织造布占较大比例，其产品品种多、应用范围广。干法非织造布成网可分为浆粕气流成网和短纤维梳理成网。浆粕气流成网是用类似浆粕的极短纤维进行气流成网的一种新方法。非织造布短纤维梳理成网按其加固方法可以分为以下三种。

（一）机械加固法

利用机械力使纤维网进行缠结从而加固成布的方法，称为机械加固法。机械加固法有四种。

1. 针刺法　即用刺针穿刺纤维网（纤网），使纤网中的纤维互相纠结或连接在一起，从而达到加固纤网的目的。经加固后形成了不同厚度、不同密度、不同蓬松度的针刺法非织造布。其代表性产品有针刺棉、针刺地毯、针刺土工布、针刺合成革基布等。目前这种生产线占比例较大，产品适用范围广、成本低、见效快。

2. 水刺法　也称射流喷网法，即用高压高速极细的水流（也叫水针）来喷射纤维网，利用水流的机械力使纤维网中的纤维相互纠结，从而形成各种不同结构的布状水刺法非织造布。水刺法非织造布的成网方法属机械梳理成网，不同于湿法；其加固属于机械加固，所以应属于干法非织造布。水刺法的代表性产品有卫生材料、纱布、擦布和合成革基布等。水刺法是近年来发展较快的生产方法，前景较好。随着人民生活水平的提高，水刺法产品在医疗卫生领域的应用越来越广。

3. 缝编法　缝编法是在经编基础上发展起来的一种方法，它是利用缝编机上的钩针用纱线、长丝或纤网本身的纤维对纤网钩编的一种方法，究其加固方式也属机械加固法。其产品主要用于装饰产品、鞋材、滤材和衬料等。这种方法工艺简单、产量高、花色品种多，其最大特点是外观酷似纺织品。目前，这种方法在国内发展较慢。

4. 毡缩法　毡是最古老的一种非纺织品，它是利用动物纤维的缩绒性，即定向摩擦效应，在纤网中加以湿热和助剂，通过机械力的揉搓摩擦而使纤维相互纠结而得以加固，这种工艺通常称为擀毡。

其产品主要有工业用毡、密封垫、礼帽、抛光材料等。由于这种加工方法生产的产品有一定的独特之处，所以至今仍被广泛应用。

（二）化学黏合加固法

化学黏合加固法是利用化学黏合剂加固纤网而成布的一种方法，是较早的加固方法之一。

1. 喷洒法 即在比较厚的纤网两面均匀地喷洒一定量的化学黏合剂，然后再烘燥，使纤网中的纤维黏结在一起，并得以加固，形成蓬松型絮状产品。这种方法加工流程简单，适用性强，成本低，被普遍应用。其产品主要是喷胶棉，常用于防寒服、床上用品，也可用于空气过滤、加工抛光材料等工业用品。用针刺基布喷胶可以制作人造革基布、装饰材料等。

2. 饱和浸渍法 即通过梳理（或附加气流成网）成网，纤网由网帘夹持浸入黏合剂液槽，从槽中输出，经挤压、烘筒烘干成布。这种纤网一般呈杂乱形式，并由黏合剂黏合加固，所以各向同性、均匀性、强度均较好。其产品主要用于衬布、底布、防水材料、音箱布、过滤布等。

3. 泡沫浸渍法 即利用发泡剂使黏合剂形成气泡而施加于纤网或针刺基布上。这种方法黏合剂的用量较少，均匀性较好，利用此法可以加工合成革基布、墙布等。

4. 印花法 即利用印花的方法把黏合剂施加在纤网上，再经烘燥，使纤网得以加固而形成非织造布。

5. 溶剂法 即利用不同性能的溶剂或溶剂蒸汽对纤网进行处理，使纤网产生黏合而加固的一种方法。因溶剂有污染问题，所以这种方法用得较少。

（三）热黏合加固法

热黏合加固法是干法非织造布中应用最广且产量相对比较高的一种方法。

1. 热轧黏合法 即利用合成纤维的热塑性，使纤网（短纤维）通过一对加热轧辊时受力，并在一定压力下热熔、加固在一起而成布。热轧黏合法生产的产品主要用于用即弃类卫生巾、餐巾及衬布基布等。这种方法也用于长丝成网热轧。

2. 热风黏合法 其加固的基本原理同热轧黏合法，只不过不施加压力，仅用热风黏合使一部分纤维熔融而得以加固。其产品薄型的为热风非织造布，常用于卫生巾等；厚型的为热熔棉及热熔垫材，用于保暖材料、防寒服、床上用品及各种床垫、沙发垫、坐垫等。热风黏合法不用化学黏合剂，卫生性好，用途广。

二、干法非织造布用纤维

干法非织造布所用的纤维十分广泛，几乎所有的纤维都可以使用，包括传统纺织行业不能使用的下脚纤维及各种天然纤维、化学纤维、无机纤维等，使用较多的纤维主要有涤纶、丙纶及其切片，锦纶、维纶、热熔纤维、棉纤维、毛纤维、玻璃纤维和耐高温纤维、抗菌纤维等功能纤维。

三、干法加工工艺的特点

1. 成网方法 针刺法、水刺法、化学黏合法、热熔黏合法等都需要干法成网技术，这是干法加工工艺的一大特点。若产品要求不同，如用即弃产品与耐久型产品，其成网技术也有区别。有的产品需要纤维杂乱，即在加工过程中用杂乱辊杂乱；有的产品需要气流杂乱；有的产品需反复折叠。尽管产品要求成网工艺有差异，但都采用短纤梳理成网技术，与常规纺织工业中的短纤维梳理成网在结构上有相当大的区别。非织造布成网需要一定的杂乱度或很高的杂乱度，而常规纺织成网的要求则相反，它不能杂乱，纤维之间最好是互相平行、顺直，只有这样才能达到牵伸及纺纱的工艺要求。

2. 铺网方法 干法加工时，有的厚重产品需要铺网，当然是交叉铺网，这样一方面能增加均匀度，另一方面也可提高强度；而薄型产品特别是热轧及饱和浸渍非织造布不要求铺网。铺网层数、铺网的均匀程度直接影响产品的质量，因此铺网机铺叠效果对产品质量也有很大影响。

3. 加固方法 干法加固是非织造布加工中的关键工序，其加固方法很多，如针刺加固、水刺加固、缝编加固、缩绒加固，热轧黏合加固、热风黏合加固，超声波黏合加固等。干法非织造布几乎包含了所有加固方法，这为干法产品的开发奠定了良好的基础。干法加工产品的应用领域十分广阔，薄型、厚型，一次性、永久性，蓬松型、密实型等，多种多样。

四、干法非织造布的技术发展

（一）原料选用多元化

随着合成纤维、材料科学的发展，干法非织造布使用的原料不断增加，尤其是一些功能型纤维的开发为干法非织造布的发展提供了基础。所以干法非织造布的生产应尽可能选用不同类型、不同功能、不同性能的纤维，增加产品花色，拓宽应用领域。

（二）工艺技术化

虽然干法非织造布的工艺流程简单，但工艺变换较多，绝对不是粗糙工艺，应有更多的技术投入，要用好设备，使工艺更细、更精，使产品外观、内在质量提高，只有高技术才能生产出高质量、高水平的产品。

（三）设备制度化

加强引进设备的消化吸收，尽快实现国产化，使国产非织造布设备质量提高一个层次；生产设备实现管理制度化，定期保全、保养、维修；设备的正常运转依赖于管理制度化，而工艺的合理性、稳定性则靠设备的正常化来保证；国产设备应向高速、高产、高技术及自动化的方向发展。

（四）产品创新化

产品品种多，才能适应用户的需要，这就要求企业必须在产品上不断创新，开发新产品。只有创新，才能赢得市场；只有创新，才能赢得效益。

总之，干法非织造布必须有可靠的技术基础，才能稳步前进，不断发展。

思考题

1. 干法非织造布按加工方法分哪几种，每种方法的基本原理是什么？
2. 干法非织造布主要使用哪些纤维？
3. 干法非织造布的工艺特点是什么？

第二章 梳理前的准备工作

本章知识点

1. 开松机、铺网机、混合机的结构与工艺过程。
2. 梳理前各工序的基本工艺。
3. 加油剂的成分、施加方法、施加量。

具有一定长度和线密度的散纤维，必须经过梳理才能成网，然后再将其加工成各种非织造布。但梳理之前必须对原材料进行一系列的加工，才能实现良好的梳理。这些加工就是梳理前的准备工程，包括原料的开松、混合、加油水、闷放等。

第一节 开松机

一、开松机的作用、结构特点

开松机的主要作用是松解纤维，通过撕扯使大块的纠结纤维松解变成小块或束状，同时在松解过程中伴有混合、除杂作用。开松机一般是由一对喂入辊或喂入罗拉及一个开松锡林组成，开松锡林上装有角钉或梳针，或针布，或豪猪打手，为使开松更彻底，有的开松机还在锡林上装有工作辊及剥取辊。不同的结构使开松机的开松效果、混合效果、除杂效果有明显的差异。因此，应根据生产线的不同要求，采用不同形式的开松机，也可根据加工的原料选用开松机。

二、开松机的类型

（一）沿用毛纺厂的开松机（B261 型和毛机）

其结构如图 1－2－1 所示。一般用手工将原料喂入喂给帘 1（定时定量），通过压辊 3 将纤维压实后喂给喂入罗拉 2。喂入罗拉由两只罗拉组成，表面镶嵌角钉。喂入纤维受到喂入罗拉及锡林 4 的作用，由于喂入罗拉速度慢、锡林速度快而将纤维撕扯分开，锡林带着纤维再与各对工作辊 5、剥毛辊作用，同时进一步将纤维松解，然后由打手 7 输送出开松机，一些土杂可通过尘格 8 漏下。

B261 型和毛机适用于毛纤维的开松，合成纤维也可用。其台时产量较高，可供两三条干法生产线使用。

（二）沿用棉纺 FA106 型豪猪式开棉机

图 1－2－2 为 FA106 型豪猪式开棉机，纤维由储棉箱 2 进入小罗拉 3，再由小罗拉喂给给棉罗

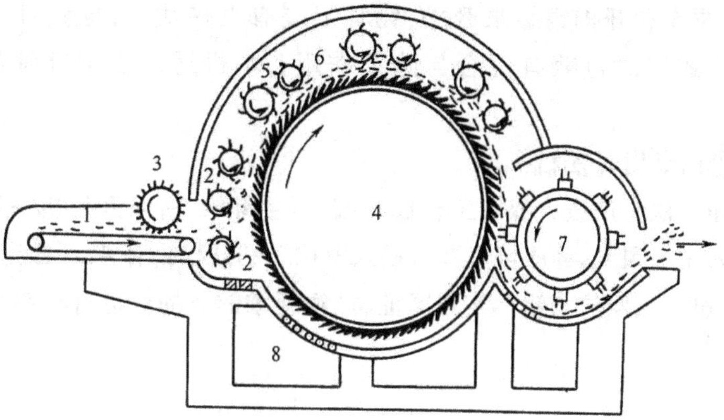

图 1－2－1　B261 型和毛机示意图

1—喂给帘　2—喂入罗拉　3—压辊　4—锡林　5—工作辊　6—剥毛辊　7—打手　8—尘格

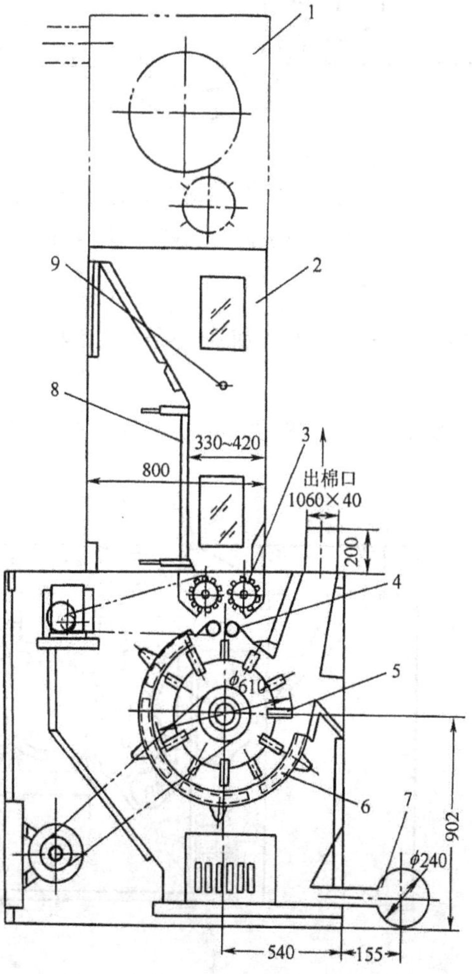

图 1－2－2　FA106 型豪猪式开棉机

1—凝棉器　2—储棉箱　3—小罗拉　4—给棉罗拉　5—刀片　6—尘格
7—除尘吸管　8—调节板　9—储棉量检测器

拉4,通过给棉罗拉4和开棉锡林来开松,锡林上装有很多铁片,也称刀片5(俗称豪猪式)。这种开松机,在开松的同时也兼有混合与除杂作用。本机适用于棉纤维的开松,也可用于化学纤维。

(三)非织造布专用开松机

由于非织造布干法生产线大都加工合成纤维、再生纤维,所以开松机一般较简单,如图1-2-3所示。纤维由喂入帘1喂入,经压辊2进入喂入罗拉3和开松锡林4,开松锡林上螺旋式安装几排豪猪式刀片,这样通过喂入罗拉与锡林实现撕扯、松解纤维的目的。也有在锡林上使用金属齿条的,其开松效率很高。

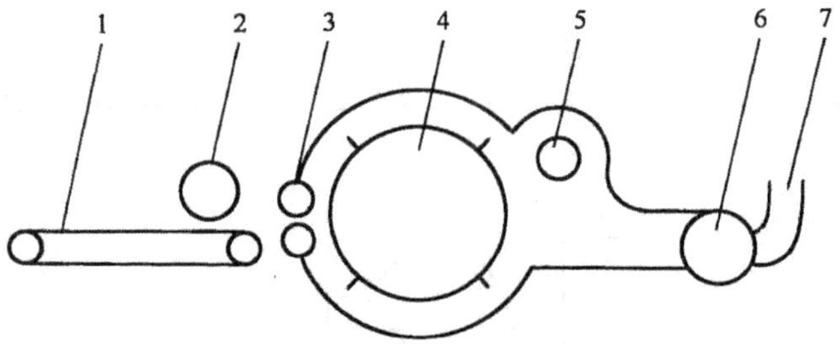

图1-2-3　非织造布开松机

1—喂入帘　2—压辊　3—喂入罗拉　4—锡林　5—剥毛辊　6—风机　7—风筒

为了更好地适用于生产线,一般一台开松机配一条生产线,如果生产线产量高,可配备两台或三台开松机。

目前,国内外多用五辊式、六辊式开松机,五辊式开松机如图1-2-4所示,六辊式开松机如图1-2-5所示。

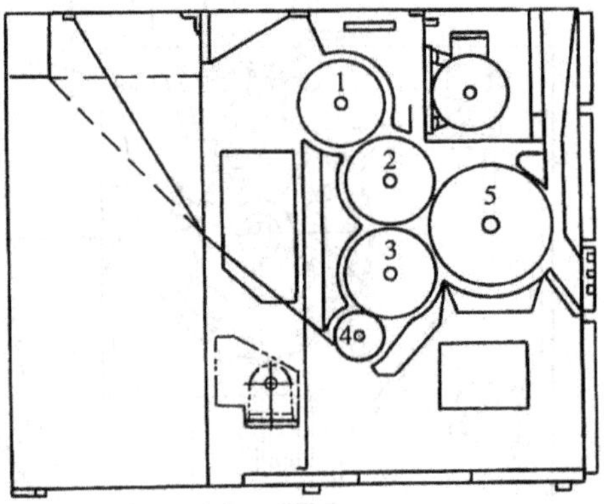

图1-2-4　五辊式开棉机

1,2,3,4,5—刺辊

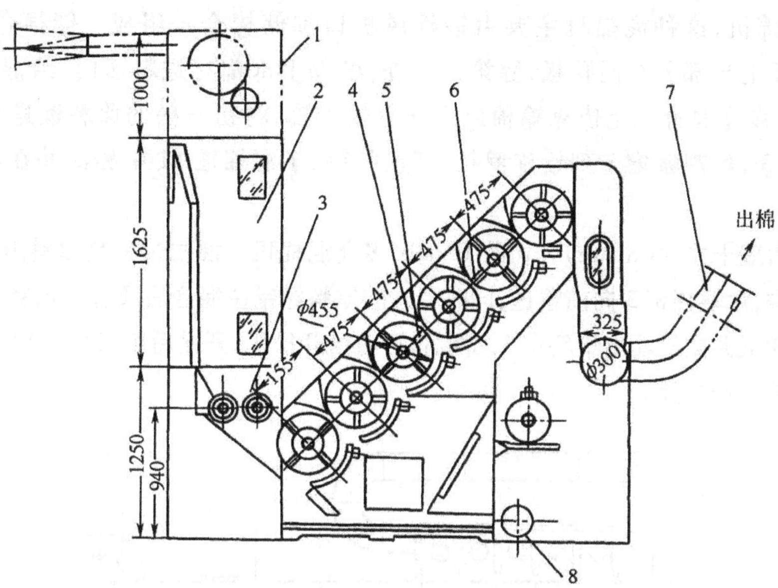

图1-2-5　FA104型六辊式开松机

1—凝棉器　2—储棉箱　3—给棉罗拉　4—剥棉刀　5—角钉打手
6—尘格　7—出口　8—除尘吸管

第二节　混合机械

在使用开松机开松纤维的过程中兼有一定的混合，但这种混合效果并不大，为了使原料色泽均匀或使几种原料均匀混合，往往开松后再经混合，这样才能达到梳理的要求及最终产品的质量指标。

经开松后的原料一般都经过混合机实现充分均匀的混合，混合机有多种。图1-2-6为

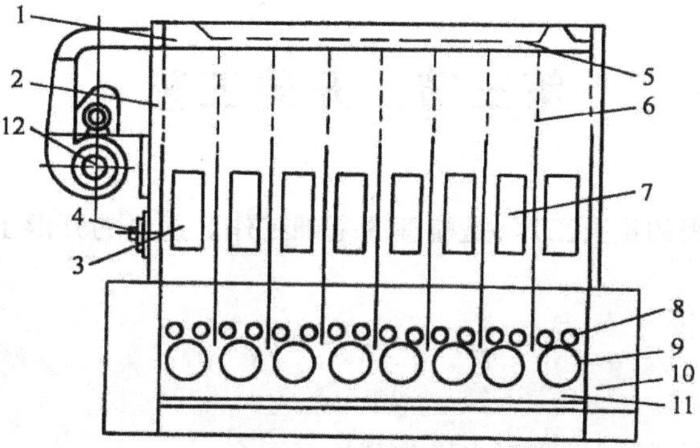

图1-2-6　FA022型多仓混棉机

1—进棉管　2—回风道　3—观察窗　4—电器控制　5—配棉道　6—储棉仓　7—光电管
8—给棉罗拉　9—开松打手　10—出棉管　11—混棉道　12—输棉风机

FA022型多仓混棉机，这种混棉机主要由输棉风机口和储棉仓6组成。储棉仓通常为6～10个，仓内前后隔板上半部分有网孔板，除第一仓外，各仓上部都有进料活门、给棉罗拉8、开松打手9、气动系统。多仓混合机是依靠输棉风机产生的气流，将初开松的原料输送到输棉管道，在不同时间喂到棉仓，经观察窗3到给棉罗拉、开松打手，于混棉道11中相混并在同一时间输出，实现"时差相混"。

图1-2-7为瑞士立达(Rieter)公司的Unimix多仓混棉机。混棉过程是原料由输棉管1进到6个立式储棉槽2中，由输棉帘3向前输送，同时喂入的原料经错位混合后通过输棉罗拉4实现了不同时间喂入的原料相混并同时输出给斜帘5，将混料再喂给开松机，开松后由出棉口12输出。国产的多仓混棉机与国外的大同小异。

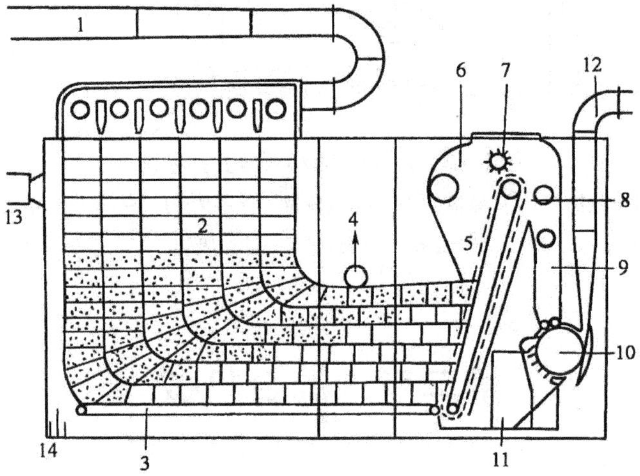

图1-2-7　混合兼有开松作用的Unimix多仓混棉机

1—输棉管　2—立式储棉槽　3—输棉帘　4—输棉罗拉　5—斜帘　6—混棉室　7—均棉罗拉
8—剥棉罗拉　9—储棉箱　10—开棉锡林　11—落棉箱　12—出棉口
13—接排风管的排气口　14—接集尘气的排气口

第三节　开混工艺

开松与混合是准备工程的重要工序，是梳理的基础工作。这里的开混工艺主要指开松、混合的工艺流程、工艺参数。

一、工艺流程

一般开松与混合是同时进行的，有时也会先开松再混合。

棉纺的开混工艺流程一般为：抓包机(圆盘式或往复式)→开松除杂→多仓混合。

毛纺的开混工艺流程为：人工铺层→开松混合→和毛。

目前非织造布工业常用的几种开混流程，如图1-2-8所示，也常用棉纺的开混工艺流程。

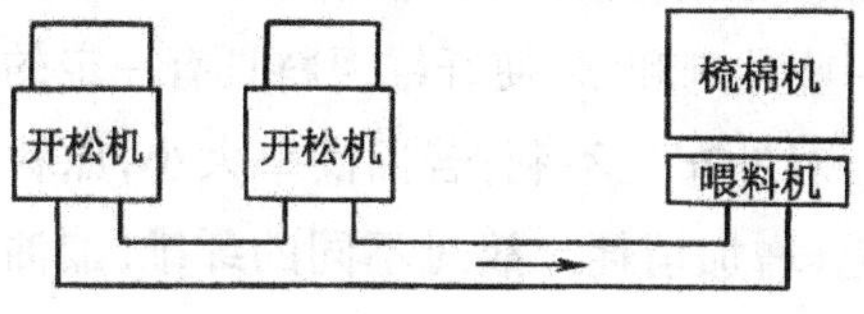

(a) 两开松机式

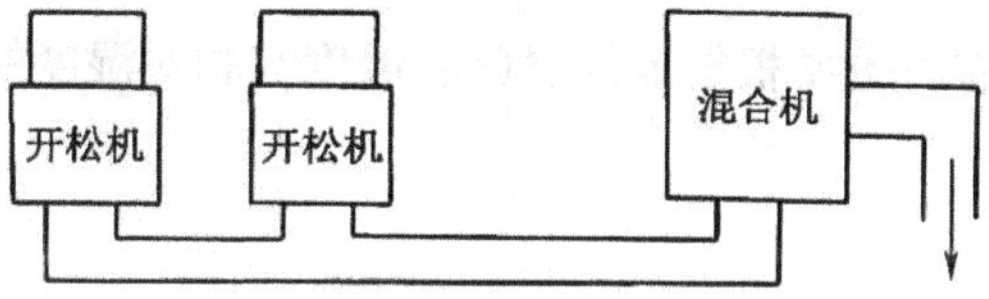

(b) 两开松机带混合机

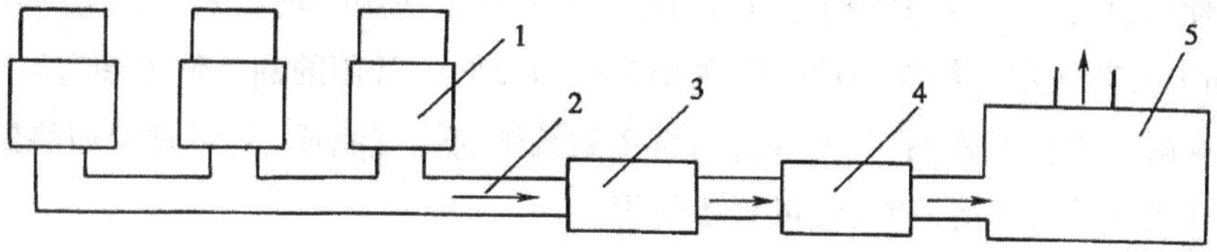

(c) 三称重两开松带混合机

图1－2－8　几种开混流程

1—带自动称重喂给机　2—混合输送带　3—梳针打手开松机　4—锯齿开松机　5—混棉机

目前我国在引进设备时，为了节约投资，常常将准备工序的开松、混合设备选用国产设备，而只引进主体设备。

二、工艺参数

产品的质量要求是确定开松、混合工艺的主要依据。应根据产品的要求制定开松程度或开松遍数、混合均匀度及混合遍数、混合方法等。开松程度好，混合效果就好。比例差异较大的几种纤维相混，要想混合均匀，必须采用“假和”的方法，即先将比例小的几种原料经一次或两次混合在一起，成为一种新原料，然后再将假和成的新原料与比例大的原料进行混合。如果混合成分少，比例相差大，应先从数量大的成分中取一小部分与批量小的成分进行“假和”，然后再与剩余的部分相混。对于有色原料的拼色混合，“假和”方法使用得更多，混合不匀，色调就达不到要求。

人工铺层混合一般根据原料成分和混合总量分批铺混，一般每层厚度约为20cm为宜，铺层愈多混合愈好，每层的重量不匀率愈小，均匀度愈好。纤维混合后一般垂直立式喂入下一道工序。

第四节　加油水

一、加油水的目的

纤维由于截面形状不同，表面状态各异，所以彼此有一定的摩擦，尤其是天然纤维，由于其强度小，又存在摩擦问题，所以在强梳理的情况下容易被拉断，造成纤维损伤，增大落毛，增加消耗。为了减小摩擦因数，减少纤维损伤，可在原料中加入一些油剂和水，使纤维混料具有一定的回潮率，使梳理过程容易进行。若回潮率过大，易缠罗拉等部件，对针布也不利；若回潮率太小，原料干燥，梳理过程易产生静电，影响加工的顺利进行，还会增加飞毛，增加消耗。故对不同的纤维，加油水的要求不同。在加工毛纤维时必须加入油剂；当所加工的毛纤维与其他纤维混合时，也要加油剂，一般将油剂加在羊毛上；加工纯化学纤维时，可以不加油剂，但当化纤厂所加的油剂不够量或油剂失效时，在非织造布厂也要加入少量的油剂和水。加不加油剂有时也要根据地区、气候、温度与相对湿度的大小而定。

二、油剂

在加工毛纤维时，使用的主要油剂为和毛油，它是用矿物油（如锭子油、机械油）加乳化剂（如油酸）等表面活性剂，再加入一定量的水，经均匀搅拌而制成。使用时再加入一定比例的水，油水比的大小视原料及加工工艺而定。加纯油量一般在0.3%～1.5%。常用的商品和毛油有以下几种。

1. 水化白油　它由矿物油、菜油混合后再用磺酸钠加烧碱制成，使用时须加热到60℃并加入一定量的水，等其变成乳白色溶液时，便可直接使用。

2. 软皮白油　它由石油磺酸钠、乙醇及丁醇乳化10号机械油制成，使用时也需要加入一定量的水，达到一定的油水比。

下面是几种和毛油的处方：

(1)7号锭子油或5号机白油70%，油酸20%，三乙醇胺10%。

将油酸加入锭子油内，边加热边搅拌20min后，再将三乙醇胺加3倍温水冲稀，徐徐加入，同时加以搅拌，在15min内加完。水温要保持在60℃左右，最后再以一定比例的45℃的水搅拌0.5h即可。

(2)5号锭子油100kg，平平加5kg。

制备时，先将5kg平平加用5kg水化成液体，搅拌数分钟后再徐徐加入锭子油，搅拌45min后成糊状，再按一定比例缓缓加入水，搅拌20min后即可。

在非织造布企业，加工化学纤维时所加的油剂有：

涤纶1号油剂：油酸16%，三乙醇胺8%，羊毛脂2%，甘油3%，白油71%。

涤纶73号油剂：烷基醚硫酸钠20%，平平加(15)30%，平平加(16)10%，十二烷基磷酸钾盐40%。

丙纶油剂：十六烷基磷酸钾盐55%，聚氯乙烯油酸酯11%，二甲基硅油剂1%，抹香鲸油23%。

锦纶1号油剂：油酸丁酯硫酸盐6%，甘油30%，乳化剂OP 4%，柔软剂SG 1%，水86%。

在加工化学纤维时，由于其强度较高，所以加油剂的目的主要是使纤维柔软、润滑并保持一定的回潮率，防止产生静电。加纯油剂量不宜太大，一般控制在0.2%～0.5%，水的加入量要视气候、温度的变化而改变。

三、施加油水的方法

一般是在开松后将油水喷洒在散纤维上。为了使油水施加均匀，一方面开松要蓬松、松散，另一方面最好以雾点状喷洒，使纤维各部分都得到油剂。油剂配制后含有大量的水，所以最好将油剂施加在天然纤维或黏胶纤维上。一般加油剂后要闷放 8 ~ 24h，这叫做闷毛。其目的是使纤维更好地吸水、浸油，使纤维柔软光滑，表面不存在水分并能保持一定的回潮率，在这种情况下进行梳理加工，可以取得较好的效果。但是，上机回潮率的控制要根据纤维原回潮率及施加油剂中的水量和再加的水量来确定，需要灵活掌握。闷毛也是一个重要工艺，闷毛时间也要根据原料、地区、气温、季节有所区别。

总之，施加一定的油水是使生产正常运转的保证。有条件的企业可以根据不同原料及合理的上机回潮率来探讨所加油剂、水的量。

四、加油量的计算

油量的大小非常重要，但大多是根据生产效果及经验来确定油量大小的。为了较全面地说明油量如何计算，特举例如下。

例　有羊毛纤维 1000kg，其实际回潮率为 15%，含油率为 0.6%，要求上机回潮率为 25%，含油率达 2%，求需加的纯油量、乳化液量及水量。

(1)上机回潮率达 25% 时所加水的量。当回潮率为 15% 时，其含水率为：

$$\text{含水率} = \frac{100 \times 15}{100 + 15} = 13\%$$

$$1000\text{kg 羊毛含水量} = 1000 \times 13\% = 130(\text{kg})$$

$$\text{羊毛干重} = 1000 - 130 = 870(\text{kg})$$

当回潮率为 25% 时，

$$870\text{kg 羊毛应含水量} = 870 \times 25\% = 217.5(\text{kg})$$

$$\text{需加水量} = 217.5 - 130 = 87.5(\text{kg})$$

(2)加油量。含油率达 2% 时，需再加油量为：

$$\text{需再加油量} = 1000 \times (2\% - 0.6\%) = 14(\text{kg})$$

(3)加乳化液量。若乳化液(和毛油)油水比为 1∶4，则：

$$14\text{kg 油需加水量} = 14 \times 4 = 56(\text{kg})$$

$$\text{需加乳化液量} = 56 + 14 = 70(\text{kg})$$

所以，上机回潮率为 25% 时，需加水 87.5kg，乳化液中已加水 56kg，需再加水量 = 87.5 − 56 = 31.5kg，这一方法是很粗略的计算，在实际生产中可作为参考。

思考题

1. 梳理前的准备工程包括哪几项任务？
2. 开松混合的目的、意义是什么？
3. 为什么要加油、加水？加什么油？
4. 举例说明怎样计算加油、加水量？

第三章 梳理工程

本章知识点

1. 梳理机的类型及基本结构、工艺过程。
2. 梳理的基本原理。
3. 针布的品种及使用。
4. 梳理工艺制定、调整、质量分析。
5. 梳理机的几大作用。
6. 梳理机的工艺设计。

经过开松、混合、闷放的散纤维混料，可连续通过管道喂给梳理机，对纤维混料进行进一步加工。在干法非织造布生产过程中梳理是关键工序，梳理工序的工艺质量直接影响后道产品的质量。梳理工序的主要任务是：

(1)进一步开松纤维并除杂。

(2)将纤维原料进一步混合均匀。

(3)将块状纤维梳理成束状，再梳理成单根纤维状。

(4)将纤维梳理成网，双道夫梳理机还能使双层纤网重叠均匀。

(5)带有杂乱机构的梳理机还能使纤网的纤维杂乱排列，减小产品纵横向的强度差异。梳理工序的任务因梳理机的选型不同会有所区别。

第一节 梳理机

一、梳理机的结构及工艺过程

为了完成梳理工序的任务，在不同的生产领域中梳理机的组成结构不尽相同，但其基本结构原理是相同的。现以国产梳理机为例来说明梳理机的基本结构，如图 1－3－1 的罗拉式梳理机。

喂入部分由自动喂给机定时定量均匀喂给。它的工艺过程是由人工或管道将开混后的原料喂入毛箱 1，通过升毛帘 2、均毛梳 3 将一定量的纤维带上去，经剥毛耙 4 把纤维剥下，落入毛斗 5 中，通过机械或电器控制可使升毛帘定时启动和停止，并可定量控制毛斗中纤维的多少，达到预定重量时，升毛帘停止转动，毛斗自动打开，完成一次喂给过程。喂下的一斗纤维落在水平喂给帘 6 上，水平喂给帘不断地运动，这样一斗斗的纤维就排在水平喂给帘上。当每斗纤维落下后都由推毛板 7 推向前方，并喂入喂给罗拉 8 及梳理机内。由于毛斗 5 定时打开和关闭,每喂入一次的时间间隔是一定的,而且每斗纤维的重量都有控制,所以就实现了定时定量均匀喂给的目的。但这种毛斗式的喂入机构现在用的很少了。

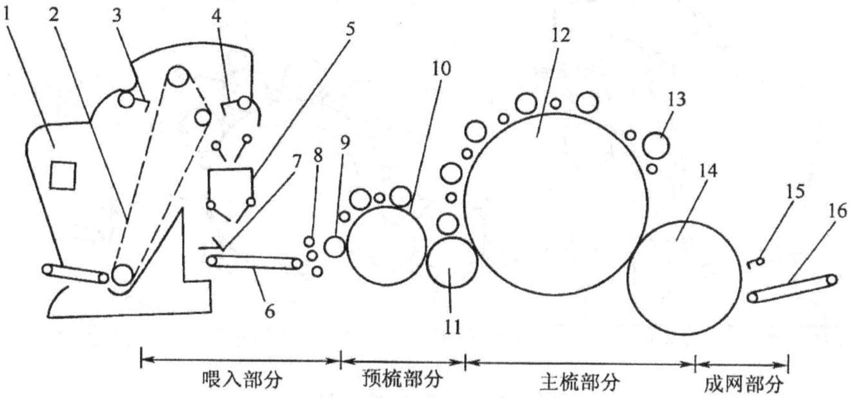

图 1-3-1 罗拉式梳理机

1—毛箱 2—升毛帘 3—均毛梳 4—剥毛耙 5—毛斗 6—水平喂给帘 7—推毛板 8—喂给罗拉 9—开松辊 10—胸锡林 11—转移辊 12—主锡林 13—风轮 14—道夫 15—斩刀 16—输网帘

进入梳理机的纤维先由开松辊 9 进行开松,再由胸锡林 10 及 2~3 对工作辊、剥取辊进行预梳理,使块状纤维变成束状。束状纤维通过转移辊 11 转移给主锡林 12 便进入了主梳理部分。四对或五对工作辊、剥取辊对主锡林上的纤维进行梳理,实现纤维的单根化。用风轮 13 将主锡林上的纤维提升,然后再转移给道夫 14,并由斩刀 15 剥下形成纤维网,纤维网通过输网帘 16 输走,从而完成成网的任务。

二、梳理机的类型

用于非织造布的梳理机主要有三大类,即罗拉式梳理机(毛纺用的梳毛机)、盖板式梳理机(棉纺用的梳棉机)及非织造布专用梳理机。一般说来,梳毛机适用于长 50~100mm 的纤维,尤其适用于加工含草杂的羊毛纤维;梳棉机适用于约 30mm 的短纤维,但经工艺调整也能加工普通化学纤维,所以被用于非织造布加工。

(一)梳毛机

主要有精纺梳毛机 B271 型、B272 型、B272A 型、BC272 型等,这类梳毛机适宜加工草杂多及较长的羊毛纤维;此外,还有粗纺梳毛机 BC272 型、BC274 型等。粗纺梳毛机又分单联、双联(两个主体梳理机)及三联式,其加工的纤维长度范围较大些,一般一联式粗纺梳毛机只可用于非织造布的生产。不管是精纺梳毛机还是粗纺梳毛机,其基本结构与图 1-3-1 所示的梳理机基本相似,罗拉梳毛机如图 1-3-2 所示。

(二)梳棉机

主要有 A181 型、A186 型,其结构组成如图 1-3-3 所示。这种梳棉机用一个环形针带(盖板)替代罗拉辊而与锡林进行梳理加工，加工纤维偏短，甚至可加工 20mm 以下的棉短绒，普遍用于浸渍法非织造布的生产中。

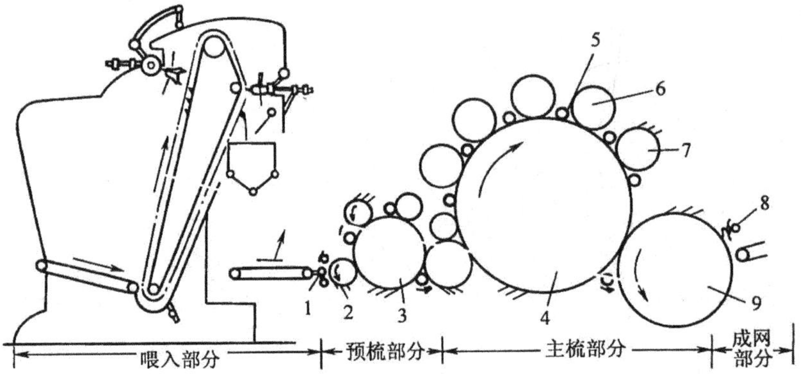

图 1－3－2　罗拉梳毛机

1—喂入罗拉　2—开松辊　3—开松锡林　4—大锡林　5—剥取辊　6—工作辊　7—风轮　8—斩刀　9—道夫

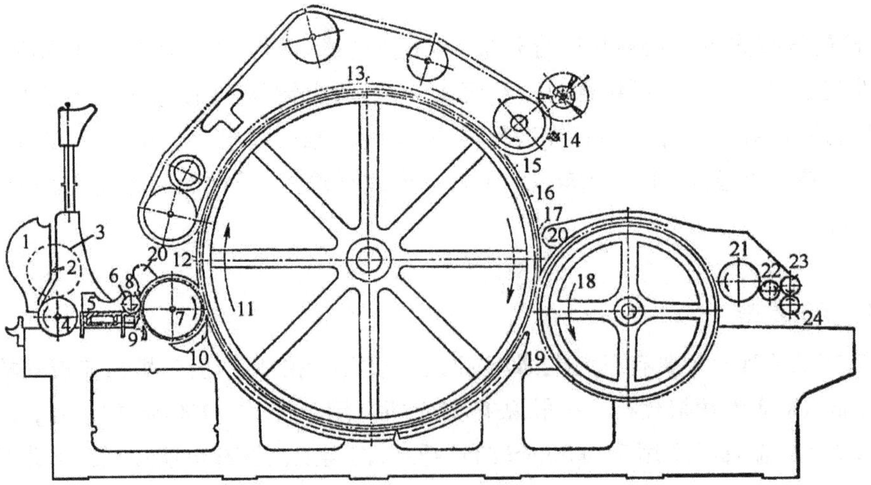

图 1－3－3　盖板式梳棉机

1—棉卷架　2—棉卷杆　3—棉卷　4—棉卷罗拉　5—给棉板　6—给棉罗拉　7—刺辊　8—绒辊　9—除尘刀　10—小漏底　11—锡林　12—后罩板　13—盖板　14—上斩刀　15—前上罩板　16—抄针门　17—前下罩板　18—道夫　19—大漏底　20—吸尘罩　21—剥棉罗拉　22—转移罗拉　23—上轧辊　24—下轧辊

(三)非织造布专用梳理机

1. 单锡林单道夫梳理机　如图 1－3－4 所示。

2. 双锡林单道夫梳理机 如图 1－3－5 所示。

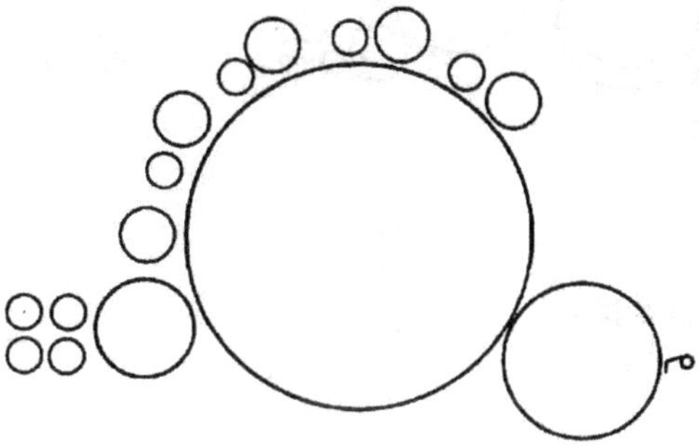

图 1－3－4 单锡林单道夫梳理机

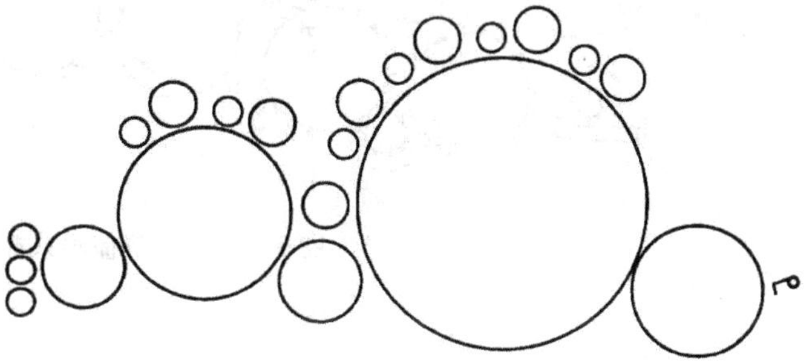

图 1－3－5 双锡林单道夫梳理机

3. 双锡林双道夫梳理机 如图 1－3－6 所示。

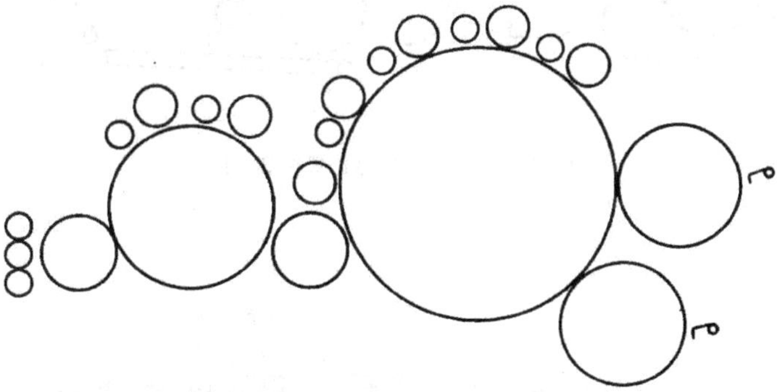

图 1－3－6 双锡林双道夫梳理机

4. 双锡林双道夫带杂乱辊梳理机 如图 1－3－7 所示。

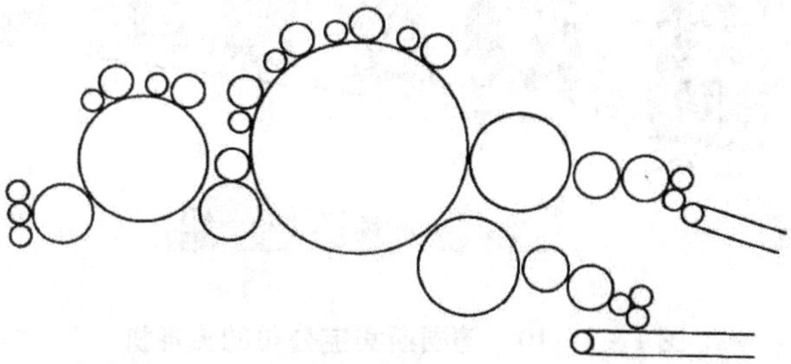

图 1－3－7 双锡林双道夫带杂乱辊梳理机

5. 分梳辊式梳理机（德国） 如图 1－3－8 所示。

6. 国产 BG231 型梳理机 如图 1－3－9 所示。

国外非织造用梳理机大都为德国斯宾宝公司的梳理机，如图 1－3－10 所示。

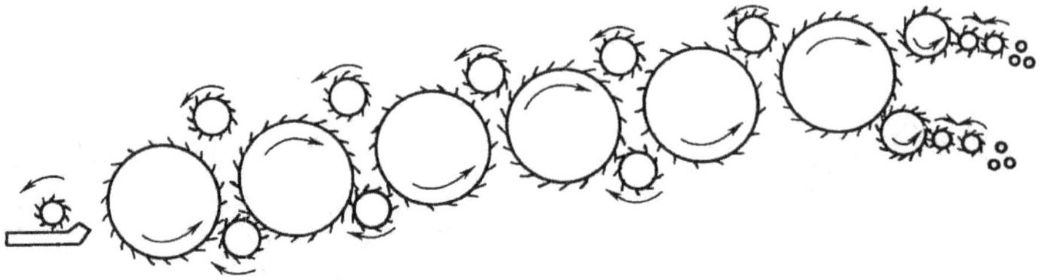

图 1-3-8　分梳辊式梳理机(德国)

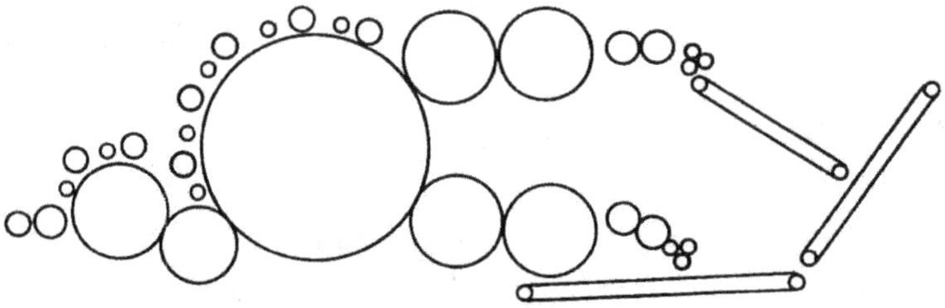

图 1-3-9　BG231 型梳理机

图 1-3-10　德国斯宾宝公司的梳理机

国外非织造布生产中用的梳理机,目前已走向系列化,将梳理机中的各种元件如锡林、工作辊制作好后,可根据用户的要求、所加工的纤维及加工产品的要求进行组合。法国 THIBEAU 公司生产的非织造布专用梳理机就可以组合成 CA10 型、CA11 型系列机型。德国近年还设计出了双道夫三网、四网复合式梳理机,如图 1-3-11 所示。

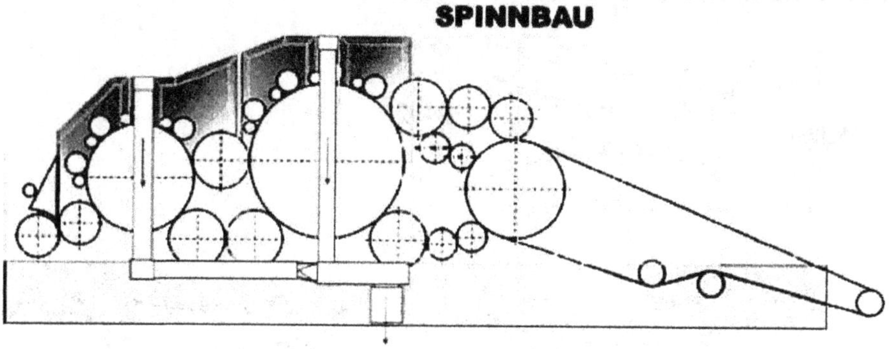

(a) 三网

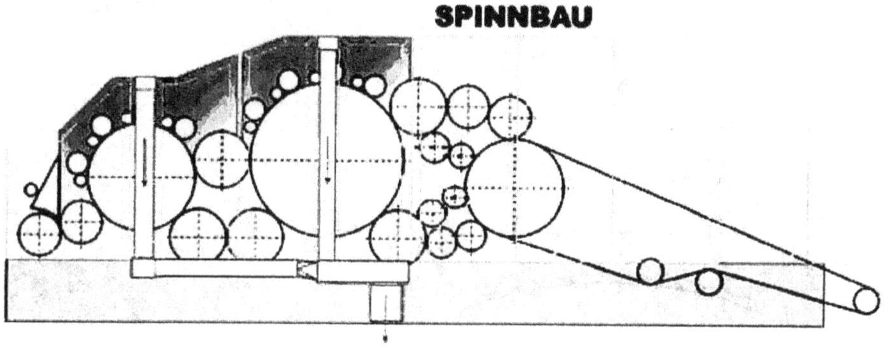

(b) 四网

图 1－3－11　德国双道夫三网、四网复合式梳理机

第二节　梳理原理

一、分梳、剥取、起出作用

梳理机上有大大小小的辊，如罗拉、剥取辊、锡林、道夫等，这些辊上都包覆着针布，这样才能起到梳理作用。包缠了针布的各辊彼此之间相对接近时（形成隔距）便形成了作用区。在作用区内，由于两辊的针向不同、转向（或速度方向）不同、速度快慢不同，便构成了不同的作用性质，这就是三大作用，即分梳作用、剥取作用、起出作用。

（一）三大作用判断

三大作用的示意图如图 1－3－12 所示。变换针向、速度方向、速度大小这三个因素，可排列组合出二十多种作用形式，但其作用性质仍然是三种作用。

在梳理机上，各辊之间形成作用区后，其辊上的针向、速度大小及方向就已确定，在相对运动状态下，可判断其作用的性质。判断时必须了解其相对运动情况下，并掌握以下 3 点：

（1）针尖对针尖为分梳作用。

（2）针尖对针背为剥取作用。

（3）针背对针背为起出（提升）作用。

三大作用的判断是建立在受力分析的基础之上的，图 1－3－13 所示为三大作用的受力分析。

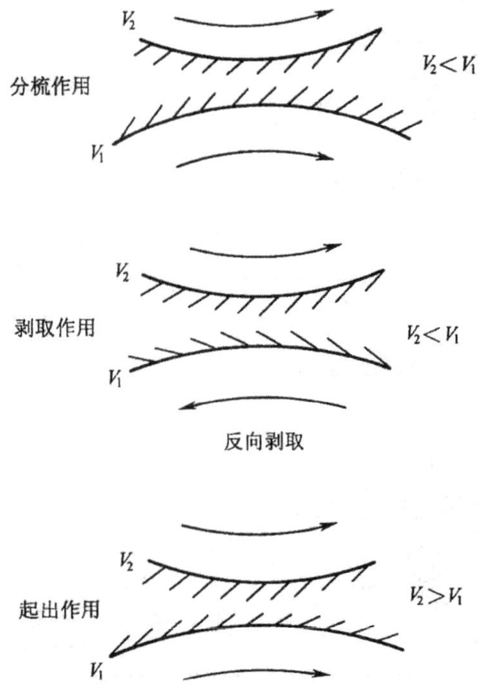

图 1－3－12　三大作用示意图

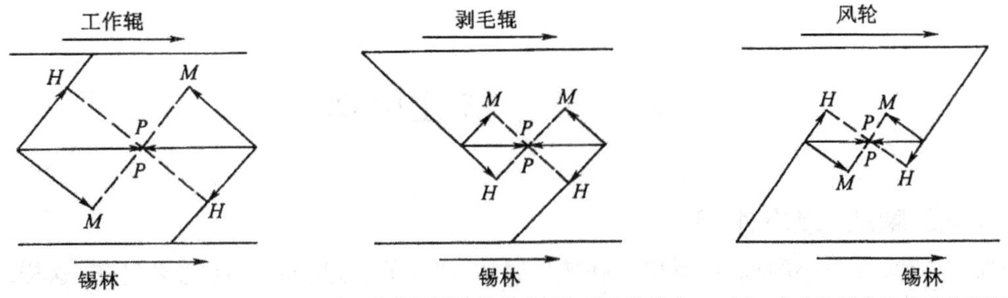

(a) H分力使两个针都具有抓取纤维的能力，起分梳作用　(b) H分力使锡林针具有抓取纤维的能力，使剥毛辊被剥取，起剥取作用　(c) H分力使两个针都不具有抓取纤维的能力，起起出作用

图 1－3－13　三大作用的受力分析

(二)梳理机上三大作用分布

整台梳理机上各辊之间的作用性质都是确定的，其分布如图 1－3－14 所示。从该图中可知，工作辊与锡林、道夫与锡林间均为分梳作用，运输辊与胸锡林、大锡林间，剥毛辊与锡林、工作辊间均为剥取作用，风轮与锡林(包覆弹性针布)间为起出作用。

二、纤维的沿针运动和绕针运动

在梳理过程中，由于针布的作用使纤维受到力的作用，这些作用力可归纳为梳理力、挤压力、反弹力、离心力及摩擦力等，最主要的是梳理力。梳理力就是针布作用于纤维的力。当两个针作用于纤维时，纤维受到张力被拉直，这个张力就是梳理力，如图 1－3－13 中的力 P。正是这个力的作用使纤维被撕开、分梳、转移，也正是由于梳理力的存在才使纤维产生了沿钢针向上或向下的运动及绕针运动。

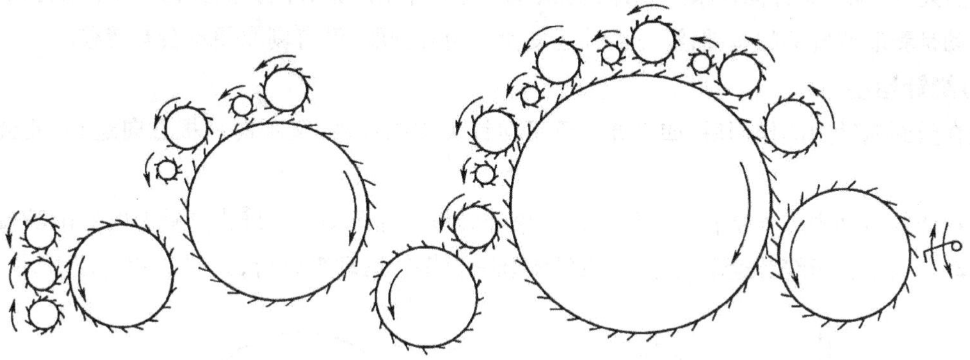

图 1－3－14　三大作用分布示意图

(一)纤维沿针运动

当钢针挂住纤维后，纤维的受力如图 1－3－15 所示。

纤维受到的梳理力 P 可以分解成两个分力 H 及 M，当纤维沿针向上(针尖)运动时，又同时受到向下的摩擦力 F。

当 P 与水平方向分力 H 间的夹角为 θ 时，M、H 的大小将随角的变化而变化，这时

$$M = P \times \sin\theta$$

$$H = P \times \cos\theta$$

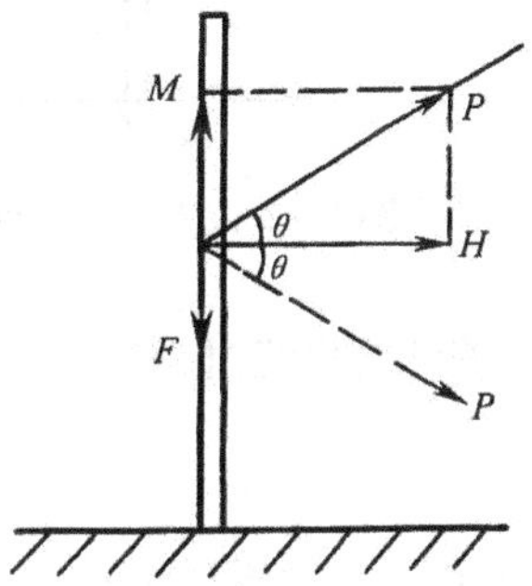

图 1－3－15　纤维受力分析

纤维要沿针的方向向上运动，M 必须大于 F，即 $M > F$。因 $M = P \times \sin\theta$，则

$$F = \mu \times H = \mu \times P \times \cos\theta$$

当 $M = F$ 时，则

$$P \times \sin\theta = \mu \times P \times \cos\theta$$

$$\mu = \frac{P \times \sin\theta}{P \times \cos\theta} = \mathrm{tg}\theta$$

已知摩擦系数 μ，当纤维与钢针摩擦时，μ 在 0.20～0.25 左右，即 θ 在 11°～14°之间，设 $\theta = 13°$。

由 $M > F$ 得 $\mu < \mathrm{tg}\theta$，即 $\theta > 13°$时，纤维即可向上运动。

θ 角称摩擦角，而 2θ 叫做自制范围或自制角。也就是说，梳理力 P 处于 2θ 的范围内时，无论 P 大或小，都不会使纤维产生沿针的上下运动。

为了进一步说明问题，如图 1－3－16 所示，我们把梳理力 P 向钢针根方向的夹角为梳理角或作

用角，用 α 表示，那么，当 $\alpha < 77°$ 时纤维就会向针根运动；当 $\alpha > 103°$ 时，纤维就会向针尖运动；当 $77° < \alpha < 103°$ 时，纤维既不向上（针尖）运动，也不向下（针根）运动，处于自制状态。在自制范围内纤维不会沿针运动，但纤维仍然在受力，于是便产生了绕针运动。

综上所述，纤维沿钢针向针根运动即是抓取纤维，而纤维沿钢针向针尖方向运动即是剥取。所以说沿针运动是剥取或转移的基础，没有沿针运动便不会有剥取，没有剥取便不会有转移。

（二）绕针运动

纤维在受到钢针力的作用后，如果纤维既不向针尖方向运动，又不向针根方向运动，便会产生绕针运动。

纤维在绕针运动中多半是若干根纤维或一束纤维作绕针运动。纤维束从针布的针隙被拉出也属于绕针运动。为了分析绕针运动，先从一束纤维绕一根钢针运动来分析，如图 1－3－17 所示。

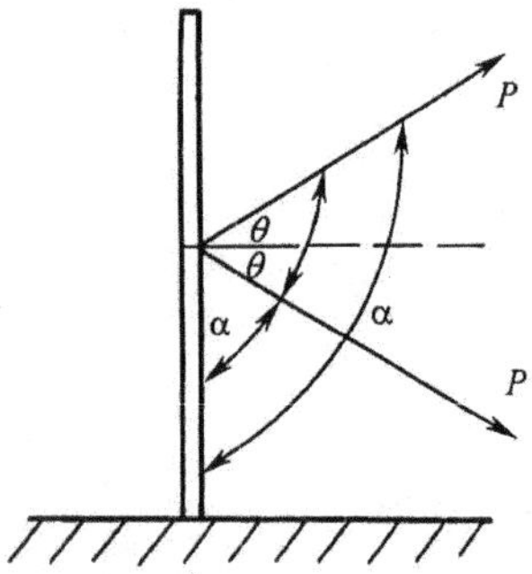

图 1－3－16　纤维自制范围示意图

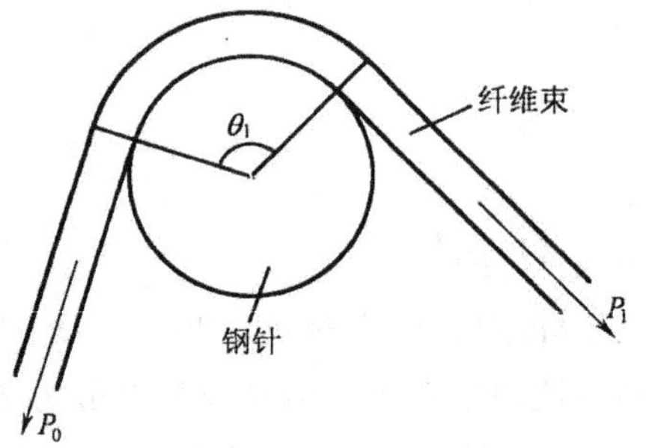

图 1－3－17　纤维绕一根钢针运动示意图

若纤维束绕过钢针后两端受力分别为 P_0、P_1，纤维束对钢针的包围弧所对的角为 θ_1，那么

$$P_1 = P_0 \times e^{f\theta_1}$$

式中：P_0——左端受力；

P_1——右端受力；

f——纤维与钢针间的摩擦因数；

θ_1——纤维对钢针的包围弧所对的角；

e——自然对数的底。

一束纤维绕多根钢针运动，如图 1－3－18 所示。

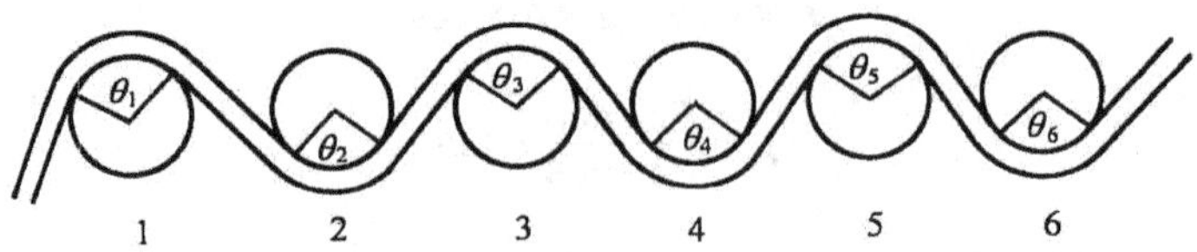

图 1－3－18　纤维绕多根钢针运动示意图

根据上式，可得

$$P_1 = P_0 \times e^{f\theta_1}$$

$$P_2 = P_1 \times e^{f\theta_2} = P_0 \times e^{f\theta_1} \times e^{f\theta_2} = P_0 \times e^{f(\theta_1+\theta_2)}$$

$$P_n = P_0 \times e^{f\sum\theta_1}$$

这个式子说明一束纤维要想从钢针针隙中拉出，所受到的总阻力为 P_n。

如果纤维是一大束又分为若干小束的话，这一大束纤维所受的总阻力为 P，则

$$P = \sum P_n = \sum(P_0 \times e^{f\sum\theta_1})$$

如果每一小束纤维间的抱合力为 F，那么，当 $F > P_n$ 时，这一小束纤维便向前滑移而被梳理。当 $F < P_n$ 时，这一小束纤维便被分撕成两部分。

综上所述，对纤维束的梳理决定于：

(1)纤维束分成小束的数量。

(2)每一小束纤维所围绕钢针的数目及包围角的大小。

(3)纤维与钢针之间的摩擦因数。

(4)纤维之间的抱合力。

然而，纤维被梳理的先决条件是绕针运动，而绕针运动的前提条件是纤维与钢针之间的角度必须在自制范围内。

三、纤维负荷及负荷分配

当喂给机从喂入罗拉喂入纤维后，在梳理机的大小辊上都带有了纤维。但是各个辊，如锡林、工作辊上，其纤维的厚薄或多少是不同的。我们把辊上单位面积的纤维量叫做纤维负荷。各个辊上纤维负荷的大小，既意味着纤维的多少，又涉及梳理效能。因此，研究纤维负荷及其分配实质上就是研究梳理的效能及效果，这是最根本的目的。

(一)负荷的分类

梳理机各辊上的负荷各不相同，大小不等。我们以弹性针布为例来说明负荷的类型。

一般纤维负荷分为两种，一是参与梳理的负荷；二是不参与梳理的负荷。不参与梳理的负荷分布在大锡林针布的最深层，它不参与梳理，被称为抄车负荷。参与梳理的负荷主要有喂入负荷、剥取负荷及返回负荷。但是在各个辊上，有的可能只有某种负荷，因为使用的针布不同，负荷也会不同。在大锡林上使用弹性针布存在抄车负荷，而金属针布不存在抄车负荷。在喂入罗拉、开毛辊上只有喂入负荷，喂入负荷是最基本的负荷，其他负荷都是由喂入负荷派生出来的。喂入负荷是喂入纤维分布在各辊单位面积上的纤维重量，可用下式计算。

$$a = \frac{n \times q(1-\eta)}{v \times b}$$

式中：α——喂入负荷，g/m^2；

n——称纤斗每分钟喂给次数；

q——每斗料的重量，g；

v——辊的表面速度，m/min；

b——辊上纤维层的宽度，m；

η——损耗率,%。

喂入负荷的大小会影响产品的质量,一般喂入负荷大,产量就高,但喂入负荷太大,会加重梳理机的负担,影响梳理效果和纤维网质量。

(二)大锡林上负荷的形成及分布

如图1-3-19所示,当喂入的纤维由运输辊S转移给大锡林C后,大锡林表面便存在喂入负荷。刚开车阶段,由于挤压力等因素使一部分纤维沉积在整个锡林针布的最底层,形成了抄针负荷。其余便都是参与梳理的负荷。这些参与梳理的负荷遇到道夫D后,一部分由道夫转移输出机外,锡林表面仍留下一小部分参与梳理的负荷。这样在Ⅰ区内存在抄车负荷及返回负荷,而Ⅱ区内除了有抄车负荷、返回负荷,还有喂入负荷。当碰到第一个工作辊 W_1 后锡林上的纤维会交给第一工作辊一部分,这部分纤维又被运输辊剥走并交回给大锡林,所以在Ⅱ区内又增加了一个剥取负荷。大锡林带着这四种负荷继续运转,由于遇到第一工作辊便交出一部分负荷,所以,这部分负荷叫交工作辊负荷,它表示锡林每平方米交给工作辊的负荷量。因此,在Ⅲ区内少了一个交工作辊负荷,交工作辊负荷等于剥取负荷,所以在Ⅲ区内存在抄车负荷、返回负荷、喂入负荷。当锡林碰到剥取辊 S_1 后又增加了一个剥取负荷,即锡林每平方米从剥取辊接收的负荷重量。

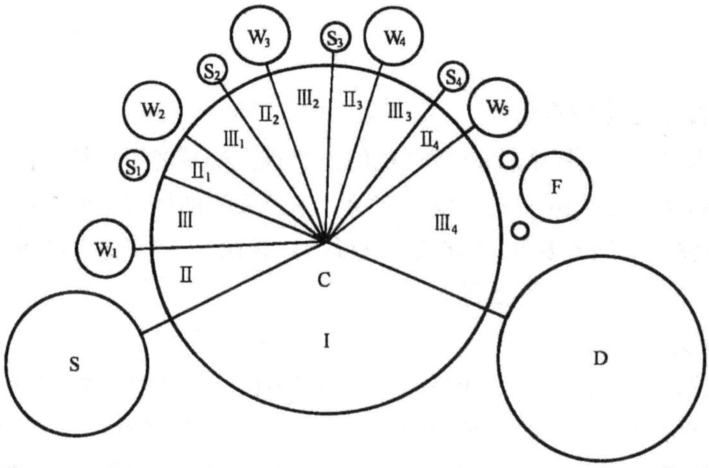

图1-3-19 负荷分布示意图

C—锡林 $W_1 \sim W_5$—工作辊 S—运输辊 $S_1 \sim S_4$—剥取辊 F—风轮 D—道夫

在其他区间,则 $Ⅱ_1 = Ⅱ_2 = Ⅱ_3 = Ⅱ_4 = Ⅱ$;$Ⅲ_1 = Ⅲ_2 = Ⅲ_3 = Ⅲ_4 = Ⅲ$。

(三)负荷的分配及分配系数

从上述大锡林上负荷的形成过程可知,在分梳作用区间内,即锡林与工作辊间、锡林与道夫间,因为作用的性质是分梳作用,也就是两辊彼此都有分梳和抓取纤维的能力,所以必须有从锡林向工作辊(或道夫)转移纤维的现象,这就是负荷的分配。负荷分配的多少也就是交工作辊负荷的大小。为了定量地说明这个问题,把交工作辊的负荷与锡林上参与梳理的负荷的比值称为工作辊分配系数,即

$$K_W = \frac{\beta}{a_1 + \beta + a_3}$$

式中:K_W——工作辊分配系数,%;

α_1——喂给负荷,g/m²;

β——交工作辊负荷(即剥取负荷),g/m²;

α_3——返回负荷,g/m²。

同理,道夫分配系数为

$$K_D = \frac{a_2}{a_1 + a_3}$$

式中:K_D——道夫分配系数,%;

α_1——喂给负荷,g/m²;

α_2——交道夫负荷,g/m²;

α_3——返回负荷,g/m²。

如果 $\alpha_1 \approx \alpha_2$,那么上式又可写成

$$K_D = \frac{a_2}{a_2 + a_3}$$

α_2又称出机负荷,它的大小影响梳理质量,也影响产量。

隔距、速比的变化会引起分配系数的改变,分配系数与纤网质量有一定的内在联系,一般情况下,提高分配系数有利于提高纤网质量。因为提高分配系数意味着锡林每平方米交工作辊或道夫的纤维量增加,锡林返回负荷减少,工作辊上的纤维量增加,纤维接受梳理的机会就增多。锡林返回负荷减少,针隙清晰,有利于梳理。减小工作辊隔距可提高分配系数,但必须合理布置隔距,才能提高纤网质量。隔距的分布原则是:第一工作辊隔距应放大,最后一个工作辊应尽量小。道夫的速比同样会影响分配系数及纤网质量,一般来说,工作辊速比大,意味着工作辊变慢,工作辊挂毛机会多,同时单位时间内锡林梳理增多,梳理效果会变好,但工作辊速比太大,纤网质量也会变坏,应统筹考虑隔距和速比,才能提高纤网质量。对于用弹性针布的梳理机,风轮的速度及扫弧长度也影响分配系数。

第三节　针　布

梳理机之所以能够加工梳理纤维,是因为各辊上都包覆着针布。针布的钢针或针齿将一定的力施于纤维,才能使纤维受到开松、撕扯、梳理的作用,因此针布的类型、规格及质量是影响梳理的重要因素。针布分为弹性针布及金属针布两类。

一、弹性针布

弹性针布是由钢针和底布组成的,钢针多用55号钢及65号锰钢制成U形,穿过底布而构成。针布为条状或带状,宽26.4~59mm不等。底布由棉织物及毛毡组成。弹性针布的规格及构造如表1-3-1及图1-3-20所示。

表1-3-1　弹性针布的规格

符　号	尺寸名称	大锡林、道夫及运输辊针布的钢针尺寸	剥毛辊、工作辊针布的钢针尺寸
A	钢针上部长(mm)	$3.8^{+0.2}_{-0}$	$3.8^{+0.2}_{-0}$
B	钢针下部长(mm)	8.4±0.2	6.5±0.2
C	钢针上部高(mm)	$3.5^{+0.2}_{-0}$	$3.5^{+0.2}_{-0}$
D	钢针下部高(mm)	$8.0^{+0.2}_{-0}$	$6.1^{+0.2}_{-0}$
E	钢针总高(mm)	11.9±0.5	9.6±0.5
S	侧磨长(mm)	2.5~3	2.5~3
X	作用角	68°±2°	65°±2°
Y	植针角	70°±2°	70°±2°

底布名称	层次排列	厚度(mm)	伸长率(%)	pH 值
七层全毡	FCCCCCCC	8±0.2	15	7±0.5
六层半毡	fCCCCCC	6±0.2	15	7±0.5
六层橡皮面	VCLCCCC	3±0.2	15	7±0.5

注　F为全毛毡，C为$\frac{2}{2}$棉斜纹布，f为半毛毡，V为硫化橡胶，L为$\frac{2}{2}$破斜纹麻棉布。

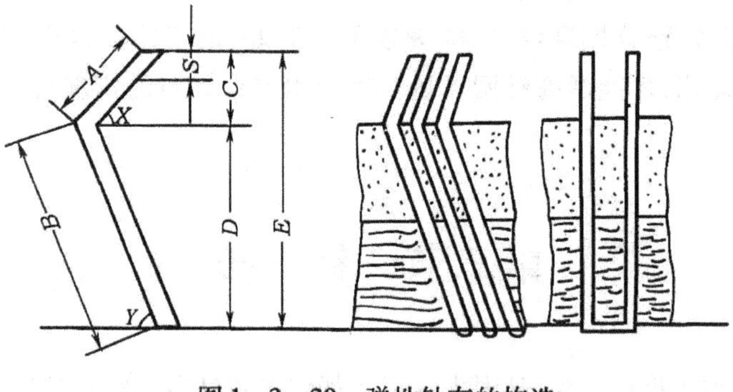

图1-3-20　弹性针布的构造

A—钢针上部长　B—钢针下部长　C—钢针上部高　D—钢针下部高

E—钢针总高　S—侧磨长度　X—作用角　Y—植针角

弹性针布一般用针布号数及钢针号数表示，针布号数表示针布的宽度及单位面积上的针尖数。钢针号数麦尔钢针的粗细，一定的号数对应一定的直径，直径小，号数则高。二者的关系为：

$$钢针号数 = \frac{针布号数}{2} + 21$$

常用的针布及钢针号数见表1-3-2。

表 1-3-2 常用针布及钢针号数

针布号数		钢针号数及直径		
公 制	英 制	号 数	直 径	
			mm	英寸
8	40	25	0.53	0.021
10	50	26	0.43	0.019
12	60	27	0.43	0.017
14	70	28	0.40	0.016
16	80	29	0.38	0.015
18	90	30	0.035	0.014
20	100	31	0.33	0.013
22	110	32	0.30	0.012
24	120	33	0.28	0.011
26	130	34	0.25	0.010
28	140	35	0.23	0.009
30	150	36	0.20	0.008

针布常以汉语拼音字母代表针布型号,如 C 为锡林针布,E 为道夫针布,F 为运输辊针布,G 为工作辊针布,K 为剥取辊针布,L 为风轮针布(弯脚),M 为风轮针布(直脚)。

针布选用应根据梳理机的不同部位、不同辊及所加工的原料而定。锡林常用 C31 ~ C35,工作辊常用 G29 ~ G36,道夫常用 E31 ~ E36,剥取辊常用 K29 ~ K34,风轮常用 L31 ~ L36。通常购买针布时,生产厂家都已按惯例搭配好了。梳理机后车的喂入罗拉、开松辊等大都用金属针布。在非织造布工业中,除了加工天然纤维絮片类产品用弹性针布外,其他生产线大都采用金属针布。

二、金属针布

金属针布是将 2mm 直径的中碳钢丝(含碳 0.45% ~0.5%)压制成一定厚度和宽度的薄片,然后再用金属针布机轧压出齿形,再冲齿,并将齿尖淬火、抛光处理制得。金属针布基部宽大,能承受较大的梳理力,不变形,齿的外形尺寸准确。齿尖硬度 HRC≥50,齿根硬度 HRC≤18,在包卷过程中不会产生裂缝,使用寿命长,产量高,有利于梳理及纤网质量的提高,因此金属针布的应用越来越广。

(一)普通金属针布

普通金属针布的规格如图 1-3-21 所示。

金属针布各部位的尺寸决定了它的功能,最重要的是齿面工作角 α,它直接影响梳理过程中纤维的受力和运动,影响齿的斜度。一般工作辊、道夫用针布的 α 角小于锡林针布的 α 角,这样有利于工作辊及道夫抓取纤维。锡林针布 α 角一般在 75° ~83°,工作辊 α 角在 55° ~65°,道夫 α 角可更小一些。

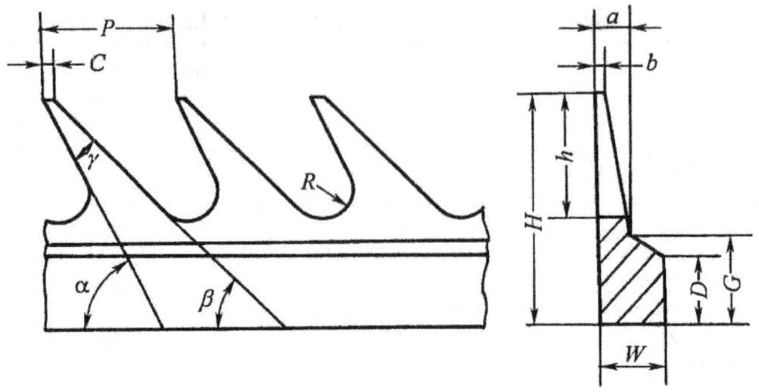

图 1－3－21　金属针布的规格

α—齿面工作角　β—齿背角　γ—齿顶角（α－β＝γ）　P—齿距　C—齿顶长　R—齿基半径
H—齿总高　h—齿深　D—齿根高　W—齿根厚度　a—齿壁宽
b—齿顶厚　G—齿根高＋齿根斜面垂直高度

普通型金属针布选用实例见表 1－3－3。

表 1－3－3　金属针布的选用

机件名称	带齿直径（mm）	金属针布的型号及主要规格型号						每只辊子用量（kg）
		型号	齿根厚度 W（mm）	齿总高 H（mm）	齿距 P（mm）	齿面工作角 α（度）	针尖数［针/(25.4mm)^2］	
喂入罗拉	87	ST—E	1.5	5	10.8	70	—	1.6
第一胸锡林	608	SBT—7	1.5	5.5	5.35～7.15	70	—	31
除草辊	407	SBB—3	0.85	3.5	2.8～3.4	35	—	35
第二胸锡林	608	SBT—4	1.8	5	3.73～4.73	60	—	55
第一～第三转移辊	224	SBT—5	1.2	4.2	4.23	65	—	7
第一～第三工作辊	178	SBT—5						
第一～第三剥毛辊	138	SBT—5						
分梳辊	409	SRW—101	1.2	4.5	2.54	65	212	33
第四转移辊	224	SRW—102					212	18
大锡林	1287.6	SRC—102	1.0	4.5	2.1	65	307	18
第四～第六工作辊	224	SRW—102	1.0	4.5	2.1	65	307	18
第七～第九工作辊	224	SRW—104	1.0	4.5	1.82	65	355	18
第四～第九剥毛辊	129.6	SRT—108	1.2	3.6	3.17	60	170	9
道夫	809	SRD—102	0.9	4.2	1.82	60	395	68
喂入罗拉	后 86	ST—E	1.5	5	10.18	70	1.6	1.6
	前 66							

续表

机件名称	带齿直径(mm)	金属针布的型号及主要规格型号						每只辊子用量(kg)
		型号	齿根厚度 W(mm)	齿总高 H(mm)	齿距 P(mm)	齿面工作角 α(度)	针尖数[针/(25.4mm)^2]	
开毛辊	422	ST—D	1.5	5	8.5	70	—	—
开毛锯条辊	96	ST—F	1.5	5.1	8.5	83	—	—
除草辊	322	(配备两种规格的齿条,即稀齿与密齿相间)						
后运输辊	224	SRW—101	1.2	4.5	2.54	65	212	20
后锡林	1012.2	SRC—101	1.2	4.0	2.54	78	212	83
第一~第三工作辊	224	SRW—102	1.0	4.5	2.1	65	307	18
第四、第五工作辊	224	SRW—102	1.0	4.5	2.1	65	307	18
第六~第八工作辊	224	SRW—104	1.0	4.5	1.82	65	355	18
第一~第八剥毛辊	98	SRT—103	1.2	4.5	2.1	60	170	7
后道夫	611.2	SRD—101	1.2	4.5	2.1	60	257	53
前运输辊	159	SRW—102	1.0	4.5	2.1	65	207	18
前锡林	1292	SRC—102	1.0	3.8	1.82	78	355	104
前道夫	711.2	SRD—102	0.9	4.2	1.82	60	395	68

(二)自锁针布

在金属针布使用的过程中,人们发现在包缠针布中,针布与针布之间没有互相制约,针布易松动,引起张力不均,影响锡林、道夫等工作部件的表面平整度,从而影响梳理效果。因此,人们研制了自锁金属针布,进一步提高了金属针布的技术水平。这种自锁针布有3种型号,即V型、E型、D型,如图1-3-22所示。

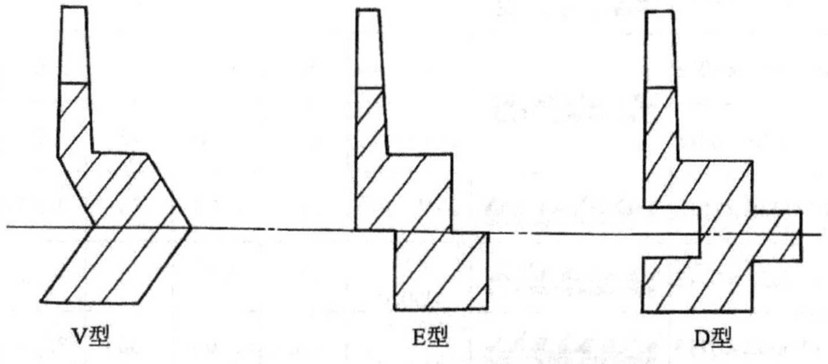

图1-3-22　自锁金属针布

自锁金属针布的选用及配置见表1-3-4。

表 1－3－4　自锁金属针布的选用及配置

序号	标准型号	对照型号	齿　型	单件重量 (kg)	总高 h_1(mm)	工作角 δ (度)	齿距 P (mm)	基部宽 b_1 (mm)	齿尖数 N [齿/(25.4mm)^2]
A	GFV5513×6330	GFV—404		40	5.50	77	6.30	3.00	34
B	GFV5513×6330	GFV—404		14.5	5.50	77	6.30	3.00	34
C	GFV5530×7530	GFV—405		14.5	5.50	60	7.50	3.00	28
D	GFV4740×3618	GFV—406		33	4.70	50	3.60	1.80	99
E	GFV4720×3618	GFV—407		83	4.70	70	3.60	1.80	99
F	GFV4720×3618	GFV—407		19	4.70	70	3.60	1.80	99
G	GFV4730×3618	GFV—409		72	4.70	60	3.60	1.80	99
H	GFV4740×2510	GFV—410		32	4.70	50	2.50	1.00	258
I	GFV3815×3013	GFV—414		164	3.80	75	3.00	1.30	165
J	GFV3815×3013	GFV—414		18	3.80	75	3.00	1.30	165
K	GFV4235×2512	GFV—416		143	4.20	55	2.50	1.20	215

序号	名　称	标准型号	齿　型	对照型号	重量 (kg)	总高 h_1(mm)	工作角 δ(度)	齿距 P (mm)	基部宽 b_1(mm)	齿尖数 N [齿/(25.4mm)^2]
A	喂入辊	GFV5530×7530		GFV—405	14	5.50	60	7.50	3.00	28
B	第一胸工作辊	GFV4740×3618		GFV—406	33	4.70	50	3.60	1.80	99
C	第一胸剥取辊	GFV4720×3618		GFV—407	19	4.70	70	3.60	1.80	99
D	第一胸锡林	GFV4720×3618		GFV—407	83	4.70	70	3.60	1.80	99
E	转移辊	GFV4730×3618		GFV—409	72	4.70	60	3.60	1.80	99
F	主锡林工作辊	GFV4730×2510		GFV—410	32	4.70	50	2.50	1.00	258
G	主锡林剥取辊	GFV3815×3013		GFV—414	18	3.80	75	3.00	1.30	165
H	主锡林	GFV3815×3013		GFV—414	164	3.80	75	3.00	1.30	165
I	道夫	GFV4235×2512		GFV—146	143	4.20	55	2.50	1.20	215
A	工作辊	GFV5020×3113		GFV—H5020	40	5.00	70	3.15	1.30	157
B	第二转移辊	GFV5000×3113		GFV—H5010	21	5.00	80	3.15	1.30	157
C	主锡林第一转移辊	GFV5010×6318		GFV—D5010	90	5.00	80	6.30	1.80	56
D	喂入辊	GFV50(－10)×6325		GFV—D6010	32	5.00	100	6.30	2.50	40

第四节 梳理机作用分析

一、喂给作用分析

梳理喂给作用是靠自动喂给机构实现的，它的主要作用是定时定量均匀地喂入纤维原料，均匀喂给是保证成网质量的前提。喂给机构有以下几种。

(一)机械称重式喂给机构

机械称重式喂给机构也称纤斗式喂给机构，毛纺工业称自动喂毛机，其基本结构如图1-3-23所示。自动喂给的定时喂给靠喂给凸轮及一套连杆机构来控制升毛帘轴的转与停，升毛帘轴转动即升毛喂入毛斗，升毛帘停，意味着毛斗内已满。喂给凸轮每转一转打开毛斗一次，喂入水平喂毛帘，每斗原料的定重靠一个秤杆来控制。

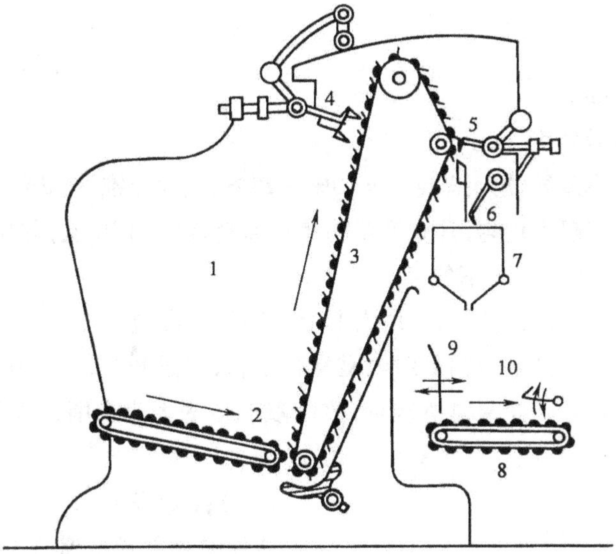

图1-3-23 机械称重式自动喂毛机

1—储毛箱 2—底帘 3—升毛帘 4—均毛耙 5—剥毛耙 6—挡毛板 7—称毛斗 8—喂毛帘 9—推毛板 10—拍毛板

当人工或气流管道将原料送入储毛箱1内后，靠底帘2的转动将原料送进升毛帘3，升毛帘带着纤维上升，多余的原料由均毛耙4剥下，再由剥毛耙5将原料剥下，落入称毛斗7内。每斗原料再一斗斗落入水平喂毛帘8上，由推毛板9推向前边，再由压毛滚筒或拍毛板10压平，然后再喂入喂给罗拉。

这种机械称重式喂给机构虽然已陈旧，但目前不少梳理机上仍然在沿用。喂入量的大小由喂入的每斗毛重量及每分钟喂给次数来决定，即

$$W = G \times N = G \times \frac{60}{T}$$

式中：W——喂入量，g/min；

G——每斗毛重量，g；

N——每分钟喂给次数；

T——喂毛周期，s。

其中每斗毛重量 G 由秤杆移动来实现，喂毛周期 T（两次喂给的时间间隔）由每分钟喂给次数 N 决定，喂给次数 N 即喂给凸轮每分钟转数，可通过传动图的传动来计算。计算喂入量时，一般应与产量相平衡，即

$$喂入量 \times (1 - 消耗率) = 产量$$

$$G \times \frac{60}{T}(1-\eta) = g \times V_D \times b$$

式中：η——消耗率；

g——纤网重，g/m^2；

V_D——道夫速度，m/min；

b——道夫上纤网有效宽度，m。

其中不同原料的消耗率差异较大，羊毛 $\eta = 10\% \sim 25\%$，化学纤维 $\eta = 2\% \sim 4\%$，通常根据经验确定相应的消耗率。为了实现喂入均匀，常对毛斗的每斗原料连续测 20 次，并用卓来尔公式计算不匀率。现在一般都用求 CV 值的方法求不匀率。

喂入的均匀与否关系到产品的质量，所以人们对这种机械称重式喂给机构进行了很多改进。采用双箱喂给、二次称重式喂给，升毛帘轴采用电磁离合控制、水银开关、光电开关等，使喂给不匀率降到 3% 以下。有的国家还采用了自调匀整装置，控制喂毛量的大小及喂入罗拉的速度，实现均匀喂入，使喂给不匀率降到 1.0% 以下。

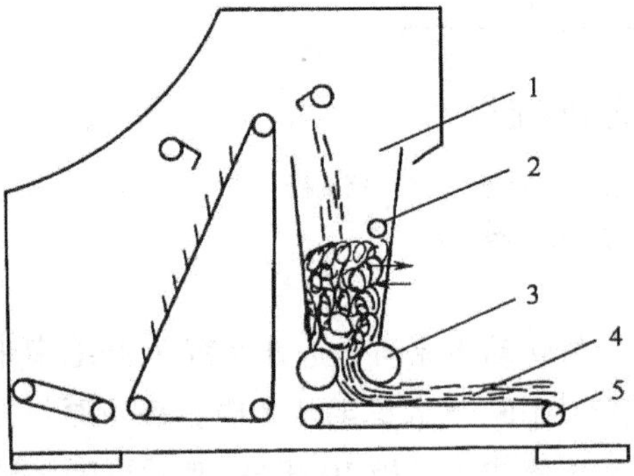

图 1－3－24　容积式喂入机构

1—容量箱　2—光电管　3—输出罗拉

4—纤维网　5—水平输出帘

（二）棉卷喂入

这种喂给方式是棉纺工业一贯采用的方法，经过开松、除杂，打成棉卷，力求使棉卷的厚度、长度一致，以保证喂入梳理机的均匀度，这种喂入形式能实现生产过程中的质量要求。在非织造布工业中也有采用这种方式的，但较少。

（三）容积式喂入机构

借鉴于棉卷喂入，可把机械称重式喂给机构改进为容积式喂入机构，如图 1－3－24 所示。纤维由升毛帘剥下后落在容量箱 1 内，当喂入高度超过光电管 2 后，喂入自动停止，以保证箱内纤维的高度重量稳定，这样才能确保由输出罗拉 3 输出的筵棉厚度一致、重量均匀，然后再由水平输出

帘5输出喂给梳理机。如果要增大或减小纤维喂入量，可调节容量箱的左挡板，以调节容积的大小，使筵棉改变厚薄。这种方式是机械式称重与棉卷喂入方法的组合，既简单易行，又能保证喂入的均匀度。

国外喂入机构的形式也很多，从国内引进设备来看，新型喂给机构增加了除尘开松等功能，典型的形式如图1－3－25所示。

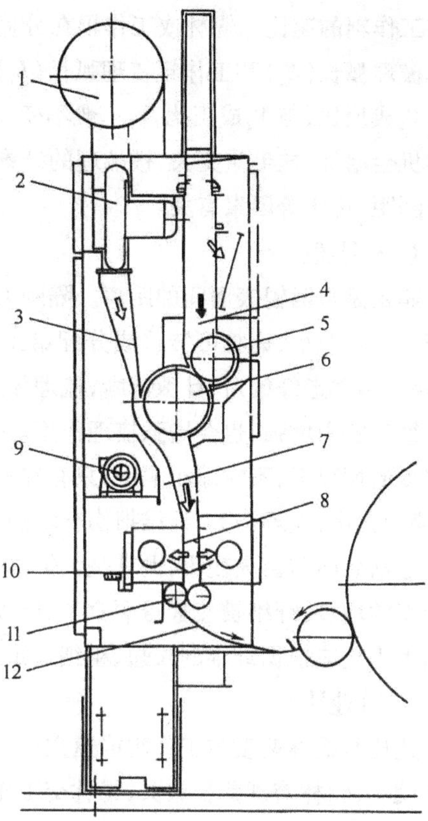

图1－3－25 FBK533型喂棉机

1—吸尘管 2—压缩空气系统 3—压缩空气分配系统 4—储料槽 5—喂入罗拉 6—开松罗拉 7—喂入槽 8—压缩空气导出梳 9—开松罗拉驱动电动机 10—回风管 11—输出罗拉 12—导网板

二、分梳作用分析

在梳理机上，分梳作用区主要表现在工作辊与锡林、道夫与锡林之间，如图1－3－26所示。分梳作用区的作用范围为 *abcd* 所围的空间，*ab* 为开始边界，*cd* 为结束边界。当锡林带着纤维到开始边界 *ab* 处时，锡林上部分纤维的头端被工作辊针布所握持。由于锡林速度快，有的纤维有调头现象，被工作辊抓取的纤维就会受到锡林的梳理。在开始及结束边界处伴有部分剥取作用，但整个梳理都在作用范围之内发生。

梳理作用范围的大小依赖于两辊间的隔距，隔距小，梳理作用范围大，被梳理的纤维多，梳理效果相对较好。工作辊直径变化范围大，梳理作用范围就会变大，梳理效果也会好转。

锡林直径大、速度快，所以充分发挥锡林的梳理作用是很重要的，因为锡林是主要的梳理部件，而工作辊是第二位的，但工作辊能起挂毛作用。梳理机件的梳理能力一般用梳理弧长来表示，即工作辊用时间 t 走过 *bd* 的弧长为 L_1，那么

$$L_1 = V_1 \times t$$

式中：V_1——工作辊的速度。

如果锡林走过的弧长为 L_2 的话，则

$$L_2 = V_2 \times t$$

式中：V_2——锡林的速度。

因为 $$t = \frac{L_1}{V_1}$$

所以 $$L_2 = V_2 \times \frac{L_1}{V_1} = L_1 \times \frac{V_2}{V_1}$$

由此可见，锡林走过的弧长等于工作辊走过的弧长乘以锡

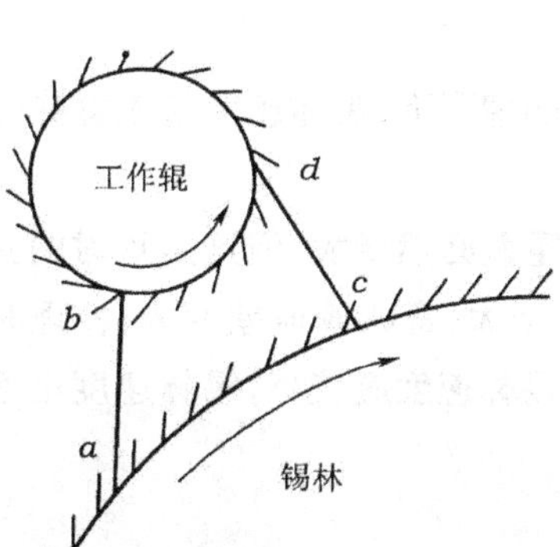

图1－3－26 分梳作用区分析

林和工作辊的速比。锡林或工作辊在分梳作用区作用时间内走过的弧长或梳理纤维的弧长分别称为锡林梳理弧长(L_2)和工作辊梳理弧长(L_1)。从上可知:L_2远远大于L_1,即锡林的梳理作用是主要的;L_2与V_1成反比,与V_2成正比,V_2一般不变,若V_1变小,即工作辊速度变慢,L_2就增大,同时也使工作辊挂毛的机会增加,挂毛量变大,被梳理的纤维增多,梳理效果就会变好。总之,分梳作用区梳理效果的好坏与隔距、速比等因素有关。

(一)隔距

隔距是指两辊表面间的距离。隔距大,作用区变小;隔距小,作用区变大,梳理弧长变大,作用效果变好。隔距小,锡林可转移或分配给工作辊更多的纤维,使工作辊挂毛量增大,提高梳理效果;同时,锡林转移走纤维后,针隙清晰,梳理效果会更好;小隔距,使纤维间的挤压力增大,工作辊、锡林抓取纤维的能力增强,也会增强梳理作用。但是如果喂入量较大,作用区内纤维量大,在工作辊上纤维足够多的情况下,不宜缩小隔距,只有在喂入量不大的情况下才可以缩小隔距。隔距也并不是越小越好,隔距太小,梳理力大,纤维损伤会增加,也容易损坏针布,使针齿变形,影响梳理。通常隔距的设计原则是从后向前由大变小,尤其是大锡林上最后一个工作辊隔距应放大,最前一个应放小。因为随着梳理点的增多,纤维被梳理得顺直了,所以到前面第五个工作辊时,隔距小一些也不会损伤纤维。隔距的大小还应根据纤维的长短、粗细而定,长纤维、细纤维的隔距可放大一点。

(二)速比

速比是锡林速度与工作辊或道夫速度之比,即表面速度或线速度之比。工作辊速比大,工作辊的速度就小,锡林梳理弧长愈大,锡林交工作辊的纤维量也就愈多。所以,工作辊上的纤维量与工作辊速比成正比。当交工作辊负荷不变的情况下,速比愈大,即工作辊速度愈小,工作辊负荷愈大。在某种程度上,工作辊速比愈大,锡林梳理弧长愈大,梳理作用愈强,但工作辊负荷过大也会造成梳理不透。工作辊速比原则上由后向前逐渐变大。在生产实践中,一般要视最前工作辊上纤维量的厚薄而变化,即应根据喂入量的大小来确定,也可根据原料的开松程度通过试验来确定速比。

(三)喂入负荷

喂入负荷的大小影响分梳作用的梳理效果,也涉及产量的高低。在产量不大的情况下,适当加大喂入负荷,可提高工作辊的分配系数,有利于提高梳理质量。但并不是说喂入负荷愈大愈好,喂入负荷增大,梳理机各辊上的负荷增大,这对梳理不利,纤网质量会恶化。可根据纤维的品质增减喂入负荷,并要与隔距、速比相适应。

(四)锡林速度

锡林是主要梳理机件,它的速度一般是不变的。在喂入量不变的情况下,锡林速度增大意味着喂入负荷下降。若锡林喂入负荷不变,锡林速度增大,则产量会提高。

若大锡林喂入负荷不变,锡林速度增大,道夫速度也增大,出网重量必然增大,但这是短时的。锡林速度增大也提高了锡林梳理弧长,可提高梳理效果。但锡林速度增大,意味着速差变大,梳理时冲击力变大,易损伤纤维,尤其对开松不好的纤维损伤更严重,所以胸锡林速度应较小,锡林速度也不宜太大,否则会增大落毛,使消耗增大,制成率降低。

(五)针布状态

针布的锐利程度,有无弯针、倒针、断针,以及抄车负荷、风轮的工艺参数、工作辊和道夫的直径等,都对分梳作用区的梳理效能有一定影响。

弹性针布必须磨针，而金属针布一般不磨针，在特殊情况下，可轻磨，以增大锐度。

三、起出作用分析

在大锡林上包覆弹性针布的情况下，向道夫转移纤维时，由于纤维被挤压，纤维在锡林针隙深层不易转移，而是依靠风轮的作用使纤维移向锡林针布的上部，以便于将纤维转移给道夫，而风轮使锡林上的纤维提升到针布上部的作用即为起出作用。

大锡林和风轮上包覆的针布不同，大锡林针布一般选 34 号钢针，而风轮针布钢针比大锡林的大一两号，即选 36 号，以便于插入锡林针内。在起出作用发生后，大锡林针布的工作角为 87°，而风轮为 90°。根据它们的针向、速度方向及速度大小可判断其是起出作用。大锡林与风轮间为负隔距，即风轮针布插入到大锡林针布内，风轮钢针插入的深度及大小决定着起出作用的效果。

图 1－3－27 所示为风轮钢针插入大锡林针布的状态。*ACBD* 所围的空间叫作用范围或起出作用区，与两中心连线 O_1O_2 相交的 *CD* 长度为插入深度。*ACB* 弧长为接触弧长，也叫扫弧长度。*CD* 愈深，扫弧长度 *ACB* 愈长。图中 *E* 为 *AB* 连线与 *CD* 交点。不同扫弧长度对应不同的插入深度，见表 1－3－5。

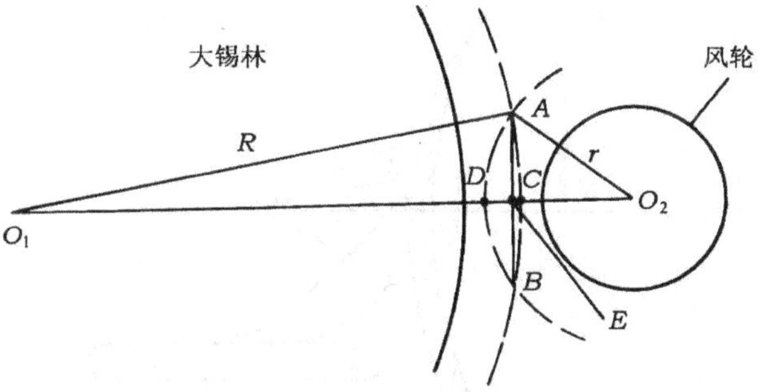

图 1－3－27 风轮插入深度

表 1－3－5 扫弧长度与插入深度的对应关系

ACB(mm)	10	15	20	25	30	35	40
CD(mm)	0.092	0.207	0.368	0.575	0.827	1.127	1.470

因为插入深度不易测定，所以一般靠调整扫弧长度来确定插入深度。扫弧长度一般为 20～40mm，常用 25～35mm。原料纤维长、卷曲大，扫弧长度大，反之扫弧长度小些。扫弧长度是影响起出作用的主要因素之一。

在图 1－3－27 中起出作用区从 *A* 到 *B* 点，但从理论推算可知，在 *A* 点，根据纤维受力及作用角的大小判断，其属于分梳作用，而起出作用的开始点是在 *AB* 线与中心连线交点 *E* 以上几毫米的位置，这个起始点愈向上，起出作用区愈大。实践证明，起出作用的大小与风轮速比有直接关系，风轮速比愈大，起始点愈往上。据计算，风轮速比在 1.1～1.5 之间，速比愈大，起出作用愈强烈，常用的风轮速比为 1.2～1.4。

风轮的扫弧长度与速比是相互关联的，在生产中应合理选用。一般来说，速比较大时，扫弧长度可小一点，速比较小时，扫弧长度可大一点。

当大锡林包覆金属针布时，一般不用风轮。这是因为金属针布针齿浅，角度设计合理，纤维不易沉积在底部，也不会形成抄车负荷，且没有返回负荷。特殊情况下，如气流成网前，为了把梳理机锡林上的纤维全部剥下，也会用风轮。

四、道夫、锡林间的作用

从道夫与锡林间的针向、速度及转向来看，它们也属分梳作用，但是道夫分梳作用区不同于工作辊分梳作用区。其分梳作用在原理上同工作辊，但由于道夫直径大（甚至等于大锡林直径）、针布工作角较小、速比大、作用区大，所以这个分梳作用区内存在着纤维的凝聚作用。正是由于道夫的凝聚作用，才把大锡林上经过多次梳理并达到要求的纤维凝聚在道夫上而输出机外。采用双道夫除了可使纤网均匀外，还可把大锡林上梳理好的纤维完全凝聚下来，从而提高产量。

五、斩刀作用分析

斩刀的作用是剥离道夫表面的纤维层，以形成纤维网而输出机外，再由导网帘输走。斩刀在剥离纤维层时既不能剥乱，也不能剥破，还要保证连续均匀地输走，这就涉及斩刀的剥离速度与道夫速度的配合问题。斩刀的剥离过程如图 1－3－28 所示。道夫以一定的速度带着纤维层向上运动，而斩刀的摆动路径由 1—2—3，然后再由 3—2—1—2，这一往复过程中的 3—2—1—2 为无效动程，只有 2—3 为有效剥离动程。有效剥离动程中，斩刀的剥离长度 L 由两部分组成，一是道夫静止不动时，斩刀由 2 至 3 走过的弧长，设为 L_1；二是斩刀剥离的时间内道夫走过的长度，设为 L_2，那么斩刀一个动程剥离的长度 $L = L_1 + L_2$，这个长度可以从斩刀传动机构的部件尺寸来求得。但这个长度要求斩刀的摆动次数必须为 600 ~ 700 次/min。实际斩刀的摆动次数为 1000 次/min 左右（有的约为 3000 次/min），以实现顺利剥离而不破坏纤网。

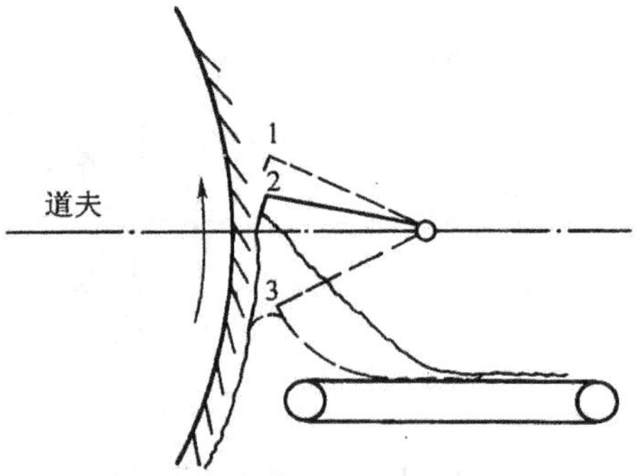

图 1－3－28　斩刀的剥离过程

六、混合均匀作用

喂入梳理机的散纤维虽然经过开松、混合，但在组成、色泽上还很不均匀，仍然是块状纤维，只有经过梳理机梳理后才能变成均匀一致的纤维网，这就是梳理机混合均匀作用的结果。梳理机的混合均匀作用表现在：

（1）喂入机构、喂给箱及水平喂入帘有一定的混合作用。

（2）在梳理机上，锡林与工作辊、剥取辊之间形成一个梳理环，锡林带着纤维层与工作辊进行分配，剥取辊又把工作辊上的纤维层剥下来交给锡林，与锡林上的纤维混合在一起，然后再进行多次这样的分配与混合，使纤维得到了充分的混合。这样的混合作用表现在五个工作辊和剥取辊之间，也就是五个梳理环之间。

（3）锡林碰到道夫，分配给道夫一部分纤维层，但还剩余少量纤维，锡林带着这种返回负荷又与新的喂入负荷重新混合，并且进行再分配，重复前一个梳理周期。

混合均匀作用会影响纤维的粗细、长短、色调、品质的均匀一致性，也会影响半成品纤网、成品的质量。

第五节 梳理机工艺设计及质量

一、梳理机工艺设计

(一)选用原料

梳理机的工艺设计首先要考虑原料的选用。在准备工序中,开松混合的程度、纤维蓬松度的大小、喂入量的控制是有差异的。纤维原料的搭配比例、纤维长度及离散、线密度及离散、含杂、含油、回潮率等性能状态是梳理工艺参数制订的基础,是工艺顺利进行的前提。

(二)喂入量

喂入多少可反映产量高低,蓬松度大的纤维喂入量可小些,喂入的均匀程度也必须控制。喂入不匀率大会影响纤维网的质量,因此必须严格控制、及时检测喂入的均匀程度。

(三)隔距

梳理机上各辊之间都有一定的隔距,后车隔距一般都是固定的,只有主锡林主体梳理部分有所变化。隔距分布原则是,由后车向前车隔距逐渐变小。这是因为刚喂入的纤维块状、束状的较多,同时纤维仍有纠结,所以隔距应大些,如果隔距太小易损伤纤维。经过几个梳理环的梳理后,纤维比较松散、顺直,单根率逐渐增大,隔距也就可以逐渐变小,这样不会损伤纤维。隔距大小还需根据纤维长度而定,长纤维、粗纤维的隔距应大些,喂入量大,隔距应大些。隔距的大小用隔距片(图1-3-29)调校。隔距片上都标有厚度。校对隔距时靠经验和手感,要求左、中、右一致,松紧适中。

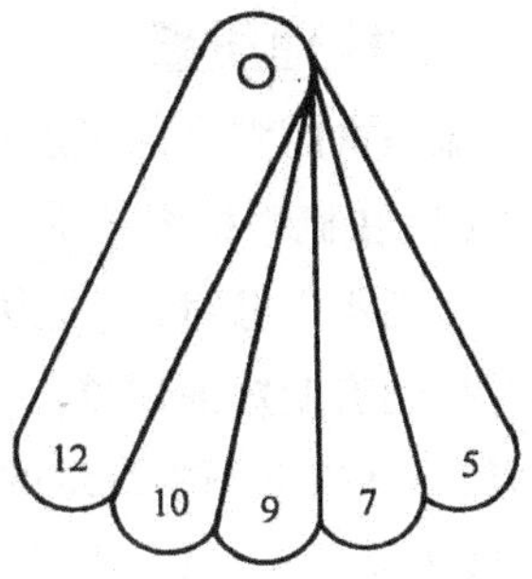

图1-3-29 隔距片

在生产针刺棉、针刺地毯、针刺土工布、针刺合成革基布、热轧非织造布、浸渍非织造布等的生产线上,梳理机隔距的配置可互相参照,但也有一定差异,原料不同、针布不同,隔距的大小就有差异,原料性能是其基本依据。

(四)速比

速比意味着速度差异的大小。速比大,则速差大,梳理力大,梳理作用强烈。根据原料在加工过程中的状态,工作辊速比一般是由后向前逐渐变大。这是因为第一工作辊处纤维还有纠结,速比太大易拉断纤维;速比适当小一点,可逐步缓和梳理;到第五工作辊处速比可大些,一方面纤维此时已比较松解,速比大不会拉断纤维,另一方面速比大还可以提高梳理效果。速比的大小设计实质上是速度的大小选用。通过传动计算,算出各辊速度即可确定速比。速度 V 一般按下式计算:

$$V = \pi \times D \times n$$

式中:D——辊的直径加上两倍针布高度;

n——转速,r/min。

速比包括风轮速比、工作辊速比、道夫速比,它们影响梳理的效果,速比不合理,纤网质量会恶化。

(五)工艺计算

工艺计算主要指喂入量、喂给周期、产量及各辊的速比计算。

喂入量、喂给周期计算前边已讲到，产量计算主要是计算道夫速度。

$$G = V_{道} \times g \times \frac{b}{1000} = \pi \times D_{道} \times n_{道} \times g \times \frac{b}{1000}$$

式中：G——梳理机产量，kg/min；

g——纤网单重，g/m^2，双道夫必须把两个纤网单重相加；

b——道夫纤网有效宽度，m；

$V_{道}$——道夫速度，m/min；

$D_{道}$——道夫直径，m；

$n_{道}$——道夫转速，r/min。

道夫的速度或转速必须通过机械传动图来求得。

一台机器（如梳理机）的工艺计算要依据机器的传动图，不同的机器传动形式不同，传动图便不一样。不同厂家生产的同种机器，其传动图也不同。但各辊线速度计算方法相同。

二、梳理质量

梳理机的整个加工过程，最终目的是为了保证纤网的质量。纤网的质量包括多方面，讨论如下。

（1）在梳理机中纤维要经过开松梳理过程，在这个过程中，针布对纤维的作用是很大的，尤其是开松程度不太好时，梳理力大很容易拉断纤维。拉断后特别短的纤维便落下成为落毛，而出机纤网中的纤维也有变短的现象。纤维变短不利于成网，即使成了网，纤维间的互相交结少，纤网强度也较小，所以，要保持纤网中纤维的平均长度。其主要措施是加强开松、合理加入油剂、设计合理的隔距和速比，喂入量的大小也必须控制好。

（2）纤网的均匀度包括纵向不匀和横向不匀，这种不匀一般用重量不匀率来表示，即用 CV 值（变异系数）表示。

$$CV = \frac{\text{试样的均方差}}{\text{试样的算术平方数}} \times 100\%$$

横向不匀一般由左右喂入不匀、左右隔距不一、针布出现毛病及纤维缠绕等原因造成。纵向不匀（即长度方向上）一般分为短片段（50cm 以下）不匀、中片段（50cm ~ 5m）不匀、长片段（5m 以上）不匀，这种不匀往往为周期性的不匀，常与设备有直接关系，应从设备上查找原因，如果不是设备造成的，则再考虑其他原因。

（3）纤网局部破洞或破裂与纤网不匀有关，纤网薄厚不一致、轻重不匀，易造成破洞与破裂，意外牵伸、静电、气流、刮风等都会引起纤网不匀。

（4）纤网云斑是梳理不良的反应，也是不匀的体现。

（5）纤网的毛粒（棉结）是梳理过程中纤维纠结造成的。毛粒是指纤维纠缠成疙瘩状，其大小不一，纠缠的程度也不同。梳理力太大或距离太大都有可能造成毛粒。原料中油水不当也会造成毛粒，如果加油合适，毛粒易梳开，这种毛粒一般称活毛粒；如果毛粒梳理不开，即称死毛粒。毛粒的去除是个复杂的问题，其影响因素很多。

（6）纤网中土杂含量一般与原料有关，天然纤维含土杂多，合成纤维含土杂少，但合成纤维有切屑及并丝。

思考题

1. 梳理机有哪几种类型，画出罗拉梳理机的侧面结构示意图。
2. 详细叙述梳理机的加工工艺过程。
3. 简述三大作用判断，并画出梳理机各辊的针向、速度方向快慢，指明各辊的作用。
4. 简述沿针运动和绕针运动的意义。为什么说沿针运动是剥取的基础，而绕针运动是分梳的基础？
5. 为什么要研究负荷的分配？
6. 试分析梳理机的起出作用、分梳作用、混合均匀作用？
7. 为什么说隔距、速比、针布是梳理机的三大工艺参数？
8. 怎样调整隔距、速比，梳理机产量怎么计算？试举例说明。
9. 梳理机的梳理质量受哪些因素影响？
10. 简述针布的分类、针布的规格及作用。

第四章　成网与铺网

本章知识点

1. 非织造布中的成网方法。
2. 成网机的原理。
3. 铺网的形式。
4. 铺网机的原理。

非织造布的加工需要先成网，然后才能进行加固成布。这里成网是指成单网，即单层网或几层网，或由单网经铺网机折叠成厚网再去后加工，这些都属于短纤维干法成网。单网或多层折叠都要经过一定的机械来实现，成网要达到一定的均匀度要求，纤网的结构根据产品质量和用途不同而有不同的要求。

第一节　成　网

梳理机的加工使散纤维逐渐趋向单纤维化并附着在道夫表面，实际上，纤维在道夫表面已经成了网，也可以说是梳理成网。但是，它只有通过斩刀或剥网机构剥下后，才能真正完成纤网产品。

一、剥棉成网

1. 斩刀剥棉　常规剥棉的一种形式，这种形式行之有效。斩刀与道夫间的隔距、斩刀的位置是影响纤网质量的重要因素。这种形式不适宜高速高产。斩刀速度可达 3200 次/min。

2. 罗拉剥棉　这种剥棉形式靠 1 ~4 个罗拉来实现剥棉作用，如图 1 -4 -1 所示。

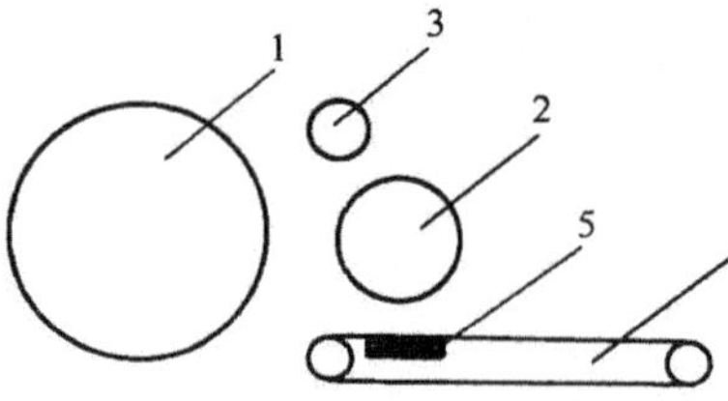

(a) 单罗拉剥棉

1—杂乱辊或道夫　2—剥棉罗拉　3—绒辊
4—水平输网帘　5—真空负压装置

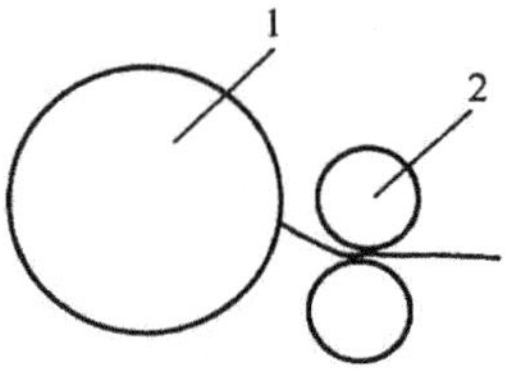

(b) 双罗拉剥棉

1—道夫或杂乱辊　2—剥棉罗拉

图 1 -4 -1

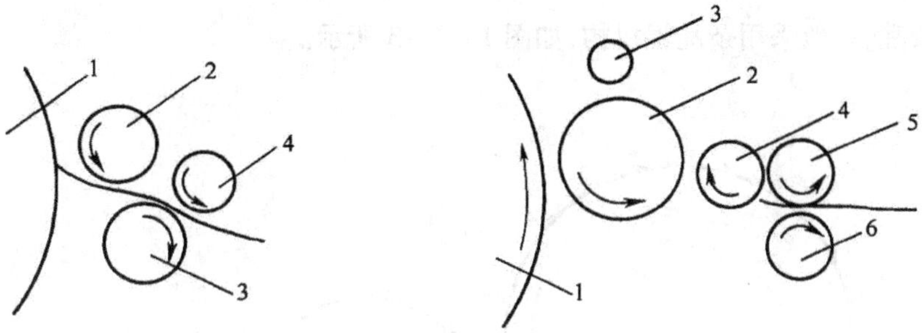

(c) 三罗拉剥棉

1—道夫　2—剥棉罗拉　3—下轧辊
4—上轧辊

(d) 四罗拉剥棉

1—道夫　2—剥棉罗拉　3—绒辊
4—转移罗拉　5，6—轧辊

图 1－4－1　几种剥棉装置示意图

法国 THIBEAU（蒂博）公司生产的 CA6 型梳理机上的剥棉机构是用电斩刀，斩刀摆动次数为 3200 次/min，另外，还有申请专利的 DUR 剥离罗拉 ROTOCOMB 分离系统，如图 1－4－2 所示。剥离罗拉 3 包覆针布，剥取道夫 2 上的纤维，其转速可变换，并需一定的角度 β，通过一个监视技术控制，使纤网与交叉铺网机之间保持理想张力，保证纤网不产生牵伸。除此以外，法国 THIBEAU 公司还设计了 LDS（线性分离系统）、三罗拉剥离、电子罗拉剥离系统。剥离机构的设计合理性、技术的先进性等对成网起着重要作用。

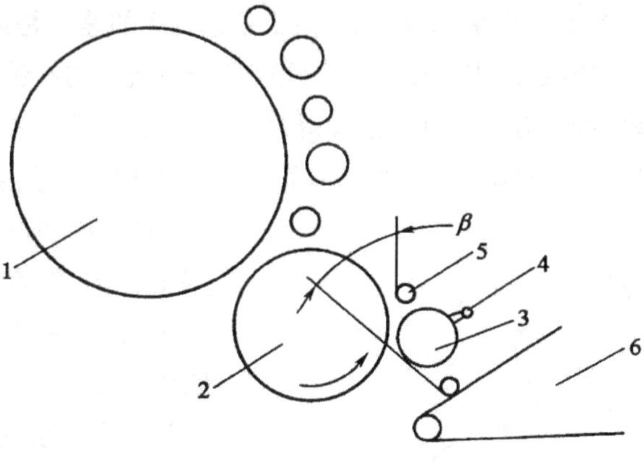

图 1－4－2　剥离罗拉 ROTOCOMB 分离系统

1—锡林　2—道夫　3—剥离罗拉　4—电斩刀（DUR）　5—挡辊　6—交叉铺网机

二、杂乱成网

非织造布的加工流程短，因此要求成网质量高。特别是表现在纤网的结构上，纤维排列要杂乱，以减小纵横向强度比，尽量实现各向同性。为达到这个目的，在机械设备上采取了多种机构。

1. 杂乱辊杂乱　在梳理机上通过锡林与工作辊的梳理使纤维实现了单根化，并使纤维充分松解，纤维相互间近似平行顺直。但在非织造工程中，这种相互平行顺直的纤网结构是不可取的。为了实现纤维的杂乱，一般采用杂乱辊机构，如图 1－4－3 所示。

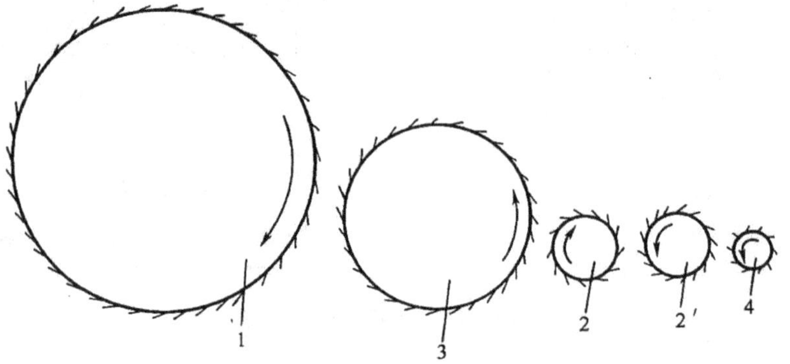

图 1－4－3　杂乱辊机构

1—锡林　2，2′—杂乱辊　3—道夫　4—剥离辊

这种杂乱辊利用速比的变化来实现凝聚杂乱，也称为凝聚辊。锡林 1 与道夫 3 之间是分梳作用，但如果道夫速比大，道夫速度变慢，道夫针布工作角变小，当小于锡林针布工作角时，道夫抓取纤维的能力会加强，纤维会在锡林、道夫间产生凝聚。通常锡林、道夫间的凝聚作用并不十分突出，出机的纤网基本趋于顺直。在道夫前加上两个杂乱辊 2、2′，由于杂乱辊 2 的速度是道夫的 1/3～1/2，而杂乱辊 2′的速度是杂乱辊 2 的 2/3，这样在道夫与杂乱辊 2 之间及杂乱辊 2 与杂乱辊 2′之间便产生纤维的凝聚，由于速比设计合理，所以凝聚作用十分明显，使纤维产生调头，调头又不同程度地实现杂乱。其杂乱效果纵横强度比可达到(3：1)～(6：1)。如果杂乱辊加上横向移动，其杂乱程度会更大。

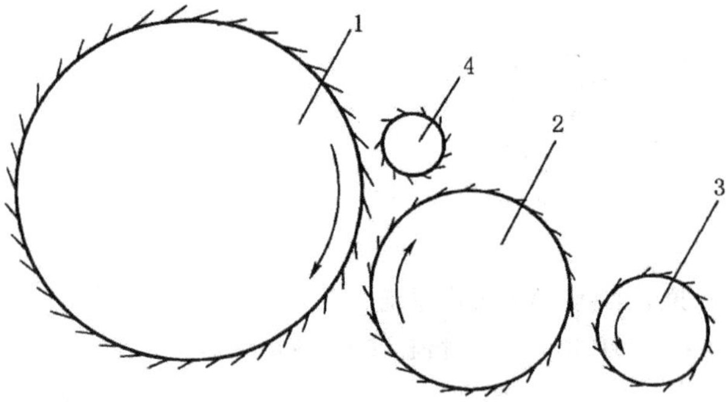

图 1－4－4　高速杂乱辊

1—锡林　2—杂乱辊　3—道夫　4—挡风辊

在锡林和道夫间增加一个高速杂乱辊(亦称无规杂乱辊)，如图 1－4－4 所示。这种杂乱辊主要是利用气流作用来实现纤维的杂乱。虽然锡林 1 与杂乱辊 2 之间是分梳作用，但杂乱辊 2 仍有抓取纤维的能力，尤其在其针布工作角较小的情况下，他们之间会产生凝聚作用，使纤维在锡林、杂乱辊和挡风辊之间形成气流三角区。由于锡林、杂乱辊的高速回转，彼此形成的气流附面层的大小、方向不一致(附面层气流大小及其对纤维的黏滞摩擦阻力的大小与旋转体的转速、半径有关，其理论依据是空气动力学原理。)从而产生了紊流作用，使纤维发生凝聚调头杂乱。其杂乱效果纵横强度比可达(3：1)～(4：1)。

2. 牵伸罗拉杂乱　牵伸罗拉杂乱是利用若干对牵伸罗拉的牵伸来实现纤维的杂乱。一般要有两对牵伸罗拉，才能实现牵伸，如图 1－4－5 所示。

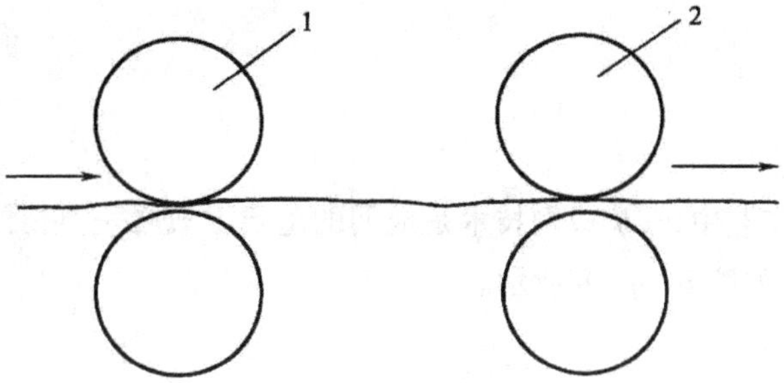

图 1－4－5　牵伸罗拉

1—第一对罗拉(上、下罗拉)　2—第二对罗拉(上、下罗拉)

图 1－4－6 所示为德国斯宾宝公司的 231 型牵伸杂乱式成网机,采用品字形罗拉。

由图 1－4－6 可知,牵伸罗拉构成五个牵伸区。为了实现杂乱,上下罗拉间必须有足够压力且压力要均匀,罗拉直径不能太小,否则易缠绕纤维。

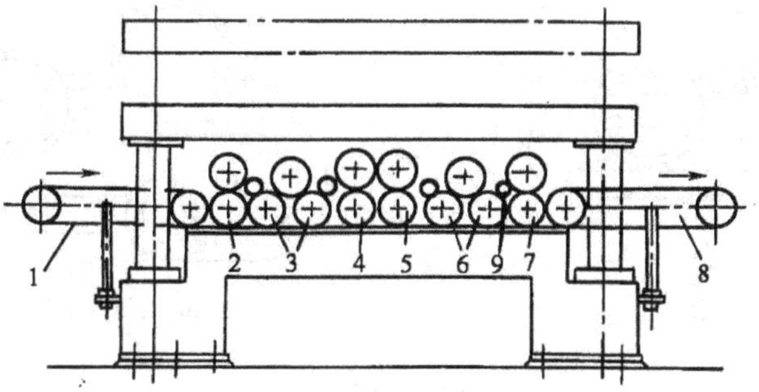

图 1－4－6　斯宾宝公司的 231 型牵伸杂乱式成网机

1—喂入帘　2,3,6,7—光罗拉　4,5—锯齿罗拉　8—成网帘　9—小罗拉(4 个)

牵伸区中牵伸倍数一般较小,在 1～3 之间,且后区牵伸不宜太大,以防止到前区使纤维失控而引起纤网不匀。为控制纤维在牵伸区的运动,可在罗拉钳口处增加附加小罗拉,以加强对纤维的控制。锯齿罗拉 4、5 采用平头针布包覆,使控制力更大。当喂入的纤网中纤维横向排列时,由于牵伸的作用把部分纤维拉成纵向或趋向纵向,使纤网实现杂乱。当上压辊为自重加压,且纤网较厚时,纤维向前运动时会有差异,可利用钳口远近不同产生的不同速度来实现杂乱。

法国水刺生产线上采取了多罗拉牵伸,如图 1－4－7 所示,罗拉之间的隔距基本设定为品字罗拉,隔距,皆为 2mm,但应根据纤维长短来设定各区隔距。压力大小根据纤网厚度调节牵伸倍数,总牵

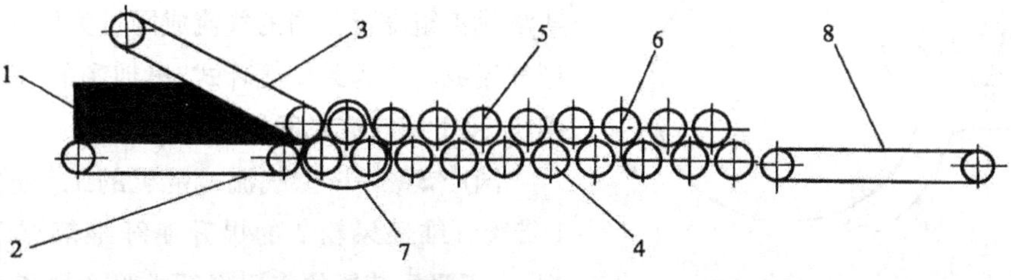

图 1－4－7　法国水刺生产线多罗拉杂乱

1—纤维网　2—喂入帘　3—压紧帘　4—输送罗拉　5—压辊　6—压力罗拉　7—品字罗拉　8—输网帘

伸倍数为 1.6～2.8。

三、气流杂乱成网

在干法非织造布生产工艺中，气流成网技术是成网的重要方式之一，它对短纤维成网尤其重要。气流成网形式有以下几种，如图 1－4－8 所示。

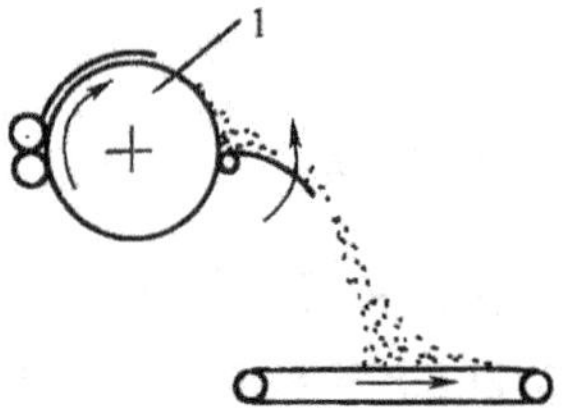

(a) 自由飘落式

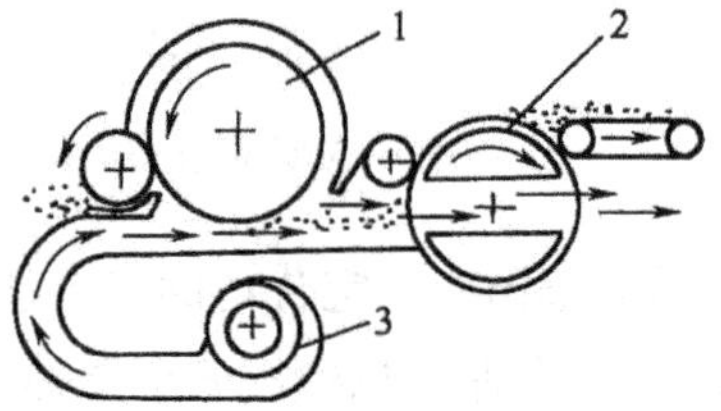

(b) 压入式

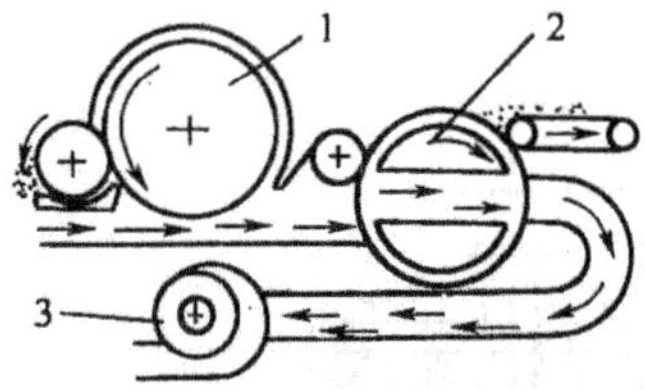

(c) 抽吸式

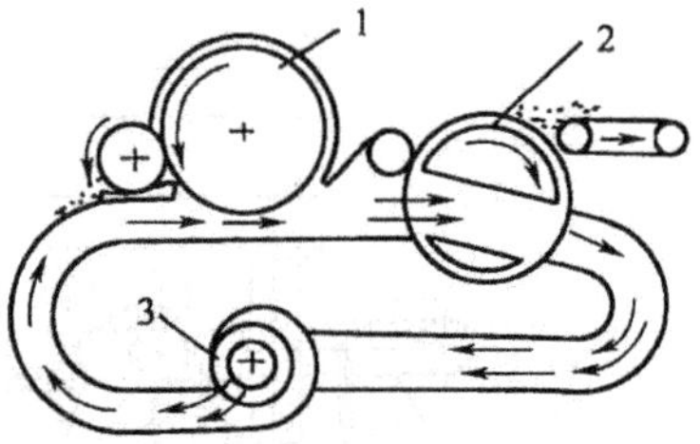

(d) 封闭循环式

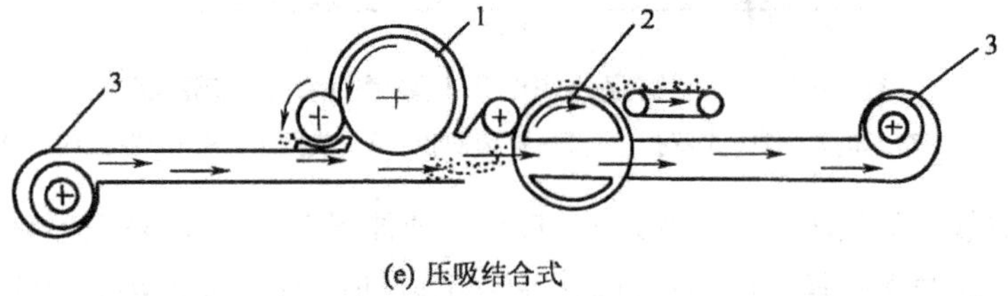

(e) 压吸结合式

图 1－4－8 气流成网形式

1—锡林 2—尘笼 3—风机

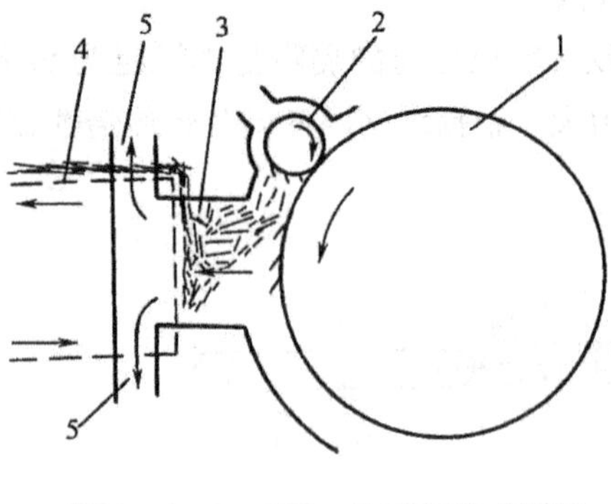

图 1－4－9 SW—63 型气流成网机

1—锡林 2—风轮 3—风道 4—凝网帘 5—吸风筒

在国外气流成网机械中，上述几种形式都有采用，国产 SW—63 型气流成网机即采用抽吸式，如图 1－4－9所示，美国兰多气流成网机采用抽吸式，捷克斯洛伐克纽麦特公司的气流成网机为压入式，美国 PS 型气流成网机为封闭循环式，奥地利的 K12 型气流成网机、K21 型气流成网机为抽吸式。

国产 SW—63 型气流成网机的工作过程为：锡林 1 带着纤维经风轮 2 的提升使纤维都浮于锡林针表面，由于吸风装置的作用将纤维吸入风道 3 并凝聚在带孔的凝网帘 4 上，由凝网帘带走纤维层。这种纤维层实现杂乱的原因是:风轮高速回转不但有提升作用,同时也吹乱了纤维,锡林离心力的作用会甩出纤维,风机吸风的作用、凝网帘速度变化等方面的因素使纤维不可能平行顺直地存在。气流杂乱过程是复杂的,属于流体力学、空气动力学范畴,有待于深入探讨。

奥地利菲勒尔(Fehrer)公司的K12型气流成网机如图1-4-10所示。

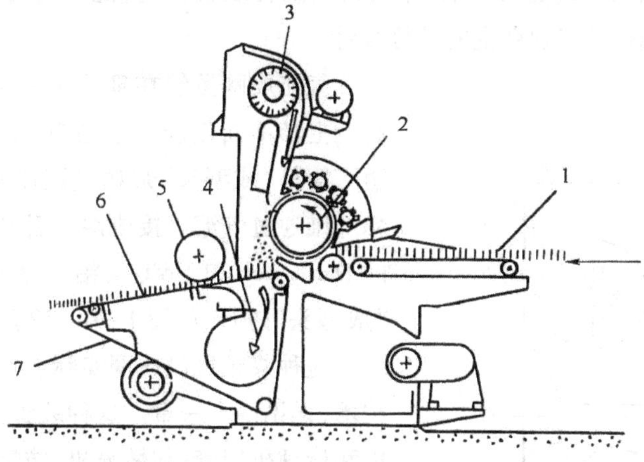

图1-4-10　菲勒尔公司的K12型气流成网机

1—纤网　2—锡林　3,4—风机　5—压辊　6—杂乱纤网　7—输网帘

这种成网机的工作过程是:纤网喂入后,经锡林2梳理后,由风机3、风机4吹吸结合,将锡林上的纤维凝聚到输网帘7上,从而实现了杂乱,形成杂乱纤网6。同样,这种杂乱也是多种因素复合而实现的。这种成网机尽管适应性很大,各种线密度的纤维都能加工,但其生产效率偏低。故在此基础上菲勒尔公司又设计了高效杂乱的气流成网机,如图1-4-11所示。

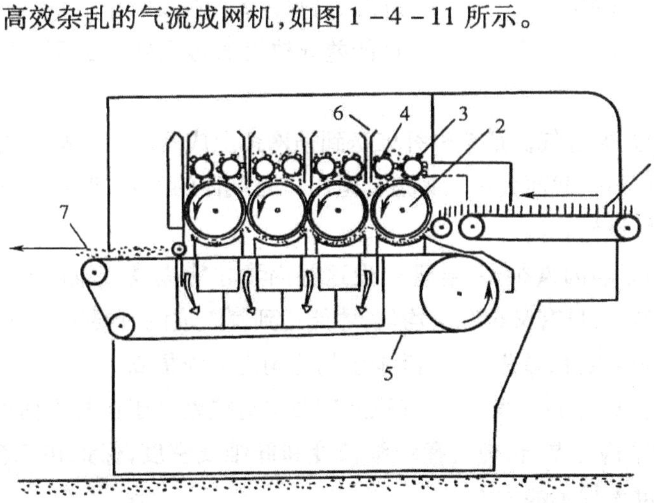

图1-4-11　菲勒尔公司K21型气流成网机

1—喂入纤网　2—锡林(4个)　3—剥取辊　4—工作辊　5—输网帘　6—喂风口　7—纤网

图1-4-11中,1是喂入纤网,经锡林2(4个)与剥取辊3和工作辊4的梳理形成散纤维,在锡林之间有风道,通过输网帘5,再与喂风口6连通。因每个锡林都会有部分纤维被吸走并铺在输网帘上。

因此输出的纤网7是由四部分纤维混合铺放在一起而形成的杂乱且均匀的纤网。由于每个锡林都有部分纤维被吸走，所以第一锡林、第二锡林不会将纤维全部吸走。杂乱作用发生在风道中，而均匀作用发生在四部分纤维的混合铺放中，而且在锡林与锡林之间又形成一个新的梳理点，且这个梳理点的梳理范围大，梳理效果好，使单根纤维变多，这样气流就会包围单根纤维，从而带走纤维，更好地实现了纤维的杂乱。如果气流包围的是束纤维，那么其杂乱程度就较差，混合均匀也较差。总之，这种4个锡林组合的气流成网机构是实现杂乱的较好设计。

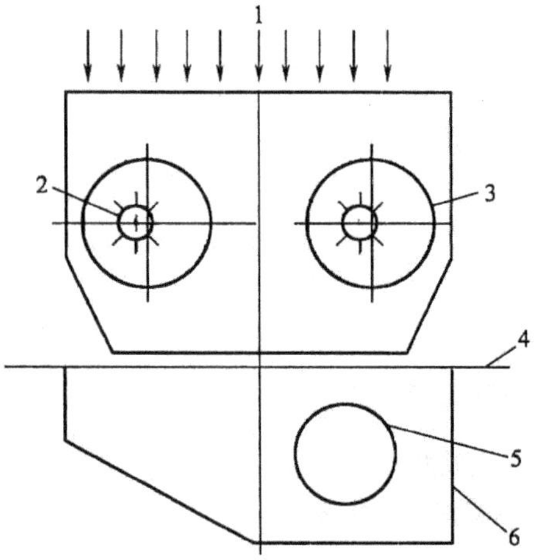

图1－4－12　Dan－web的成型头
1—进风口　2—钉辊　3—圆筒筛　4—网带
5—抽风口　6—真空箱

气流成网虽然在理论上尚不深入，但在设备设计制造上却不断创新。早在20世纪30年代，丹麦人发明了简易“成型头”浆粕气流成网机，它是将极短的浆粕纤维通过气流直接成网。后又发展到目前较为先进的Dan－web和M&T浆粕气流成网系统，其也是利用“成型头”进行，如图1－4－12所示。

这种浆粕气流成网实际上就是干法非织造布造纸技术，详见第十一章。这种装置不用梳理机成网，但可以和梳理机配套，与熔喷机、纺黏布热轧机、喷洒机、水刺机等复合而加工极短纤维的不同用途的成品，其发展前景很好。这种机构并不复杂，但杂乱成网效果好，可实现均匀杂乱，使最终产品的力学性质变好，各向同性更一致，从而提高了产品的适用范围。这种设备较适用于短纤维，同时也可以加工一些难以梳理的无机纤维、金属纤维、木浆纤维、绒毛纤维、超细纤维，甚至性能差异较大的再生纤维都可以加工，且能实现均匀成网。

常规的气流成网机理是通过气流把单根纤维送到铺网帘上成网。而杂乱及均匀的实现靠的是流体的流畅设计及气流管道形状、截面大小尤其是管道出口处截面的形状、形式、面积大小与气流流量、流速关系的合理配合、巧妙设计。

气流成网均匀杂乱的影响因素很多，合理处理这些因素才能提高气流成网的杂乱和均匀效果。当然，杂乱好并不等于均匀好，只有又杂乱又均匀，才能达到气流成网所要达到的效果。

（1）纤维的开松、梳理效果好，单根率高，纤维层的均匀度才能提高。

（2）气流的速度必须沿锡林的切线方向，气流速度要接近或略低于锡林表面速度。

（3）根据气流成网的结构特点，合理选择纤维长度和纤维线密度，保证在气流带动纤维运动时，纤维不纠缠，纤维的线密度差异不能太大。

（4）输送管道结构、截面积、角度设计合理化，尤其在接近尘笼时要防止纤维成网不匀，一般要求尘笼输送风道中心线与水平线呈30°～60°角，使纤维在尘笼的1/3～1/4表面上成网，让输送管道长度在250～1200mm之间。尘笼直径大小、表面网眼数、网眼大小及尘笼（或网帘）的运动速度等均与杂乱均匀成网有关。

气流成网是一种具有较好发展前景的成网方式，从下表中可以看出这一点。

成网方法比较表

成网方法	非织造布纵横强度比	成网方法	非织造布纵横强度比
纤维平行铺设成网	(10～12):1	杂乱＋无规杂乱成网	(0.5～4.5):1
杂乱辊杂乱成网	(5～6):1	气流成网	(1.1～1.5):1
机械牵伸杂乱成网	(3～4):1		

成网形式不同，产品中纤维的排列状态不同，产品结构也会变化，这就会使产品的性能变化其应用领域也随之变化。由此看来，成网是非织造布生产中的第一个重要环节，不可忽视。

第二节 铺 网

因梳理机梳理成的纤网单重较轻，幅宽也较窄，不能满足产品的要求，一般还需用铺网机进行铺网。铺网是指把多层单网经机械设备铺叠在一起，形成比较均匀的厚网供下道工序使用。一般说来，铺网是又叠又铺，主要是为了进一步使纤网混合均匀、加宽、加厚，以满足下道工序的需要。

铺网的主要形式有三种：一是平行式铺叠网；二是交叉式铺网；三是组合式铺网。

一、平行式铺叠成网

平行式铺叠成网因梳理机的走向与形成纤网后走向的不同，分为串联式铺网与并联式铺网两种，串联式铺网如图 1－4－13 所示。

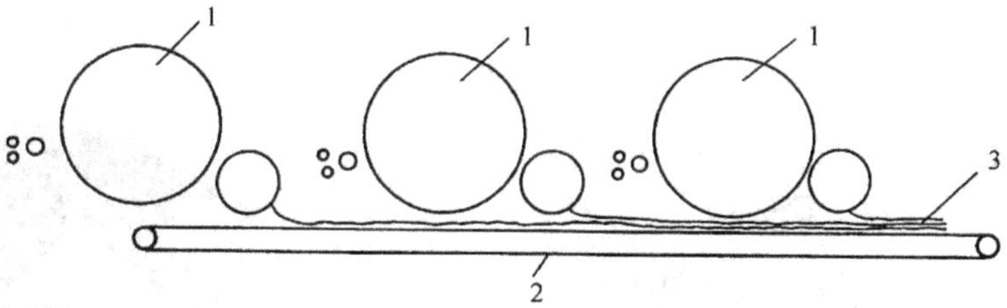

图 1－4－13 串联式铺网

1—梳理机(3 台) 2—铺网帘 3—纤网

由梳理机道夫上剥下的纤维网单重在 10～20g/m^{2}之间，但经串联后，3 台梳理机上的 3 层单网重叠铺在一起形成的最终纤网加厚增重，并且提高了均匀度。梳理机的走向一致，纤网的走向也一致。这种串联式纤网的结构使纤维平行顺直较多，纵向强度大，横向强度小。在实际生产中，为了利用产品的纵向强力即可使用这种形式。

如果将各梳理机并列排列，即并联，纤维的走向要经折转 90°后再铺叠在成网帘上，这种形式如图 1－4－14 所示。

这两种铺网形式的实质相同，其主要缺点是纤维平行顺直，纵横向强度比大，一般在(10∶1)～(12∶1)之间。

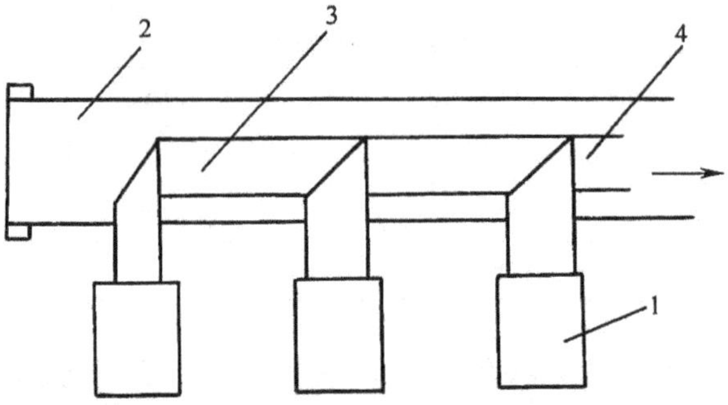

图1－4－14　并联式铺网

1—梳理机(3台)　2—成网帘　3—纤网　4—铺后纤网

二、交叉式铺网

交叉式铺网是采用一台梳理机下机的纤网进行交叉铺叠，达到一定重量和宽度。交叉式铺网有以下几种形式：立式铺网，四帘式、三帘式、二帘式铺网，夹持式交叉铺网等。

1. 立式铺网　立式铺网又称驼背式，它是通过一个过桥帘，近似粗纺梳理机(毛纺)的形式。如图1－4－15所示，由道夫下机单网沿斜帘2、横帘3到立式夹持帘4和5，立式夹持帘4和5往复摆动，于是单网便在成网帘上形成一定厚度、一定宽度的纤网。

近年来德国迪罗(Dilo)公司又设计出一种新型的立式铺网机Hyperlayer，如图1－4－16，它的基本原理是：由一个立式输网帘输向顶端，再由立式夹持帘夹持纤网左右摆动而铺网，这叫做一个单元(Robot Unit)。其铺网速度可达300m/min，铺网宽度在1～5m之间。如果用两个这种单元组成的铺网机，铺网宽度可达5.5～10m。铺网速度由自动调节系统来控制，随设备型号不同可达110～300m/min。这种设备在整个铺网过程中均可实现无牵伸，铺网均匀，可保证针刺机输出产品的*CV*值达到0.5%～1.5%。

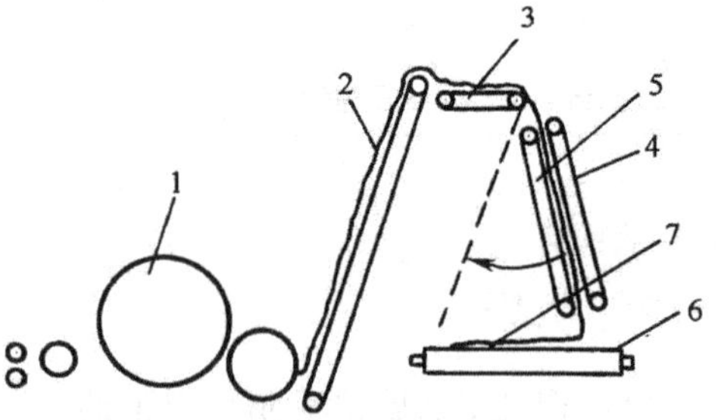

图1－4－15　立式铺网

1—梳理机　2—斜帘　3—横帘　4,5—立式夹持帘
6—成网帘　7—铺后纤网

图1－4－16　新型立式铺网机

其铺网层数为：

$$N = \frac{V_1 \times B}{V_2 \times W}$$

式中：*N*——铺网层数；

V_1——夹持网输网速度，m/min；

B——单网宽度，m；

V_2——成网帘速度，m/min；

W——成网宽度，m。

这种形式速度慢，影响产量，但节约占地面积。

2. 四帘式铺网 四帘式铺网是目前应用较多的一种铺网方式，其工作原理如图 1-4-17 所示。单层纤网 1 由梳理机下机后经定向回转帘 2 和补偿帘 3 到铺网帘 4。铺网帘 4 不仅回转，同时还可以按设计的纤网宽度来回移动。这样由铺网帘 4 输出的纤网就被往复地铺在成网帘 5 上。这种铺网机铺叠后的纤网重量在 80～1000g/m² 之间，成网宽度可调节，铺网层数由成品克重决定。

四帘式铺网机不管采用哪种运动机构，都必须保证梳理机道夫的纤网下机速度等于输网帘的速度，并且必须等于铺网帘的速度 V_4，否则会引起牵伸断网或纤网堆集。铺网后的形状如图 1-4-18 所示。

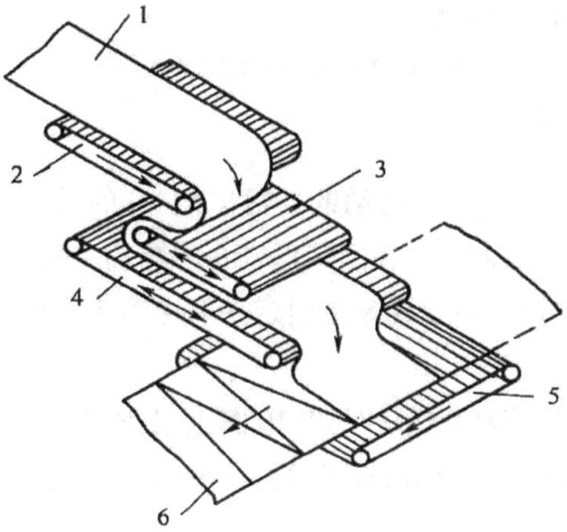

图 1-4-17 四帘式铺网机

1—单层纤网 2—定向回转帘 3—补偿帘 4—铺网帘 5—成网帘 6—铺叠纤网

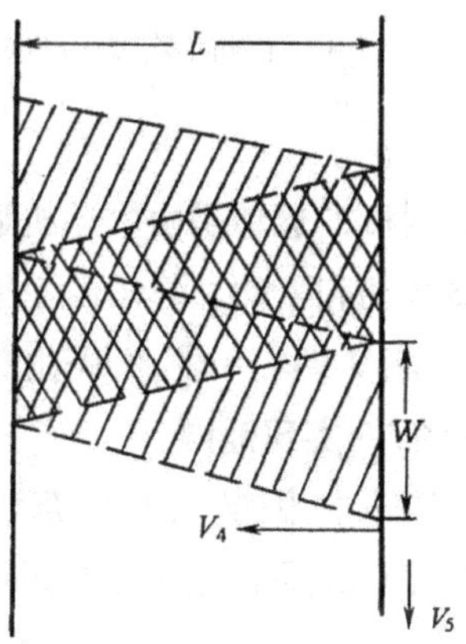

图 1-4-18 铺网形状

L—成网宽度 W—单网宽度 V_4—铺网速度 V_5—成网帘速度

其铺网层数应等于输出纤网的总面积除成网后的总面积，即

$$N = \frac{V_4 \times W}{V_5 \times L}$$

式中：N——铺网层数；

V_4——铺网帘速度，m/min；

V_5——成网帘速度，m/min；

W——单网宽度，m；

L——成网宽度，m。

当然也可用重量比算铺网层数，即

$$N = \frac{G_2}{G_1}$$

式中：G_1——铺网帘或输网帘输出纤网的单重，g/m^2；

G_2——成网后同等时间内输出的铺叠后纤网的单重，g/m^2。

3. 二帘式铺网机　二帘式铺网机基本原理如图1－4－19所示。

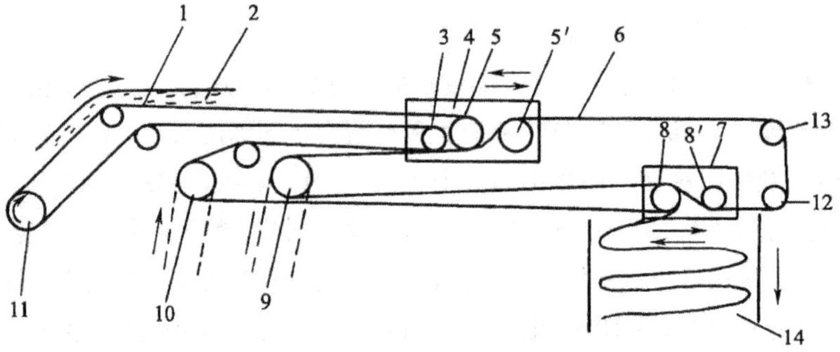

图1－4－19　二帘式铺网机

1—主铺网帘　2—纤网　4—上滑车　3，5，5′，8，8′，9，10，12，13—辊　6—副铺网帘　7—下滑车　14—成网帘

整个铺网机的运动是由电动机通过减速器带动辊9、辊10来运动的。辊9、辊10的转动，可使主铺网帘1做转动和平动。纤网由主铺网帘1带动前进，在辊5处，在副铺网帘6的转动夹持下纤网继续前进，经由辊9到辊8处，纤网由辊8及夹持帘之间输出，由于辊8是固定在下滑车7上的，所以辊8可左右摆动，即实现铺网。

在实际运转中，因辊9、辊10都装有电磁离合器，所以当辊9转动时，辊10静止，上滑车4向左平动，下滑车7向右平动，而副铺网帘6只转动不平动，所以仅夹持纤网并输出纤网。这时辊9的线速度为：

$$V_9 = \pi \times D_9 \times N_9$$

式中：V_9——辊9的线速度，m/min；

D_9——辊9的直径，mm；

N_9——辊9的转速，r/min。

V_9实际上就是输出纤网的速度，这个输出速度是不变的，因此不管铺网向左或向右，V_9都在不断输出，这就是说，向左铺网或向右铺网的速度都等于V_9，才能使铺网均匀。

国外最新的铺网机，其纤网用夹持皮板夹持，原理与上述二帘式铺网机基本相同，如图1－4－20所示。

纤网1沿上铺网帘2（皮板）向前运动，经传动辊3到传动辊7，上铺网帘2、下铺网帘4的皮板夹持着住纤网，纤网被夹持着继续向前，运动到铺网辊5和6输出到水平帘9上。其铺网是靠铺网辊5和6、传动辊3的左右平动实现的。传动辊3向左平动时，铺网辊5和6向右平动；传动辊3向右平动时，铺网辊5和6向左平动。从而实现了交叉折叠铺网。

铺网均匀度很重要，其关键在于左右摆动的铺网辊的运动机构设计，尤其是换向机构。普通铺网机由于平动的存在，摆动到两端速度变慢，而摆到中间速度快，纤网变薄，故易形成两边厚、中间薄的铺网效果，使纤网的均匀度变差，影响最终产品质量。这种新型铺网机较好地解决了这个问题。

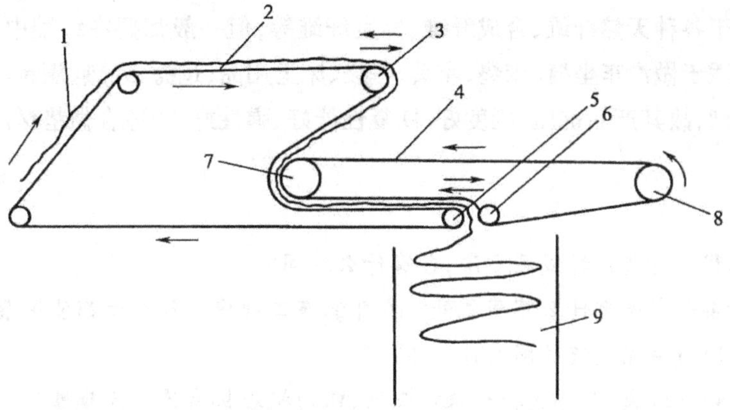

图1-4-20 新型铺网机

1—纤网 2—上铺网帘 3,7,8—传动辊 4—下铺网帘 5,6—铺网辊 9—水平帘

三、组合式铺网

组合式铺网机构如图1-4-21所示。它是将交叉铺网机折叠的纤网再与另一梳理机下机的平行铺网机形成的纤网重新铺叠在一起,使纤网中的纤维呈纵横向等多种方向排列。这种形式受幅宽限制,占地面积太大,所以很少被采用。

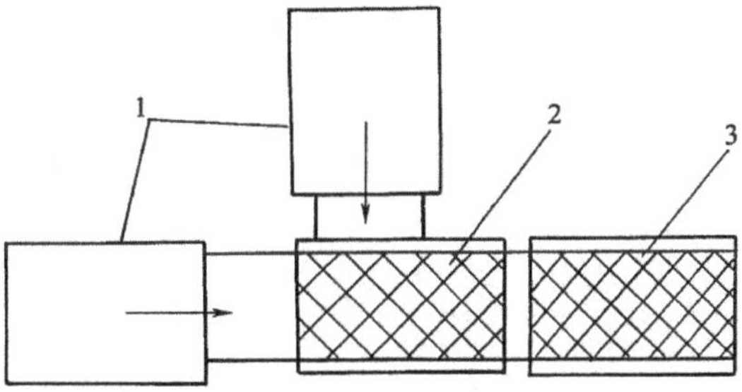

图1-4-21 组合式铺网

1—梳理机 2—铺网机 3—输网帘

另外,捷克曾设计生产出了垂直铺网设备,后被美国产业化生产。该设备铺网原理是:当纤网从梳理机下机输出后,经输网帘下落时,垂直铺网装置的一个活塞状推进器,把纤网片向前推形成垂直折叠至烘箱内部并呈垂直站立状态,另一上下往复运动的挡片防止其退出,如此连续进行,即可形成图1-4-22所示的排列状态。

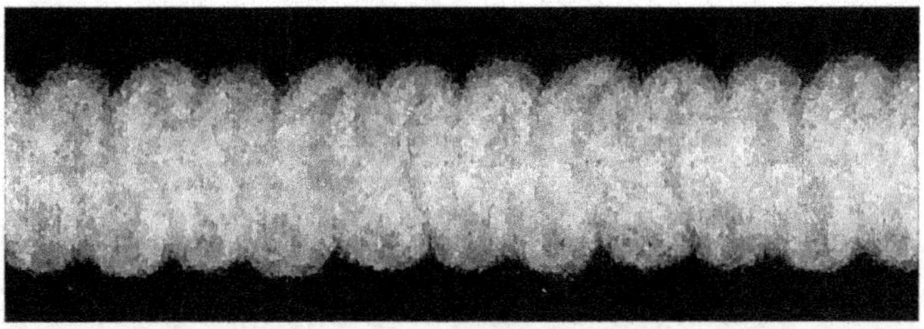

图1-4-22 垂直铺网产品

这种装置适用于各种天然纤维、合成纤维、再生纤维等，但一般都要在纤维中加入一定比例的热黏合纤维。其产品适于做汽车坐椅、床垫、家具、睡袋、床上用品，过滤、绝热、隔音、填充材料等。由于纤网呈垂直状态排列，故其产品抗压、刚度好、恢复性能好、弹性好，很适合做垫材。

思考题

1. 在非织布工程中有哪几种成网方法，各有什么不同？
2. 梳理成网与杂乱成网有什么不同之处？在非织布工程中为什么大都使用杂乱成网？
3. 常规气流成网与浆粕气流成网有什么不同？
4. 为什么要设计双道夫、三道夫梳理机？三网、四网梳理机有什么优越性？
5. 铺网机有哪几种形式，对照图说明其工作过程。
6. 为什么要进行铺网？说明其意义。
7. 铺网层数怎样计算？
8. 垂直铺网有什么好处？

第五章　针刺法非织造布

本章知识点

1. 针刺法原理。
2. 针刺法工艺参数与产品性能的关系。
3. 针刺机的分类、构造及各部分的作用。
4. 针刺法可加工的产品范围,主要产品的设计。

第一节　针刺机理

在针刺法加工中,利用针刺机的刺针穿刺作用,可将十分蓬松的纤网加固成具有一定性能的布。这种布完全靠纤网中纤维与纤维之间形成的抱合力、挤压力、摩擦力等产生强力,它具有很高的强力,很好的手感、滤水性能和透气性,且它在某些方面的性能是传统纺织品所无法比拟的。由于针刺产品的独特风格,使针刺技术的发展十分迅速。

一、针刺法的基本原理

针刺法的基本原理如图1-5-1所示。由交叉式成网或气流成网机下机的纤网,在喂入针刺机时十分蓬松,只是由纤维与纤维之间的抱合力而产生一定的强力,但强力很差,当多枚刺针刺入纤网时,刺针上的刺钩就会带动纤网表面及次表面的纤维,由纤网的平面方向向纤网的垂直方向运动,使纤维产生上下移位,而产生上下移位的纤维就会对纤网产生一定挤压,使纤网中纤维靠拢而被压缩。当刺针达到一定的深度后,刺针开始回升,由于刺钩顺向的缘故,产生移位的纤维脱离刺钩而以几乎垂直状态留在纤网中,犹如许多的纤维束"销钉"钉入了纤网,从而使纤网产生的压缩不能恢复,如果在每平方厘米的纤网上经数十或上百次的反复穿刺,就把相当数量的纤维束刺入了纤网,纤网内纤维与纤维之间的摩擦力加大,纤网强度升高,密度加大,

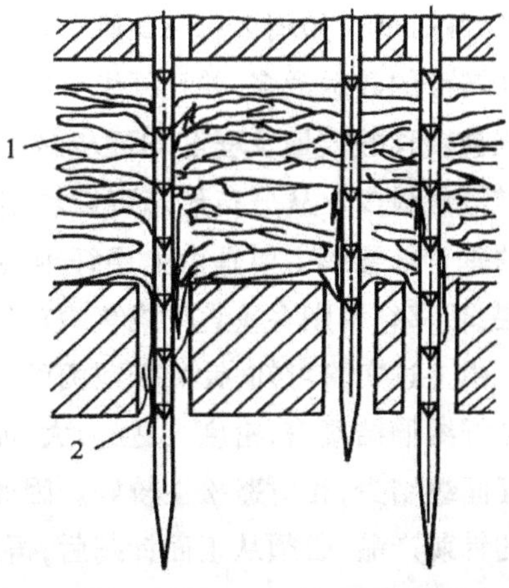

图1-5-1　针刺法的基本工艺原理示意图
1—纤网　2—刺针

纤网就形成了具有一定强力、密度、弹性等的非织造布——针刺法非织造布。

二、针刺法非织造布的结构模型

针刺法非织造布由水平结构和垂直结构共同组成。刺针的反复穿刺使纤网中的部分水平纤维形成了成千上万的垂直纤维簇，垂直纤维簇像一个个"销钉"贯穿于纤网上下，与水平纤维缠结，有效地阻止了水平纤维在拉应力作用下所产生的相互滑脱，并且使纤网结构紧密，厚度大大下降。然而这些垂直"销钉"与被约束的水平纤维之间并不是孤立的，垂直纤维来自于水平纤维，"销钉"中的绝大部分纤维的一端或两端仍留在水平纤维之中。而纤网中的部分纤维则有可能被两个或两个以上的刺针握持而转移，一根纤维同时参与两个或两个以上"销钉"的组成，正是这种纤维在垂直的"销钉"与"销钉"之间产生了连接，起到了搭桥作用，而这些纤维受到两个或两个以上刺针的握持时，纤维的紧张程度就会加强。通过其应力的传递，产生了以垂直"销钉"为"节点"的水平网状结构。针刺法非织造布就是通过均匀、稳定、紧张的水平网状结构串起成千上万垂直纤维簇组成的三维骨架结构（图1－5－2），是约束其他水平纤维的有机整体，正是这种独特结构使针刺法非织造布具有一定的强度及其他物理性能。

图1－5－2　针刺非织造布的三维骨架模型

三、针刺过程中纤维转移的形态分布

刺针穿刺纤网首先接触的是表面层纤维，此时刺针的抓取、容纳能力最强。随着穿刺深度的增加，刺针空间逐步为纤网上层纤维所充满，继续下刺，刺针的握持能力便明显下降。由于各刺针位置的不同，进入纤网有先后，所面对纤网的结构因前面刺针对纤网的作用而不同，接触各层次纤维的概率也不同，在一定针刺深度下，先进入纤网的刺针到达位置较深，所携带的纤维转移程度就较大。

有人利用有色纤维对针刺后各层次纤维被转移的情况进行了跟踪试验，如图1－5－3所示。实验表明，表面层纤维不仅被转移的数量最多，并且纤维贯穿纤网上下，而其他层次的纤维被转移的数量及程度均逐步减小，第四层以下的被转移纤维数量最少。从分布形态可以看出，被针刺后的纤网所形成的垂直纤维簇主要是由上层纤维转移而成，贯穿纤网的表面层，转移纤维则在垂直纤维簇中对纤网的加固起决定作用。

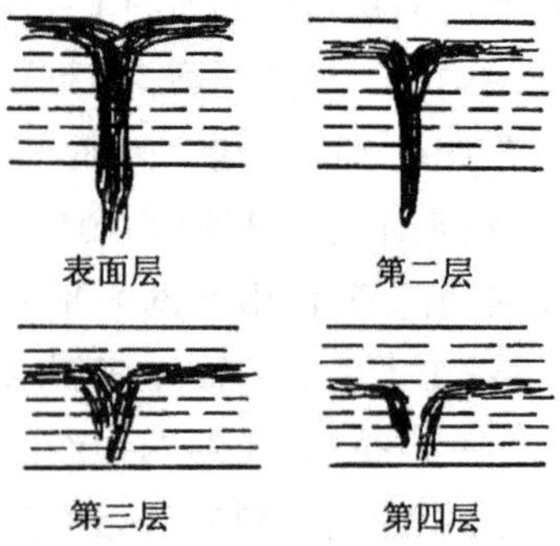

图1－5－3　不同纤维层转移情况

由上述实验可知，针刺纤网两面被加固的状态差异很大，表层纤维缠结紧密，密度大，强力大；而另一面则纤维转移少，相互间缠结少，相对蓬松性较好。因此，要想得到两面状态一样的针刺产品，必须从正面针刺后，再从反面针刺，即两面刺。

用普通刺针均匀排列可制得表面平整且具有一定强力、密度的针刺法非织造布；如选用叉形针（针头开叉圆形截面的刺针）穿刺纤网，就能使纤维在纤网背面形成毛圈；若将刺针按一定规律排列，就可制成具有一定花纹图案的针刺法非织造布。如果再配以合适的着色纤维，则产品外观更是独具一格。

第二节　针刺机

一、针刺机的结构

针刺机的种类繁多，型号各异，但基本的组成部分是一致的。主要由送网机构、针刺机构、牵拉机构组成，另外还有机架、传动机构、辅助机构等。

（一）送网机构

送网机构的作用是把纤网输送至针刺区域。由于针刺机机型的不同，送网机构也各不相同，由于预针刺机所加工的纤网高度蓬松，所以对预针刺机的送网机构要求很高，出现了多种形式的送网机构。

（二）针刺机构

针刺机构是针刺机的关键机构，它由主轴、偏心轮、针梁、针板、刺针、剥网板、托网板等组成，如图1-5-4所示。主轴上装有偏心轮和平衡机构，用来带动针梁，针板做上下往复运动，使针板上的刺针随之反复穿刺纤网。偏心轮偏心距的2倍即为针刺的往复动程。偏心距根据针刺机机型的不同而不同，一般预针刺机的往复动程大，在60～150mm之间，主针刺机的往复动程小，在25～70mm之间。在满足针刺加固的前提下，往复动程应尽量小，这样往复部件的运动惯量小，有利于高速运行。

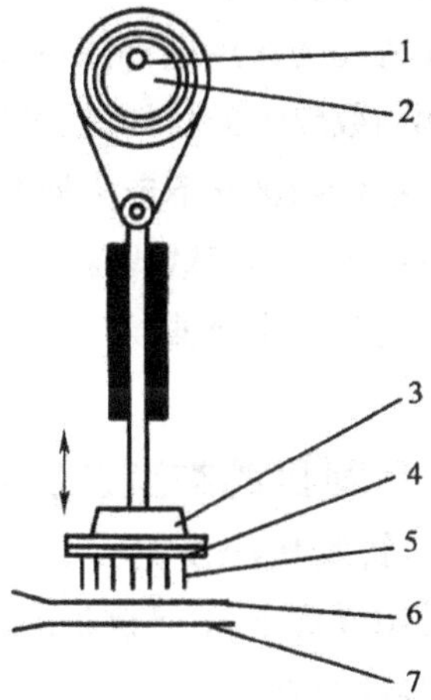

图1-5-4　针刺机构

1—主轴　2—偏心轮　3—针梁　4—针板　5—刺针　6—剥网板　7—托网板

针梁用于安装针板，并与偏心轮、连杆连接，在偏心轮的带动下作往复运动。过去针梁多由钢质结构件制成，使得针梁的质量大，产生的惯性大，严重影响机器的平稳运转与高速运行。现在，针梁一般由高强、抗弯、抗扭的轻合金材料制成，为适应针刺机超高速运转的要求，有的公司还采用高强轻质的碳纤维复合增强材料来制作针梁。

针板是用来安装刺针的，针板的宽度为200～300mm，长度为1～2m，厚度为20mm左右，对于幅宽较大的针刺机，采用针板分段拼接的办法来达到宽幅要求，针板材料现以轻质铝、钛合金材料为多。针板按刺针的排列要求钻有针孔，孔径应使针柄部位插入后，刺针不晃动且便于拆装为宜。为防止刺针经常调换对针孔的磨损，现在多数针刺机在针板的孔中放入一个用塑料或金属制成的刺针套，再将刺针插入套中，使用一段时间后被磨损的是刺针套，定期更换刺针套就可以了。

针板有两个十分重要的参数，一个是针板上的植针密度；另一个是刺针在针板上的排列方式。针板的植针密度是指在机台的宽度方向上单位长度的针板上的刺针数，这一参数是衡量一个机台的重要指标，植针密度越大，纤网的针刺密度越大，这样，对针刺密度要求一定的产品，其加工工序就可缩短。但这一参数又和针板上针孔的加工精度、针板的强度等有关，目前多数针刺机的植针密度为3000枚/m左右，有的高达10000枚/m。另据报导，国外有的针刺机的植针密度高达20000枚/m。

针板上刺针的排列方式应以成品表面刺针刺点呈均匀分布为佳，解决这一问题是比较复杂的。因为刺点的分布与刺针的排列方式、针板的纵向长度、纤网前进的速度等参数有关，过去机器上刺针的排列方式大多是呈人字形。现在，以采用计算机设计的无规则杂乱型排列为多。

剥网板和托网板是一对配合刺针对纤网进行固结的部件，一般采用钢板制成。两板均钻有孔眼，与针板上的孔眼完全对应。针刺时，托网板能在刺针刺入纤网时起到托持作用。剥网板能在刺针退出纤网时起到阻挡作用，剥网板和托网板的表面要平整光滑，以便于纤网顺利通过。这两板的进口一侧常有外跷呈喇叭形，便于使针刺前较蓬松的纤网顺利进入针刺区而不产生拥塞。为适应不同厚度纤网的加工，托网板、剥网板和针板的间距可以调节，以实现不同的针刺深度。刺针作为针刺机构的关键器件，将在本章第四节中专门介绍。

针刺机的机架要承受全机的负荷，必须特别坚固，现一般采用钢板焊接而成。传动机构则负责将动力传递给主轴。并由主轴分别传动针刺机构、送网机构、牵拉机构等。新型针刺机的传动机构大多采用数只电动机，根据工艺需要，分别控制针刺、送网、牵拉速度。辅助机构的作用是便于机器看管，提高自动化程度，如紧急刹车自停装置、计长装置、为减缓针刺机高速下震动的平衡装置以及各种自动调节装置和数字显示装置等。

（三）牵拉机构

牵拉机构的作用是将针刺后的纤网从针刺区域输出。牵拉机构一般由一对牵拉辊组成，其表面包覆摩擦因数较大的材料，以增加牵拉辊对纤网的握持。纤网的牵拉速度和喂入速度要适当配合，以保持纤网在针刺区既不产生拥塞，也不受到过分牵伸。牵拉机构的传动形式有间歇式和连续式两种，普通针刺机多采用间歇式传动，在刺针刺入纤网时，纤网停止输送；刺针退出纤网时，纤网运行，以确保纤网不受到过度牵伸或避免出现断针现象。高速针刺机多采用连续式牵拉。

二、针刺机的类型及特点

（一）针刺机的分类

因针刺方式不同，针刺机的种类很多。

1. 按针刺的角度分类 包括垂直针刺机和斜向针刺机，其针刺方式如图1-5-5所示。

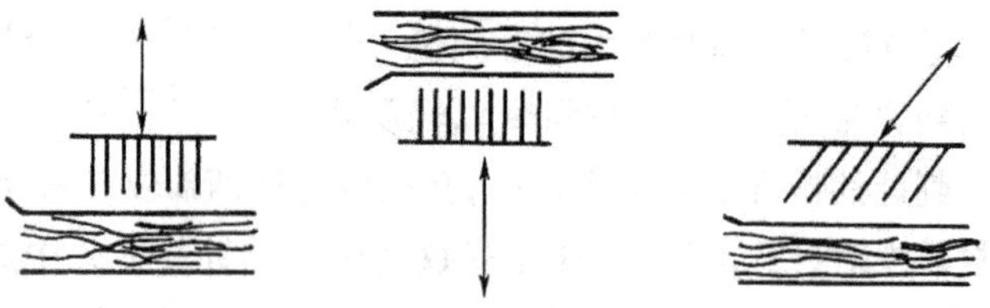

(a) 向下针刺　(b) 向上针刺　(c) 斜向针刺

图1-5-5 垂直针刺和斜向针刺

垂直针刺的“纤维销钉”位于纤维的垂直方向，而斜向针刺中刺针穿过纤网的区域大，纤维缠结机会多，且“纤维销钉”斜向插入，纤网的强力更高，性能更好。

2. 按针板数量分类 包括单针板机、双针板机、多针板机，其针刺方式如图1-5-6所示。

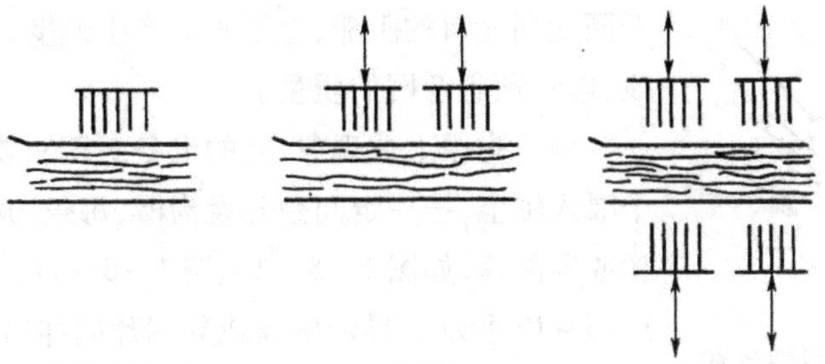

图 1-5-6 单针板、双针板、多针板针刺

3. 按针刺方向分类 包括上刺机、下刺机等单向针刺机[其针刺方式如图 1-5-5(a)、(b)]和对刺式针刺机(其针刺方式如图 1-5-7)。单向针刺机可对纤网其中一面进行加固处理，而对刺式针刺机可实现纤网双面加固。对刺可分为同位对刺[图 1-5-7(a)、(b)]和异位对刺[图 1-5-7(c)]。

同位对刺针板的运动又分为顺向运动[图 1-5-7(a)]和逆向运动[图 1-5-7(b)]，逆向运动的针刺效果相当于把针板的植针密度提高了 1 倍。

4. 按加工方式分类 包括预刺机、主刺机。预刺机加工的是十分蓬松且无强力的纤网，采用的刺针较粗，植针密度较小。主刺机加工的是预刺后的纤网，纤网不再高度蓬松，纤维有一定密度，采用的刺针较细，植针密度较大。

5. 按产品形式分类 包括平状刺针刺机、环状刺针刺机、管状刺针刺机。平状刺针刺机生产的是平幅状的产品；环状刺针刺机生产的最典型的产品是造纸毛毯，环状长度一般为十几米到几十米；管状刺针刺机则生产直径为几厘米到上百厘米的产品，如迪罗公司的 RONTEX 针刺机(图 1-5-8)由带有与针板孔眼一致的孔眼的滚筒代替托网板，纤网连续喂入，滚筒连续回转，形成与滚筒直径一致的管状物。

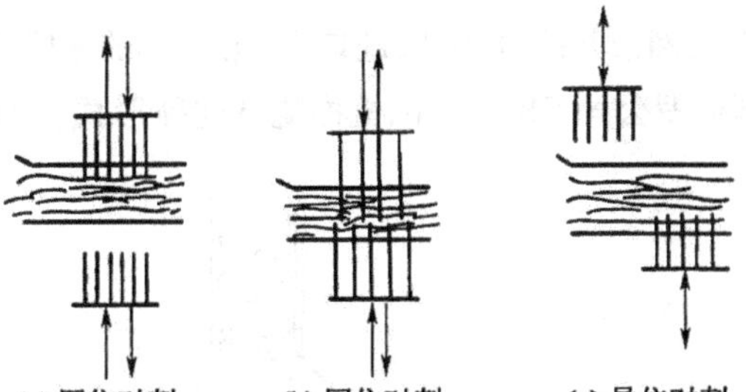

图 1-5-7 对刺式针刺

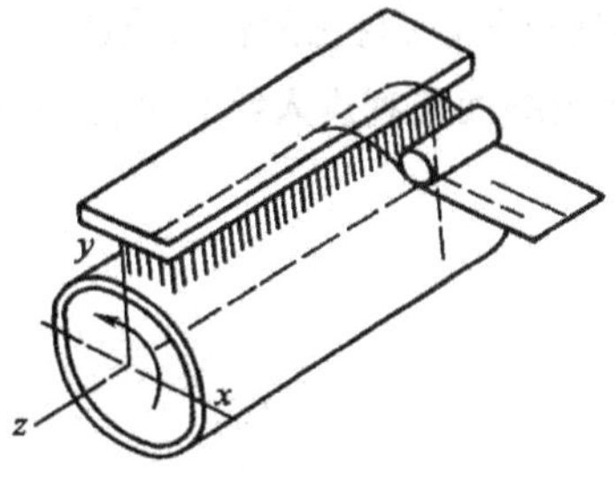

图 1-5-8 RONTEX 针刺工艺

(二)针刺机的特点

1. 预针刺机 预针刺机主要是对高度蓬松且纤网间抱合力小的纤网进行针刺，因此，一般预针刺机对送网机构要求较高，为保证蓬松纤网顺利喂入针刺区而不产生拥塞，预针刺机采用的送网方式各具特色。

(1)压网辊式送网：这是针刺机最普通的一种送网方式，如图 1-5-9 所示。纤网经压网辊压缩喂入针刺区接受针刺，之后由牵拉辊拉出。

这种送网形式虽结构简单，但存在一个突出的问题：受到压网辊压缩的纤网，由于纤网本身的弹性，在离开压网辊后，仍会恢复到蓬松状态而在剥网板与托网板的入口处形成拥塞(图中 A 处)，此时

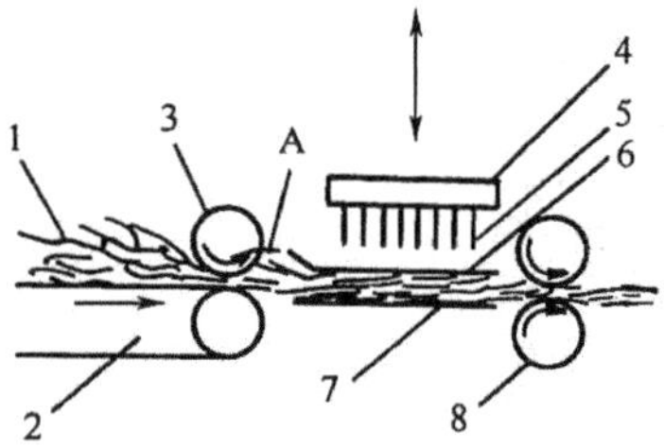

图1－5－9　压网辊式送网装置

1—纤网　2—输送帘　3—压网辊
4—针板　5—刺针　6—剥网板
7—托网板　8—牵拉辊

纤网受到入口的阻滞，上下表面产生速度差异，易在纤网上产生折痕，影响预刺纤网的质量。

为了克服上述现象，有的设备对压网装置进行改进，在上下两个喂入辊上，按一定间距开设沟槽，每条沟槽内各嵌入1根导网钢丝或导网片，如图1－5－10、图1－5－11所示，导网片的结构如图1－5－12所示。导网钢丝或导网片的伸出端可延伸至针刺区的第一排刺针，这样就能使蓬松的纤网在受到导网钢丝或导网片压缩的状态下进入针刺区，解决了纤网的拥塞问题。江苏太仓双凤无纺布设备公司生产的6m宽土工布生产线中的预刺机上就采用了导网片送网装置。

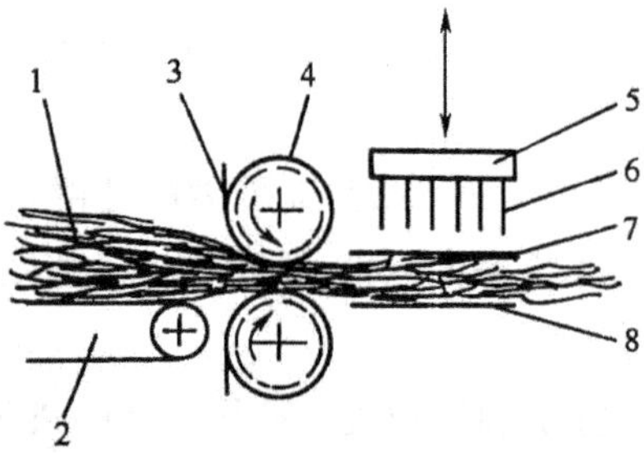

图1－5－10　嵌入导网钢丝的送网装置

1—纤网　2—输送帘　3—导网钢丝
4—喂入辊　5—针板　6—刺针
7—剥网板　8—托网板

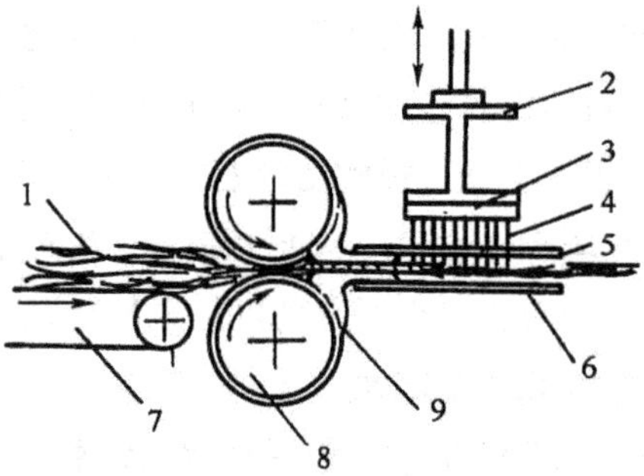

图1－5－11　嵌入导网片的送网装置

1—纤网　2—针梁　3—针板　4—刺针
5—剥网板　6—托网板　7—输送帘
8—输入辊　9—导网片

（2）压网帘式送网：将压网辊改成压网帘，压网帘与送网帘相配合，形成进口大、出口小的喇叭状，使纤网受到逐步压缩而顺利进入针刺区，图1－5－13德国迪罗公司CBFT送网机构就是这种形式，为确保

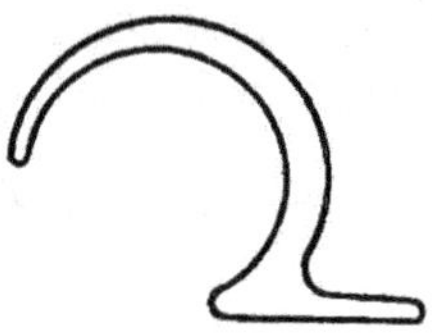

图1－5－12　导网片结构

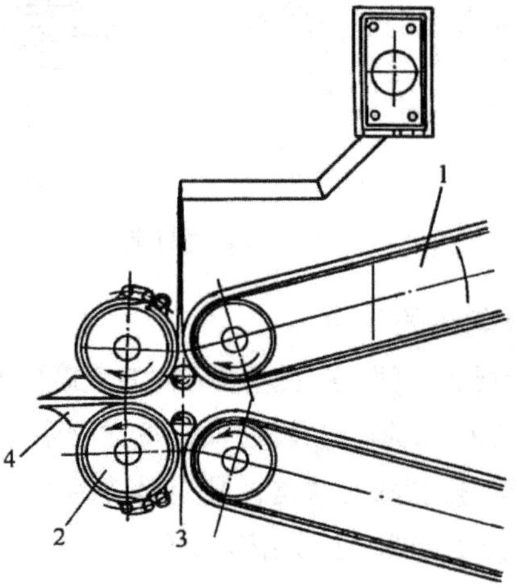

图1－5－13　压网帘式送网装置

1—压网帘　2—喂入辊　3—小罗拉　4—导网片

纤网的顺利输送，除设置一对喂入辊外，还在压网帘与喂入辊之间加装一对小罗拉。

Asselin 公司的 A25—M 型 SD—1 针刺机上配置了双帘送网装置 DCIN，它可定量的把来自交叉式铺网机的纤网顺利送入针刺区，这种送网装置（图 1－5－14）由两个对称且呈一定角度的输送帘组成，与其对接的托网板和剥网板间距可根据需要进行调节，它可在整个工作宽度上压缩纤网并将纤网送至第一排刺针的 14mm 之内而不发生拥塞现象。

（3）槽形辊式送网：图 1－5－15 为 Asselin 公司的槽形辊送网装置，这种辊既有积极输送纤网的作用，又可托持纤网。工作时刺针每次都刺在槽形辊 7 的沟槽内，因而刺针必须直线排列。这种积极的传送装置可有效消除纤网拥塞现象。

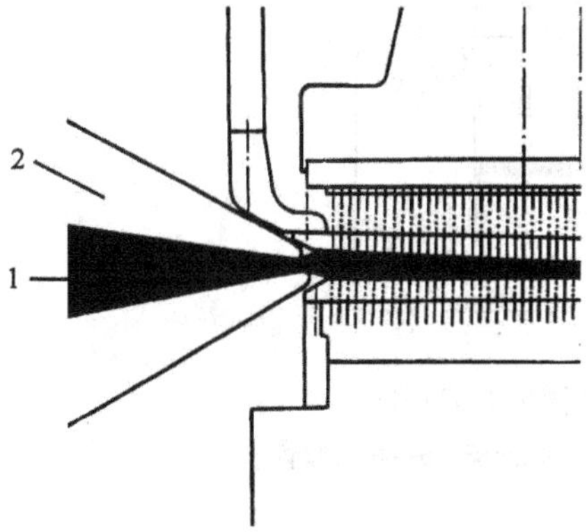

图 1－5－14　DCIN 送网装置

1—纤网　2—输送帘

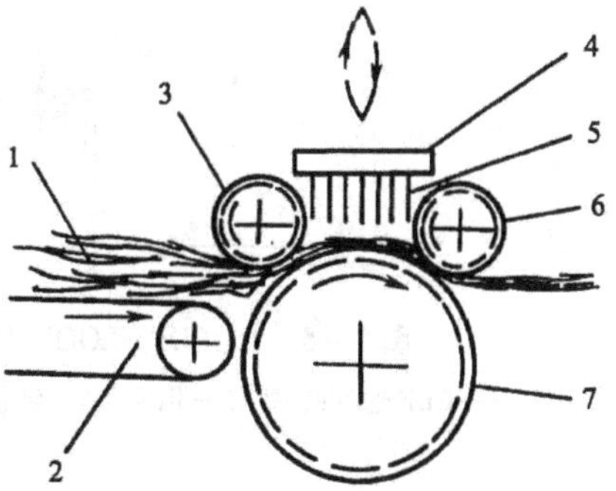

图 1－5－15　槽形辊送网装置

1—纤网　2—输送帘　3，6，7—槽形辊　4—针板　5—刺针

2. 主针刺机　主针刺机主要完成对预刺后纤网的进一步加固。主针刺机的类型很多，迪罗、菲勒尔公司的主针刺机有如下几种：

（1）图 1－5－16 为迪罗公司 DI—LOOM OUG—ⅡS 型最通用的主针刺机，它既可以 4 块针板同时工作，也可以 1 块、2 块、3 块针板工作。另外，上下针板可以同时、交替或异位式进行针刺。该机植针密度为 32000 枚/m，故针刺效率很高。

（2）图 1－5－17 为菲勒尔公司 NL9/RS 单针板针刺机。

（3）图 1－5－18 为迪罗公司 DI—LOOM UO—Ⅰ型异位式针刺机，它上下各带 1 块针板，且上、下针板是错位排列的。

3. 其他针刺机

（1）斜刺针刺机：斜刺是指刺针以非垂直纤网表面的方向刺入纤网的一种针刺形式。奥地利菲勒尔公司最新开发的 H—1 型针刺设备就是斜刺的一种应用。

H—1 型针刺机的针刺区结构如图 1－5－19 所示，与普通针刺机相比，其独到之处是采用弧形针板、剥网板、托网板取代传统的平直型针板、剥网板、托网板，使针刺的纤网形成弯曲的形式，并以一定角度从刺针下通过。纤网进入针刺区后便受到不同方向的针刺，先是受到略有右倾的斜向针刺，随着剥网板、托网板圆弧曲线的变化，又受到垂直的针刺，最后受到左倾的斜向针刺，因此在一道针刺过程中，纤网与刺针运动方

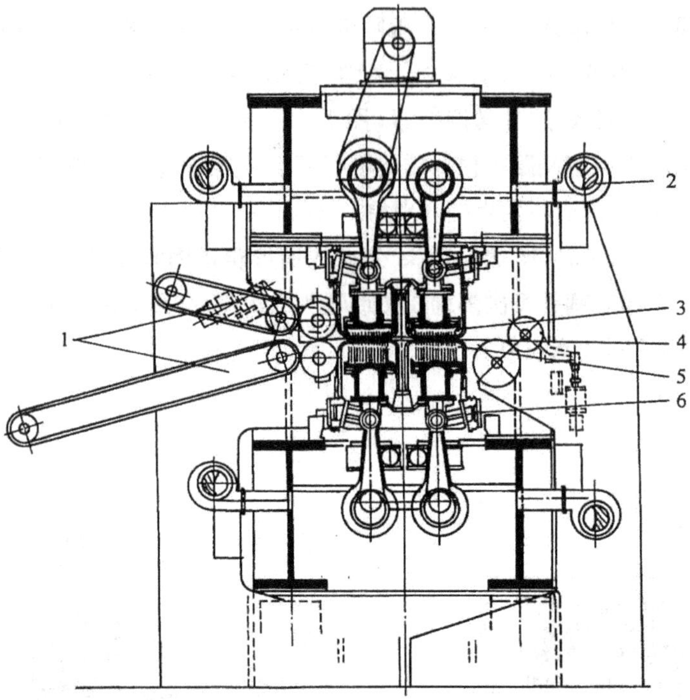

图 1－5－16　DI—LOOM OUG—ⅡS 型针刺机（附带 CBF）

1—CBF 送网装置　2—风机　3—针板　4—剥网板　5—托网板　6—摇臂装置

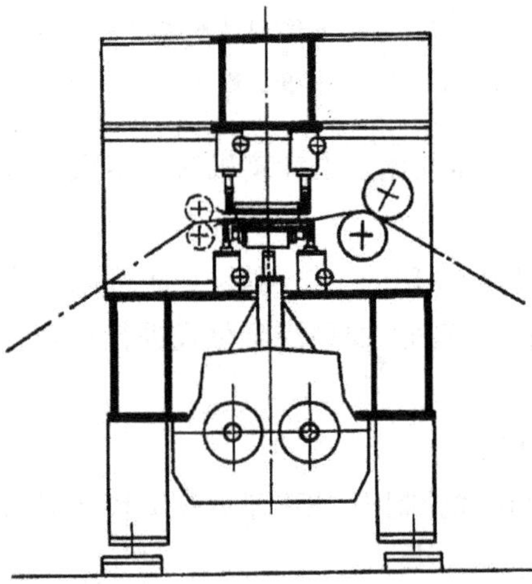

图 1－5－17　NL9/RS 单针板针刺机

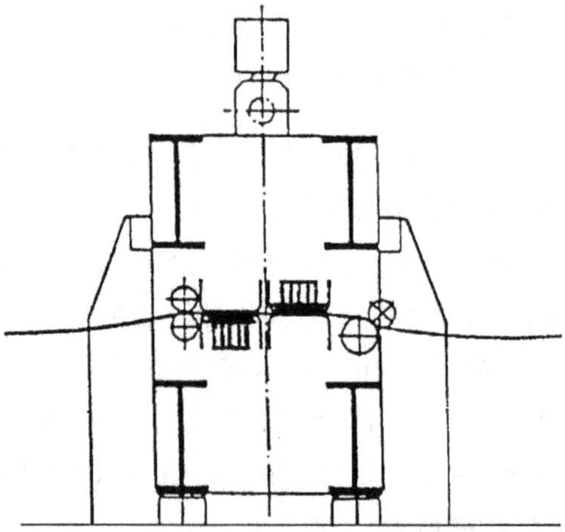

图 1－5－18　DI—LOOM UO—Ⅰ型异位式针刺机

向的角度是变化的，即纤网会在不同方向上受到针刺，既可使纤网得到更充分的加固，又提高了针刺效率。

剥网板与托网板之间的间隙可通过调节剥网板来确定，这一间隙沿着输出口方向渐近缩小，以适应针刺期间纤网在厚度上的逐渐变小。针板和托网板的曲度有一个匹配，当两者曲度相同时，针板上的刺针从同样的深度刺入纤网；而当针板与托网板的曲度不同时，则同样长度的刺针依其在针板上位置的不同而以不同深度刺入纤网，从而产生特殊的针刺效果。

H—1 型主刺机的优势在于：

①针刺效率高。如与常规针刺机比较，植针数可减少一半，或者是 H—1 型单针板针刺机可达到具有相同植针数的普通型双针板针刺机的针刺效果，而且针刺道数的减少可大大降低生产成本。

②对纤维的损伤小。

③由于产品中“纤维销钉”在不同方向的配置，可改善产品性能。如对造纸毛毯而言，可以改善其排水功能，增强单纤维与布之间的固结，使毯面均匀，强力高。

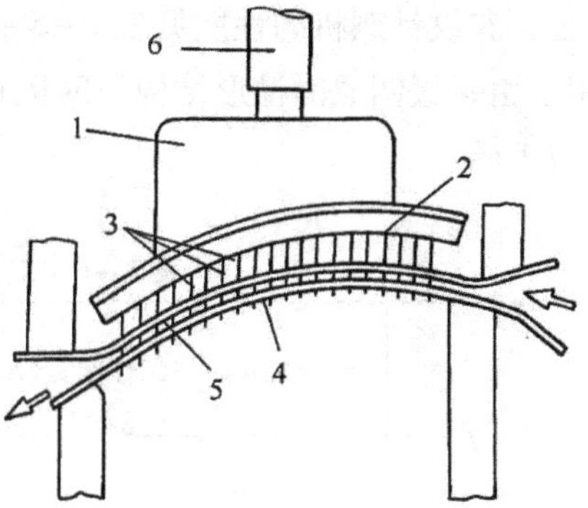

图 1-5-19 H—1 型针刺机的针刺区
1—针梁 2—针板 3—刺针 4—托网板 5—剥网板 6—轴套

(2)造纸毛毯针刺机：与其他针刺机相比，造纸毛毯针刺机的特点是可以生产环状物。图 1-5-20 为菲勒尔公司的 NL20/4 型造纸毛毯针刺机，该机的机身与机器侧面的固定墙板可脱开连接，并以位于机身中部的底托为轴，旋转一定角度，以完成毛毯的装卸。毛毯长度可由游车 5 的移动来调节。在加工有纬（基材为底布）或无纬（基材为经纱层）造纸毛毯时，需事先将底布在机下连接成环状，再套入针刺机，或将经纱层缠绕于针刺机上成为环状纱层，然后一边铺预刺纤网，一边针刺。预刺纤网卷 8 从基材外侧铺放，预刺纤网卷 3 从内侧铺放。在上下两个针刺区，有的针板从外向里刺，有的针板从里向外刺，以使毛毯两面均受到针刺。当毛毯厚度达到要求时，可中断预刺纤网的喂入，再继续针刺到一定密度，即成无接缝的环状毛毯。

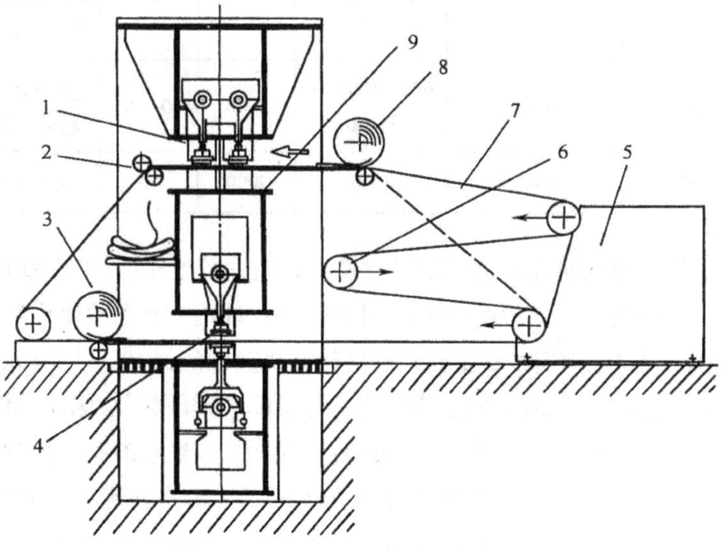

图 1-5-20 NL20/4 型造纸毛毯针刺机
1—上针梁 2—输出辊 3,8—预刺纤网卷 4—下针梁 5—游车
6—张力辊 7—基布 9—托床

(3)花纹针刺机：花纹针刺机是指专门用来生产条纹、绒面及带有花纹图案等针刺产品的设备，

菲勒尔公司花纹针刺机的性能见表1－5－1。其中NL11/SE型花纹针刺机，为了适应毛圈和绒面的要求，采用了由钢板制成的槽形结构托网板和叉形针，叉形针穿刺纤网时，把纤维带入槽形板内，在纤网底面形成毛圈。

表1－5－1　菲勒尔公司的花纹针刺机性能

型　　号	针板排布	工作幅宽(m)	植针密度(枚/m)	针刺频率(次/min)	针刺动程(mm)	备　　注
NL11/SE	▽	1.0～4.8	最大7000	1200	30	配电子花纹装置，可生产短小、中等及较大循环图案的针刺毡
NL11/SM	▽	1.0～6.6	最大7000	1200	30	配机械花纹装置，可生产短小及中等循环图案的针刺毡
NL11/S	▽	1.0～6.6	最大7000	1200	30	可加工毛圈、绒面及简单图案。加装机械花纹装置，可改装成NL11/SM
NL21/SRVSUP—RLOOPER	▽▽	1.0～6.6	1000～12000及15000	2000	30～40	托网板改成毛刷帘子，可得到“超级毛圈”毯面(即平绒毯面)
NL2000/SLU	▽	1.0～6.6	7000	2000	30	可刺出平绒及毛圈条纹

(4)椭圆形针刺机：最早的低速针刺机是以间歇式的原理进行工作的，即在垂直方向上往复运动的刺针在进入纤网时，纤网是基本不动的，刺针从纤网退出后，纤网才被罗拉牵引输出，因而纤网的运动速度是在零至极大值之间发生周期性的变化。随着针刺机速度的提高，纤网可以连续输出，结果使纤网在刺针刺入的状态下受到拉伸，刺针发生弹性弯曲乃至断裂，纤网产生幅宽收缩。当针刺深度较大、生产较厚的产品时，刺针在纤网中停留的时间越长，纤网受到的拉伸就越严重。根据冲程、针刺深度和纤网厚度，刺针在纤网中的停留时间是总循环时间的30%～40%，当这一停留时间超过总行程的50%时，生产速度会受到限制，针刺机生产率下降，产品质量恶化，断针率增加。

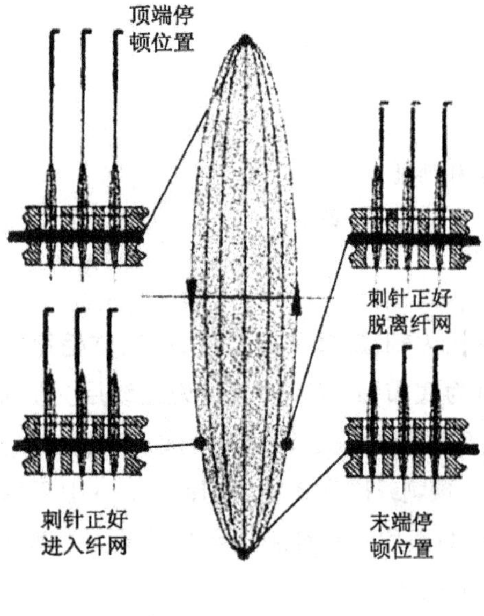

图1－5－21　椭圆形针刺机的针板运动

为了克服上述缺点，德国迪罗公司研制了Hyperpunch针刺系统，采用碳纤维增强复合材料制作针板横梁和针板。其针刺频率可达3000次/min，水平方向的往复运动通过另一套偏心轮机构完成，其动程较小，是椭圆形轨迹的短轴，而垂直方向相当于椭圆形轨迹的长轴，其最高生产速度可达150m/min，可以形成椭圆形的运动轨迹(图1－5－21)。刺针从进入纤网开始直到从纤网退出为止，除了按本身的运动方向做垂直运动外，还与纤网一起在水平方向上移动；针板横梁的垂直和水平部分同步运动，刺针刺入纤网时，针板横梁的水平运动朝着纤网的前进方向；刺针从纤网中退出后，针板横梁的水平运动逆着纤网的前进方向，即完成刺针水平运动的回程。为确保刺针与纤网一起运动，托网板和针刺机剥网板上的孔眼都被加工成沿针刺机纵向排列且呈长腰形。

椭圆形针刺补偿了纤网的停留时间并保证了生产速度和产品质量。这种针刺技术可以减小拉伸，降低针刺法非织造布的不匀性；提高生产速度，改善产品的表观质量（减小刺痕），减少断针，使纤维获得更好的缠结；已经应用于生产工业用增强型造纸毛毯。

三、针刺生产线

针刺生产中，按照加工产品的不同，生产线有多种配置。图 1－5－22 为仪征纺织机械厂几种针刺产品的生产线配置图。

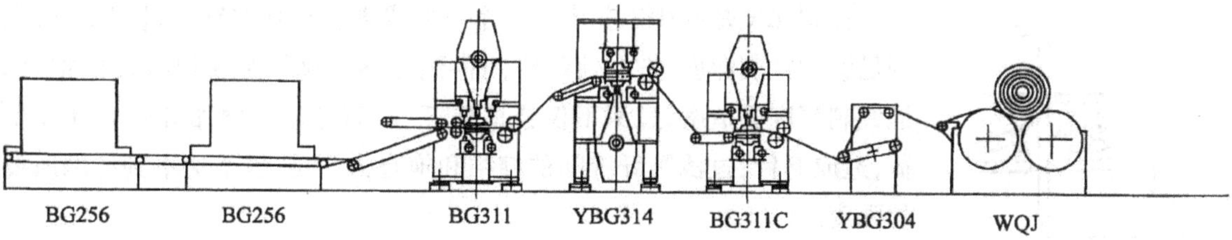

(a) 针刺土工布、地毯生产线

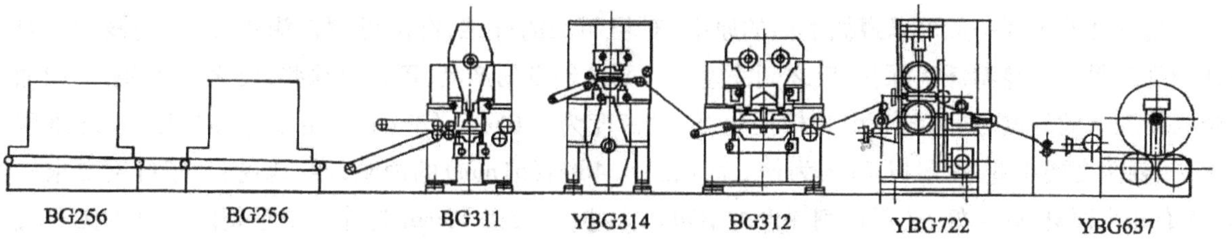

(b) 过滤材料、鞋材、装饰基布针刺生产线

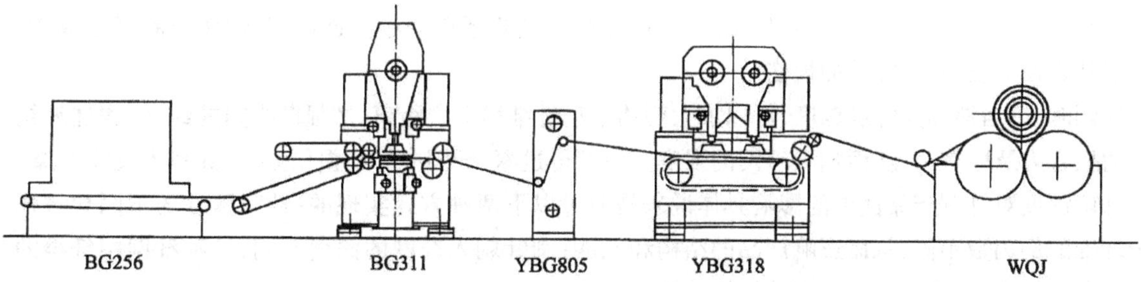

(c) 汽车用毡毯和壁毯生产线

图 1－5－22　针刺生产线

第三节　针刺工艺

在针刺法非织造布加工中，影响产品性能及质量的因素有很多，比如纤维自身特性、纤网的特性、针刺工艺参数以及刺针的特性等。本节重点讨论针刺工艺参数对非织造布的影响。针刺工艺参数主要包括针刺深度、植针密度、针刺密度、步进量、针刺力等。

一、针刺深度

针刺深度指刺针穿刺纤网后，突出在纤网外的长度。在下刺式针刺机上，即指针尖与托网板上平面之间的距离，如图1－5－23所示。

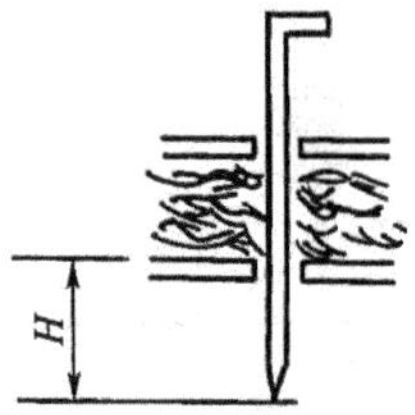

图1－5－23　针刺深度

针刺深度是针刺工艺中的一个重要参数。纤网在针刺过程中，必须得到足够的针刺深度，方能使纤维间得到足够的缠结和获得有效的抱合力。但针刺深度要适度，过深不仅会损伤纤维，而且也会增加针刺力和设备负荷，造成断针；过浅则纤维间的缠结和抱合力不足，也就达不到纤网所要求的强度。

针刺深度既受针刺机构的限制，又要根据原料种类、纤网厚度和产品的要求确定。一般针刺深度在3～17mm之间。

针刺深度的选择一般可以遵循下面的原则：对粗而长的纤维，纤网可刺得深些，反之则浅些。对厚型纤网刺得要比薄型纤网深些，反之则浅些。对要求硬挺的产品，可刺得深些，反之则浅些，例如加工合成革底基的纤网，选用的纤维为棉型化纤，线密度为1.65dtex（38mm），由于纤维长度短，纤维网较薄，针刺深度要小些，一般以7mm为佳。而加工4.4dtex（51mm）的丙纶纤维地毯，由于纤网要求较厚，丙纶纤维硬挺、弹性好，选用针刺深度的值可以大些，一般以10mm为佳。用粗硬的纤维加工有底布的毡毯时，针刺深度要在11～14mm之间。由此可以看出，针刺深度与产品及原料等因素有关。很多产品由于针刺密度的要求，往往要经数遍加工，为此一般要遵循以下原则：开始时，由于纤网较蓬松，刺针的针刺深度可以深些，随着加工的进行，针刺深度要逐渐变小。这样，既能使产品紧密厚实，又能使其表面平整，减少纤维的损伤。

针刺时，适当地加大针刺深度，可以加大刺钩带动纤维移动之距离，加强纤维间的纠缠，增加纤维之间的抱合力及摩擦力，从而加大纤网的强度。但刺得过深，纤网中纤维损伤太大，其强力反而下降。

针刺深度对针刺产品性能的影响具体说来是通过以下两种方式实现的：针刺深度的不同导致作用于纤维的倒刺数不同，从而影响产品的结构和性能；刺针刺入纤网的深度不同，导致纤网中纤维的重新定向程度不同，造成非织造布的结构和性能变化。

1. 针刺深度对产品结构的影响　随着针刺深度的增大，针刺产品密度增加，厚度降低。因为针刺深度增加，刺针作用于纤网的工作长度增加，作用于纤网的刺针倒刺数量增加；纤网中纤维随着刺针进入纤网的位移加大，垂直方向上纤维数量增加，纤维在垂直、水平方向上的勾接加强，彼此间的束缚加大，纤维回弹到初始位置的可能性变小，导致非织造布的厚度下降。

随着针刺深度的增大，针刺产品的孔隙率及孔径先减小后增大，这将会对其过滤性产生较大影响。因为针刺深度增加，更多的表层纤维随倒钩进入纤网内部，纤维之间的纠缠抱合加强，非织造布紧密度提高，密度变大，纤维间孔隙减小，孔隙率降低，孔径减小。但当针刺深度过大时，刺断纤维数增多，使得孔隙率和孔径反而变大。

2. 针刺深度对透气性及过滤性能的影响　非织造布克重较大时，透气率随针刺深度的增大而减小，因为针刺深度的增加使非织造布结构变得紧密，气流通过时阻力变大，透气性变差；非织造布克重较小时，透气率随针刺深度的增大先减小后增加，原因是非织造布克重较低时，随着针刺深度的增加，纤维沿气流方向的重新排列减小了对气流的阻力，且减小的趋势超过了非织造布密度增加的影响，最终导致透气率上升。而且针刺深度较大时，断裂的纤维数增多，针痕变大，也会引起透气率增大。

过滤效率随针刺深度的增大先增加后减小。增大是因为纤网中纤维与纤维之间的交缠加强，非织造布结构紧密；但是超过一定限度后，针刺深度的增加不仅不会使非织造布结构紧密，反而会造成纤维损伤断裂，并且还会在非织造布中形成针刺孔，灰尘颗粒可以从中穿过，致使过滤效率降低。

3. 针刺深度对产品力学性能的影响　非织造布的拉伸断裂强度随针刺深度的增加而逐渐增加，达到一峰值后逐渐下降，断裂伸长率不断减小，耐磨性、压缩回弹性有所上升。随着针刺深度的增加，一方面纤维在垂直、水平方向上的勾接加强，非织造布的紧密度提高，拉伸断裂强度得到提高；另一方面，由于针刺深度的增大，纤网中的纤维受到的刺钩拉力增大，易于造成纤维的断裂；故过大的针刺深度导致非织造布强度下降、断裂伸长减小。而且，针刺深度太大时，刺针可能会穿透产品，将纤维带出，影响非织造布的表面性能。

用50%涤纶、40%锦纶、10%黏胶纤维做合成革底基时，纤网单重为230g/m^2，分别做不同针刺深度下的纤网强度试验，其纤网的强度、断裂伸长与针刺深度的关系见表1-5-2。

表1-5-2　针刺深度与产品强度、伸长的关系

针刺深度(mm)	纵向断裂强度(N/5cm)	纵向断裂伸长率(%)	横向断裂强度(N/5cm)	横向断裂伸长率(%)
3	68.6	160	212.2	98.6
5	92.5	138.8	260.0	98
7	105.2	151.2	260.0	99.2
8	114.6	142.4	255.0	99.2
10	79.4	146.4	188.0	78

由表1-5-2可以看出，针刺深度在3~7mm时，纤网强度是上升的，而当刺针的针刺深度大于7mm时，随针刺深度的增加纤网的强度反而下降。研讨针刺深度，实际上就是研讨刺针刺入纤网的有效进齿数，刺针型号和规格不同，其针刺深度也应有所不同。就目前而言，中国绝大多数针刺厂都使用R型针，如果将R型针的针刺深度定为13mm或14mm，其有效进齿数一般都为4个钩齿。这样，针刺深度以定为13mm更适宜。国产的R型针针尖至第一刺钩的距离为6.4mm，而德国格劳兹公司的4种型号刺针，其针尖至第一刺钩距离分别为6.4mm、4.2mm、3.2mm三种，针尖距第一刺钩越近，在达到同样进齿数时，其针刺深度就越浅，这是很有利的。但它同时要求刺针的抗冲击强度必须增加，这就对我国的制针业提出了更高的要求。现将德国格劳兹公司四种针型的针尖至第

一刺钩的距离分别为6.4mm和4.2mm的标准型刺针的针刺深度与有效进齿数对应数据列于表1-5-3、表1-5-4中。参照表1-5-3、表1-5-4，可以看出针刺深度与有效进齿数的关系。

表1-5-3　L=6.4mm标准型刺针的针刺深度与有效进齿数对照表

H / G / 针型	7	8	9	10	11	12	13	14	15	16	17	18	19	20	21	22	23	24
R	1	1	2	2	3	3	4	4	5	5	6	6	7	7	7	8	8	9
M	1	2	2	3	3	4	5	5	6	7	7	8	9					
C	1	2	3	4	5	6	7	7	8	9								
F	2	4	7	9														

注　L—针尖至第一刺钩距离，mm；G—有效进齿数，个；H—针刺深度，mm。

表1-5-4　L=4.2mm标准型刺针的针刺深度与有效进齿数对照表

H / G / 针型	5	6	7	8	9	10	11	12	13	14	15	16	17	18	19	20	21
R	1	1	2	2	3	3	4	4	5	5	6	6	7	7	8	8	9
M	1	2	2	3	4	4	5	5	6	7	7	8	8				
C	1	2	3	4	5	6	7	8	9								
F	2	5	7	9													

注　L—针尖至第一刺钩距离，mm；G—有效进齿数，个；H—针刺深度，mm。

二、植针密度

植针密度N表示针板1m长度上的植针数，植针密度是针刺机的重要参数，代表着针刺机的加工水平。一般预针刺机的植针密度为2000～4000枚/m，主针刺机的植针密度为3000～10000枚/m，主针刺机植针密度的较高配置已达20000枚/m。

三、针刺密度

针刺密度指纤网在单位面积中所受到的总针刺数（包括重复穿刺在内）。它与针板单位长度上的植针数和纤网在每一个针刺循环中前进的距离有关。其计算公式如下：

$$D=\frac{N}{100\times S}$$

或

$$D=\frac{N\times n}{10000\times v}$$

式中：D——针刺密度，针刺数/cm^2；

N——针板的植针密度，植针数/m；

S——步进量,cm/刺;

v——纤网输出速度,m/min;

n——刺针的针刺频率,刺/min。

针刺密度对针刺产品性能的影响有如下几方面:

1. 对结构参数的影响

(1)厚度和面密度:给定纤网重量时,随着针刺密度的增加,厚度减小,面密度减小。这是由于在针刺过程中,倒钩带着纤网表层的纤维垂直进入纤网内层,纤维之间相互锁合,厚度减小;同时针刺的压力使纤网变形产生扩散,纤网前进中受到托网板与刺针的阻力以及输入与输出的速比而造成牵伸,结果使非织造布面密度减小。

(2)孔隙率和孔径:随针刺密度的增大,非织造布孔隙率和孔径先减小后增大。因为针刺密度增加,纤维之间的纠缠抱合加强,非织造布的紧密度提高,密度变大,单位面积内的纤维根数增多,纤维之间的孔隙减少,孔隙率降低,孔径减小;但当针刺密度过高时,非织造布的密度不能再随之增加,而断裂纤维数增多,使得孔隙率反而增大;且因过度针刺会使非织造布中纤维的断裂数量增多,短纤维数量增加,针刺的作用使紧密的非织造布出现许多针孔,使非织造布的孔径反而增大。

2. 对力学性能的影响　随着针刺密度的增加,非织造布单位面积内所受的刺针作用增大,刺针的倒刺带着纤网表层纤维重新定向进入纤网内层的数量增多,纤网中水平和垂直两方向上的纤维之间的勾接加强。在针刺力的作用下,非织造布的紧密度大大提高,在拉伸过程中,纤维之间滑脱减少;随着针刺密度的进一步提高,非织造布的紧密度不再随之增加,纤维之间的束缚使纤网的纤维不能随着刺针作用而产生滑移,使刺针损伤纤维的数量迅速增加,强力减小。非织造布的断裂强度、撕裂强度、顶破强度、刺破强度和落锥穿透强度皆随针刺密度的增大先增大,到峰值后减小,变化趋势相同,而断裂伸长则随针刺密度的增加而减小,这主要是由于针刺造成断裂纤维数量增加的缘故。

3. 对渗透性能和过滤性能的影响　随针刺密度的增大,产品渗透系数先减小后增大,过滤效率先增大后减小,因为随着针刺密度的增加,纤维与纤维之间的相互纠缠抱合加强,非织造布结构紧密,密度变大,孔隙率降低,所以其透过性降低,渗透系数下降,液体或气体通过非织造布时阻力增大,固体颗粒更易于被捕集,故而过滤效率提高;但当针刺密度超过某一临界值继续增大时,其孔径会变大,所以渗透系数增加,过滤效率下降。

针刺密度随产品的不同而不同。一般来讲,针刺密度越大,纤网的强度也越大,产品也越坚实硬挺。当针刺密度达到一定的值时,纤网就相当紧密,继续针刺下去,刺钩带动纤维移位就十分困难,针的受力加大。这既容易造成针的折断,又会增加纤网中纤维的损伤,使纤网强度下降,因此,由不同纤维组成的纤网,由于纤维自身强度之差异,它们的针刺密度极限也不一样,强度高的纤维,针刺密度可大些,反之则低些。例如用50%涤纶、40%锦纶、10%黏胶纤维,在交叉式铺网机上制成260g/m^{2}重的纤网,在针刺机上进行针刺,设 $S=0.45$cm/次,$N=3450$ 枚/m,则

$$D=\frac{N}{100\times S}=\frac{3450}{100\times 0.45}=76.7(\text{刺/cm}^2)$$

也就是说,针刺机对纤网针刺一遍,纤网上的针刺密度为76.7刺/cm^2,当针刺遍数为2、3、4、5…25时,每刺一遍,取纤网测其纵横向强度,所得结果如图1-5-24所示,则

由图 1－5－24 中可以看出，当纤网的针刺密度在 460～690 刺/cm^2 时，产品有较大的强度，而大于或小于这一针刺密度的产品断裂强度都不太好。如用 4.4dtex × 51mm 的丙纶纤维加工针刺地毯，若要获得最大强度，极限针刺密度就不是上述范围了。当纤网单重为 190g/m^2 时，同样用上述工艺对纤网进行针刺，随针刺遍数的增加，纤网强度的变化曲线如图 1－5－25 所示，地毯出现最大强度的针刺密度的范围为 184～245 刺/cm^2，如果选取的针刺密度大于或小于这个范围，地毯的强度均不佳。

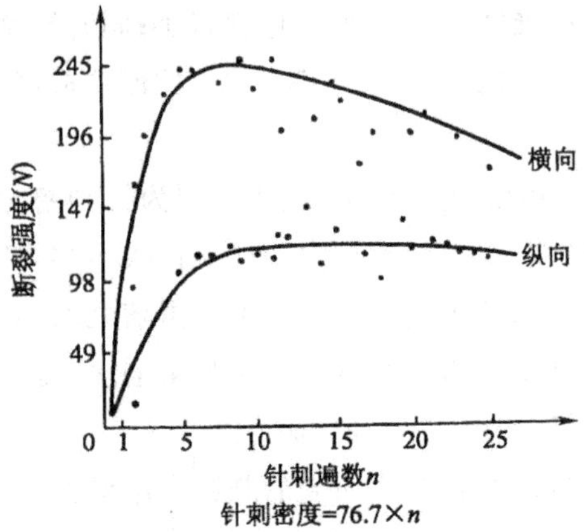

图 1－5－24　针刺遍数(密度)与产品断裂强力的关系

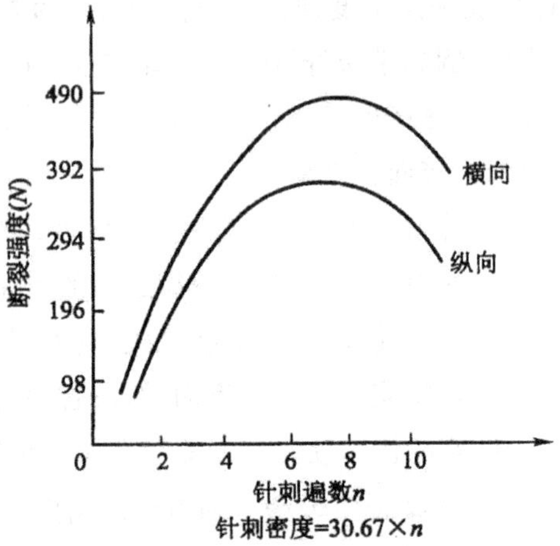

图 1－5－25　丙纶针刺密度与产品断裂强度的关系

由上述两例可看出，不同原料、不同的产品，纤网产生最大强度的针刺密度也不同。

四、步进量

步进量 S 是指针板每刺一刺时，纤网前进的量（cm/刺），它与纤网的输出速度、针刺机的针刺频率有关，对产品质量有很大影响。

$$S = \frac{v \times 100}{n}$$

式中：v——纤网输出速度，m/min；

n——针刺频率，刺/min。

由于针刺密度 $D = \frac{N}{100 \times S}$，所以在植针密度不变的情况下，步进量直接影响到针刺密度，步进量增大，纤网针刺密度就会减小。

生产中，为保证加工针刺密度一致的产品，若要提高纤网输出速度，即增大产量时，必须提高针刺频率加以弥补。

五、针刺力

针刺力是针刺过程中刺针穿刺纤网所受到的阻力，在每刺入纤网的一个循环动作中，随刺针与纤网接触位置的变化，针刺力是有变化的，如图 1－5－26 所示。

刺针开始刺入纤网时，纤网比较蓬松，纤维对针头部分阻力较小，针刺力增加缓慢。各刺钩逐步刺入后，刺针受到所握持纤维的牵拉，随下刺深度的增加，握持纤维数的增多，加上纤网结构变紧，刺针的穿刺阻力增大很快。当针头及刺钩逐步穿透纤网底部后，纤网对针头部分和刺钩工作面的阻力消失，针刺力产生了较大的波动。针叶上前三只刺钩分别是三条棱边的第一只刺钩，由于位置优先，它们所握持纤维转移的程度远超过其他刺钩，受到的穿刺阻力也大大高于其他刺钩，因此它们对针刺力的影响较大，考虑到后面刺钩仍在继续进入纤网，当第一刺钩穿透纤网时，针刺力产生了波动，但还在增加，只不过增加的速度明显变缓，随第二刺钩或第三刺钩穿透纤网，针刺力就在达到最高值后开始波动下降。另外，随着穿刺深度的增加，穿刺阻力的增大，刺钩对握持纤维的作用力增加，纤维的损伤断裂增多，从而又使握持纤维对刺钩的牵拉力减弱，针刺力下降。

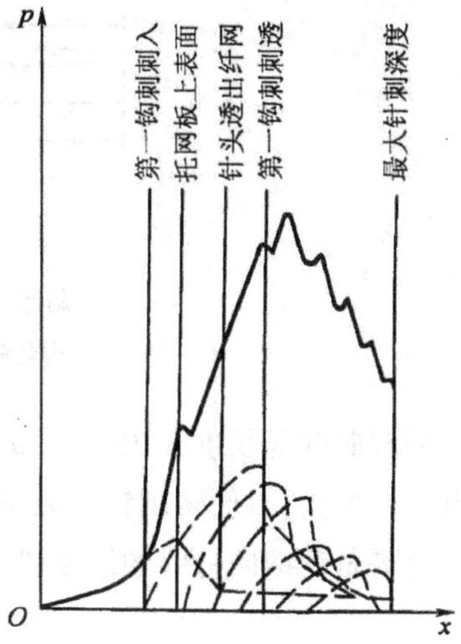

图 1－5－26　针刺力曲线叠加

六、针刺机产量计算

针刺机产量 W(kg/h)计算公式如下：

$$W = v \times G \times L \times \frac{60}{1000}$$

式中：v——纤网输出速度，m/min；

G——纤网定量，g/m^2；

L——机器幅宽，m。

故若要提高生产线单位时间的产量，必须在提高纤网输出速度的同时提高针刺频率，并协调好各工艺，这样才能实现高质高产。

第四节　刺　针

刺针是针刺法非织造布生产中的主要工具，它的型号、规格、布针方式及在加工过程中的针刺深度对产品的结构、质量和性能都有很大影响。刺针在纤网层上下往复高速穿刺，频率通常在 600～2000 次/min 之间，这就要求针体的刚性、韧性、弹性、耐磨性都要好。这样刺针在穿刺纤网时，才能承受巨大的负荷，不易折断，而且有较长的使用寿命。从针刺工艺的角度要求，刺针还应具有较好的平直度，表面光洁，钩刺平滑，无毛刺，几何尺寸精确，针尖形状一致。

一、刺针的结构及对针刺效果的影响

（一）刺针的结构

刺针由优质钢丝经成型模具直接冲压而成。目前世界上各种类型、规格的刺针有 1500 种左右常用刺针的结构如图 1－5－27 所示。

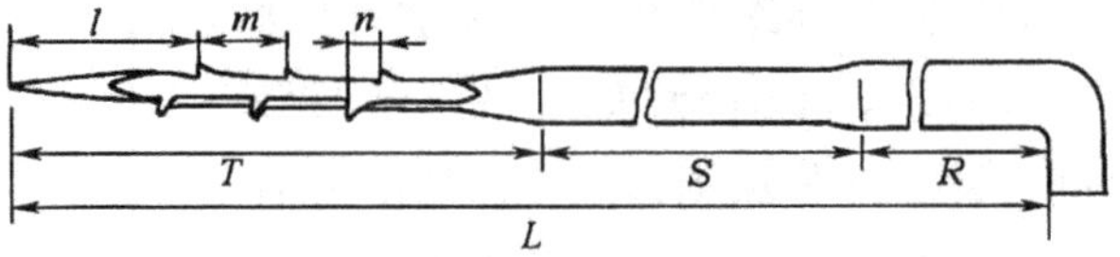

图1-5-27 刺针的形状及几何尺寸

L—刺针总长度 *R*—针柄长度 *S*—针腰长度 *T*—针叶长度

l—第一个刺钩至针尖的距离 *m*—同棱相邻刺钩间距 *n*—二棱相邻刺钩间距

一般刺针的长度在75～90mm之间，这一变量主要由加工纤网的特性所决定。每枚刺针的尾部都有一个弯头，以便将刺针放入针板上时放直、放正。刺针的针身一般由针柄、针腰、针叶三部分组成。针腰是针柄向针叶的过渡段，对于针叶直径要求较大的刺针，可以不经针腰的过渡而直接由针柄、针叶组成。针叶为刺针的工作段，是刺针的主要区段。针叶的截面形状有圆形、三角形、三叶形、正方形、菱形、星形、水滴形，常用的为等边三角形，且在三个棱边上分别有三个刺钩。

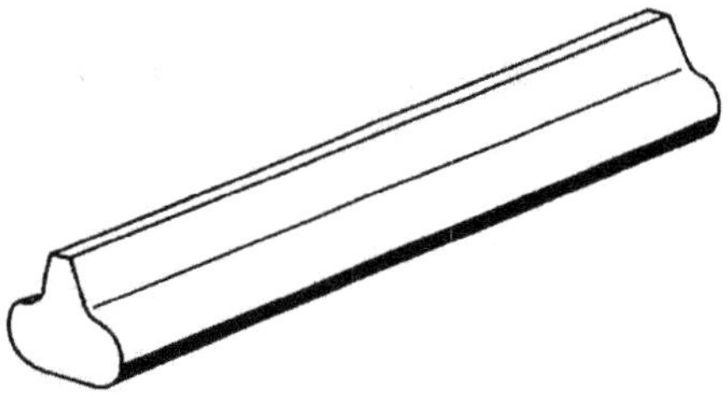

图1-5-28 水滴形刺针

水滴形刺针（图1-5-28）只有一个棱边，其余部分为圆弧形。在穿刺纤网时，圆弧部分可将纤维推于一侧而不受损伤。与其他截面的单棱开刺刺针比较，水滴形刺针更能在纤维的长度和断面两个方面起保护作用。水滴形刺针专门用于加工造纸毛毯、过滤材料等。

按针叶的截面及外观形状，刺针有四种，如图1-5-29所示。

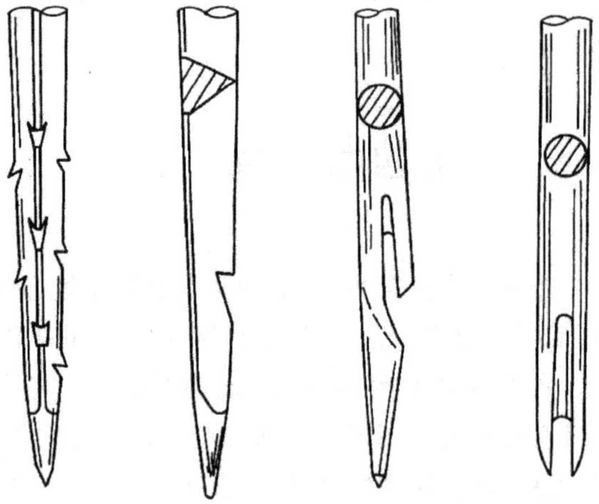

(a) 普通刺针 (b) 单刺针 (c) 侧开叉针 (d) 叉形针

图1-5-29 刺针种类

叉形针的整体形状如图1-5-30所示，叉形针是用来生产毛圈型花式产品的专用针，它在头端的叉口和侧槽为纤维进入针杆周围留出了特殊空间，因而可在应力较小的情况下，通过叉口把纤维带出纤网底面并形成毛圈。叉形针的常用针号为16～30号，德国格罗茨公司已生产出高达42号的针，以满足制造精细毛圈绒类产品的需要。

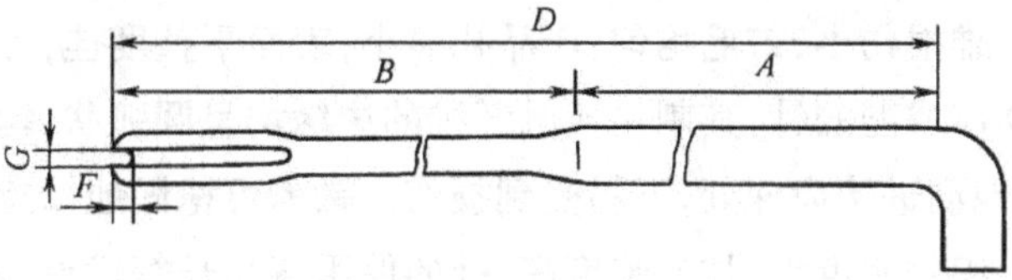

图1－5－30　叉形针的形状与尺寸

A—针柄长度　*B*—针叶长度　*D*—刺针总长度　*F*—开叉深度　*G*—开叉宽度

（二）刺针结构对针刺效果的影响

1. 刺钩的形状、几何尺寸与针刺效果的关系　刺针的整体结构由刺钩形状、下切角、刺钩深度、刺钩长度（也叫齿槽）和刺钩高度（也叫齿突）五个要素组成，如图1－5－31所示。

刺钩是刺针的主要部位，针体在纤网层上下穿刺，通过刺钩使纤维互锁、缠结。刺钩的形状将直接影响纤网的性能，如带纤量、纤维损伤断裂程度、产品的平整度、拉伸强度、纤网结构的紧密度、透气及渗水性能。目前使用刺针的刺钩形状大致可分为两种：冲齿针和模压针，如图1－5－32所示。

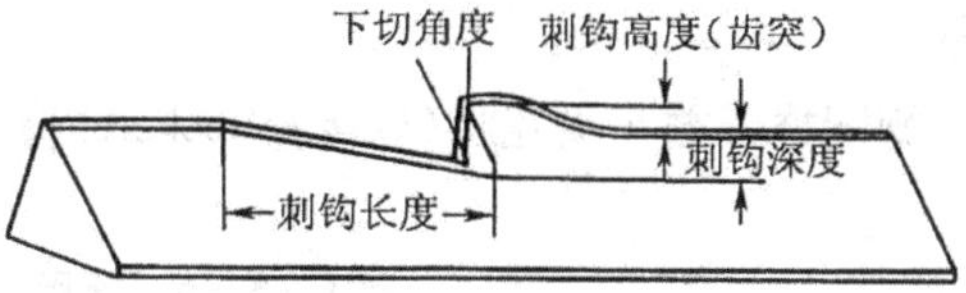

图1－5－31　刺针结构

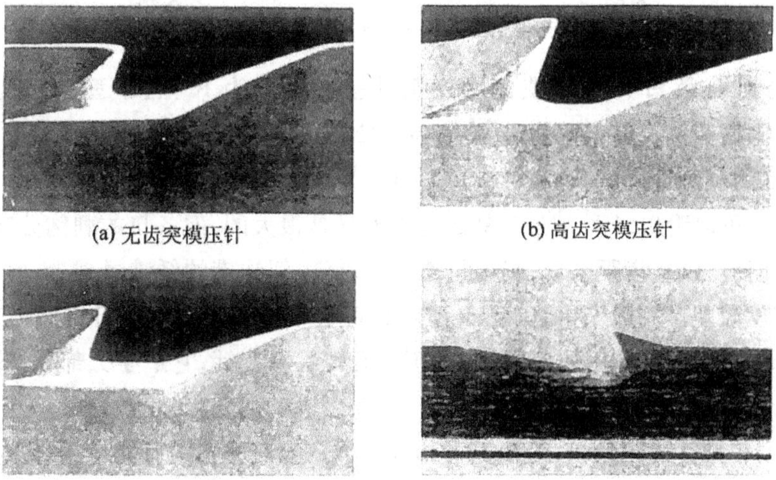

(a) 无齿突模压针　(b) 高齿突模压针

(c) 中齿突模压针　(d) 冲齿针

图1－5－32　冲齿针和模压针

（1）冲齿针：用凿型刀在三角棱边上切割成形，有齿突，齿突分浅齿突、中齿突和高齿突。下切角在5°～25°之间。冲齿针带纤量多，尤以下切角度大、齿突高时更为突出。产品孔痕大，透气，渗水性好。但因冲齿针刺钩边缘锋利且粗糙，易割断纤维而降低产品强度；纤维易集中在下切角角尖，产生纤维团粒；齿突造成的针痕大，影响产品外观等几方面的不足，它将被新一代的模压针所取代。冲齿针一般适用于高摩擦系数的纤维，例如黄麻、剑麻、大麻、棉回收下脚料等，一般作为预刺针用。

（2）模压针：刺钩边缘圆滑呈弧形，能减少纤维损伤，无齿突或低齿突，如图1－5－32中（a）所示。齿槽大，呈弧状，对纤维损伤小，带毛均匀；产品孔痕小；表面平整度佳，针体耐磨损，是优良齿型。

还有一种是经模压立体成型的针：其刺钩接触纤维的边缘均呈圆弧状，钩齿表面光滑，边缘圆滑。在穿刺过程中，纤维顺滑地溜进钩齿深处，不易受到损伤。钩齿可稳固地保持纤维。这种针具有不损伤纤维、带纤维量多而匀、织物密度大、拉伸强度高、针的使用寿命长等优点，是目前最理想的齿型。

刺钩的形状和几何尺寸对纤维转移有直接影响。

刺钩的下切角使刺钩穿刺纤网时抓取、携带的纤维沿刺钩的工作面斜面向内滑移到刺槽深处，被握持纤维逐层挤压，密度增加且不易滑脱。刺钩深度决定着工作面的有效长度，带有突起的刺钩形状，其刺入深度深，工作面有效长度长，刺钩接触及容纳纤维的数量较多。刺钩穿刺纤网时，利用钩槽斜面长度将紧贴于针叶表面的纤维逐步引入工作面的深部，便于刺钩的抓取。在针刺频率较快的情况下，刺钩长度应长些，避免纤维一经而过，影响刺钩的有效抓取。

德国格劳兹·贝克特（Groz－Beckert）公司的两种刺针刺钩的有关数据见表1－5－5。

表1－5－5　格劳兹·贝克特公司的刺针刺钩数据

刺针规格	钩口长（mm）	翘起高度（mm）	钩口深（mm）	下切角度（°）
15×18×36×3R333	1.22	0.38	0.15	72
15×18×36×3C333	0.80	0.04	0.17	69

2. 齿距与针刺效果的关系　我国国产刺针按齿距分为R型、M型、C型、F型4种，如图－5－33所示，德国格劳兹·贝克特公司、美国福斯特（Zoster）公司等生产的刺针规格、型号，基本上与我国台州市椒江耐利制针厂（简称椒江针厂）一致。

从图1－5－33可以看出，4种型号刺针的齿距差异是很大的，但各自的刺钩分布又是均匀的，可供生产不同产品选择。仅从齿距来看，刺钩距离越近，每次刺钩带的纤维量越少，生产出的产品也较均匀，但产品的强度较差。一般来讲，C型、F型刺针适合于1.67dtex以下纤维和针刺密度较小的薄型产品。而M型和R型刺针应用的范围就比较广，尤其是R型针，它适于大部分产品的预针刺场合和部分产品的主针刺场合。

（1）标准齿距：R型针齿距最长，为6.3mm，适用于预刺，匀称的钩齿能使纤维从布面到布底很均匀地分布。

（2）中密齿距：M型针齿距为4.8mm，可提高纤维互锁、缠结力，一般适用于下脚纤维、汽车地毯、车身衬垫的生产线，由于下脚纤维材料长短不匀，有较短的纤维及再生纤维，如用R型针，针刺时会将短纤维拉出布面外，而用M型针，可将针刺深度调浅到适当位置，就不会产生上述现象。在人造革生产线中也适用M型针。采用该齿距的针，具有降低棉层厚度以及维持从布面到布底均一的产品密度的功能。

（3）加密齿距：C型针作为精轧的主刺针，齿距为3.3mm，将针刺机针刺深度调浅，对于薄型非织造布极

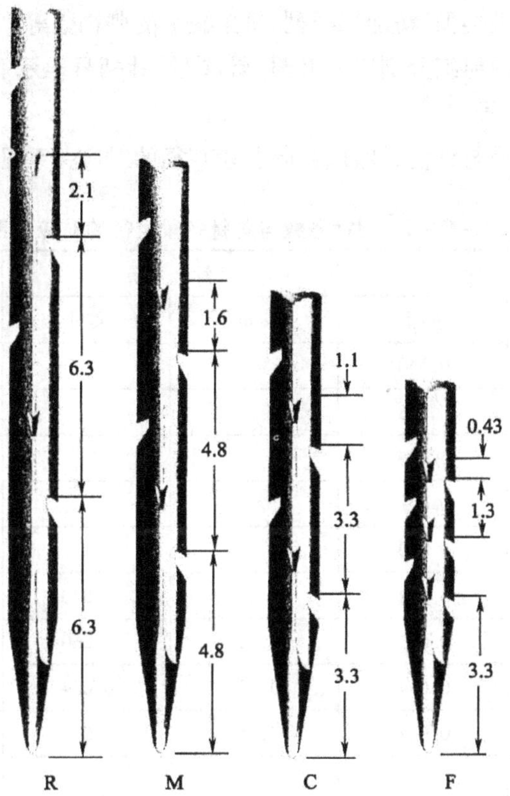

图 1-5-33 国产刺针

R—标准间距 M—中密间距 C—加密间距 F—高密间距

为适宜,因为可避免距针尖较近的 3 个钩齿将纤维带离织物底层而造成织物内的密度上下不匀的现象。

(4)高密齿距:F 型针具有以最短的针刺深度达到极强的纤维互锁缠结的能力,齿距为 1.5mm 或 1.3mm,F 型针适用于高精度针刺机,尤其适用于加工厚度极薄,又需要极大拉伸强度的非织造布,如纺丝成网非织造布、土工布、人造革等,采用 36~42 号 Z 型针的针刺产品,具有高摩擦坚牢度、高抗拉强度、没有针痕、布面平滑等特点。主要用来生产合成革基布、鞋里皮、装饰布、过滤材料、汽车后箱里衬等产品。

3. 棱边齿数与针刺效果的关系 刺针每一棱边齿数与齿距的疏密会直接影响刺钩带纤维量的多少、纤维断裂程度以及布面的平滑度,标准型刺针在 3 个棱边上分别有 3 个刺钩,也有些特殊刺针是在 1 个棱边或 2 个棱边上带有刺钩。

当想制造针孔最小、布面平滑的织物时,可以使用只有一条棱边开有刺钩的三角针,通常制造合成革、地毯和纺黏针刺法非织造布时,采用单棱有 3 个刺钩的针,制造造纸毛毯可以采用单棱有 8 个刺钩的针,以增强非织造布的拉伸强度。

二、刺针规格、尺寸的表示

各家公司制造的刺针都有完整的技术规格及尺寸说明,包括刺针总长度,代表针柄、针腰、针叶直径的号数，刺钩排列形式，针尖类型、精加工类型，每条棱上的刺钩数等。

刺针的针叶、针腰、针柄的粗细分别以针叶号、针腰号、针柄号表示。号数越大，表示越细。生产中常提到的是针叶号，简称针号。

美国福斯特公司刺针代号与针柄、针腰、针叶各段直径的对应关系见表1-5-6。

表1-5-6 刺针号数与刺针各段直径的对应关系

针 号	针 柄		针 腰		针 叶	
	mm	英寸	mm	英寸	mm	英寸
9	3.56	0.140				
10	3.25	0.128				
12	2.67	0.105				
13	2.34	0.092			2.29	0.090
14	2.03	0.080			2.03	0.080
15	1.83	0.072	1.78	0.070	1.78	0.070
16	1.63	0.064	1.52	0.060	1.52	0.060
17	1.37	0.054	1.37	0.054	1.37	0.054
18	1.21	0.047	1.20	0.047	1.20	0.047
19					1.15	0.045
20	0.90	0.035			0.95	0.037
22					0.90	0.035
23					0.85	0.033
25			0.81	0.032	0.80	0.032
28					0.75	0.030
30					0.70	0.028
32			0.66	0.026	0.65	0.026
34					0.60	0.024
36					0.55	0.022
38					0.50	0.020
40					0.45	0.018
41					0.43	0.017
42					0.40	0.016
43					0.38	0.015

刺针规格一般按下列顺序和方式表示：

针柄号 × 针腰号 × 针叶号 × 刺针总长度 × 刺针类型 × 厂家自编号

例如，1枚格劳兹·贝克特公司生产的刺针的标号为：

15×18×32×3.5R 330G 91002，其代号的含义分别为：

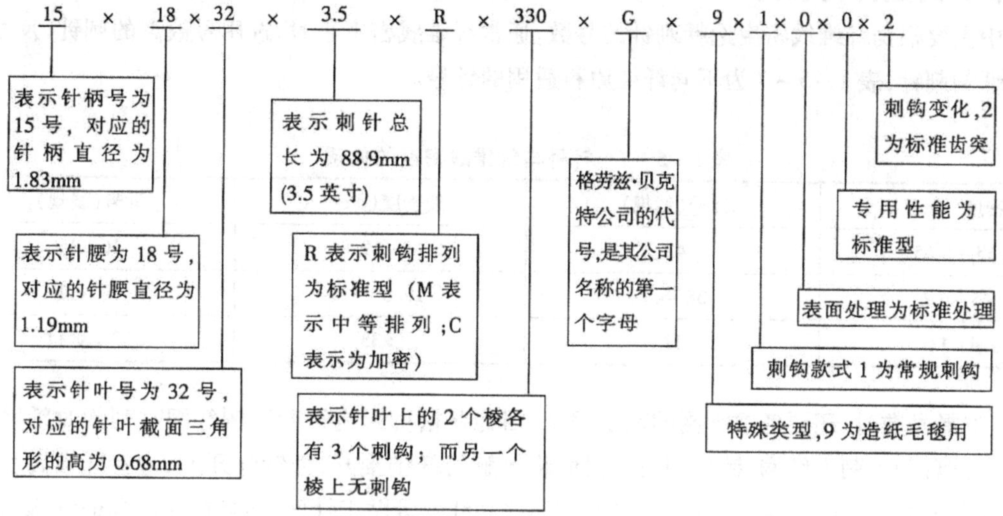

又如美国福斯特公司生产的一种刺针标号为:15×18×38×3.5RB F209－20－3×B/LI/CC,其代号的含义为:

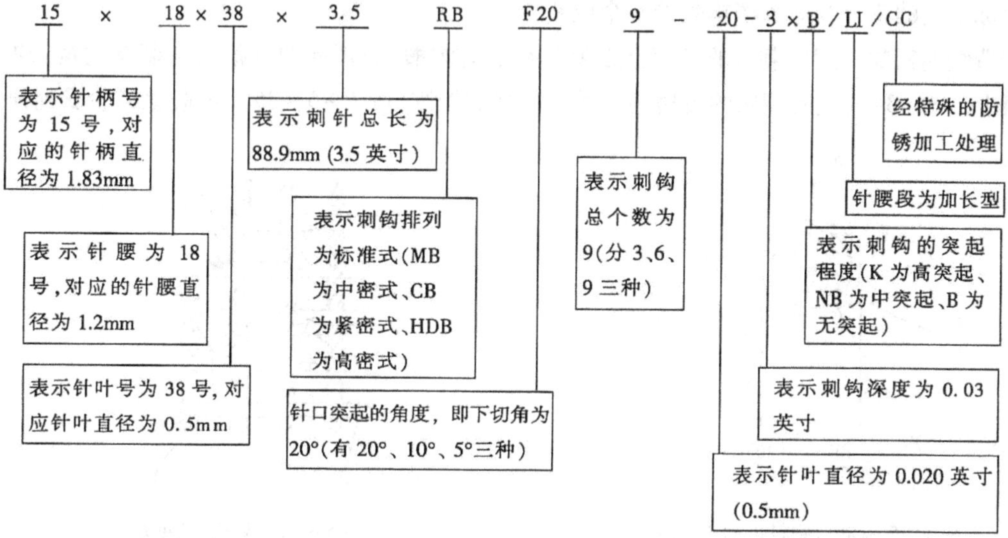

但是,不同的公司在刺针的表示上有一些特殊特点,如我国椒江针厂的一种刺针,其规格为15×18×36×3.5 M26－333G×15°×0.05/0.15P 6.3,其中M表示刺钩类型为模压型;15°表示刺钩下切角;0.05/0.15表示齿突与齿深;P表示端头型号,P为磨光端头;6.3表示针尖到第一刺钩距离,6.3为标准齿距。再如,美国福斯特公司刺针标号中,1B/E表示每条棱上有一个刺钩;3B/E表示每条棱上有3个刺钩;2B/2E表示只有两条棱有刺钩,并各有两个,第三棱没有刺钩。

因此,在选购刺针时,应参考生产厂家提供的刺针手册。我国各制针厂家长期以来标准不统一、规格混乱,应及早制定行业标准,与国际接轨,统一计量标准和方法,使刺针通用化。

三、刺针的选择与使用

生产中主要根据纤维线密度选择刺针的号数，通常纤维线密度小时，选用号数高的刺针，反之，则选用号数低的刺针，表1－5－7为不同纤维原料适用的针号。

表1－5－7　针号与纤维线密度的关系

线密度(dtex)	针号(线规)	线密度(dtex)	针号(线规)
0.55～1.65	42	11～19.8	36～34
1.65～6.6	38～40	19.8～33	36～32
6.6～11	38	＞33	30～更粗

其次，选择号数时，还要考虑纤网的蓬松程度，因为蓬松度影响针叶穿刺纤网时刺钩对纤网的抓取与携带。随着刺针刺入纤网，针尖利用其斜面将接触的纤维推开，为针叶开道，这些纤维因受挤压而发生变形并向外围传递。在恢复应力的作用下，这些纤维紧贴于针面，而且针叶周围的纤维密度增加，有利于针叶上刺钩抓取更多的纤维，使其在握持、携带过程中不易滑脱。对于较为蓬松的纤网，应采用号数较小的刺针，针叶较粗，可以增加纤维被转移的数量。

另外，还要考虑所生产产品的性能要求，如造纸毛毯，为防止底布或单丝底网被刺破，应选用成形刺钩(模压刺钩)，无齿突，而且是单棱边上有刺钩，为保证产品质量和生产效果，可将单棱边上的刺钩个数由标准型的3个改为紧密排列的6个或8个。

生产造纸毛毯的专用针刺机的针板上必须要有定向沟槽，而刺针的针柄与有刺钩的棱边有固定的角度(图1－5－34)，使有刺钩的棱边迎着横向排列的纤维(图1－5－35)，可避免经纱受到损伤。

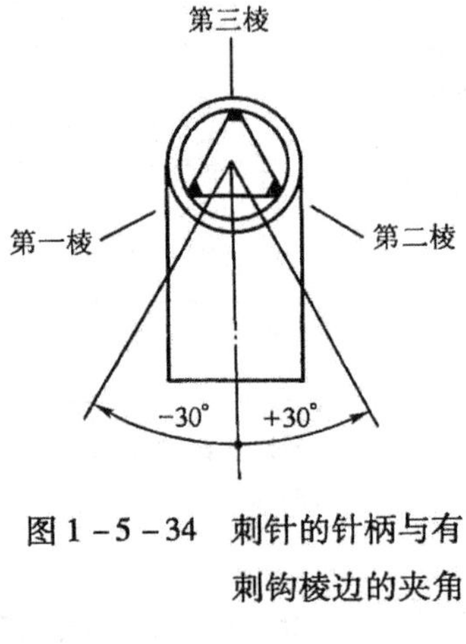

图1－5－34　刺针的针柄与有刺钩棱边的夹角

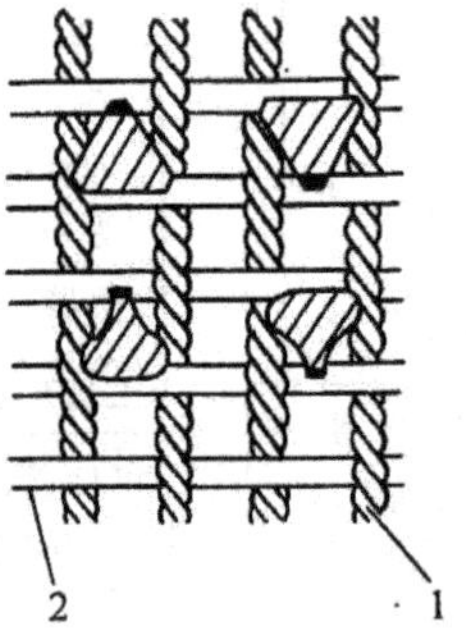

图1－5－35　刺针排列方向

1—经纱　2—纬纱或横向排列的纤维

当刺针的规格、型号选定后，还应科学地使用刺针。刺针的新旧程度显著地影响着针刺效率和产品性能。新旧程度不同的刺针，所生产的非织造布的表面平滑度、孔痕、拉伸强度、厚度、透气性能等都有较大幅度的波动，产品缺乏均一性。为避免上述现象，应合理安排刺针的排列、装换。首先，可将针板分为几个区域，定时分批换针，使整个针板上的新旧程度始终保持一致。一般预刺分为2～3个区域，主刺分为4～6个区域。其次，可将主刺针板分为两个区域，安装两种不同齿距的刺针，靠近输出端的针板上装标准齿距R型的刺针，远离输出端的针板上装齿距密一点的刺针，如M型或C型，在针刺深度较小的情况下，C 型、M 型刺针可充分发挥刺钩的穿刺作用，增加产品的拉伸强度和密度；R 型刺针则只有一个刺钩在穿刺，可使成型的非织造布孔痕小，表面平整。

第五节　针刺法非织造布产品

一、过滤材料

针刺法非织造布作为一种新型的过滤材料（滤料），以其独特的三维立体网状结构、孔隙分布均匀、过滤性能好、产量高、成本低以及品种多等特点，正逐步取代传统的机织和针织过滤材料，因为非织造布过滤材料既可制成蓬松性的产品，又可加工成满足特殊需要的超厚型制品。

采用碳纤维、永久导电纤维制成防静电滤材，可及时把在过滤过程中产生的静电引出除尘器外，以防止静电积聚，产生电火花而毁坏滤袋。

耐高温滤料主要由诺梅克斯（Nomex）、美塔斯（Metamax）及芳砜纶等纤维经针刺加工而成，用于烟气温度在200℃左右的除尘器中。

过滤材料常用纤维规格为（1.5 ~ 3）dtex ×（55 ~ 65）mm，定量为 100 ~ 2000g/m^2，厚度为 1 ~ 10mm，针刺深度为 6 ~ 8mm，针刺密度为 500 ~ 1000 刺/cm^2。

复合结构的滤材是由两种或两种以上的材料加工而成，即在针刺滤料或传统织物滤料表面覆以微孔薄膜制成复合材料，这样不仅提高了滤料的捕尘性能，而且粉尘只停留在表面，易脱落，滤料的剥离性好。目前的覆膜滤料基材采用聚酯、聚丙烯、诺梅克斯、玻璃纤维等制成的针刺毡。

选用黏胶纤维，经纤维开松—气流输送—混合定量给棉—梳理—铺网—预针刺—主针刺—主针刺等工序制成针刺基本布后，再经过化学处理、烘干、热处理、高温碳化和活化等工艺制成活性碳纤维布，该产品具有吸附速度快、吸附容量大、使用寿命长、脱附方便、耐热、耐酸、绝缘、防腐蚀等特点，可广泛用于环境保护、医疗卫生、民用保健、放射性防护、贵重金属回收、废水废气治理等领域，具有广阔的发展前景。

二、合成革基布

合成革在结构和性能上均模拟天然皮革，其产品以编织起毛布或非织造布为基材，经聚氨酯（PU）等高分子物质浸渍处理，形成带有连续孔隙黏结的三维结构，再赋予耐磨、弹性好、柔软、抗拉强度高、抗溶剂性及透明性好的 PU 表皮层。这种材料可像天然皮革一样进行切片、磨削，并且具有天然皮革所特有的透气、透湿性能。

针刺法生产的基布可满足合成革产品所要求的致密的三维结构，纤网中纤维杂乱排列，上下穿插，相互缠绕，呈三维状态分布，并具有透气、透湿、结构均匀、强度高的特点。

下面列举采用迪罗公司设备生产针刺法合成革基布的工艺：

产品定量为 220g/m^2，厚度为 0.9mm，纤维原料为涤纶 1.67dtex × 38mm。

生产流程：

纤维原料→开包机→粗开松→多仓混棉机→精开松→气压棉箱均匀给棉→梳理机→铺网机→

预针刺机→3 台主针刺机→前道成卷→热风穿透定型机→轧烫机→切边成卷机。

预刺：植针密度为 2000 枚/m，针刺频率为 300 次/min，针刺密度为 180 针/cm^2，针刺深度为 15mm。

主针刺：3 台，均为对刺机，植针密度为 5000 枚/m，针刺频率为 440 ~ 510 次/min；针刺深度为 9 ~ 12mm，针刺密度为 1380 针/cm^2。

定型温度：120 ~ 130℃，轧烫温度为 150 ~ 160℃，速度为 20 ~ 22m/min。

针刺法合成革基布的原料最常见的是涤纶和锦纶，一般长度为 30 ~ 65mm，线密度为 1.67 ~ 3.33dtex。随着合成革加工技术水平的日益提高和市场对其产品提出的越来越多样化的高性能要求，超细纤维已成为高档人造麂皮制品的首选纤维原料。

三、土工布

土工布被大量应用于公路、铁路、水利、农业、桥梁、港口、环境、工业能源等工程中，其优异的性能已经被无数工程所验证。

用非织造方法生产的土工布，主要是纺黏法长丝针刺法土工布和干法短纤针刺法土工布，与其他土工材料相比，它们具有重量轻、抗拉强度高、施工简单等特点，显示出了传统材料难以比拟的优越性。

涤纶短纤针刺法土工布具有原料选择范围广、生产组织灵活性大、工艺可塑性大等特点，产品克重为 100 ~ 1500g/m^2，厚度为 0.5 ~ 5mm。其工艺流程为：原料混合开松→梳理成网→铺网→预针刺→主针刺→拉幅定型→切边成卷→包装。以下例举一个土工布的生产实例。

原料：涤纶线密度为 1.65 ~ 22.0dtex，长度为 32 ~ 90mm，以线密度为 6.0dtex，长度为 50 ~ 60mm 的涤纶为主要原料，加入一些较粗和较细的纤维进行混合。

预刺：单针板预针刺机，植针密度为 8640 枚/m，刺针频率为 2000 次/min。

一道主刺：植针密度为 12480 枚/m，针刺频率为 2200 次/min。

二道主刺：采用双面刺针刺机，植针密度为 12480 枚/m，针刺频率为 2200 次/min，上刺深度为 7.5mm，下刺深度为 7.0mm。

生产线速度为 5m/min，产品克重为 300g/m^2，厚度为 2.6mm，针刺密度为 350 针/cm^2。

短纤针刺法土工布在岩土工程中起隔离、过滤、排水、加筋、加固、防护等作用。在实际工程中，往往是综合利用其多个功能。

(1)隔离：土工布能够把两种不同粒径的土、沙、石料，土、沙、石料与地基或建筑材料隔离开，以避免相互混杂，破坏各种材料及其结构的完整性或发生土粒流失现象。还可同时将建筑物中的水沿土工布平面导出。另外，使用具有隔离作用的土工布后，还可节省建筑材料，减少公路、铁路路基中各层材料的铺设厚度。

(2)过滤和排水：短纤针刺法土工布是良好的过滤和排水材料，完全可以取代土石坝体有关部位设置的传统沙砾石反滤层，其反滤能力与土工布的厚度成正比。土工布埋在土体中形成排水通道，把土中的水分汇集起来，沿着材料平面排出土体外。

(3)加筋、加固：由于土工布的特殊力学性能，可用来加固道路和路面或用来增加斜坡的稳定性，还可采用短纤土工布进行分层包裹式加筋，由于土体本身有一定的稳定性，用土工布层层包裹，可增加土层间的摩擦力，实现其整体性，使之在整个结构上满足安全的需要，达到挡土的效果。

(4)防护：短纤针刺法土工布也可以用于防护工程，如植草护坡、城市绿化、防止道路反射裂缝等。

四、造纸毛毯

化纤针刺法造纸毛毯是将纤维网针刺到基材上而构成的一种环状非织造布。基材为机织物而刺成的毯，叫有纬造纸毛毯；基材为经纱而刺成的毯，叫无纬造纸毛毯。纤网原料以锦纶、涤纶为主，基材原料以锦纶短纤纱与锦纶丝合股或锦纶复丝合股，与锦纶单丝交织。

随着造纸行业技术的进步及造纸机向高速、高线压方向发展的要求，集较好的疏水性、稳定性、不可压缩性和毛毯的表面性、弹性等优点为一体的新型造纸毛毯——BOM 毯(Batt on Mesh)应运而生。

BOM 毯是以涤纶或锦纶单丝为原料，通过机织方法制成一种硬挺的、不可压缩的底网骨架，再通过针刺的方法把不同特点的纤网与底网复合在一起，制成一种类似三明治结构的网毯复合物。BOM 毯的结构如图 1－5－36 所示。

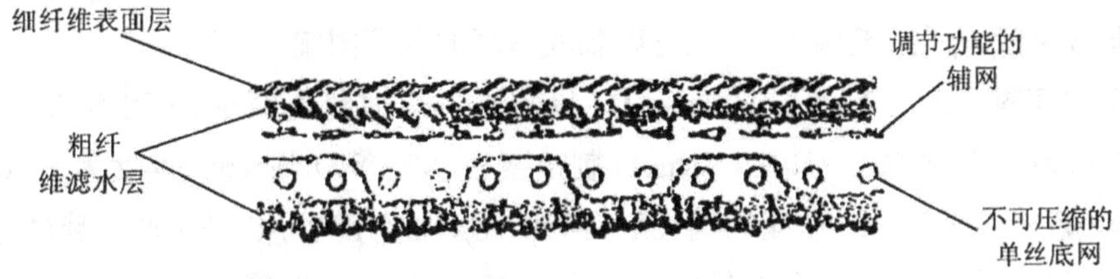

图 1－5－36　BOM 毯的结构

BOM 毯所用原料及工艺如下：

底网原料(锦纶)：经纱 36tex×6 根合股纱，其中每 2 根以 S 捻合股(22 捻/10cm)，再将 3 根股纱以 Z 捻合股，(31 捻/10cm)；纬纱 80tex 单丝。

毛层纤维(锦/涤)：锦纶 66 为 80%，16.7dtex×100mm；涤纶为 20%，13.3dtex×76mm。

采用标准刺针，针刺深度分别为 4.5～125mm，针刺密度为 300 针/cm^2，针刺频率为 380 刺/min。

工艺流程：

锦纶单丝→合股(经纱)→整经┐
锦纶单丝(纬纱)→卷纬┘→织造→初检→修补→┌镶头→中检→预拉伸定型┐
　　　　　　　　　　　　　　　　　　　　└化纤混合→梳理→铺网┘→

针刺→热定型→成品检验→打包。

BOM 毯具有下列特点：

(1)耐高线压力。新型纸机压榨部的线压力为 600～1700N/cm，普通造纸毛毯在这种压力下，纱线底网被压扁变形，很快失去弹性和内部孔隙，不能滤水而报废，BOM 选用了疏水性强、硬挺的不可压缩的单丝底网做骨架，抗张能力强，弹性持久，在反复高压下，底网结构的滤水空间不会被破坏，保证了在高压压榨作用后，仍具有良好的滤水性能。

(2)滤水性能好。BOM 毯的不可压缩保证了该毯具有较大的容水间隙,压榨区脱出的水能够均匀地从孔隙中排出。

(3)耐高压冲洗。造纸毛毯寿命的终结主要是被压实和污染充塞所致,为了实现充分排污,必须对毛毯进行冲洗,一般来说,0.5~0.6MPa 水压很难冲透毛毯,而高压冲洗(水压达 1.5~4.0MPa)和真空抽吸增强了去污能力,但对毛毯的脱毛量提出了更高的要求,BOM 毯通过原材料优选,合理配置针刺和定型工艺,使纤维毛毯的黏结牢度大大提高,保证了 BOM 毯在高压冲洗、抽吸条件下不易脱毛,使寿命延长。

五、针刺地毯

针刺地毯是众多地毯中的一种,与机织地毯、缝编地毯、经编地毯、簇绒地毯比较,针刺地毯具有生产效率高、生产成本低的特点。另外,它还具有吸收噪音、保暖减震等特点,广泛用于家庭、宾馆、饭店、写字楼、汽车地面装饰等。

针刺地毯的生产流程为:

原料开松→混合→梳理→铺网→预针刺→主针刺(花刺)→浸胶→涂层→烘干。

毯面可以制成平纹、平绒、毛圈形式,也可以刺成不同的花纹图案。

针刺地毯所用原料一般为 16.5~33dtex,51~110mm 的熔体着色丙纶,也可混入其他纤维,产品定量为 500~1500g/m^2,针刺深度为 9~11mm,针刺密度为 300~800 刺/cm^2,厚度为 5~6mm。着色丙纶具有色彩持久,耐污性强,耐虫蛀、耐霉菌性好,弹性、耐磨性好等特点,是生产地毯的理想原料。

针刺地毯的纤维结构决定了其具有较好的模压性能,这是其他地毯生产方法无法比拟的,因此,特别适用于汽车内地毯的模压成型加工。

针刺后的地毯上还要进行浸胶或涂层,以利于将地毯结构内的纤维绒头黏结固定,防止纤维脱落,以提高地毯的硬挺度,减少伸长,提高地毯的尺寸稳定性。在地毯背面使用泡沫涂层剂或黄麻背衬时,可以增加地毯与地面的耐磨性,提高地毯的厚实感和防潮性能。在涂层剂中加入阻燃剂,还可以有效地提高地毯的阻燃性能,扩大使用领域。

用极粗的原液染色丙纶,可制成用于户外的针刺铺地材料,其纤维线密度为 33~110dtex,长度为 60~100mm,这种材料可作为网球场、高尔夫球场、人造屋顶花园等场所的人造草坪。

六、其他针刺法非织造布产品

1. 擦拭布 采用黏胶纤维、丙纶、超细纤维经开松混合、针刺、热黏合制得 130~180g/m^2 的擦拭布,具有良好的吸湿性、吸水性、吸尘性和较高的清洗能力,而且很柔软,不易损伤被擦物品,广泛用于家庭、工业生产、宾馆饭店、浴室及旅游等场所中的家具、家电、眼镜、餐桌、碗盒、精密仪器的擦拭。

2. 汽车内饰 针刺产品在汽车内饰方面的应用有许多,如车顶衬垫、车门软衬垫、后行李箱衬垫、坐椅衬垫、隔声垫、遮阳板软衬垫等材料,原料以涤纶、丙纶、再生纤维为主,这些原料成本低廉,适合中低档轿车。汽车顶篷呢、坐椅面料等覆盖材料,采用涤纶、丙纶或细旦纤维制成薄型针刺绒类产品。车顶篷布要求手感良好,故纤维较细,一般规格为(3.5~6)dtex×(50~60)mm,定量为 250~350 g/m^2,厚度为 2.5~3.5mm,针刺深度为 6~8mm,针刺密度为 1500~2000 刺/cm^2。地毯要求弹性好,纤维规格为(15~20)dtex×(70~80)mm,定量为500~1000g/m²,针刺深度为9~11mm,针刺密度为600~1000刺/cm²,厚度为5~6mm。在汽车内饰材料中加入阻燃纤维,更能满足车内材料对阻燃的要求。

最近,国内有报导,采用一种新型耐高温阻燃黏胶纤维——Visil纤维与涤纶和澳毛混合,可制成320g/m²的针刺装饰布。该产品的极限氧指数达29%,并具有色泽鲜艳、手感柔软、光泽柔和等特点产品档次高,能满足ISO 8191—1及德国大众汽车内饰材料标准的要求,用作车顶篷呢、坐椅面料。

3. 黏合衬基布、垫肩、保暖絮片、贴墙布、农用保温材料、工业用呢(毡、垫)等 采用聚四氯乙烯纤维和聚酰胺纤维,经Rontex针刺工艺加工可制造人造血管、人造食管等人造器官,也可用于血液和药品过滤。

第六章　水刺法非织造布

本章知识点

1. 水刺法原理。
2. 水刺法产品特点及应用。
3. 水刺机的构成及各部分作用。
4. 水刺法工艺参数与产品性能的关系。
5. 生产不同风格产品时,水针压力的设置。
6. 熟悉水循环过滤系统的构成、作用、过滤方式。

水刺法又称水力缠结法、水力喷射法、射流喷网法,是一种独特的、新型的非织造布加工技术,它是利用高速高压的水流对纤网冲击,促使纤维相互缠结抱合,从而达到加固纤网的目的。水刺技术的加工特点是无环境污染,不损伤纤维;产品无黏合剂,不起毛、不掉毛、不含其他杂质;产品具有吸湿、柔软、强度高、表观及手感好等特点。因此水刺技术虽起步较晚,但发展极其迅速,被称为第三代非织造布加工工艺。有人将其喻为21世纪非织造布工业的一颗明星。

一、水刺法产品的原料范围

1. 纤维素纤维　黏胶纤维、Lyocell、棉,这些纤维具有良好的吸湿性,手感柔软,对人体无过敏反应,具有天然的生物降解等特性,适用于医用卫生材料及用即弃材料。

2. 合成纤维　涤纶、锦纶、腈纶、维纶、丙纶,这些纤维强力高,弹性好,常被用来为水刺法非织造布提供强伸度,如合成革基布、服装黏合衬、各种包覆材料等,可以独立或与其他纤维混合使用。

3. 特殊纤维　木浆纤维、超细纤维、高强度高性能的芳香族聚酰胺纤维、玻璃纤维、真丝纤维以及聚乳酸纤维、甲壳素纤维等绿色纤维。

二、水刺法产品的应用范围

水刺法产品具有优良的悬垂性和极柔软的手感,蓬松透气性好,强力高,吸湿性好,不易起毛,不含化学黏合剂(除特殊用途外),卫生、可靠。它被广泛应用于卫生材料、家庭生活用品、服装、装饰布、合成革基布、过滤材料、建筑补强防漏材料、农业园艺材料、蔬菜种植材料等领域。

1. 医疗卫生用品　这是水刺法非织造布最主要的应用领域,其用途有数百种,大致分为手术用品、医护用品。具体有伤口敷料、外科用罩布、灭菌包布、绷带、纱布球、药膏布、手术衣帽、手术口罩、手术鞋罩、手术垫、手术巾、吸液垫,病员及手术用床罩、枕套、褥子,病员服等。

2. 家庭生活用品　揩布在家庭生活中用量很大，有婴儿揩布，美容揩布，家具、餐具、炊具揩布，卫生揩布，汽车揩布。用超细纤维做的擦拭布柔软、吸静电，不伤物体表面，不留纤维屑，可用于擦拭精密仪器、眼镜、相机镜头、玻璃制品、工艺品等。此外，还有台布、湿面巾、擦手巾，魔术毛巾体积小，易收藏，便于携带，适合外出旅行使用。

3. 服装、装饰布　服装方面有高档服装衬布，免洗内衣、内裤，袖套，围裙等，水刺法非织造布经后整理或印花可做台布、窗帘布、汽车内饰、床罩等。近年来，水刺技术有很大进步，但尚存在生产线投资大，工艺复杂，产品能耗高，生产成本高，难以生产 $25g/m^2$ 以下的产品等不足。作为非织造布的一种“年轻”的加工技术，水刺工艺设备会更加成熟，产品应用范围会更广、更宽。

第一节　水刺机理

水刺法工艺原理与针刺法很相似，水刺法由高压水流形成“水针”，其作用似针刺法中的刺针。水刺法工艺原理如图 1－6－1 所示。

纤网由托网帘送入水刺区，高压水流经水刺头、水针板（图中未画出）垂直射向纤网，形成连续不断的呈圆柱状的“水针”，在水针冲击纤网的过程中，纤维在水力作用下从表面被带入网底，造成纤维之间的缠结。当水针穿过纤网射到托网帘后，形成不同方向的反射作用，水柱反弹到纤网反面时，纤网又受到多方位水柱的穿刺，故在整个水刺过程中，纤网中的纤维在水针从正面直接冲击和从反面托网帘水柱的反弹穿插的双重作用下，形成不同方向的无规则的缠结，从而达到加固作用，形成水刺法非织造布。

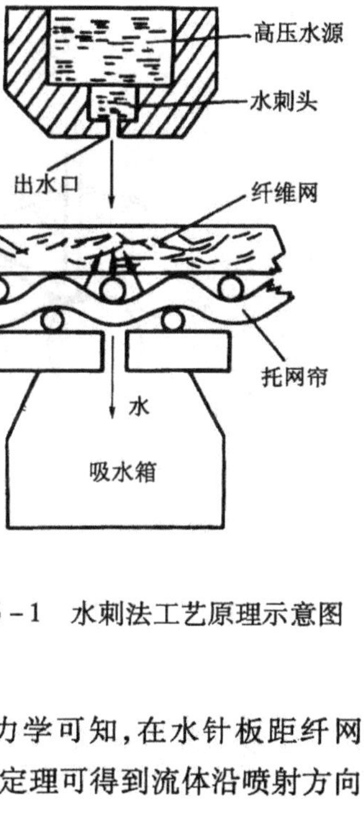

图 1－6－1　水刺法工艺原理示意图

一、水刺法工艺中对水流的要求

1. 水刺的基本条件是水流必须具有足够大的能量　由流体动力学可知，在水针板距纤网 10mm 的范围内，水针是以自由流线为界的射流形式喷出的。根据伯努力定理可得到流体沿喷射方向各流动量之间的关系：

$$\frac{P}{v}+\frac{1}{2}g^2+g\cdot h=C(\text{常数})$$

式中：P——水压；

g——重力加速度；

v——水流平均速度；

h——某固定水准面上的高度。

由上式可知，只要提高水泵的压力，即加大水循环系统中的能量和功率，就能得到合适的水针速度。具体的水针压力大小，应根据产品要求来确定。一般来说，产品克重大，所采用的水针压力就大。

2. 水质良好 水中应无杂质，以免堵塞水循环通道而导致生产不能正常进行。

二、在水针作用下纤维的缠结分析

经对水刺法样品电镜图的微观观察和分析可发现：当一直径适宜的高能水柱冲向纤网时，水柱连续冲击纤维，最终使得一根纤维或一束纤维的一部分具有足够的能量，而从纤网的正面向反面运动，在这一过程中，这根纤维或这束纤维与其所接触的纤维产生穿插、纠缠，同时，从反面穿出的纤维或纤维末端在水柱的反弹散射作用下，又随机地再从反面向正面运动（图 1－6－2），并且再次与所接触纤维产生穿插纠缠。同时，这根纤维的另一部分被另一高能水柱作用，也产生同样的过程。这样，在水针作用下，纤维之间、纤维束之间或纤维与纤维束之间不断地互相穿插、纠缠，在水柱冲击力和反弹力作用下，纤维在其交接处逐渐收缩而形成结，从而使这些结之间的纤维形成一种立体的包覆网，而把纤网固定。在这种固定体中，纤维具有双重“身份”，即是被固定物主体，也是固定物的主体。

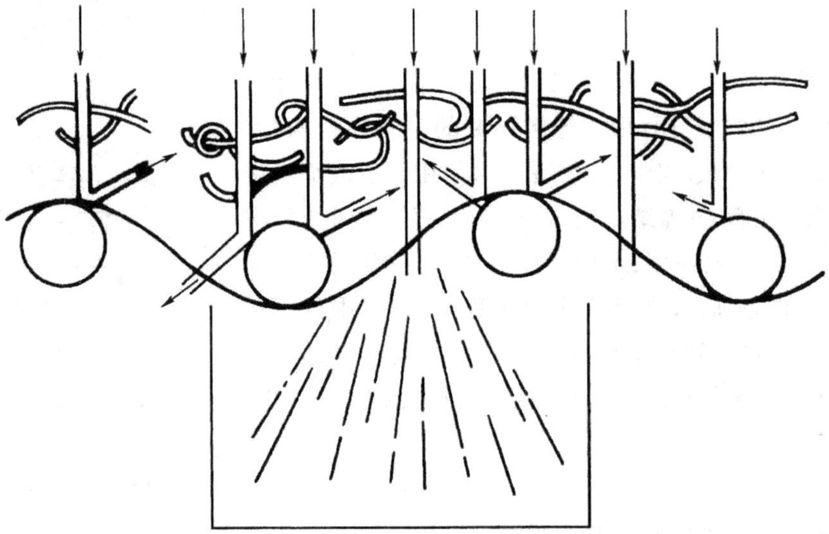

图 1－6－2 水刺中纤维的缠结

另外，从微观角度发现，如果水柱的直径比纤维直径小，则不论水柱的能量有多高，大部分水只能使得大部分纤维在一定的自由体积内产生扭转，而不能有效地令纤维从纤网的正面向反面运动，并产生较多的穿插和纠缠，形成足够多的结而促使纤网被固定并具有足够的强力（只有那些运动方向通过纤维几何中心的水柱才能促使纤网产生穿插和纠缠）。相反，如果水柱直径过大，一根纤维或一束纤维的大部分都处在同一水柱作用之中，且其运动方向也一致，它就不能产生有效的“结”，从而不能加固纤网，仅能使得纤网产生破洞。只有当水柱与纤维直径符合工艺要求时，如图 1－6－3所示，即水柱冲向纤网，水柱单元 dx 所携带的能量被吸收后，纤维才能产生一定的位移。随着纤维所获得能量的不断增加，纤维将克服阻碍其运动的“堡垒能”并产生最大位移形成结而被固定。

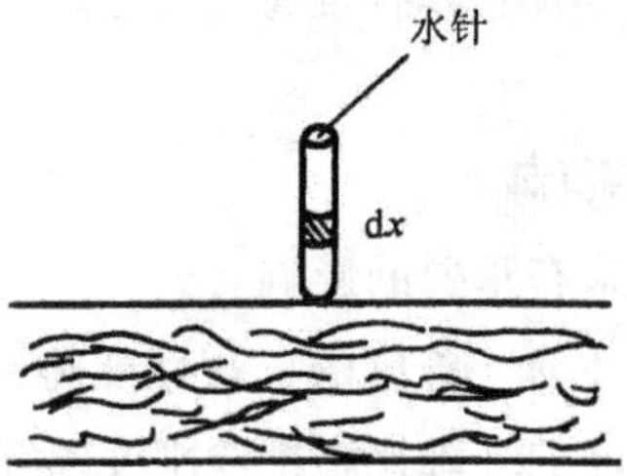

图1-6-3　水柱单元dx作用于纤网

如果水柱能量过低，则因纤维没有足够的能量越过“空间位能”而无法形成较多的、有效的纠缠纤维本身强力得不到充分利用，故导致纤网结构松散，强力低，无法达到使用要求。如果水柱能量过高，则会导致纤维所获得的能量值大于其断裂功，使得纤维断裂，最终使纤网强力下降。在水刺法中纤网接受水的注射能量由水刺遍数、水流量、水压、喷水孔径、水针排列密度、纤网运行速度等因素决定。根据实际生产中测得的数值，可做出如图1-6-4、图1-6-5所示的曲线图。

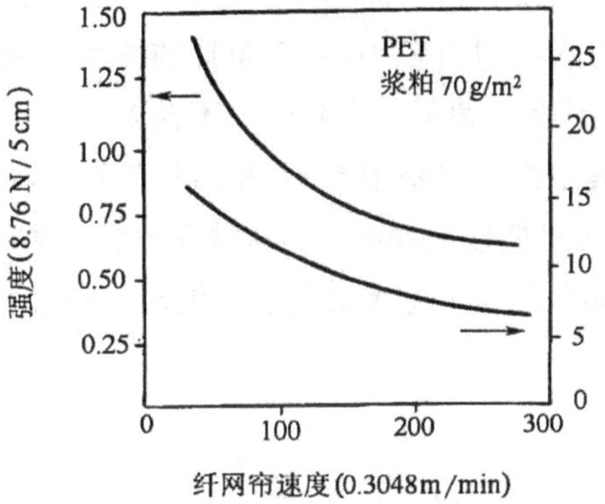

图1-6-4　纤网帘速度、强度和纤维损失率的关系

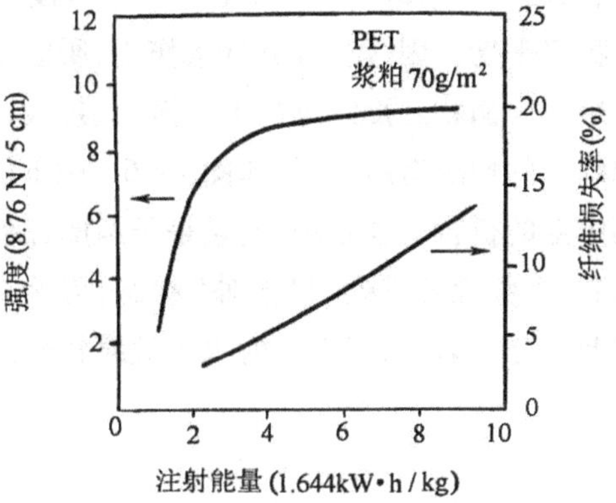

图1-6-5　注射能量、强度和纤维损失率的关系

在理论上，有人已得出上述几因素之间的经验关系式：

$$E = \sum_{i=1}^{n} 3.65 \times 10^{-4} \times y_i \times p_i \times q_i/(s \times b)$$

式中：E——水注射能量，也叫单位能量，kW · h/kg；

y_i——水刺头1cm长度上的喷水孔数；

p_i——水刺头内水压，Pa；

q_i——每个喷水孔水流量，m^3/min；

s——输送帘的纤网速度，m/min；

b——水刺后纤网重量，g/m^2；

n——水刺道数。

综上所述，水针加固纤网的实质是纤网在具有足够大能量的水针冲击下，纤维和纤维束克服空间位能和扭矩，产生扭曲、弯曲、旋转和拉伸，并伴随着这种变化同其他纤维产生穿插和纠缠，进而形成结，从而使得纤网形成一种空间的网络结构，具有较高的强力。

三、纤维性能对水刺效果的影响

纤维的性能和形态结构对水刺效果有重要的影响。

1. 纤维抗弯刚度与水刺效果的关系　纤维的抗弯性能将影响水针加固纤维的缠结度、生产效率与成品特性。一般具有较低抗弯刚度的纤维比高抗弯刚度的纤维更易缠结。

2. 纤维截面形状与水刺效果的关系　纤维截面形状对水刺效果的影响，主要体现在以下两方面。

(1)纤维截面形状对水刺阻力的影响：毫无疑问，纤维截面形状越圆滑，迎水面积越小，表面越光滑，对水刺的阻力越小，水刺效果也越差。因此，圆截面纤维，如常规的涤纶、锦纶、丙纶的水刺效果不如棉、黏胶纤维(截面为不规则圆形、锯齿状边缘)、维纶(截面为腰圆形)。

(2)不同截面形状具有不同的截面惯性矩：由材料力学可知，纤维的截面形状不同，其截面惯性矩也不同。

对于某种具体的纤维需结合以上两点全面分析。例如三角形截面的纤维，先从三角形对射流的阻力来看，由于多数纤维是“以棱迎水”，即棱边朝上，很少“以面迎水”，如图1－6－6(a)所示，这是一种不稳定平衡。因棱边具有分水作用，所以三角形截面对水的阻力较小；从三角形的惯性矩来看，其惯性矩为同面积圆形纤维的1.5倍。结合以上两点，可以认为三角形的水刺效果不会太好。

棉纤维的情况有所不同，如图1－6－6(b)所示，尽管其截面形状是中空的，相对惯性矩应较大，但因其中空的折合直径很小，而且是压扁的，所以其实际的相对惯性矩并不大。从截面形状对射流的阻力来看，多数棉纤维处于“平卧”状态，因为这样才是稳定性平衡，这就加大了纤维对水射流的阻力。因此有理由认为，棉纤维的水刺效果较好。

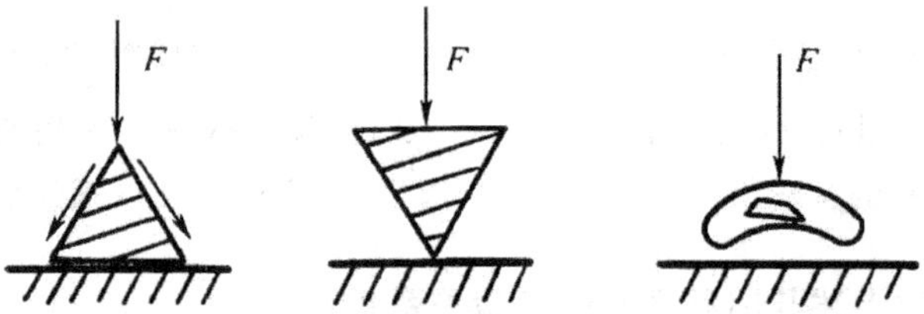

图1－6－6　纤维接受水刺的状态

3. 纤维吸湿性与水刺效果的关系　纤维的吸湿性对水刺效果既有有利的方面，也有不利的影响。有利的方面是：

(1)纤维因吸湿膨胀增加了迎水面积，也提高了水针带动纤维的效率。如果纤维的截面积膨胀$A\%$，则迎水面积增加($\sqrt{1+A\%}-1$)倍。

(2)纤维吸湿后，其抗弯模量和弹性恢复率下降，伸长率上升，这些变化对水刺都是有帮助的。

不利的方面是：纤维因吸湿膨胀而导致截面惯性矩增加。如果截面积增长$A\%$，则截面惯性矩将是原来的$(1+A\%)^2$倍(对圆截面纤维而言)。

目前常见纤维的吸湿性对水刺是有帮助的。

第二节　水刺设备与生产线

一、水刺工艺过程

水刺的加工流程为：纤维成网→预湿→正反面多道水刺加固→花纹水刺→脱水→（预烘干）→后整理（印花、浸胶、上色、上浆等）→干燥定型→分切→卷绕→包装。

纤维成网可通过多种途径获得，如梳理成网、气流成网、湿法成网、纺丝成网等，其中以干法梳理成网应用最多。预湿是让纤维预先吸收部分水分，然后再接受水刺处理，这样能更好地发挥水刺功能。也就是说，经预湿的纤网能更多地吸收水刺能量，使水刺效果更好。在水刺处理之后还需一套效率较高的吸水系统，以便及时地把纤网内积存的大量水分尽快抽走，从而提高产品的生产效率。

水刺产品根据需要常常要经过一定的后整理加工，有些加工在预烘干后即可进行，如印花、浸胶、上色等，有些产品则需在干燥定型后进行加工。

二、水刺生产线的配置

几种有代表性的水刺生产线配置如图 1－6－7 所示。

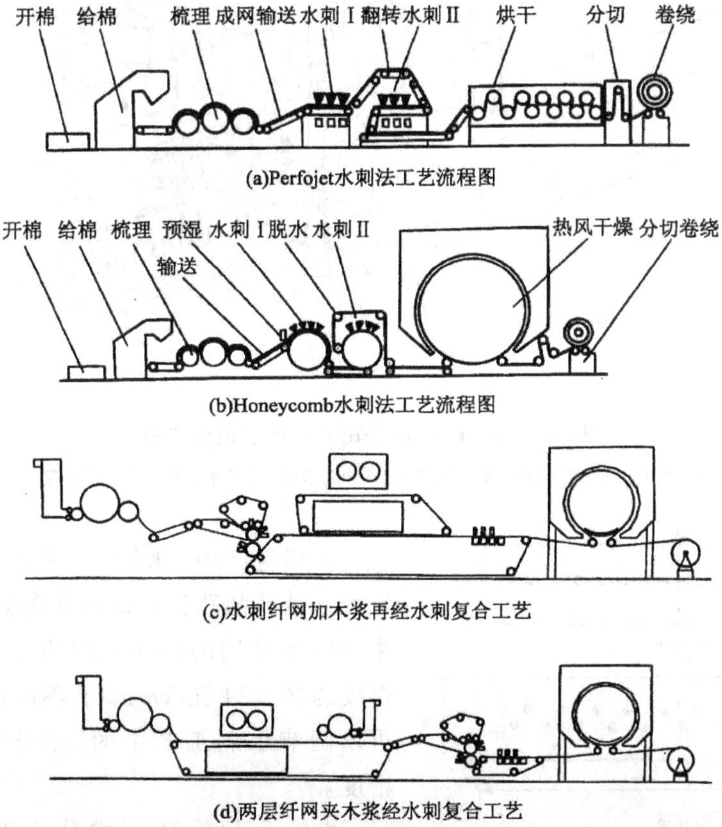

图 1－6－7　水刺生产线配置方法

图 1－6－7 中(a)为 Perfojet 公司的水刺法工艺流程；(b)为 Honeycomb 公司水刺法工艺流程；(c)是在经过水刺的纤网上施加木浆，再经过水刺复合的产品生产线；(d)是在一层纤网上铺置木浆网，再覆盖一层纤网，经过水刺复合形成两层纤网夹木浆的复合产品生产线。

三、水刺加固设备

水刺加固设备主要由水力喷射器、托网帘、水处理及水循环系统组成。

(一)水力喷射器

水力喷射器又称水刺头，由内部带有通水孔道的集流腔体与喷水板构成，是产生高压高速柱状喷刺水针的关键部件。

Perfojet 公司的一种水刺头结构如图 1－6－8 所示，高压水通过喷头腔体的孔道被输送到水针板(也称喷水板)上，并通过水针板上的孔喷出。水针板由不锈钢片制成，其上针孔的排列通常可分为单排式和双排式，如图 1－6－9 所示。

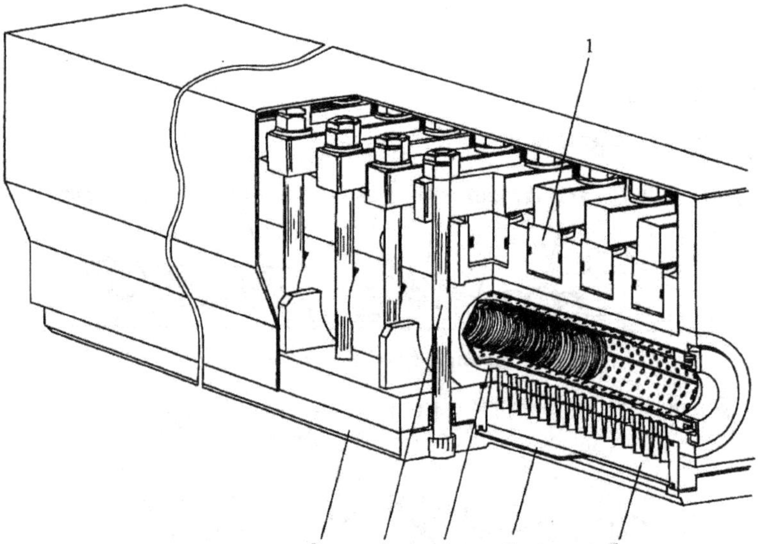

图 1－6－8　Perfojet 公司的一种水刺头结构

1—活塞　2—支架座　3—紧固杆　4—上水腔　5—水针板　6—下水腔

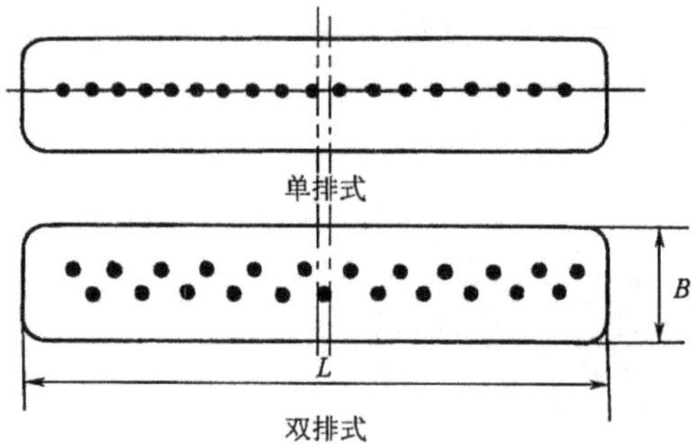

图 1－6－9　水针板针孔排列形式

水刺生产中“水针”的直径和排列密度由水针板上针孔的孔径及排列密度决定。目前现行的生产线中常用的针孔孔径为 0.08～0.18mm，孔密度为16～24 孔/cm，安装不同规格的水针板，就可以调节水刺工艺中的“水针”直径及“水针”密度。

水针头的排列方式分为平板式和转鼓式两种。

(1)平板式排列中,水针头在一个平面,下面的托网帘也是平面运动,如图1-6-7(a)中的水刺Ⅰ、水刺Ⅱ。一环状金属丝编织网即托网帘,被支撑在带脱水孔的平板上,以此输送纤网。

工作时,该平板是固定不动的,被加工纤网由金属输送网托带着向前运动并接受水刺处理,如图1-6-10所示。当一面水刺处理完毕后,由专用于翻转的输送带使其另一面朝上接受下一次水刺处理。这种设计结构简单,便于维修,制造成本低。其不足之处是容易造成纤维的损伤,影响产品的强力、均匀性及表面质量。

(2)转鼓式水刺装置的工作原理与平板式相似,区别在于其支撑金属输送网的"平板"换成了"转鼓"。水针头按圆周排列,如图1-6-7(b)中的水刺Ⅰ、水刺Ⅱ。由美国Honeycomb公司发明的一种转鼓式水刺技术专利如图1-6-11所示。这种转鼓的表面是由薄钢板制成的蜂窝状结构组成,金属输送网包覆在外面。在工作时,被加工的纤维网、金属输送网及转鼓三者之间以同一角速度同步旋转,在整个水刺过程中没有相对位移,消除了平板式水刺装置中纤维被"剪切"的现象。由于专利设计的蜂窝式结构使其与金属输送网相接触的外表面的面积大大减少,从而削弱了由底面向金属输送网的反射强度,也就是说在很大程度上减少了被刺纤维向金属输送网上缠绕的可能性。这样就使得水刺法产品的质量明显提高,扩大了产品的应用范围。同时,由于表面积的减少,水刺废水的抽吸效果更好,而且因被"剪"、"扯"断的纤维也比较少,从而既节省了原材料,减轻了对循环水的污染,又减少了设备的维修量,增加了设备的使用周期,从而达到了降低成本、节省能源的目的。

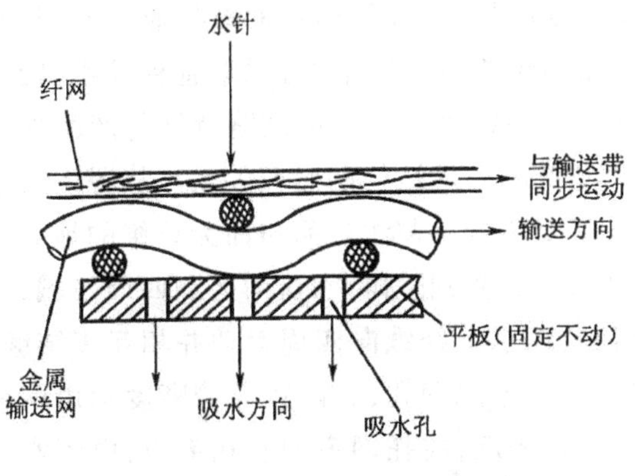

图1-6-10　平板式水针头排列

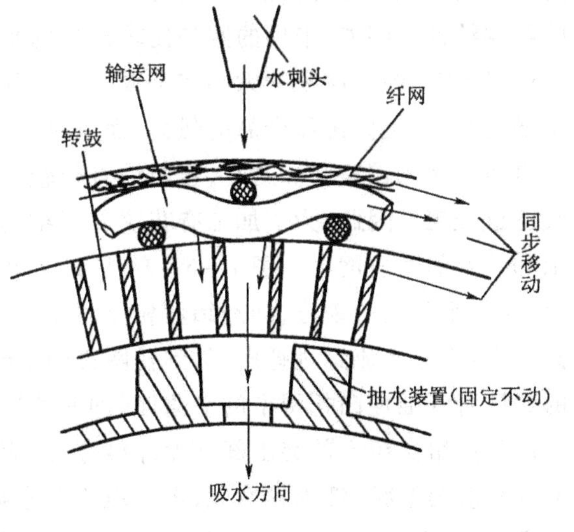

图1-6-11　转鼓式水针头排列

法国Perfojet公司设计了一种立式结构的转鼓式水刺设备(图1-6-12),该设备结构简单,操作方便,占地面积小。但由于结构紧凑,限制了水刺头的数量,而且也给维修带来了一定的困难。

由于平板式和转鼓式两种排列方式各具特点,现在这两种水针头排列方式都在采用,

图1－6－13为平板式和转鼓式相结合的水刺设备结构。

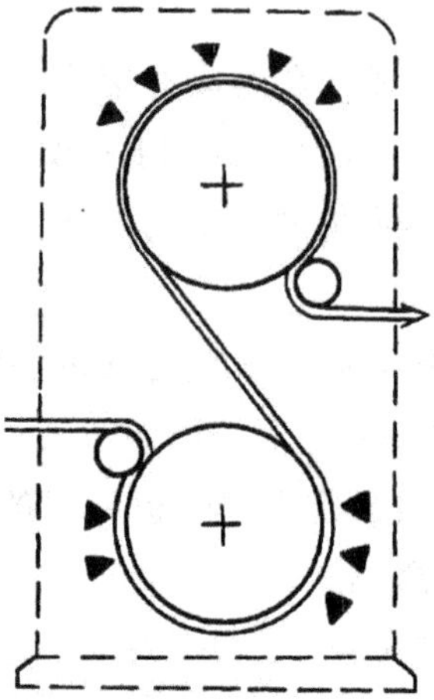

图1－6－12 立式转鼓式水刺设备结构

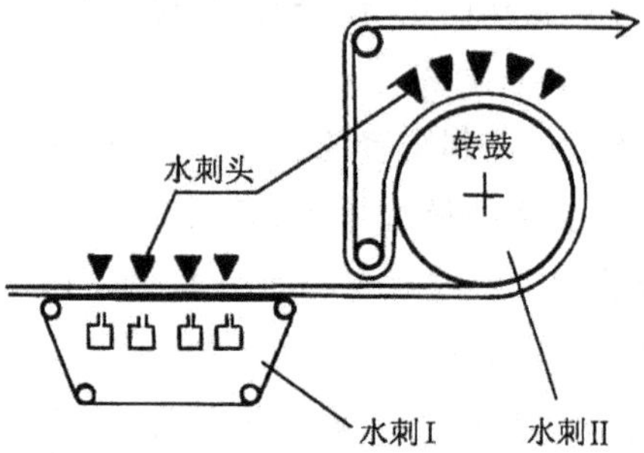

图1－6－13 平板与转鼓相结合的水刺设备结构

（二）托网帘

托网帘多由不锈钢丝编织而成，故称金属网帘，也可用聚酰胺、聚酯单丝制成。托网帘除了前面介绍的能输送纤网以外，还有一个重要的功能，即通过该网的结构、目数形成水刺产品不同的花纹结构。例如，采用的网是比较疏松的平纹结构，且网线较粗，则生产出的产品结构稀疏，类似于纱布，纱布网眼的大小完全取决于金属输送网的目数。应该注意的是，当目数下降，即网眼增大时，会大大降低产品的强力，而且易造成短纤维的损失；如果输送网结构非常紧密，则产品表面相对比较整洁。这时，若网线直径较细，产品的纹路也就较细；若网线直径较粗，则产品纹路也较粗。因此，为了加工有花纹外观结构的产品，一定要注意选用纹路特征与产品外观要求相一致的输送网帘。图1－6－14是托网帘结构与产品外观结构的对照关系。从图中可以看出，托网帘凸起的地方，即经纬丝相交的交织点，正好对应着水刺法产品布面无纤维的地方。这是因为：高压水流穿过纤网，射到托网帘的凸起处时，水针受到阻碍，水流向上和四周飞溅，水流的偏移将纤维推向托网帘的空隙处（即凹处），迫使交织点上纤维向四周运动并相互集结缠绕，造成托网帘交织点的突出部分无纤维分布，而在纤网中形成网孔，孔的边界清晰度则由网帘凸起的程度与形状、纤维的性能、水刺压力等参数决定。相反，在托网帘的有孔部位，由于水针直接穿透，纤网纤维主要是向下运动，同时接受交织点处纤维挤压而形成纤维的集合区域，即纤网的无孔区域。

花刺产品常常是在经过几道平刺的产品上，再由凹凸结构明显的、目数较少的网帘托持再行花刺而得到的。图1－6－15是法国Perfojet公司研制出的一种能产生花纹图案的水刺设备组件。该设备应用圆网印花原理，在其镍质圆网上加工出所要求的图案。其水刺头安装在圆网内部，高压水刺通过圆网上组成特定图案的小孔刺在产品上，使其产生与圆网图案一致的花纹结构。

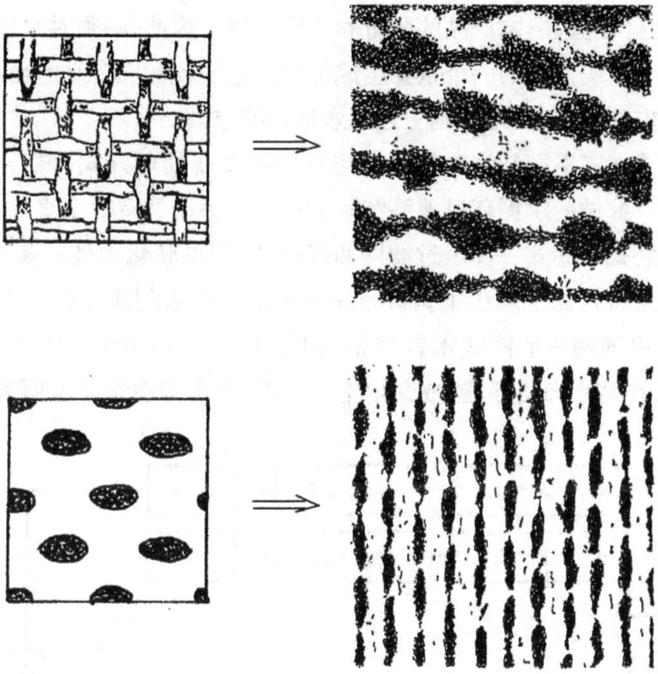

图 1－6－14　托网帘结构与产品外观结构的对照关系

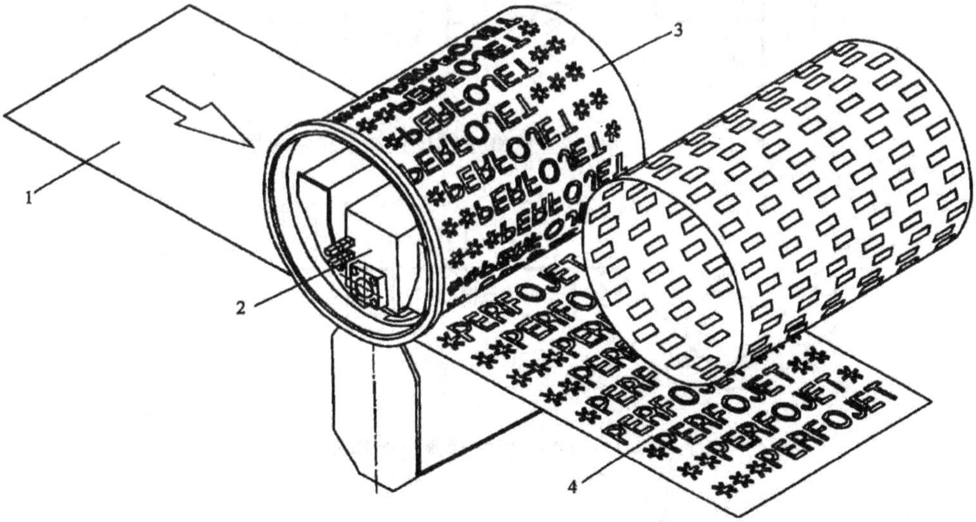

图 1－6－15　花纹水刺设备组件

1—预刺纤网　2—水力喷射器　3—镍质圆网　4—花刺产品

(三)水处理及水循环系统

水刺生产工艺所需的用水量很大，一般为 100～200m^3/h，为节约水资源，必须实现水的循环使用（补充水量仅为 5%～15%）。另外，水源中会含有一定杂质，生产过程中水质还会受到各种因素的污染，如纤维屑、纤维素胶状体、微生物、纤维整理油剂、水垢、腐蚀产物、沙土、尘埃等，因为高压极细的水针是在高压泵的作用下通过孔径为0.08～0.18mm的水针片产生的。而上述杂质很容易将水针片微小的针孔堵塞，造成堵针现象，影响产品的质量和生产效率。因此，必须对水进行过滤处理，故而水处理及水循环系统就成为水刺设备的一个重要组成部分。它不仅能实现水的循环使用，节约用水量，而且能对循环水进行相应处理，以满足水刺工艺对水质的要求。

不同的水刺生产线或加工不同纤维时往往采用不同的过滤处理方式，图1－6－16是ICBT公司采用的平网—平网式水针缠结的水循环过滤系统示意图。该系统共有8个水刺头，如图1－6－17所示。循环水经过带式—袋式—芯式—安全过滤网四级过滤，配以软化水处理和杀菌处理。ICBT公司的另一条生产线用以加工特殊的水刺法非织造布——木浆复合水刺法非织造布，也可以不经过木浆复合，生产常规产品，采用圆网—平网式水针缠结，如图1－6－18所示，共有7个高压水刺头。木浆复合水刺法非织造布，在防止细菌穿透、减少尘屑和脱绒、穿着舒适性等方面有显著的优越性。但由

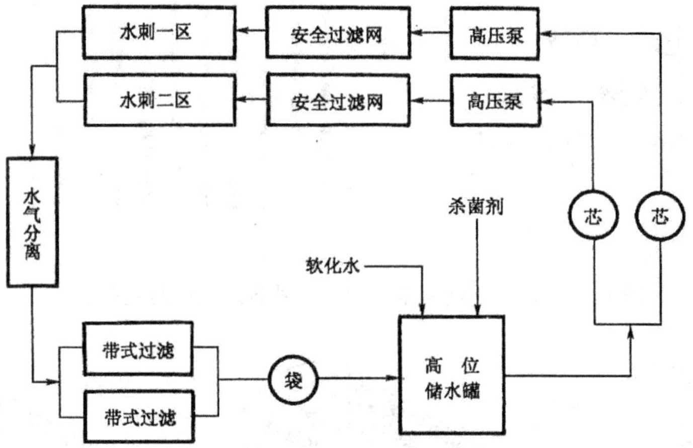

图1－6－16　ICBT生产线水循环过滤系统示意图

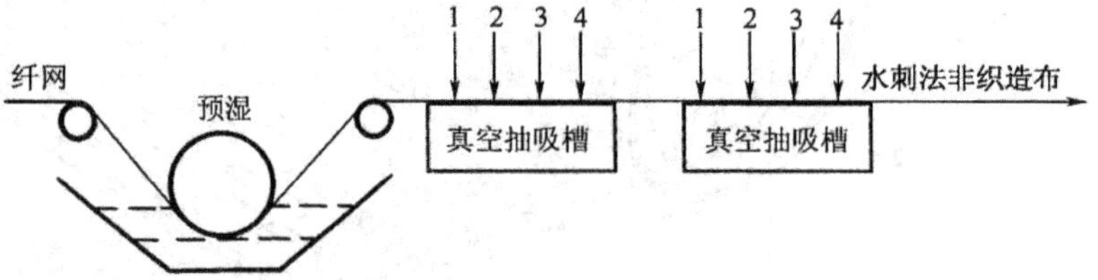

图1－6－17　ICBT生产线水针缠结示意图

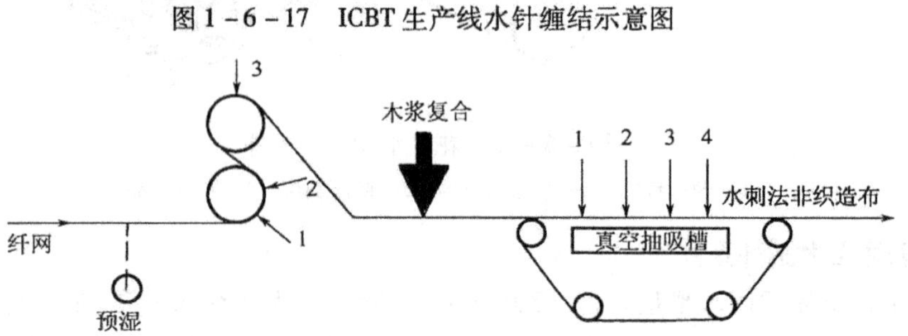

图1－6－18　ICBT公司木浆复合水针缠结示意图

于木浆纤维很短(1~4mm),在水刺过程中流失严重,而且木浆纤维的吸湿性极好,所以会对水系统造成很大负担,需要专门设计水系统。循环水的处理有两部分,如图1-6-19所示,由3个抽吸泵控制回水流向,一部分经过带式过滤—自清洗二级过滤,配有软化水处理、杀菌处理和絮凝处理;另一部分经过动态过滤—砂式过滤—带式过滤—自清洗四级过滤,配有软化水处理、杀菌处理和絮凝处理。在加工常规产品时,用二级过滤模式就可以满足水质要求;加工木浆复合水刺法产品时,未复合木浆纸的回收水可以只经二级过滤,复合后的回收水必须经过四级过滤。在水质较差时,回收水要全部经过四级过滤。

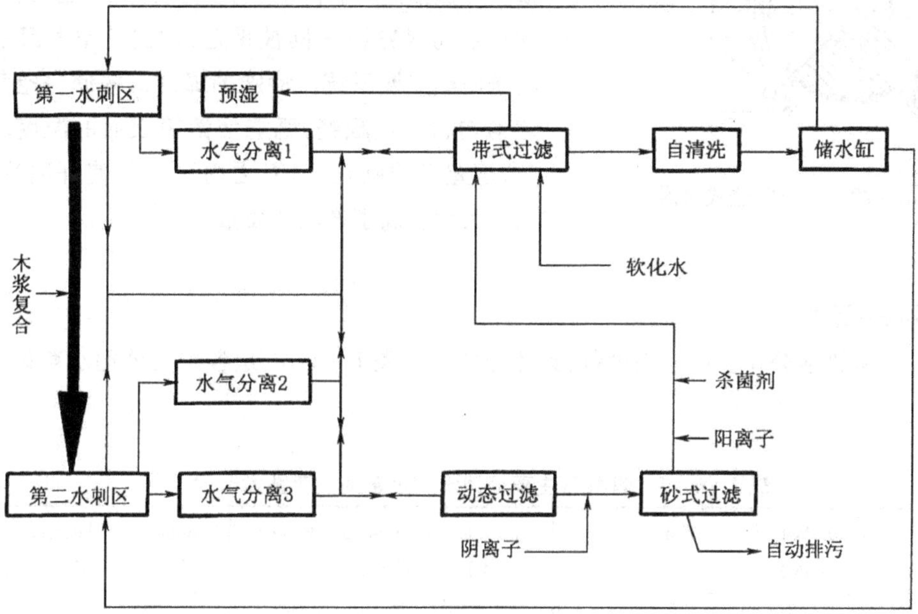

图1-6-19　ICBT公司木浆复合生产线水循环过滤系统示意图

加工真丝时,因真丝中含有的大量蛋白质成为水刺循环中细菌滋生的营养源,促使细菌呈几何级数上升,对水刺系统和产品品质造成影响。故需要采用多种灭菌药物,有效地将细菌总数控制在规定值以下,同时要增加新鲜水补充量,这更有助于产品品质的提高。

值得一提的是,尽管水刺后的回收水及补充的新鲜水经过多级过滤,但由于加工纤维所带油剂及水循环过滤系统的不同,仍有以胶体为主的杂质进入水针板的针孔或有油剂等液体附着在水针片表面,造成水针片针孔的局部堵塞,因此生产中要不断清洗水针片。有研究表明,在现有水循环过滤系统的基础上,再配以其他手段,如采用静电水处理器、安全过滤网、化学杀菌、絮凝处理或将末道水刺头完全采用新鲜水等均可有效地改善水质,防止针孔堵塞。

四、烘燥

经过正反两面水刺加固后的纤网,虽然经过真空吸水,但仍含有大量水分,因此烘燥工序是水刺生产中必不可少的步骤。烘燥不仅可除去纤网中的水分,还可使产品尺寸稳定。

从原理上讲,水刺纤网可采用多种烘燥方式,但应用较为普遍的是热风穿透式,它采用空气对流原理,让热空气经风机的抽吸作用把热量传递给水刺纤网,以蒸发水分,保证了高效的热质交换。这种烘燥过程比较缓和，烘燥后的产品手感柔软，表面无极光。美国 Honeycomb 公司开发的一套热效率较高的烘干设备就是采用上述原理。该设备的主要部件——烘燥滚筒的表面采用了该公司专利设计的蜂窝式结构，滚筒的最大直径可达 3m。鼓内装有真空抽吸系统，鼓外包覆一定容积的空间（图 1－6－20）。工作时欲烘干的纤网覆在滚筒的表面，当经过热交换装置的空气上升到一定的温度后被注入鼓外的空间——热风室，鼓内的真空抽吸系统使其热空气穿过纤网进入鼓内并被抽走，而纤网上的水分受热蒸发并随抽入鼓内的热空气（热风）一同被带走，抽出的空气经去湿后重新送回热交换系统。特殊的蜂窝结构使得空气流动状态均匀、稳定、顺畅，既能使滚筒表面的温度均匀一致（气温差可控制在 ±1℃ 之内），又能使纤网尽快烘干，从而大大提高了产品的质量。

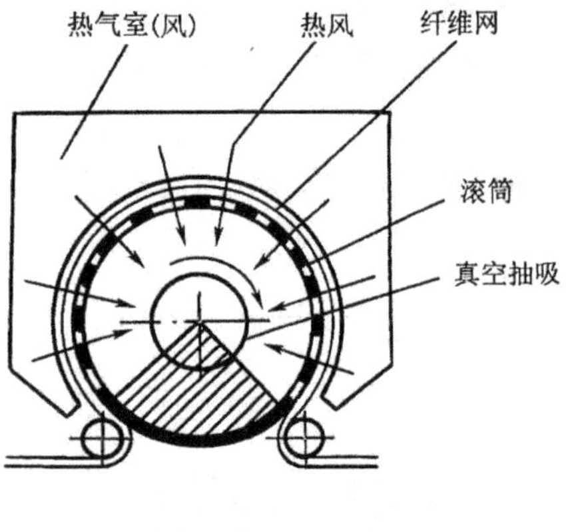

图 1－6－20　热风穿透式烘燥机

五、水刺新技术

目前世界上有许多公司生产水刺设备，其性能各异。表 1－6－1 是各主要公司水刺设备的主要技术参数。

表 1－6－1　世界各主要公司水刺设备的主要技术参数

厂商 / 项目	DuPont（美国）	Chicopee（美国）		Unicharm（日本）	Honeycomb（美国）	Perfojet（法国）	Courtaulds（英国）	Fleissner（德国）	育豪（中国台湾）
水压力系统	高水压	高水压	中低水压	低水压	高水压	高水压	高水压	高水压	高水压
机器速度（m/min）	100	100	70	45	50～100	30～100	100	最大 250	30～100
产品最大幅宽（mm）	3700	3000	2100　2500	3000	3000	3200	3500	4200	2500
水针板孔径（mm）	0.127	0.127	0.127	0.1～0.13	0.1～0.8	0.1～0.18	—	0.1～0.15	0.1～0.12
水针排列密度（个/cm）	24	20	20	10	16	16	—	—	16
循环水量（m^3/h）	100～200	100～200	100～200	50～150	100～200	100～200	—	100～200	100～120
工作压力（Pa）	100×105	100×105	30×105	(30～40)×105	(100～150)×105	(100～140)×105	200×105	180×105 或(250～300)×105	(100～140)×105
纤网支持体	滚筒式、水平式	水平式	水平式	实壁滚筒	滚筒式	水平式	滚筒式	滚筒式	—

水刺设备自问世以来,经过多年来的不断改进,在各方面均有较大突破。最近 Perfojet 公司与 Honeycomb 公司合作研制出了最新的 Jetlace 2000 节能型水刺生产系统(图 1-6-21)。该生产线采用了滚筒式与平网式结合的方式,烘燥系统采用 Honeycomb 公司的滚筒式热风穿透烘箱和内部调控系统。系统中有 3 个接受射流的滚筒,分别对纤网的两面进行水刺,其后紧接一平网式水刺区。在全过程中,纤网的两面分别经受了两次水刺处理,因此对纤网有充分的缠结作用。这种新型生产系统不仅生产效率和产品质量有了很大提高,而且比原来的设备节省了 70% 的能源。

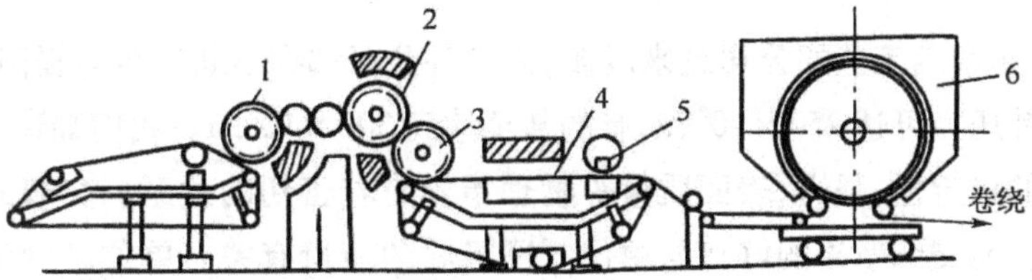

图 1-6-21 Jetlace 2000 节能型水刺生产系统

1—第Ⅰ水刺滚筒 2—第Ⅱ水刺滚筒 3—第Ⅲ水刺滚筒 4—平网式水刺区
5—吸液装置 6—滚筒式烘箱

水刺技术还被广泛用于其他生产方法和复合加工中。

(一)在湿法成网和纺丝成网方面的应用

水刺法除用于加固干法成网的纤网外,现在还可用于对湿法纤网和纺黏纤网的固结。例如,意大利 NWT 公司近期已将水刺技术引入纺黏法生产线上,利用水刺作用来固结长丝纤网,改善了纺黏法非织造布的外观质量和手感;美国 DuPont 公司将水刺技术用于湿法成网过程中,用以生产芳香族聚酰胺耐高温滤料,也取得了良好的效果。

(二)在非织造布组合工艺方面的应用

利用高压水流的喷射作用可以使不同原料纤网中的纤维相互缠结,形成多组分的复合材料。例如,在梳理或气流成网/纺丝成网组合工艺中,把短纤维或木浆纤维引入纺黏纤网中,采用水刺法固结纤网,使短纤维在高压水流的冲击下嵌入长丝纤网的空隙中,实现长短纤维的均匀混合。这样的非织造布兼具纺黏布强度高的特点和短纤维良好的吸收性能。也可以把熔喷纤网与纺黏纤网通过水刺复合在一起,其原理与复合短纤维基本相同。

(三)在复合工艺方面的应用

利用水刺工艺,还可以把非织造布纤网与其他材料复合起来,形成高性能的复合材料。例如,把稀疏机织网布铺于两层纤网之间,经高压水流穿刺纤网,使上面一层纤网的纤维穿过机织网布的网孔与下层纤网的纤维缠结在一起,形成“三明治”式的三层复合结构。这种复合型非织造布的强度得到了很大提高,从而扩大了产品的应用领域。

(四)在超细纤维产品方面的应用

对于线密度小于 0.011tex(0.1 旦)的超细纤维,利用非织造布的成网方法难以形成纤网。将橘瓣形复合纤维通过梳理机和铺网机形成纤网,经过水刺加固,利用高压水流的作用使复合纤维分裂开,形成无数超细纤维,并使之缠结,从而可形成超细纤维结构的非织造布。

第三节　水刺工艺

一、水针压力

水针压力分为低压、中压和高压，低压一般小于 70×10^5Pa，中压为（70～150）$\times 10^5$Pa，高压大于 150×10^5Pa。

当前，采用高压水刺工艺的公司越来越多，而且各公司都在不断地努力提高水压。目前开发的新型水刺设备的水针压力可达 250×10^5Pa，有的甚至达到 300×10^5Pa。我们知道，非织造布的纤维交缠效果与非织造布的稳定性、强力、表面质量等物理指标有着密切的关系。交缠效果越好，其产品的强力和稳定性越高。而交缠效果的好坏与单位纤网吸收的能量有关。单位纤网吸收能量的多少，除受生产速度、水的流量等因素影响外，最主要的因素是水的压力。水的压力越高，产生的水刺能量也就越高。所以，采用高压力的水刺工艺是当今发展的主要趋势。但随着水压的提高，生产成本亦会随之增加，因此在实际生产工艺中，要按水刺头在生产线方向排列顺序的不同而采用不同的压力。第一个水刺头采用较低的压力（如 30×10^5Pa），以后压力逐级增加（如 50×10^5Pa、70×10^5Pa、90×10^5Pa 等）。因为初始状态下的纤网比较疏松且无强力，过高的能量并不能被完全吸收，故采用较低的压力（能量）；随着纤维不断交缠，纤维结构越来越紧密，强力不断增加，就要逐渐提高水压。水的压力也依据产品克重的不同而有相应的变化。产品的克重值越大，水的压力就越高，反之，则相应降低。当克重较低时（如低于 30g/m²），则选用较多的水刺头来降低水的压力，以保证所吸收的总能量不变。这样可以在保证产品质量的前提下，充分、合理地利用能源，降低生产成本。据报道，水刺设备的单位能量（指每千克水刺法非织造布消耗的能量）已从过去的 1.25kW·h/kg 降至 0.3kW·h/kg。水针压力的具体应用见表 1－6－2 和表 1－6－3。

表 1－6－2　水针压力的应用（一）

水针头序号 / 水针压力（kPa） / 定量	第一道			第二道			第三道		
	1	2	3	4	5	6	7	8	9
45g/m²	1000	1500	1500	5000	5000	4500	5000	5000	4500
60g/m²	1500	2500	2500	6000	6000	5500	6500	6500	6000

注　1. 1、2、3 为一组，对正面水刺；4、5、6 为一组，对反面水刺；7、8、9 为一组，对正面水刺。
2. 45g/m²、60g/m² 产品均使用 100μm 的水针板。

二、水针直径

水针的直径范围为 80～180μm，生产中选用多大数值，要根据所用纤维性能、纤网的克重以及产品性能来决定。克重较轻时，直径要小；克重较大时，直径要大。加工黏胶纤维和棉纤维时，水针直径要小些；加工涤纶、锦纶时，水针直径要大些，前道水刺直径要大些，后道水刺直径要小些，生产中常用的是 100μm、120μm。

表 1-6-3　水针压力的应用(二)

水针头序号 / 水针压力(kPa) / 定量	1	2	3	4	5	6	7
40g/m²	1500	3500	5000	3500	4000	7500	—
55g/m²	2500	4000	6500	3500	5500	7000	8000

注　1. 1、2、3 为一组,对正面水刺;4、5、6 为一组,对反面水刺。
2. 40g/m²、55g/m² 产品均使用 120μm 的水针板。

三、水针排列密度

水针排列密度即水针板上的打孔密度,各公司生产的水针排列密度有所不同,分为 10～24 个/cm,其中 16 个/cm 最为常见。

四、输网速度

输网速度接近生产线速度,一般来讲,在其他工艺参数不变的情况下,生产速度越快,纤维所获得的水刺能量越小,纤维缠结效果越差,反之亦然。生产线速度还要依据纤维定量来确定。

上述工艺中,综合表现出来的是单位能量这一参数,它直接影响产品的各项指标,它与水刺喷头数量及水压大小直接相关,也与纤维单位面积重量和生产速度有关。要在高压下获得较低单位能量的生产,必须通过高速来实现。产品的各项强度及伸长等性能都与单位能量有关,当然也受到产品克重、成网方式等条件的影响。同时,由于在纤网受刺的能量比值(能量比值指第一面纤网所受到的单位能量占总单位能量的比值)相近的时候,其产品抗拉强度较低,因而在第一面水刺时,往往采取较小的水刺压力,而后道进行反面水刺时,水压逐步增大,这不仅有利于强度的提高,也有利于纤维和能量消耗的降低。产品的伸长性能与成网方式、纤网克重和单位能量有关。试验表明,当压力提高、克重增加、单位能量较大时,产品的纵向抗拉强度随之增加,而产品的伸长率则随之降低,如图 1-6-22 和图 1-6-23 所示。横向也有相似的影响,但影响较小。

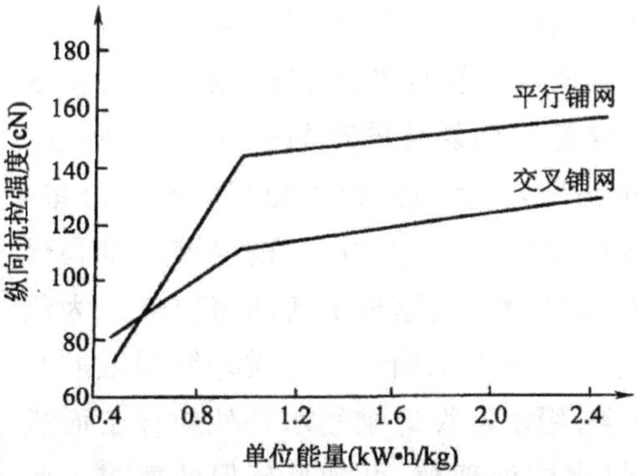

图 1-6-22　单位能量与纵向抗拉强度的关系(纵向抗拉强度指水刺纤网单位定量的强度)

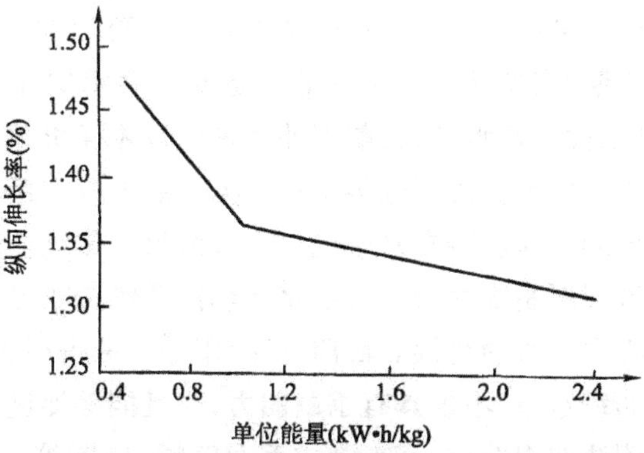

图 1-6-23　单位能量与纵向伸长率的关系(纵向伸长率指水刺纤网单位定量的伸长率)

从图 1 - 6 - 22 可看出，当单位能量超过一定值时，单位能量增加，产品强度增加的幅度大为减弱。通过进一步的实验得知，当水刺压力与生产速度和产品强度较为匹配时，再提高水刺压力，则产品强度的提高较为困难，而且还会使产品不匀率增加；同时提高水刺压力及生产速度，对产品强度仍无明显影响，这说明小范围内提高生产速度，不需要调整水刺压力；提高生产速度，产品强度无明显变化，说明在一定范围内产品强度不因生产速度的改变而改变。

从图 1 - 6 - 23 可知，单位能耗超过一定值时，水刺法非织造布的纵向伸长率的降低幅度减缓，说明纤维间的缠结达到一定程度，再赋予能量，水刺法非织造布的变形就不容易了。

第四节　水刺法非织造布产品

水刺法工艺的特点决定了其所加工的产品具有其他非织造布所不具备的优越性。例如，热黏合工艺必须采用热塑性、低熔点纤维来生产，而水刺工艺不仅可以加工各种合成纤维，还可以加工非热塑性的纤维素纤维及其混合纤维，化学黏合法必须使用黏合剂来黏结纤维，而水刺法仅用很少量的黏合剂或根本不用黏合剂就可以固结出手感柔软、强度很高的产品，而且排除了环保问题；针刺法与水刺法同属机械固结的方式，但针刺法只适合加工 $80g/m^2$ 以上较厚型的产品，加工较薄型的产品时其强度难以保证，而且加工期间产品本身的拉伸和伸长较大，布面会留有针孔和针痕，而水刺法可以加工 $20\sim40g/m^2$ 的产品，尤其较薄型的产品强度比同等规格的针刺法产品高出数倍，拉伸和伸长较小，不掉毛，布面外观效果优于其他非织造布，而且具有优良的柔软性和悬垂性。此外，水刺法工艺除用于自身的非织造布生产外，还可用于两种以上材料的复合加工，例如，对木浆/短纤网或长丝网、熔喷纤网/梳理纤网的复合加工等。基于这些特点，水刺法工艺可以加工出很多性能优越、应用广泛的产品。

一、医疗用品

医疗用品是水刺法非织造布产品最主要的应用领域，其中最常规的产品有手术衣、手术罩、绷带及医疗敷料等。手术衣的基本要求是防菌性、安全性和舒适性，在发达国家较多采用具有拒水性的木浆/聚酯纤维水刺法非织造布。手术罩布的基本要求是要有较好的柔软性、悬垂性、吸水性/防水性和拒水性，目前国外多采用以木浆纤维与聚酯纤维经水刺复合的产品或在开口周边附加高吸水材料。我国近年来对该类产品也有应用，但鉴于价格因素，多以经拒水处理的黏胶纤维/聚酯水刺法非织造布来取代。伤口敷料在传统上采用机织的脱脂纱布，以 70/30 的黏胶纤维和聚酯纤维混纤制成的 $30\sim60g/m^2$ 水刺法非织造布已广泛代替了脱脂纱布，这种配比的材料被认为最接近棉质纱布的特性。目前，医疗用品已取得很多新发展，例如，采用抗菌性甲壳质纤维制成的水刺法非织造布，不仅具有杀菌能力，而且能够促进伤口的愈合；用水溶性纤维经水刺处理加工而成的水刺法非织造布，用来制成手术医帽、口罩等，用后可在热水中处理掉，可满足环保的要求。此外，医用床单、口罩、过滤及开口内裤（用于需插排液管的患者）等护理用品也都普遍使用了水刺法非织造布。

二、揩拭卫生材料

揩布的用量很大，主要应用在三个领域：个人护理揩布、工业用揩布和家庭用揩布，而在揩布市场上销售潜力最大的是非织造布，目前已占整个市场的45%。在非织造布揩布市场中，水刺揩布以最快的速度得以增长，其原因也是因为这种工艺原料的可选择性和工艺技术的可扩展性较大，可以满足各种揩布的特殊要求。

卫生领域对水刺法非织造布的应用也在不断扩大，国际上婴儿揩布、湿面巾、家用清洁用品等已大量采用了水刺法产品；尿布和妇女卫生巾在过去几乎均采用热黏合和纺黏法非织造布，而今水刺法非织造布也已得到一定开发。除采用锦纶纺黏纤网或短纤网经水刺处理生产用于尿布、卫生巾的覆面材料；用聚丙烯纺黏布、氨纶弹力线和木浆/短纤水刺法非织造布制成妇女卫生短裤外，水刺法非织造布还有下列应用：

(1)选用100%的涤纶短纤，或以涤纶短纤为主，混配少量黏胶短纤维，经严格控制成网均匀度和水刺压力，制成35～80g/m^{2}的底布均匀、强力适当的水刺法非织造布，再经丙烯酸酯压敏胶涂层，可用于自黏敷料、创可贴、药物硬膏等膏贴材料，这种材料充分利用了水刺法非织造布柔软透气、不掉毛、有较好的抗拉强度等特性，又结合了丙烯酸酯压敏胶含固量高，流平性好，干燥迅速，适合高速涂布，成膜后透明度高，转移性能好等特点，形成了对人体无过敏和刺激反应，无毒，无环境污染，成本低的新一代膏贴材料，是传统压敏胶材料理想的升级换代产品。

(2)真丝是天然蛋白质纤维，含有18种人体所需的氨基酸，配之以水刺法非织造布柔软、轻薄的风格，堪称人的第二皮肤。日本较早开始采用水刺技术生产真丝医卫材料，用于纱布、创可贴、妇女卫生巾、护垫、美容护肤品等方面。

我国已成功地研制开发出真丝非织造布，定量为20～60g/m^2。用于水刺工艺的真丝是绢纺原料的副产品，经进一步脱胶、梳理、牵伸而形成线密度为1.67～2.77dtex、长度为30～50mm的纤维，再在水刺生产线上加工。

水刺真丝非织造布在功能性医卫材料方面的应用有：纱布、敷料、创可贴，定量一般为25～35g/m^2，为网孔型。妇女卫生巾、护垫：定量为30～40g/m^2，一般为网孔型。美容面膜：定量一般为50～60g/m^2，以平布型居多。

(3)Lyocell纤维也被广泛用于水刺法非织造布生产中。其成品被用于用即弃的揩拭物品、医用纱布及药签、妇女卫生巾、防护服、过滤材料及涂层基布、电池隔板、生态复合材料等。

三、黏合衬基布

水刺法非织造布手感柔软，外观及性能更接近机织物，相同定量的产品显得蓬松厚实，增加了透气性和弹性，而且它不含化学物质，产品稳定性高，无脱层现象，是高档服装理想的黏合衬基布。

水刺黏合衬基布多以黏胶纤维/涤纶或纯涤纶制成，厚度为中厚型，产品定量为30～50g/m^2。涂层工艺以浆点涂层为主，其特点是纤维水刺时纤屑被冲走，纤网得以净化，防止了在浆点涂层过程中因为纤屑的存在而黏附圆网，造成网孔堵塞，影响涂层质量和生产正常进行。

另外，也可采用水刺固结方法将熔喷纤网与短纤网复合在一起制成服装黏合衬基布。

四、合成革基布

合成革用的非织造布必须具有致密的三维结构，且密度均匀一致，无过密、过松现象；表面平滑，无刺痕和明显孔痕存在。合成革基布可通过针刺、水刺两种方法生产。对针刺法非织造布的要求相当严格，除要求通过针刺达到一定密度外，还要求针刺后不得有纵向或斜向的针迹和针孔现象存在，纵向截面处于立向的纤维密度也应均匀一致，因此要求配备高性能的针刺机。水刺法非织造布则较容易满足上述要求，水刺条纹一般较浅，水刺法非织造布表面均匀度较好，所以较适用于合成革基布。同时，一些水刺法非织造布生产厂家采用两道铺网设备进行交叉铺网，这可以降低水刺法非织造布的纵横强度比，满足合成革基布的强度要求。

水刺法合成革基布选用聚酯、聚酰胺等纤维生产，定量范围很大，一般为 40 ~ 150g/m²。为了满足合成革基布对强度、弹性、抗皱性、抗收缩性的要求，水刺法非织造布还要经过涂层整理。表 1-6-4 是水刺法合成革基布的力学性能指标。

表 1-6-4　水刺法合成革基布（PVC、PU 干法）力学性能指标

产品成分	厚度（mm）	定量（g/m²）	断裂强度（N）		撕裂强度（N）		伸长率（%）		顶破强度（MPa）
			MD	CD	MD	CD	MD	CD	
PET	0.30	45	98.1	54.0	20.1	18.1	30	60	0.64
PA	0.30	45	98.1	54.0	19.6	17.7	30	60	0.64
	0.35	50	107.9	58.9	18.6	14.7	40	80	0.67
Rayon	0.35	55	147.1	78.5	34.3	24.5	30	110	0.67
	0.40	65	147.1	83.4	34.3	24.5	30	65	0.69
	0.50	80	137.3	142.2	44.1	31.4	45	60	0.98
	0.55	100	147.1	157.0	54.0	42.2	45	65	1.08
	0.70	150	235.42	94.3	58.9	44.1	48	50	1.47
PA、PET 双组分超细纤维	0.45	80	147.1	137.3	34.3	25.5	35	50	0.93
	0.60	100	166.8	147.1	39.2	34.3	37	37	0.98
	0.70	150	245.2	176.6	54.0	47.1	36	36	1.37

注　允许按表中的参考指标有 ±5% 的浮动。

五、其他方面

水刺法非织造布还用于一次性服装，如内衣、内裤、套袖、围裙、鞋套等；土木工程和屋顶防水材料；蓄电池隔板；屋内装饰材料，屋顶吸音材料；用粗特纤维与超细纤维通过水刺复合而制成高效空气滤材；水刺法与熔喷法配合生产新型絮填材料。

第七章 缝编法非织造布

本章知识点

1. 缝编概念及缝编特点。
2. 六种缝编各自的特点。
3. 马利瓦特缝编原理及其产品的应用。
4. 缝编机件、缝编机的构成。
5. 梳栉概念及缝编组织与缝编产品花纹效应的关系。

缝编法是利用经编线圈结构对各种衬料(如纤网、纱线层、非织造布、机织物、针织物、塑料薄膜等或它们的组合体)进行加固的过程,缝编还可以在衬料上形成某种花纹效果,如各种图案及毛圈、绒头等。严格地讲,衬料只是纤网或非织造布,经过缝编加工所形成的产品才属于缝编法非织造布。缝编法非织造布是干法非织造布中的一种,缝编法与针刺法都属于干法成网机械加固成布法。

缝编技术是民主德国海因里希·毛豪尔斯柏格(Heinrich Maversberger)博士发明,1954 年第一台缝编机投入生产,大规模应用从 20 世纪 60 年代初开始。目前全世界已有多种型号的缝编机,如德国马里莫、捷克的阿拉赫涅等。在世界各国,用缝编法制成的非织造布已成为非织造布中的重要品种之一,尤其是德国,其用缝编法制成的非织造布的产量,已占相当大的比重。我国对缝编非织造布的生产和利用起步较晚,曾研制出了 Z331 型缝编机,近年也有所发展。

第一节 缝编法非织造布的特点和分类

一、缝编法非织造布的特点

缝编法非织造布加工除具有工艺简单,工序少,产量高,原料适应范围广,产品花色多等一般非织造布的优点外,最突出的优点是在外观和织物特性上酷似传统的纺织品,许多缝编产品单从外观上看,很难和机织物或针织物加以区别。据有关资料介绍,从缝编机与织机生产经济性进行比较:人均劳动生产率可提高 200%,单位产量的加工成本可降低 23% ~30%,每平方米占地面积的产量提高 4.5 倍,动力消耗减少 62%。缝编法非织造布按其用途可分为服装家用品和工业用品两大类。在服装家用方面可用作衬衣料、外衣料、童装、仿毛皮料、衬绒、窗帘、床罩、毛毯、地毯、浴衣、毛巾布和鞋材等;在工业用品方面可用作人造革底布、高强度运输带帘子布、过滤材料、绝缘材料和篷布等。

二、缝编法非织造布的分类

缝编法非织造布的分类见表1-7-1。

表1-7-1 缝编法非织造布的分类

基本类型	工艺分类	机型名称	国别	使用针型	工艺特点
纤网型	纤网—缝编纱	马利瓦特(Maliwatt)	德国	槽针	采用缝编纱对纤网进行加固
		阿拉赫涅(Arachne)	捷克斯洛伐克	管针	
		符帕(BΠ)	苏联	槽针	
	纤网—无纱线	马利伏里斯(Malivlies)	德国	槽针	不用缝编纱，织针由纤网中勾取纤维束成圈对纤网进行加固
		阿拉贝伐(Arabeva)	捷克斯洛伐克	管针	
纱线型	纱线层—缝编纱	马利莫(Malimo)	德国	槽针	用缝编纱对交叉铺置的纱线层加固，与全幅衬纬经编类似
	衬纬纱—缝编纱	阿鲁特克斯(Arutex)	捷克斯洛伐克	管针	
毛圈型	底布—毛圈纱	马利波尔(Malipol)	德国	槽针	利用毛圈纱成圈，在底布上形成毛圈结构
		阿拉鲁帕(Araloop)	捷克斯洛伐克	管针	
		洛克斯蒂克(Lockstitch)	英国	缝纫针	
		克拉夫特曼蒂克(Kraftmatic)	英国	舌针与缝纫针	
		Z331	中国	槽针	
	纱线层—毛圈纱	舒斯波尔(Schusspol)	德国	槽针	利用毛圈纱成圈，在纱线层上形成毛圈结构
	衬纬纱—毛圈纱	利洛波尔(Liropol)	德国	自闭钩针	
	纤网—底布	伏尔特克斯(Voltex)	德国	槽针	纤网与底布同时喂入，织针由纤网中勾取纤维束成圈，使纤网和底布加固，形成人造毛皮

第二节　缝编成圈原理及缝编组织

一、缝编成圈原理

1. 缝编机件　缝编机件包括槽针、弯针、导纱针、脱圈沉降片、退圈针、毛圈沉降片等，各种缝编机件根据机号浇铸成25mm宽的铸块，安装于各自的底座上。

槽针是最关键的机件，缝编机用槽针与一般经编机用槽针的不同之处在于，缝编机的针头形状呈尖形，以便穿刺纤网或底布。槽针和弯针结构如图1-7-1所示。弯针置于槽针的针槽内，沿针槽滑动，在缝编过程中实现槽针的开口与闭口。

导纱针用来引导经纱运动，完成垫纱，其结构如图1-7-2所示。退圈沉降片（也叫退圈针）和脱圈沉降片分别在退圈和脱圈时起作用，其结构如图1-7-3、图1-7-4所示。编织毛圈结构的缝编织物时，要用到毛圈沉降片，不同宽度的毛圈沉降片如图1-7-5所示，由此可形成不同高度的毛圈。

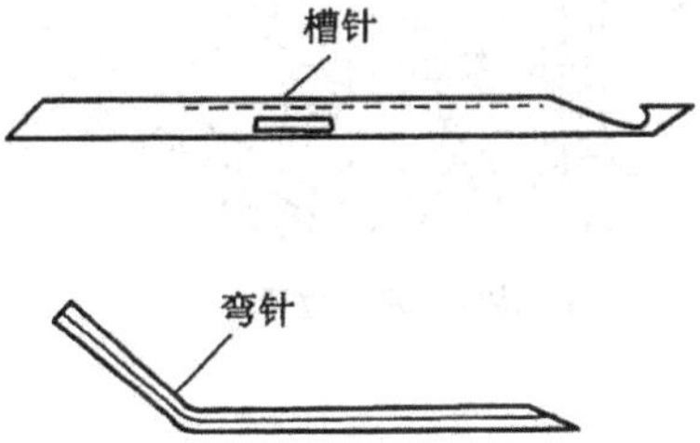

图1-7-1　槽针和弯针

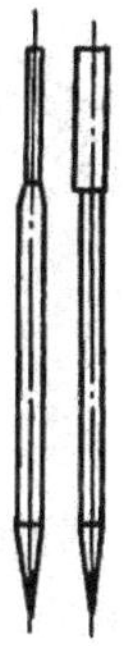

图1-7-2　导纱针的基本结构

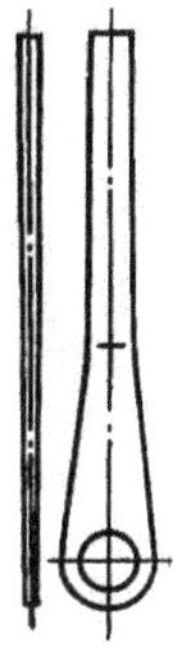

图1-7-3　退圈沉降片的基本结构

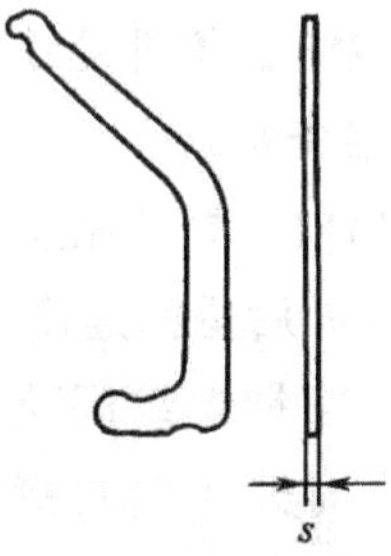

图1-7-4　脱圈沉降片

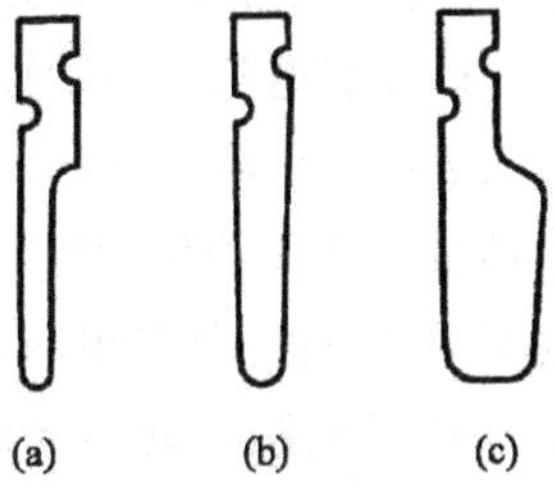

图1-7-5　毛圈沉降片的结构

2. 缝编过程　不同型号的缝编机缝编过程有所不同，现以德国制造的马利莫（Malimo）系列缝编机中纤网型缝编过程、编织编链组织为例进行说明，如图1-7-6所示。

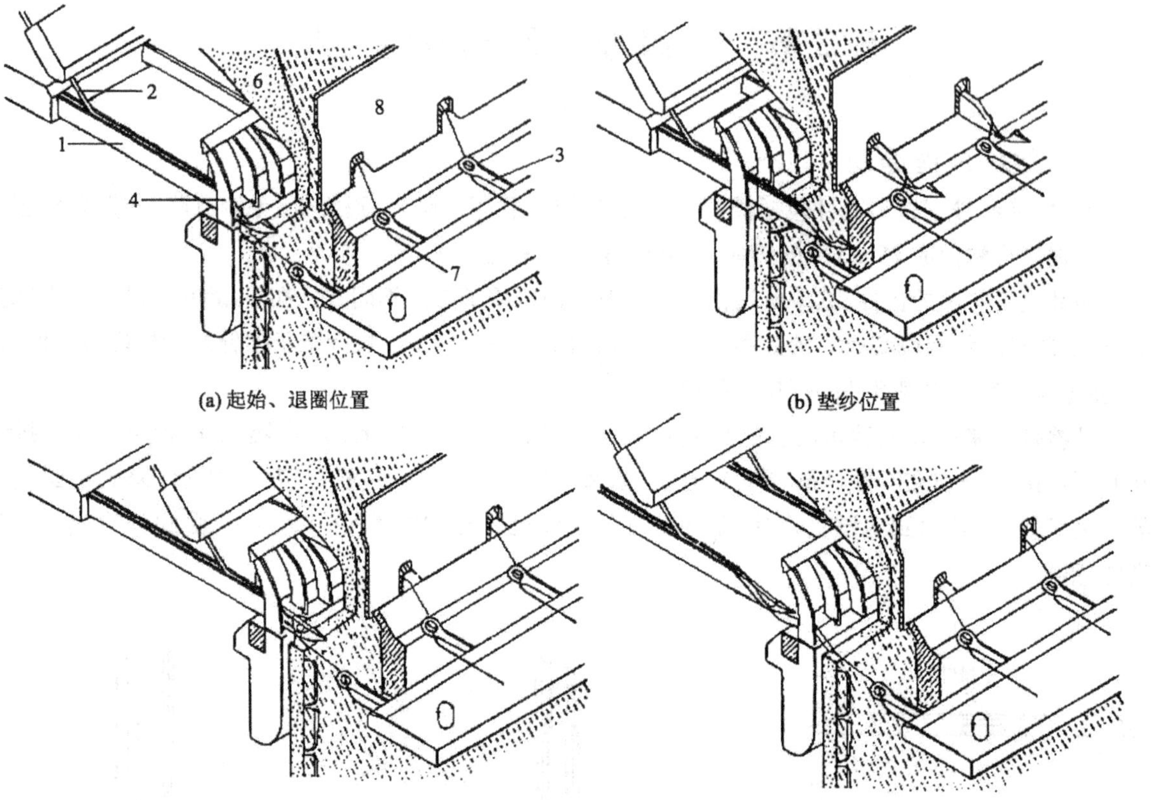

(a) 起始、退圈位置　(b) 垫纱位置

(c) 闭口、套圈位置　(d) 脱圈、成圈、牵拉位置

图 1-7-6　纤网型缝编过程示意图

1—槽针　2—弯针　3—导纱针　4—脱圈沉降片　5—下挡板

6—纤网　7—缝编纱　8—退圈挡板

图 1-7-6(a)起始位置即上一循环结束的位置，槽针处在闭口状态，位于机器最后方，针钩中钩着上一循环形成的旧线圈。随后槽针向机前运动，经过脱圈沉降片，穿刺纤网层；同时弯针也随槽针向前运动但滞后于槽针，使得槽针到达退圈位置时弯针已没于针槽内，槽针处在开口状态，因此，旧线圈便从针钩中移至针杆完成退圈。导纱针带着缝编纱向上摆动准备垫纱。

图 1-7-6(b)垫纱位置，导纱针继续向上摆动并向左横移后向下摆动完成垫纱。

图 1-7-6(c)闭口、套圈位置，槽针与弯针都向后退，但弯针后退的速度比槽针慢。当针钩带着新垫上的纱线将要从纤网层中退出时，针口已封闭。槽针与弯针继续同速后退，旧线圈与新垫的纱线进行穿套而完成了套圈。此时导纱针已摆至最低点，同时开始向右横移，为下一次的垫纱做准备。

图 1-7-6(d)脱圈、成圈、牵拉位置，槽针与弯针继续后退，旧线圈由于被脱圈沉降片挡住而从针尖脱下，针钩带住新垫上的纱线后退而形成新线圈。牵拉机构对缝编好的布实施向下的牵拉作用，使之向下牵拉一个针迹长度。导纱针开始向上摆动，开始下一阶段的垫纱。

上述缝编过程中槽针和弯针均作水平的前后往复运动，导纱针既作摆动又作横动。脱圈沉降片与下挡板均固定不动。退圈针是固定安装,但随着槽针的前后运动,在下挡板与脱圈沉降片之间的空隙中可作小动程的摆动。

二、缝编组织

缝编组织多采用经编针织工艺中的基本组织,如编链组织、经平组织、经绒组织、经缎组织、衬纬组织等,如图1-7-7所示。为了获得丰富的花纹图案和稳定的织物结构,也可采用双梳栉缝编组织,如双经平组织(对称经平组织)、双经绒组织、双经缎组织(图1-7-8)以及编链—经平或编链—衬纬,这类组织适宜于印花、起绒等后整理加工,可用于服装面料和装饰产品。

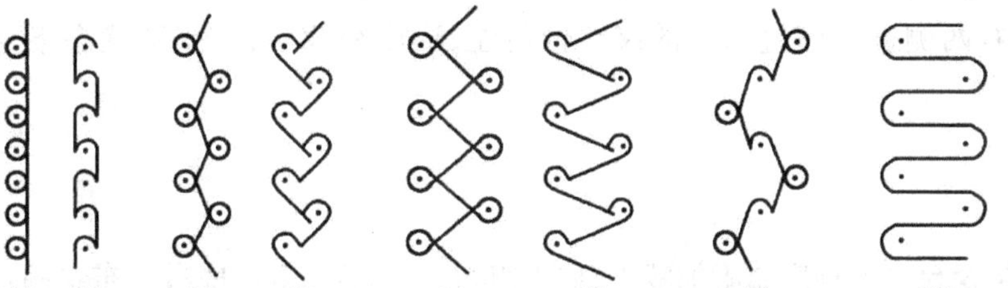

图1-7-7　缝编基本组织

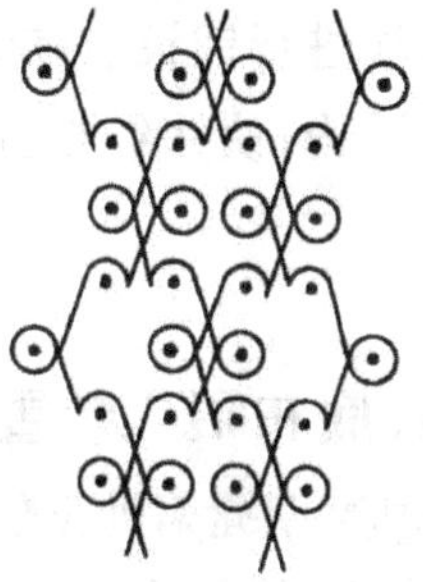

图1-7-8　双经缎组织

第三节　缝编机

缝编机种类较多,主要机构包括缝编机构、纤网经纱底布等输送机构、梳栉横移机构、牵拉卷取机构、传动机构等。

一、缝编机构

缝编机构是缝编机的核心机构,主要完成缝编任务,它由各个缝编机件组成,由于缝编机的种类不同,缝编机件也有所不同。

二、送网机构

纤网的送入有两种形式:一种是由梳理机梳理制成的纤网卷再置入缝编机的形式,属于间歇式输送;另一种是采取成网机与缝编机直接相连的形式,属于连续式输送。

马利瓦特型缝编和马利伏里斯型缝编都要求采用纤维横向排列的交叉折叠纤网,故采用上述两种送网形式时都要将单网经过交叉铺网,使喂入缝编区的纤网中的纤维以横向排列为主。

伏尔特克斯型缝编工艺要求纤网中的纤维纵向排列,因此必须是从梳理机下来的薄网经过由两侧斜帘组成的输网装置直接输入缝编机。一般采用一套双联、双道夫梳理机与伏尔特克斯型缝编机相配,可制得定量在400~500g/m^{2}范围的产品,大于这个范围,则要采用两套双联梳理机串联排列。

三、送纱机构

送纱机构的作用是将缝编纱、毛圈纱、衬经纱或纬纱送入缝编区。

缝编纱以及毛圈纱、衬经纱的送纱机构有两种形式：一种是在机号低的情况下，采用纱架送纱；另一种是在机号高的情况下，采用经轴送纱。经轴送纱分为积极式、消极式，积极式送纱由传动机构传动经轴转动，可视针迹长度或线圈长度而无级调速。生产地毯的舒斯波尔缝编机，由于使用的毛圈纱很粗，从纱架引出的毛圈纱经塑胶软管导入缝编机。

输送纬纱的装置也叫铺纬机构，用于纱线层—缝编纱型缝编中的纬纱铺设，可根据铺纬密度对纬纱进行铺设。纬纱从机器左右两侧纬纱架上的筒子引出，在一定的换向点由压板将纬纱压入纬纱钩，使纬纱在机器左右两侧被送纬链条上的纬纱钩勾住，形成纬纱层，在张紧状态下送至缝编区。

四、底布喂入装置

马利莫型缝编机底布喂入装置允许各种底布附加喂入，如机织布、非织造布等。底布以布卷的形式供给，通过安装在纬纱层下面的一边撑器（阔幅器）喂入缝编区域。

五、梳栉横移机构

缝编机梳栉横移机构采用凸轮形式，每一个凸轮的外廓线根据一种组织的横移规律而形成，主轴与编花凸轮的传动比有1:4与1:8两种，这可通过更换凸轮箱里的变化斜齿轮的齿数获得。一定机号的缝编机采用相应机号的编花凸轮进行编织。

六、传动机构

传动机构负责将动力传送给各个工作机构。马利莫系列缝编机的缝编机件基本上采用单轴单偏心连杆传动机构。只有在双梳栉的马利瓦特型和马利莫14012型缝编机上，导纱梳栉才改为单偏心、多连杆传动机构，以满足双梳栉垫纱的要求。

七、牵拉、卷取机构

牵拉机构由1个包覆砂皮纸或糙面橡皮的牵拉辊，再配1个或2个导布辊，使坯布在牵拉辊上有足够的包围角，故坯布只有靠牵拉作用才能离开缝编区。卷取机构采用机外卷取方式，分为卷布辊形式和折叠入小车形式两种。

第四节 缝编工艺

目前世界上的缝编机已有十多种型号，但使用最多的属德国制造的马利莫系列的缝编机，下面主要介绍马利莫系列缝编机的几种典型缝编方式。

一、纤网—缝编纱型缝编(马利瓦特型缝编)

这种缝编法是用缝编纱形成的线圈结构,对纤网进行机械加固。这种缝编工艺只用少量缝编纱(大多采用合纤长丝),构成产品的主要材料是纤网,因而成本低,而且纤网采用纤维原料广泛,一些难以用黏合法加固的纤维,如玻璃纤维、石棉纤维等,都可用这种方法加固,因此这种方法是非织造布缝编工艺的主要方法之一。

(一)基本原理

马利瓦特缝编是将具有一定厚度的纤网喂入缝编区,通过缝编机件的相互作用,由缝编纱形成线圈结构,使纤网得到加固而形成非织造布(详细内容参见本章第二节)。

图 1-7-9 为马利瓦特型缝编工艺示意图。缝编纱 2 由经轴 1 经穿纱板、导向辊、一对送经辊、张力补偿器、分纱器,最后穿入导纱针。纤网 3 由输网帘喂入缝编区,缝编后的非织造布 4,在牵拉辊的作用下离开缝编区,经导布辊、切边装置 5 和卷绕机构的作用而卷绕成布卷 6。

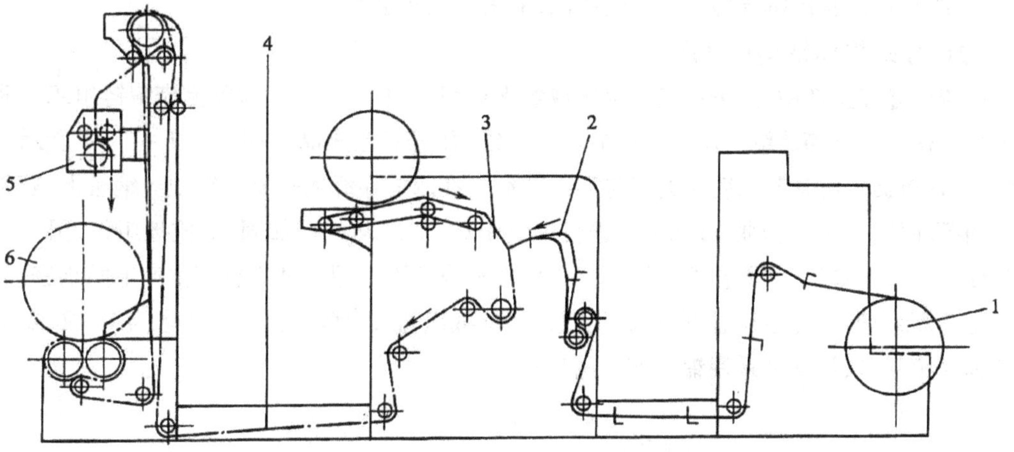

图 1-7-9 马利瓦特型缝编工艺示意图

1—经轴 2—缝编纱 3—纤网 4—非织造布 5—切边装置 6—布卷

(二)主要工艺参数

1. 机号 即缝编机针床 25mm 长度上的槽针数量,用"F"表示。机号不同的缝编机,槽针及其他成圈机件的尺寸不同,机号越大,尺寸越小。

机号反映产品横向单位长度内线圈的纵行数,即对产品横向的加固程度,它要与缝编纱的线密度和一定的纤网定量相对应。

2. 纤网形式与定量 纤网—缝编纱型缝编要求采用纤维横向排列的交叉折叠纤网,也有的用气流成网机制成杂乱纤网,但在同样定量下,后者产品的横向强度不及前者。

纤网的定量按不同机号也有一定限制,纤网定量过大,槽针穿刺纤网时阻力增大,缝编困难,机件易损坏。机号与适用纤网定量范围见表 1-7-2。

表 1－7－2 机号与适用纤网的定量、针迹长度范围

机号(针/25mm)	纤网定量(g/m^2)	针迹长度(mm)
8 以内	200～400	2.0～5.0
10	150～300	1.2～3.5
12	120～250	1.0～3.0
14	100～200	0.9～2.5

3. 针迹长度 即连续两次穿刺之间的距离。在一定范围内，针迹长度反映对产品纵向的加固程度。针迹长度越短，加固越紧密，同时，针迹长度短，可增加产品的横向强度，但缝编机产量会降低。当然，针迹长度过长、过短都不适宜，与机号对应的针迹长度见表 1－7－2。

4. 原料的选择 原料主要根据产品性能与用途的要求来选择。低级产品：揩布、垫料等产品常用下脚纤维做纤网原料；缝编纱可采用棉、黏胶纤维、涤纶短纤纱。宜用机号为 10 以下的缝编机，采用单梳栉生产。服装面料和装饰布：用化纤做纤网原料，缝编纱可采用合成纤维长丝。宜用机号为 18、22 的缝编机，采用双梳栉生产。工业用产品：可用玻璃纤维、石棉纤维做纤网原料；缝编纱可用涤纶长丝、锦纶长丝。宜用机号为 3.5 的缝编机，采用单梳栉生产。

（三）产品的组织结构及用途

在单梳栉缝编生产中，多采用编链组织或经平组织。图 1－7－10 为单梳栉编链组织马利瓦特型缝编织物结构。双梳栉缝编生产则可形成对称花纹，并可稳定成品结构。图 1－7－8 所示的双梳栉缎针组织，在布面上将显露出明显的对称凹凸花纹。在双梳栉纤网—缝编纱型缝编机上，若把退圈针改为毛圈沉降片，一把梳栉喂入缝编纱，进行编链垫纱，对纤网进行加固，形成地组织；另一把梳栉喂入毛圈纱进行经平垫纱，线圈被毛圈沉降片扩展而形成毛圈。用这种方法可生产毛圈细密、外观良好的纤网型毛圈缝编布，经过后整理，产品类似经编丝绒织物或毛圈布。机号要求为 18 或 22，毛圈纱多采用低弹涤纶长丝，缝编纱采用锦纶或涤纶长丝。

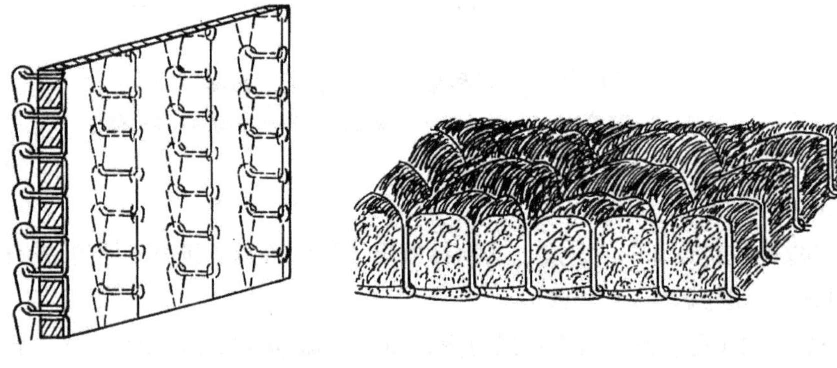

图 1－7－10 单梳栉编链组织马利瓦特型缝编织物结构

马利瓦特缝编产品可用于童装、妇女服装面料、家用装饰布、保暖衬布、人造革底布、绝缘材料、隔热材料、过滤材料等。这类缝编织物很适合做涂层底布，因为它与涂层材料的黏合强度高，制成的人造革厚实、弹性好。用涤纶长丝缝编纱及黏胶纤网或棉纤网制成的产品，可经印花、烂花处理等制成

装饰布,用于窗帘、台布和床罩等。

二、无纱线纤网型缝编(马利伏里斯型缝编)

这种缝编法不用缝编纱,织针直接由纤网勾取纤维束形成线圈结构而加固纤网,形成织物。这种缝编布因没有缝编纱,所以其强力不如马利瓦特型缝编织物,往往通过适当的后整理工艺,例如,采取涂层、叠层、热收缩、浸渍黏合、喷洒黏合等方法来提高其强力。

(一)基本原理

马利伏里斯型缝编如图1-7-11所示。这种缝编工艺方法与前述纤网—缝编纱型缝编不同,它取消了缝编纱,因而也不需要导纱针、经轴等送纱系统。在导纱针的位置上装一排垫网梳片,以帮助将纤维垫入针钩,另外,改变槽针的闭口时间(即推迟弯针闭口的时间),使槽针的针钩直接从纤网中勾取纤维束而编织成圈。槽针1和弯针2做水平的前后往复运动,当槽针向前运动时,槽针杆上的旧

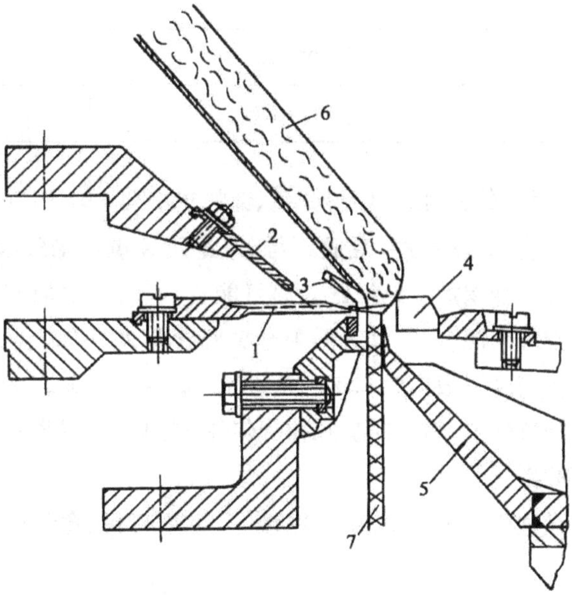

图1-7-11 马利伏里斯型缝编示意图

1—槽针 2—弯针 3—脱圈沉降片 4—垫网梳片 5—下挡板 6—纤网 7—织物

图1-7-12 马利伏里斯型缝编织物的结构示意图

线圈被脱圈沉降片 3 挡住，纤网被下挡板 5 挡住，因此旧线圈由针钩移至针杆，由于在导纱针的位置装有一排垫网梳片 4，可帮助纤维垫入针钩，当槽针从纤网中退出时，针钩直接从纤网勾取纤维束，针钩勾取纤维束后槽针才闭口。接着完成脱圈、弯纱、成圈、牵拉。形成的织物 7 垂直向下牵拉出缝编区。图 1－7－12 为马利伏里斯型缝编织物结构图。

（二）主要工艺参数

1. 纤网形式与定量　无纱线纤网型缝编要求喂入的纤网必须是以纤维横向排列为主，以便针钩容易从纤网中勾取纤维。纤网的定量必须与机号相配，见表 1－7－3。

表 1－7－3　机号与纤网定量、针迹长度的配合

机号(针/25mm)	纤网定量范围(g/m^2)	针迹长度(mm)
3.5、7	150～500	1～2.5
10、14	150～400	1～2
18	100～220	1～1.8
22	80～180	0.9～1.4

2. 针迹长度　与机号对应的针迹长度及采用织针的规格列于表 1－7－3 中。

3. 原料的选择　一般毛型化学纤维、黏胶纤维、涤纶及聚氯乙烯纤维、羊毛都是适宜的纤维原料。锦纶和丙纶只适于粗机号缝编加工。纤维应尽可能长一些，以增加产品横向强力。棉纤维及下脚纤维一定要与涤纶或黏胶纤维混合，并且纤网中至少要含有 20% 以上、长度超过 60mm 的纤维，才可用这种方法加工。纤维线密度一般应为 0.33～0.88tex，最粗可达 1.56tex。纤维必须要有一定的卷曲度，卷曲度过小，接近于伸直配置，易同时被几枚针勾住，造成纤维拉断或针钩损坏。

（三）产品的用途及开发

马利伏里斯型缝编产品适于做人造革底布、贴墙布、衬垫布料、童装面料、揩布、抛光布及伏尔特克斯型缝编布的底布。

表 1－7－4 是一些具有代表性的马利伏里斯型缝编产品的主要参数。

表 1－7－4　部分马利伏里斯型缝编产品的主要参数

产　品	机号(针/25mm)	纤网原料	纤网定量(g/m^2)
垫衬料	3.5	聚酰胺纤维	190
贴墙布	7	回用纤维材料	370
抛光布	14	黏胶短纤维	200
毛　毡	18	黏胶短纤维	270
底布(纤网型缝编法人造毛皮的底布)	22	聚丙烯腈纤维、聚酯纤维	170
人造革底布	22	聚酯纤维、黏胶纤维	170

三、纤网—底布型毛圈缝编(伏尔特克斯型缝编)

这种缝编法的特点是纤网与底布同时喂入织针,从纤网中勾取纤维束形成毛圈,使纤网和底布加固形成人造毛皮。这种缝编工艺由于不用任何纱线,具有良好的经济效果,已得到广泛应用。

(一)基本原理

图1-7-13为伏尔特克斯型缝编示意图。伏尔特克斯型缝编过程类似于无纱线纤网型缝编。垫网毛刷4像导纱针一样,既做横动,又做摆动,运动形式是经平垫纱,槽针刺穿底布1向前至最前位置,依靠垫网毛刷将纤网2带到针钩上,槽针在后退时便勾住一束纤维,犹如勾住垫入的纱线。由于毛圈沉降片3的作用,使线圈延展线加长,最后在底布1上形成毛圈5,这种毛圈外观并不清晰,而像已经过了轻度拉绒,因此,如果用这种方法生产驼绒产品,几乎可以不要起绒加工。

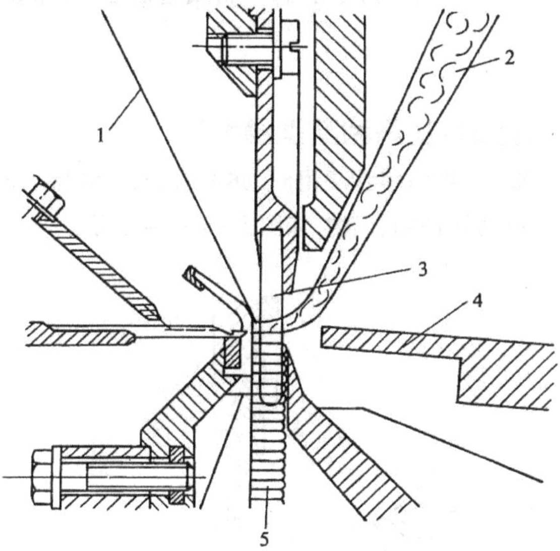

图1-7-13 伏尔特克斯型缝编示意图

1—底布 2—纤网 3—毛圈沉降片 4—垫网毛刷 5—毛圈

(二)主要工艺参数

1. 底布规格 伏尔特克斯型缝编产品的强力基本由底布决定。由于经槽针穿刺后,底布的强力有所损失,因此在选择底布时,必须考虑到这一点。底布一般可采用棉、黏胶纤维交织机织布、锦纶长丝机织布、锦纶长丝经编织物、黏胶纤维机织布或纱线型缝编布及无纱线纤网型缝编布等。

2. 纤网原料的选择 纤网原料的选择十分重要,因为毛圈直接由纤网形成,所以选择原料时必须考虑纤维的线密度、长度的合适范围。另外,为了加强仿毛效果,可采用不同线密度、长度的纤维混合后成网。常用纤维原料为腈纶、腈氯纶。为了获得毛皮里绒细密的效果,并加强毛圈的固着牢度,经常在纤维原料中混入高收缩腈纶。一般常用纤维线密度为0.3~11tex,长度为40~100mm。对于长毛绒的仿毛皮产品,纤维长度以80~120mm为宜。

3. 纤网形式与定量 伏尔特克斯型缝编工艺要求纤网纤维纵向排列,因此必须是从梳毛机下来的薄网直接输入缝编机。由道夫剥下的单层薄网一般定量为10~30g/m^2,采用双道夫两层薄网并合，其定量可达 50 ~ 60g/m²。由于薄网喂入缝编机的速度比缝编机牵拉速度快得多，实际上在缝编区，纤网要发生 10 ~ 12 倍甚至更高倍数的凝集或压缩，所以采用一套双联、双道夫梳毛机与伏尔特克斯型缝编机相配，可制得定量在 400 ~ 500g/m² 范围的产品，大于这个范围，则要采用两套双联梳毛机串联排列。

4. 机号与毛圈高度 机号范围为 10 ~ 14，毛圈最大高度为 11mm 左右。

5. 产品后整理 伏尔特克斯型缝编布在后整理加工前，必须采取滚筒带浆法或喷洒法，将黏合剂（一般以合成胶乳或醋酸乙烯类为多）施加至坯布反面，再经烘燥、焙烘，使线圈与底布黏合，以免后整理加工时毛圈脱落，然后可进行普通的起绒、剪毛、烫光、滚球等加工。

（三）产品的用途

伏尔特克斯型缝编产品由于纤维能形成毛圈，可制成蓬松性好、保暖性强的产品，如衬绒、毛毯、仿毛皮产品等。

四、纱线层—缝编纱型缝编（马利莫型缝编）

这种缝编法的衬料为纱线层（可由纬纱层组成，亦可由经、纬纱层组成），其基本原理是由缝编纱形成线圈结构，对纱线层进行加固而形成织物，如图 1 – 7 – 14 所示。

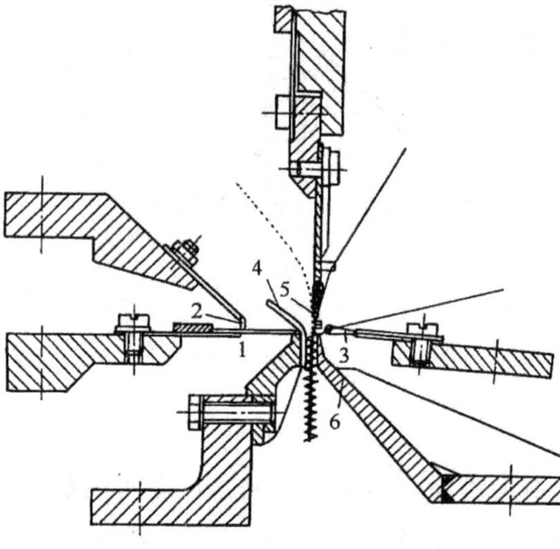

图 1 – 7 – 14 马利莫型缝编示意图

1—槽针 2—弯针 3—导纱针 4—脱圈沉降片 5—退圈针 6—下挡板

马利莫缝编机是马利莫系列缝编机中占比例最大的一种，它几乎能加工所有纤维，如既能加工高强度的黏胶纤维、聚酰胺纤维、聚酯长丝、玻璃纤维及石棉纤维，又能加工短纤纱、回收料、下脚料等。产品具有较高的抗拉伸性、抗撕裂性和较小的纵向延伸性。

马利莫型缝编除按其他缝编方式调整工艺参数形成花纹外，还可以改变纱线层的内容（如纱线性质、线密度、铺设密度、色泽等）和在纬纱层下面衬入不同色的底布产生花纹。纬纱配置根据花纹稍留空隙，底布可用纤网、针织物、机织物、非织造布、泡沫塑料等。通过纬纱和纬纱交叉角的配置，能获得各种斑点效果，如采用纤网能获得具有浮雕效果的花纹，可用于贴墙布。

马利莫型缝编产品可用于高强度传送带帘子布、过滤布、绝缘材料、包装材料、人造革底布及篷布等工业用布，也可用于帷幕、窗帘、贴墙布、家具布、毛巾、床单、床罩、揩布、抛光布等家庭装饰用布，还可用于服装的面料。

此外，还有底布—毛圈纱型缝编（马利波尔型缝编）和纱线层—毛圈型缝编（舒斯波尔型缝编），这里不再详细介绍。

第八章　热黏合法非织造布

本章知识点

1. 热黏合的几种方法。
2. 热黏合的工艺设计，热黏合原理。
3. 不同热黏合方法的产品品种及应用。
4. 热黏合设备生产线的工艺流程。
5. 热黏合法产品质量分析。

高分子材料大都具有热塑性，即加热到一定温度后会软化、熔融，变成具有一定流动性的黏流体，冷却后又重新固化成为固体材料。利用高分子材料的这种热塑性，给聚合物纤维材料施加一定热量，使其部分软化、熔融，再冷却后固化，使纤维相互黏结在一起，这就是热黏合加固。利用热黏合加固的方法生产的非织造布叫热黏合非织造布。

热黏合法又分为热轧黏合和热熔黏合，通常把热轧黏合法生产的非织造布叫做热轧非织造布，热熔黏合法生产的非织造布叫做热熔非织造布。热轧黏合是指用一对热辊对纤网进行加热，同时加以一定压力的热黏合方式。热熔黏合是指在烘燥设备上利用热风穿透纤网，使之受热而得以黏合的方式。实际上，热处理方式不同，制得的产品性能和风格也各异，但就其纤网得以加固的实质而言，没有根本区别，都是利用热来黏合加固纤网。

热黏合法的产品有短纤维热轧薄型非织造布、长丝非织造布、热风非织造布、热熔棉（仿丝绵、无胶棉）、热熔垫材（硬质棉）等产品。

热黏合法产品应用广泛，主要用于医疗卫生用品、包装用品、农用布、保暖材料、衬布、衬垫、垫材等。尤其是长丝成网热轧非织造布应用更广，并且已得到飞速发展。热黏合加固与其他加固方法相比有以下特点：

1. 生产速度高　热黏合法生产速度一般为5～15m/min（其中薄型热风穿透式速度较高）。热轧黏合一般为20～60m/min，先进的设备最高可达100～120m/min或更高。因此，采用热黏合法更能充分体现非织造布生产的技术特点。

2. 能耗低　作为热黏合基本材料的低熔点纤维或双组分纤维，尽管其成本高于液体黏合剂，但就其总的能耗而言，要比化学黏合法低。据统计，用丙纶热黏合加固，同样重量的非织造布耗能比浸渍黏合加固少得多。随着低熔点纤维、双组分纤维生产技术的改进，生产成本的降低，热黏合技术的这一优点将会更加显著。

3. 产品不带有任何化学试剂，对人体无害　热黏合法产品有很好的卫生性，非常适于医疗卫生用品的生产和使用。而且生产过程没有三废产生，有益于环境保护，亦无噪声，有利于改善工作环境。

4. 运用灵活　热黏合法可作为主要的纤网加固手段，直接生产非织造布；又可作为辅助加固手段，改善其他加固方法的不足。例如，在针刺加固的纤网中混入少量的热熔纤维，在针刺后再经热熔黏合，可显著提高布的强度，改善布的纵横强度比。

第一节　热黏合法生产线

从加固方式上讲，热黏合加固可分热轧法加固和热熔法加固。从纤维成网方法上讲，热轧法可分为短纤维干法成网与长丝直接成网，热熔法属于短纤维干法成网。

1. 热轧法工艺流程

(1)短纤维系统：短纤维→开松除杂→混合→梳理成网→热轧黏合→成品。

(2)长丝系统：聚合物切片→熔融纺丝→摆丝铺网→热轧→成品。

热轧法关键在热轧辊，一般由纤网通过热轧辊，使纤维熔融并相互连接轧薄，而成为布状材料。短纤维系统仍属于干法成网，成网要求高，大部分采用双道夫梳理机。有的带杂乱辊，使产品纵横强度差异变小，但大都是纵向排列的纤维多，纵向强度大，横向强度小，即纵横强度比大。其主要用于用即弃类产品。

长丝系统属聚合物直接成网法，由长丝成网后再热轧成布。产品虽薄，但强度大，用途广。

2. 热熔法工艺流程　短纤维(加部分热熔纤维)→开松除杂→混合→梳理成网→铺网→热风烘燥→成品。

薄型热风非织造布一般用于高档卫生巾，不经铺网；而热熔棉、仿丝绵、硬质棉(垫材)克重较大，都必须经过铺网。

热熔法的关键在热风烘燥，由于热风穿透纤网，使纤维熔融并相互连接在一起而形成薄的或厚的蓬松絮片状材料。

3. 几种生产线简介　热黏合生产线目前已有几百条，包括国产及引进的，但主要有以下几种形式：

(1)热轧生产线。

①德国设备(图1-8-1)。

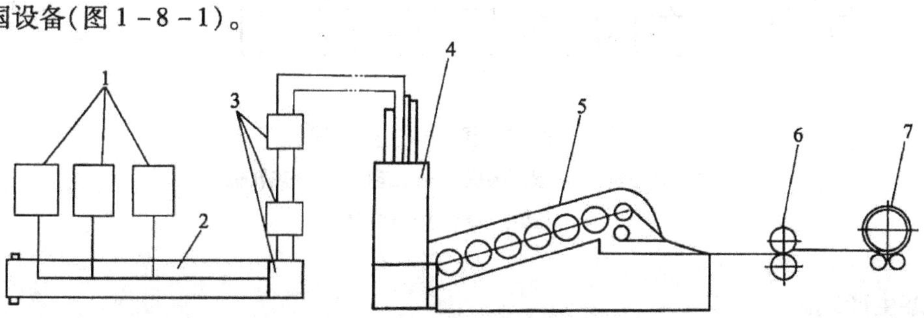

图1-8-1　德国热轧非织造布生产线

1—喂给机(定量)　2—输送带　3—开松机　4—振动给棉箱(MC型)

5—梳理机(WZM—K_5—d_2—R_2型)　6—热轧辊　7—卷绕机

②中国台湾地区设备(图1-8-2)。

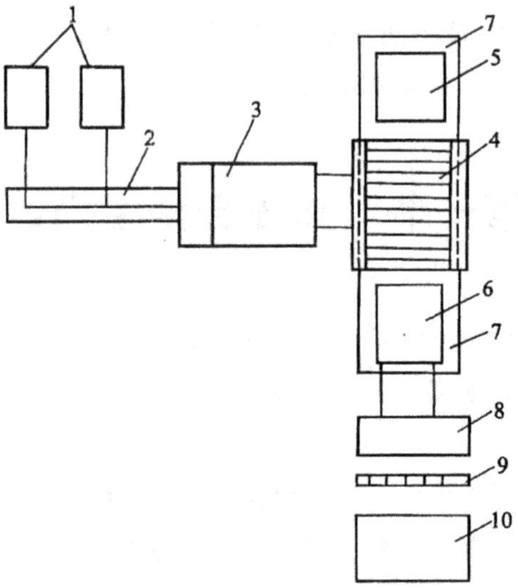

图1-8-2　中国台湾地区热轧非织布生产线

1—开松机　2—输送管道　3—双道夫梳理机　4—铺网机　5、6—梳理机
7—底层输网帘　8—热轧辊　9—分切机　10—卷绕辊

③其他国产设备(图1-8-3)。

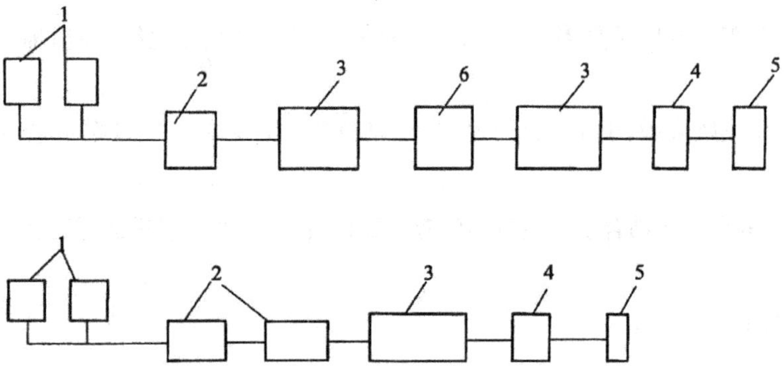

图1-8-3　国产热轧生产线

1—开松机　2—混开棉机　3—梳理机　4—热轧辊
5—切边卷取机　6—铺网机

(2)热熔生产线。

①中国香港地区生产线(图1-8-4)。

②其他国产生产线(图1-8-5、图1-8-6)。

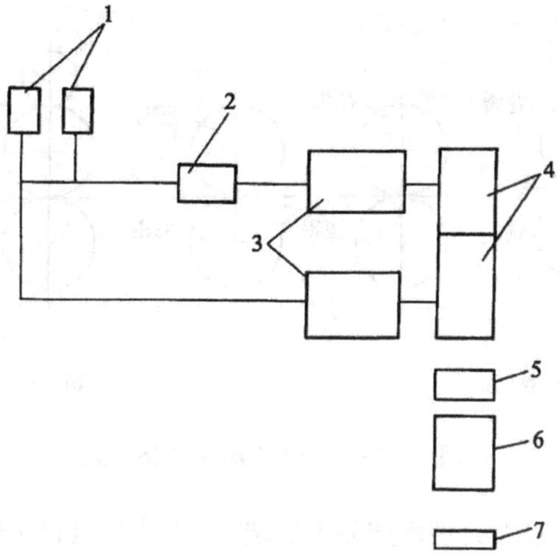

图 1 - 8 - 4　中国香港地区热熔仿丝绵生产线

1—开松机　2—混棉机　3—梳理机　4—铺网机　5—喷胶机(生产喷胶棉用)

6—烘燥机　7—热轧辊

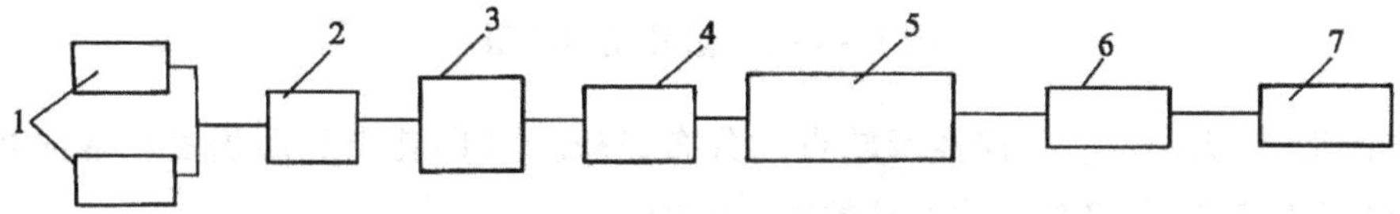

图 1 - 8 - 5　国产联合机 LYBG156 型硬质棉生产线

1—给棉机　2—混开棉机　3—梳理机　4—BG254 型铺网机　5—YBG531 型热定型机

6—YBGT22 型烫平机　7—切边卷取机

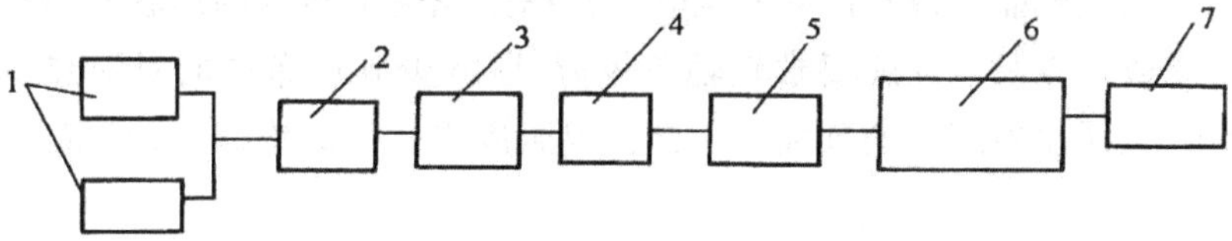

图 1 - 8 - 6　热风非织造布生产线

1—给棉机　2—混开棉机　3—预梳理机　4—铺网机　5—主梳理机

6—热风定型机　7—成卷机

第二节　热黏合设备

一、热轧设备

在热黏合加固方法中,其关键设备是热黏合机构,即热轧及热熔(热风)设备。

1. 热轧机构　热轧辊组成的主要形式如图 1 - 8 - 7 所示。国外已生产了双花辊热轧机,表面温度达 300℃,线压最大为 300N/mm,转速为 200 ~ 400m/min。

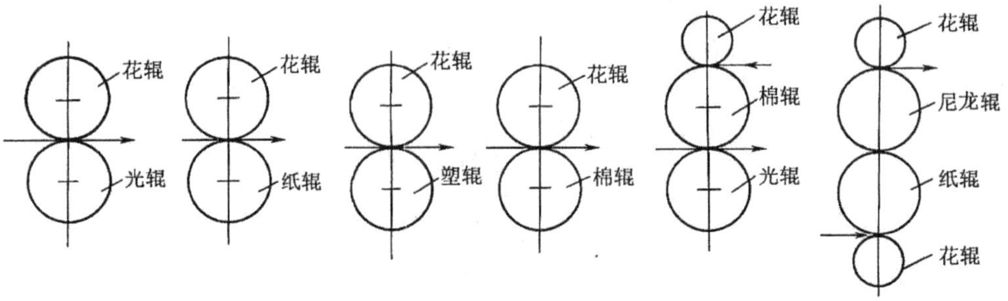

图 1-8-7　热轧辊的主要形式

2. 轧辊表面处理　轧辊表面处理由产品来决定，一般分花辊和光辊，为防黏连，辊的表面大都进行镀铬处理、渗氮处理，也有用铬钼合金的。花辊表面刻有花，花型有多种，如图 1-8-8 所示。

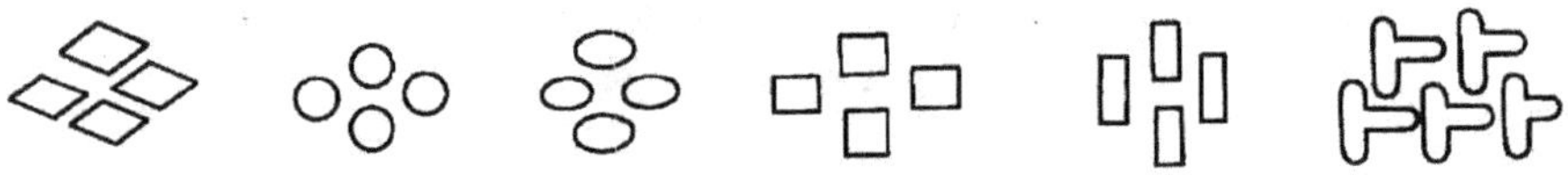

图 1-8-8　热轧花辊花型

轧辊轧点的形状、大小、面积、深浅及轧点的分布、海岛比（即轧点总面积占轧辊面积比，一般为 20%～40%）都可以变化，并且都影响产品的性能质量。

热轧辊可分为刻花辊和光辊，有的设备还配有棉辊（钢辊上包覆一层厚棉布），可按照产品的要求选择组合。

刻花辊/光辊组合在热轧黏合时，在凸轧点处纤维能产生熔融黏合，形成所谓的"点黏合"结构。具有这种结构的热轧非织造布产品较柔软。根据刻花辊上凸点的形状和排列方式，可在布的表面形成一定的花纹。点黏合一般要求轧辊壁较薄，以减少到达布中的对流热，保持布面手感良好；轧辊直径要小，以减少对纤网的预加热。刻花辊温度应达到纤维熔点，光辊的温度要比刻花辊低 5℃左右。

光辊/光辊组合在热轧黏合时，能形成所谓的"面黏合"结构，在纤维交叉点处能产生黏合，因此黏合点多，产品较密实、较硬，表面光滑平整。光辊/棉辊组合在热轧黏合时，能形成单面的表面黏合，只有靠近光辊的纤维才产生黏合，以满足特殊用途的需要，也可两台热轧机并用，在纤网两面形成表面黏合，中间层保持纤网状，以达到既有良好的柔软和通透性，又有平整光滑的表面的要求，其产品可用于生产医疗卫生用品。

3. 轧辊导热结构　轧辊之所以能热轧，主要是因为有热源供应，有热才能热轧。其加热方式有 3 种。

（1）电加热：这是最老式的加热方式，采用轧辊内直接电热加热，目前国内生产线的热轧机部分采用这种加热方式，其特点是结构简单，易于维修，升温速度快，但温度控制精度较低，加热的均匀性和稳定性较差，不适合宽幅热轧机。幅宽一般在 1m 左右，温度偏差可控制在 ±20℃。幅宽越大，温度偏差也就越大。

（2）油加热：采用导热油进行加热，温度控制精度高，整个轧辊温度均匀稳定，轧辊上温度偏差小，可控制在±1℃。国外生产的热轧机基本都采用油加热，我国的大部分非织造布设备制造公司已制成油加热轧机供应市场。由于从轧辊端头通入导热油，因此需严格地密封。如使用或维修不当，易造成漏油。此外，需要配备导热油加热系统，它可置于机上或机外，用电或煤、导热油加热。

（3）电磁感应加热：这是近年来由日本东电（Tokuden）株式会社开发的新技术，目前已推广应用，在国内也生产出了这种新型热轧机。其加热温度在50～400℃，温度分布精度在±1.0℃（加热温度在100～260℃时）。其最大特点是使轧辊能在不同的速度、温度以及无论有无负载的状况下均能保持稳定、精确的温度。

热源一般为油加热（导热油）、电加热、感应加热辊、双舞—环热轧辊等形式。但不管什么形式都必须保证轧辊表面温度基本均匀一致，两端与中间温差在±1℃，以防黏合效果的差异。国内设备大都采用导热油加热，如图1－8－9所示。

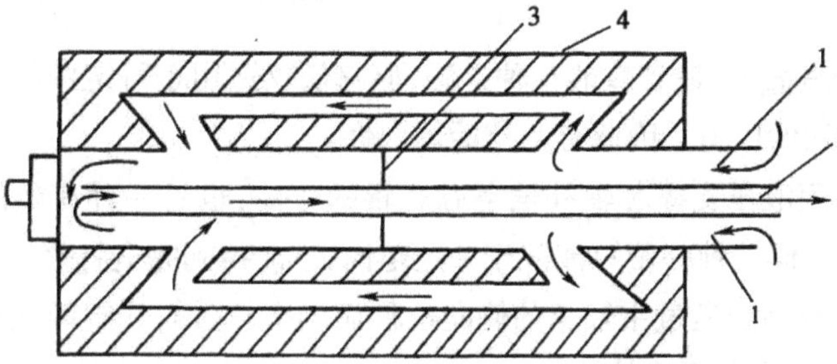

图1－8－9 导热油热轧辊结构图

1—热油入口 2—出油口 3—挡板 4—轧辊表面

德国雷克公司的双舞—环热轧辊机国内引进很多，其基本结构如图1－8－10所示。

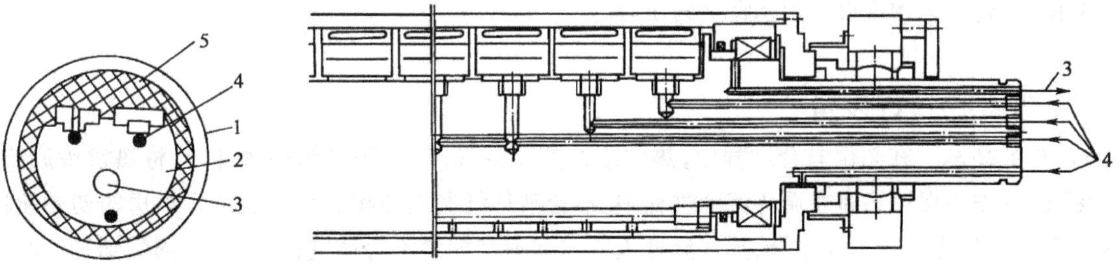

图1－8－10 双舞—环热轧辊结构

1—轧辊外壳 2—固定轴 3—回油孔 4—进油口 5—双活塞支撑件

4. 轧辊补偿机构 轧辊压力是在轧辊两端施加的，轧辊会因此而产生弯曲变形。机幅越宽，越易变形。如果不对弯曲变形采取补偿措施，则两轧辊中间的压力会由于轧辊弯曲而低于两端。要得到均匀的热轧黏合效果，必须保证在整个轧辊上的压力均衡一致。所以，一般在轧辊结构设计上采取一定的措施来补偿上述变形。目前主要有以下几种补偿措施（图1－8－11）。

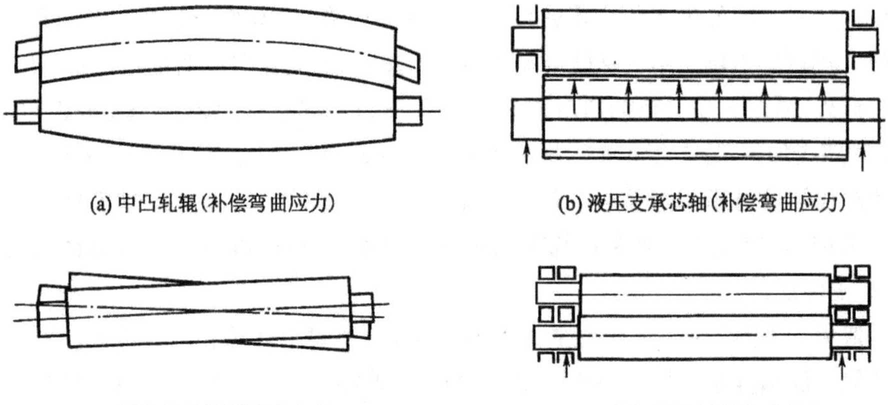

(a) 中凸轧辊(补偿弯曲应力)　(b) 液压支承芯轴(补偿弯曲应力)

(c) 轴向交叉(补偿弯曲应力)　(d) 外加弯矩(补偿弯曲应力)

图 1－8－11　轧辊补偿形式

(1)中凸轧辊:这是最简单、最有效的一种方法,但它仅仅适用于特定的线压力,即在设计中凸轧辊时已经设定了所要施加的压力。因此有一定的局限性。

(2)液压支撑芯轴:用液压支撑芯轴补偿空心轧辊的弯曲,也是一种有效的方法,这种方法提供了应力线上的局部补偿。但这种补偿只能限于一定范围,不能得到完全补偿。

(3)轴向交叉:两轧辊轴线通过主轴承的侧向位移而相交,这样,轧辊两端的钳口尺寸增大,即大于中间的钳口尺寸,以达到弯曲变形补偿。

(4)外加弯矩:这种方法是通过轧辊外端施加可弯曲的弯矩得到应力补偿,补偿系统是纯机械式的。

(5)国外有的公司采用热轧辊在下边、棉辊在上的方式,加压不直接加在热轧辊上,这既有利于减小变形,还能节约油道输送。

总之,通过以上的结构设计,可得到相当程度的变形补偿。但只有通过中凸轧辊方法才能得到完全的补偿,可这种结构仅仅适用于特定的压力。

二、热熔(热风)设备

1. 基本要求　在热熔黏合过程中,热的载体是热空气,随着热空气穿透纤网,将热量传递给纤网。因此,首先要保证热风在循环流动过程中,不会破坏纤网的结构。纤网在进入烘房的初始阶段,纤维之间只会依靠抱合力而结合,热气流导入方式和速度如果不合适,就会破坏纤网的结构。其次,必须保证纤网受热均匀,以使产品的各项性能均一稳定,各处温度偏差应控制在 ±1.5℃ 范围内。第三,烘房温度应能满足工艺要求。普通的烘干设备主要用于干燥水分,其所用的黏结熔点一般在140～220℃之间。

另外,必须保证纤网有足够的受热时间,以获得良好的黏合效果,即烘房需要有足够的长度。

2. 设备分类及特点　按照纤网在烘房设备内的运行方式,可将其分为圆网滚筒式和平网式两类。

(1)图 1－8－12 是一种圆网滚筒式烘燥机。当采用单个滚筒时,纤网对滚筒的包围角可达300°。轴流风机从滚筒侧面抽风,形成如图 1－8－13 所示的循环气流,气流经过热交换器时进行加热。这种设备具有占地面积小、加热速度快、纤网贴附在滚筒上、变形小等特点。

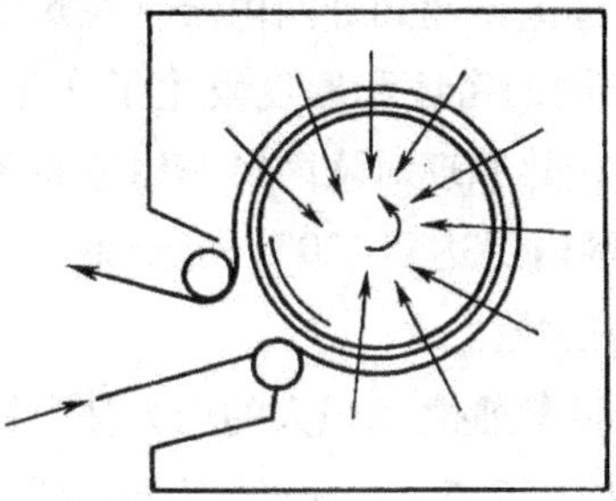

图 1－8－12　圆网滚筒式烘燥机

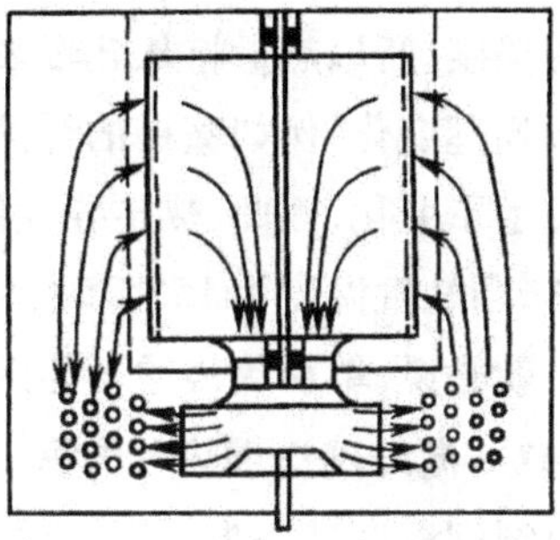

图 1－8－13　圆网滚筒式烘燥机循环气流示意图

圆网滚筒也有采用两个或更多的，排列方式可采用垂直排列或水平排列。这两种排列方式都可以使热风交替穿过纤网的两面，加热效果比较理想。通过改变滚筒直径，可增加其加热能力，一般滚筒直径在 1000～3500mm，最大工作宽度可达 6500mm。每只滚筒都可以单独调速，以适应不同规格的非织造布。因为滚筒影响产品的热收缩率，为保证在整个工作宽度上温度均匀，必须采取一定的措施。目前工作宽度为 2200mm，工作温度为 250℃ 的滚筒，温度偏差可控制在 ±15℃。有时为了防止纤网变形，在圆网滚筒上附加一层压网帘，纤网由压网帘和滚筒夹持运行。这种设备可根据需要将整个工作长度分为几个不同的温度区域，以满足工艺上的要求，它比较适合厚型纤网的热熔黏合，但占地面积较大。

（2）双层或多层平网式烘房。多层烘房的特点是节省占地面积，在保持一定的生产速度时，能增加纤网受热时间，从而保持黏结材料能充分熔融，形成良好的黏合。

另外，还有一种辐射式烘房设备，它是利用“任何一种物质都能吸收某种特定波长的红外线，转变为热量，从而使得材料本身温度升高”的原理来工作的。

红外线辐射烘燥机已广泛应用于非织造布的生产和热定型，其特点是加热速度快，热损失小，加热温度高达 500～1800℃。控制纤网的加热温度，可通过改变辐射器与纤网的距离或改变纤网运行速度来实现。这种设备特别适合于厚重、高密度产品的生产，它可使非织造布的内部得到较好的加热。

在选择烘燥设备种类时应考虑以下因素：

①加热时纤网的定量、纵向强力、体积密度和透气性。

②最终产品要达到的体积密度、柔软性。

③连续生产所需达到的生产速度等。

第三节　热黏合机理及工艺

一、热轧黏合机理

热轧黏合实际上是一个非常复杂的过程，其中发生了许多变化，包括纤网被压紧和加热、纤网产生形变和熔融、熔融的聚合物的流动和冷却成型等。现就几个主要过程进行讨论，以分析热轧黏合机理。

1. 热传递处理 含有热熔纤维的纤网在室温下进入两轧辊钳口组成的热轧黏合区，因为轧辊表面具有较高的温度，所以热量将从轧辊表面传向纤网接触面，并逐渐传递到纤网内层。在热传递过程中发生了许多物理变化，例如蓬松的纤网进入两轧辊钳口后，纤网的密度和厚度发生了变化，热传递系数也随之发生了变化，因此，热传导性能也将发生变化。利用传热原理对聚丙烯非织造布传导特性进行计算得知，当轧辊温度为155℃时，单独靠热传递只能使纤网内层达到120℃，低于聚丙烯纤维的熔融温度。也就是说，单靠热传递不能向纤网中间层提供必需的热量。

2. 形变过程 向纤网提供热量的另一个重要来源是形变热，两轧辊之间强大的压力使高聚物产生形变热而导致纤网温度进一步升高。据研究，在两轧辊间线压力为$(2.5\sim7)\times10^2$ N/cm，纤网厚度从300μm压缩至33μm时，纤网由于形变而产生的形变热足能使纤网中间层的温度在理论上升高35～40℃。但高聚物的熔融要消耗一部分热量，所以形变热能使纤网中间层温度实际上升高30～35℃。

考虑到纤网在热轧辊钳口区停留时间极短（约仅13μs）和纤网中间层的温度较低，仅从轧辊表面传递的热量是不够的。因此，形变热在很大程度上有助于钳口下纤网中间层温度的升高。

3. 克莱帕伦效应（Clapeyron） 高聚物分子受压时熔融所需的热量远比常压下多，这就是所谓的Clapeyron效应。对聚丙烯纤维来说，压力使其熔融温度提高的幅度约为0.38℃/MPa。在热轧黏合过程中，钳口线处的压力最大，此处的高聚物的熔融温度将会提高，而轧辊表面温度又受到远离钳口线处纤维熔融温度的限制。例如，对丙纶来说，纤维轧辊的表面温度不能高于155℃，以免损害纤维性能。所以，压力必须限制在钳口线处高聚物能够熔融的范围内。这样才能达到良好的黏合效果。

4. 流动过程 在热轧黏合过程中，部分纤维在温度和压力作用下产生熔融，同时还伴随着熔融了的高聚物的流动过程，这也是形成良好黏合的必备条件。增加轧辊温度和压力，有利于流动过程。压力提高虽可提高高聚物的熔融温度，但也会导致流动性的减弱。因此必须恰当地选择压力的大小。此外，生产速度对流动过程的影响更复杂。比如，增大生产速度会导致纤维受热时间变短、温度降低、剪切力增大，从而不同程度地影响流动过程的进行。

5. 扩散过程 在熔融高聚物的流动过程中，同时存在着高聚物分子向相邻纤维表面的扩散。扩散作用有利于形成良好的黏合。扩散仅仅发生在部分区域，即熔融后相互接触的那部分。热轧黏合过程的时间和温度，不足以消除纤维间的分界面，即纤维的完整性。研究结果表明，高聚物在黏合过程中的扩散距离为1nm左右，但对形成良好的黏合，亦起着重要的作用。总之，热轧黏合过程极其复杂，是许多变化过程共同作用的结果。

二、热熔黏合机理

热熔黏合是采用单层或多层平幅烘房烘燥，或采用圆网滚筒烘房对纤网加热，在较长的烘房内，纤网有足够的时间受热熔融，产生黏合。在热熔黏合生产中，大多要在纤网中混入一定比例的低熔点纤维或采用双组分纤维作为黏结纤维，或采用撒粉装置在纤网进入烘房前施加一定量的黏合粉末，粉末熔点较纤维熔点低，受热后很快熔融，使纤维之间产生黏合。图1－8－14是单层双帘式烘房的热熔黏合生产线。

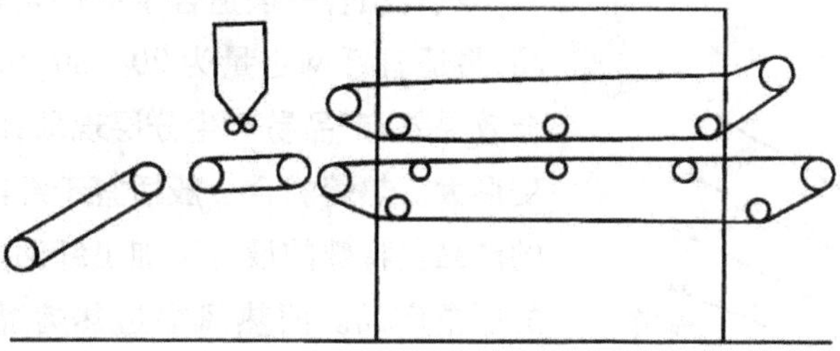

图 1－8－14　单层双帘式烘房的热熔黏合生产线示意图

采用热熔黏合制得的产品一般具有蓬松度高、柔软、弹性好、保暖性强等特点，但强度较低，易于变形。

尽管热熔黏合的加热温度一般都低于主体纤维的熔点，但高于主体纤维纺丝过程中的热定型温度，因此，在黏合过程中也会产生一定的收缩。收缩率的大小与加热温度、烘房内的运动时间及纺丝时纤维的拉伸倍数有关。

采用低熔点的黏结纤维或热熔粉末所制成的非织造布一般形成团块状黏合结构，如图 1－8－15 所示。这种低熔点黏合材料的相对分子质量都较低，因此黏合区的强度也较低。采用双组分纤维可制得点黏合结构的热熔非织造布，如图 1－8－16 所示，这种布强力较高，手感柔软。一般来说，其中黏结纤维的含量为 15%～50%。

图 1－8－15　团块状黏合结构

图 1－8－16　点黏合结构

三、热黏合加固的适用性

由热塑性合成纤维组成的纤网都可采用热黏合加固，如目前非织造布生产中常用的聚酯、聚酰胺、聚丙烯和聚乙烯等纤维。由棉、毛、麻、黏胶纤维等组成的纤维不能采用热黏合加固，因为这类纤维不具有热塑性。但在热塑性纤网中可掺入少量棉、毛等纤维，以改善非织造布的某些性能，但一般不宜超过 50%。例如，由棉/涤纶以 30/70 混合制成的热轧点黏合非织造布，可明显改善产品的吸湿性、手感和柔软性，非常适宜做医疗卫生用品。但棉纤维含量增加，非织造布的强度会下降。热辊温度和混纺比对非织造布拉伸强度的影响如图 1－8－17 所示。轧辊温度的选择非常重要，但它不应影响棉或其他非热塑性材料的性质。当然，对于完全由非热塑性纤维组成的纤网，可考虑采用撒粉热熔黏合加固的方法。

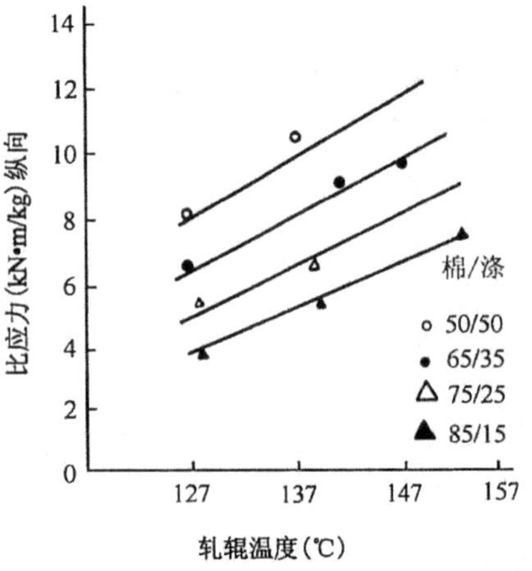

图 1-8-17　轧辊温度和混纺比对非织造布拉伸强度的影响（所用涤纶的熔点为 131℃）

热轧黏合一般适合于纤网定量在 $100g/m^2$ 以内的产品，最适宜纤网定量为 $20\sim80g/m^2$，纤网太厚，中间层黏合效果差，产品易产生分层现象；纤网太薄，布的强力差，变形大。热熔黏合一般适宜于纤网定量在 $100\sim500g/m^2$ 的产品。特殊的设备可加工纤网定量在 $1000\sim2000g/m^2$ 的厚重产品。而热风穿透热熔黏合可加工纤网定量为 $15\sim50g/m^2$ 的产品。这种产品蓬松度好，挺括，有弹性，手感柔软，渗透性强，重量轻，具有良好的断裂强度。多用于妇幼卫生用品、湿面巾、口罩、包覆布乃至服装保暖材料、过滤材料等。

另外，热黏合亦可用于复合织物生产，如熔融层压非织造布，或作为其他加固方法的补充手段。例如，在纤网中混入少量低熔点纤维，针刺加固后再经热熔黏合，可明显提高针刺产品的强度和尺寸稳定性。

四、热黏合工艺

热黏合法非织造布可以通过不同的加热方法来实现。黏合方式、纤网种类以及梳理工艺和纤网结构最终都将影响非织造布的性能和外观质量。

对于含低熔点纤维或双组分纤维的纤网，可以采用热轧黏合，也可采用热熔黏合。对于普通热塑性纤维及其与非热塑性纤维混合的纤网，可采用热轧黏合。

热黏合工艺对非织造布的性能有重要影响，它决定或影响着产品的质量。影响热黏合法非织造布性能的工艺参数有下面七项。

（一）黏合温度

黏合温度的选择主要取决于纤维软化熔融温度，它对热黏合法非织造布的许多性能有影响。

图 1-8-18 为热轧黏合温度对纯涤纶热轧法非织造布拉伸强度的影响。从中可看出，温度在 220～224℃时，强度变化不显著；当温度提高到 224～232℃时，布的强度随温度上升很快，在 232℃左右达到最大值；温度继续升高，布的强度反而下降。这是因为在温度较低时，黏结区纤维尚未软化或仅部分软化，冷却后黏合强度很小，所以布的强度较低。随着温度的升高，黏结区中纤维逐渐完全软化，有些纤维表面熔融，这时形成的黏结强度显著上升，布的拉伸强度增大。但在温度达到临界点后，继续升高温度会使纤维的结构遭到破坏，使布的拉伸强度反而降低。图 1-8-19 是丙纶热黏合时布的强度随黏合温度的变化曲线。

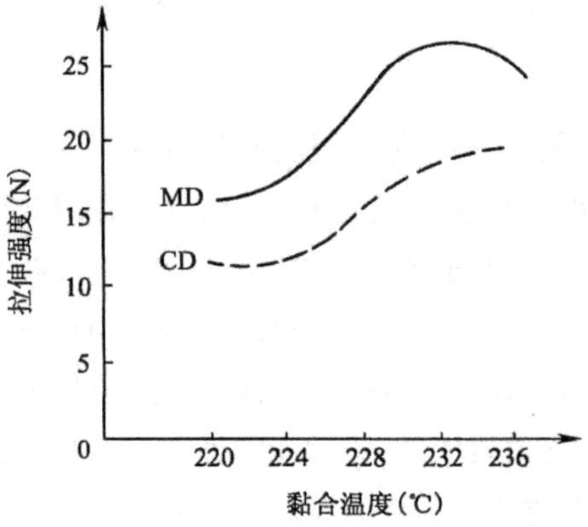

图 1-8-18　热轧黏合温度对纯涤纶热轧法非织造布拉伸强度的影响

黏合温度对布的尺寸稳定性的影响，主要是纤维无定形区分子链受热后松弛和解取向的结果。温度越高，收缩率越大。当黏合温度的提高超过适宜的黏合温度时，大部分纤维即熔融，会促进形成聚合物薄膜并覆盖了大部分纤维，导致黏结面积增大，缩短了黏结点之间的纤维长度，使得布的柔软性随之减小，刚度增大，如图 1-8-20 所示。

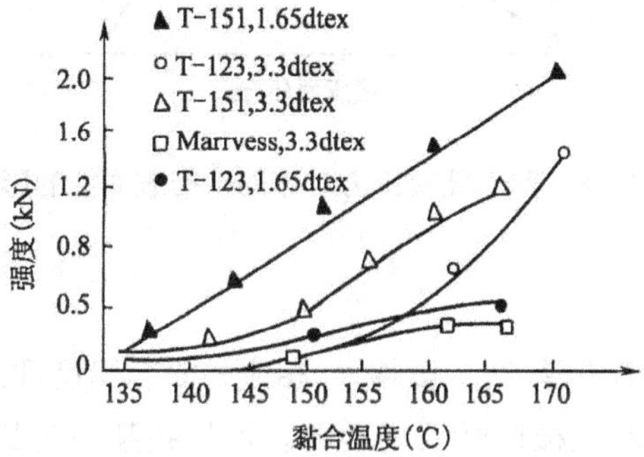

图 1-8-19 丙纶热轧黏合时布的强度随黏合温度的变化曲线

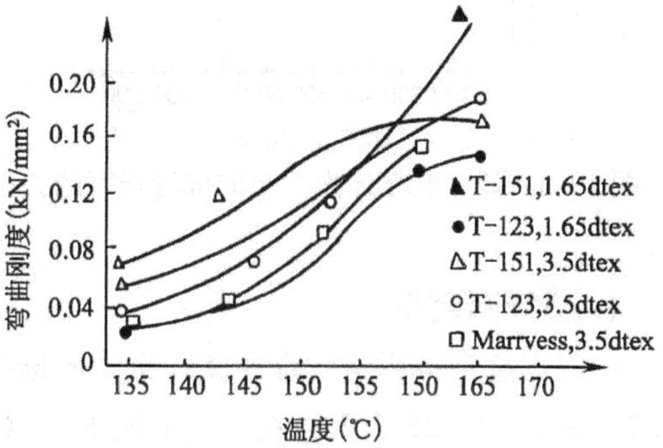

图 1-8-20 热黏合温度与抗弯刚度的关系

（二）黏合压力

从上述的黏合机理可知，黏合压力对改善轧辊到纤网的热量传递、促进熔融纤维的流动、增加纤维的接触面积有重要的作用，是形成良好黏合的必要条件。压力的选择取决于纤网的厚度、纤维的种类等因素。在其他条件一定时，轧辊压力有一个最佳值。在低于最佳压力时，压力增大，布的强度随之增加，在压力达到最大值后，继续增加压力，强度反而下降。这是因为过大的压力，会在黏合区与非黏合区交界处造成纤维的严重损伤，使得布的强度下降，如图 1-8-21 所示。

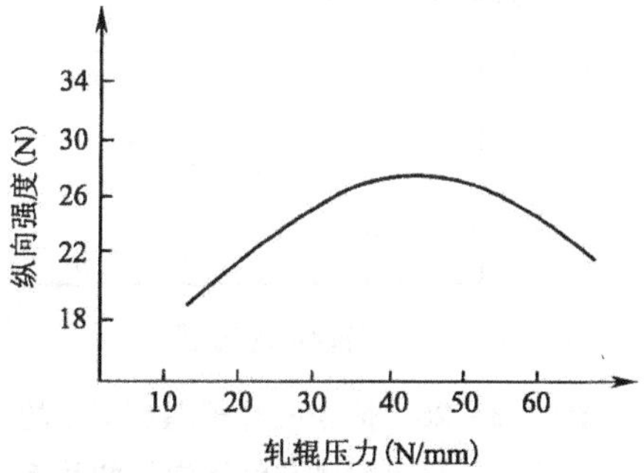

图 1-8-21 轧辊压力和强度的关系曲线

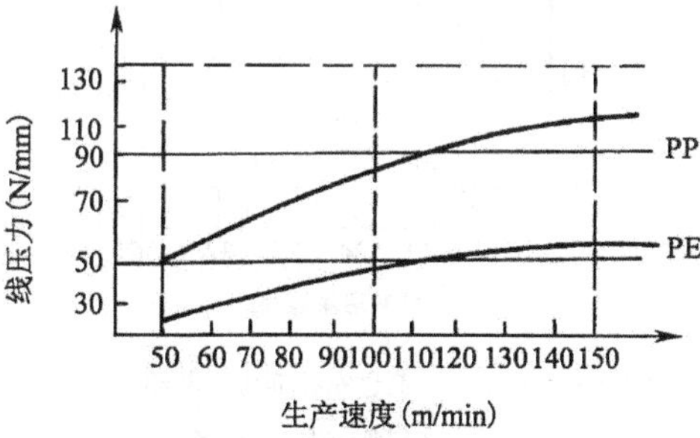

图 1-8-22 轧辊压力与生产速度的关系曲线

在制定工艺时，不能用过高的压力弥补黏合温度的不足，也不能用过高的温度弥补压力的不足，最佳的压力和温度的值取决于所用的纤维、纤网厚度、生产速度、轧辊直径和轧辊表面花纹等。图 1-8-22 为丙纶和涤纶在一定的温度下取得最佳强度时，轧辊压力随生产速度的变化关系。它说明在提高生产速度的同时，必须相应提高压力，才能保证黏合后布的最佳强度值。图 1-8-23 和图 1-8-24 分别显示了压力对布的抗弯长度和抗褶皱弹性的影响。

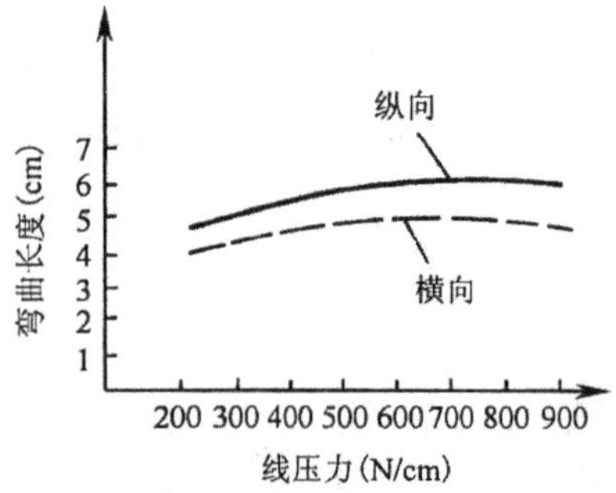

图1-8-23 轧辊压力与布的抗弯长度的关系

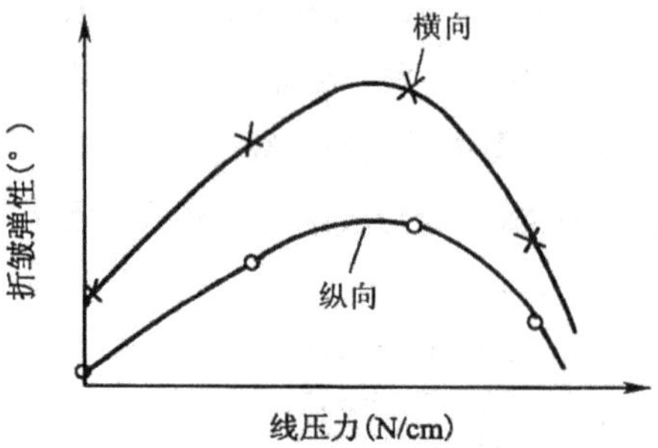

图1-8-24 轧辊压力对布的抗褶皱弹性的影响

(三)纤网定量

纤网定量直接影响黏合温度和压力的选择。一般来说,纤网定量越大,相应的黏合温度和压力也越高。图1-8-25为丙纶在一定的温度下,纤网定量对纵横向强度的影响。可见在某一定量时,强度可达到最大值,那么这一温度对这种纤网就是最佳黏合温度。如果正确地选择轧辊温度,随着纤网定量的增加,布的强度也会明显提高,如图1-8-26所示。

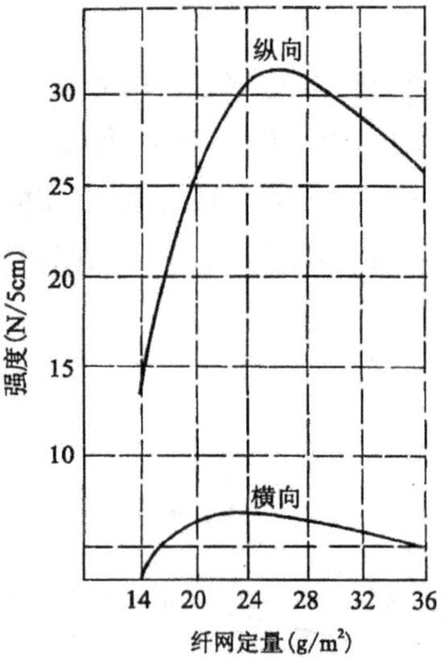

图1-8-25 丙纶纵横向强度和纤网定量的关系

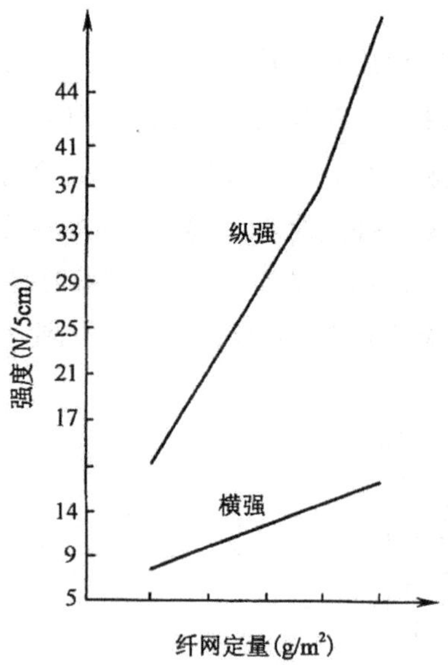

图1-8-26 恰当的轧辊温度下布的强度与纤网定量的关系

(四)生产速度

纤网通过轧辊表面时的热传递需要一定的时间。这一时间的确定取决于生产速度、轧辊直径和压力。轧辊直径大、表面曲率小,纤网的预热时间长,有利于提高生产速度;压力增加,两轧辊接触面的扁平带宽度增加,使纤网与轧辊接触的时间增加,有利于黏合。对于特定的设备,在一定的黏合温度和压力下,热传递时间主要取决于生产速度。随着生产速度的提高,热传递时间缩短,将对黏合效果产生一定影响。图1-8-27是3种不同的轧辊温度下生产速度对横向强度的影响。

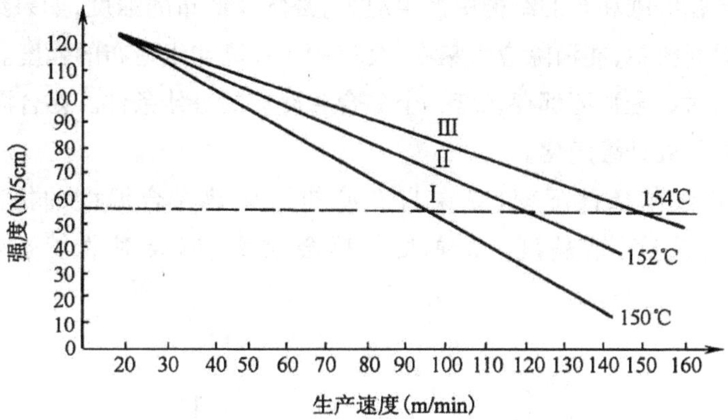

图 1-8-27　横向强度与生产速度的关系

图 1-8-27 中,直线Ⅰ表明在温度在 150℃时,如果要保证布的强度不低于某一标准(如横虚线所示),那么生产速度只能低于 90m/min。但只要将温度提高 4℃,生产速度就可以超过 120m/min。

(五)刻花辊轧点尺寸和数目

产品的强度也取决于轧辊的花纹。图 1-8-28 显示增加总的黏合面积,横向强度也随之增大。轧点的尺寸还会影响布的柔软性,轧点增大,两轧点间的距离就减小,布的柔软性就越差。

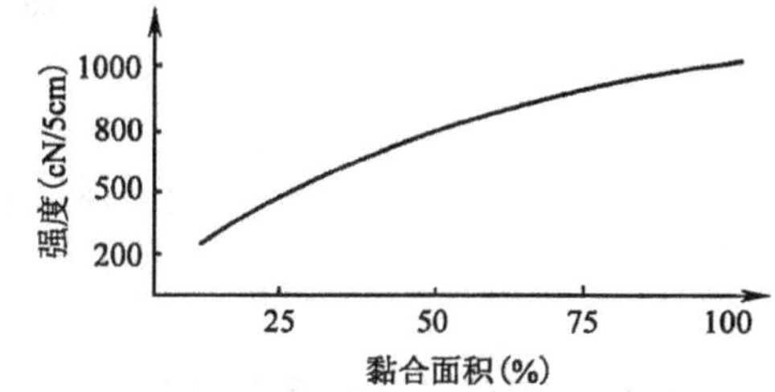

图 1-8-28　横向强度与黏合面积的关系

(六)冷却速率

冷却速率的大小会直接影响纤维微观结构的形成,从而对纤维和布的性能产生影响。图 1-8-29 和图 1-8-30 分别是 PET 和 PP/PE 双组分纤维混纺纤网和纯 PP/PE 双组分纤维的纤网黏合后强度与冷却速率的关系曲线。当冷却速率增大时,两种纤网的试样强度都增大,达到某一冷却速率之后,速率若继续增大,强度又呈减小的趋势。虽然两种纤网反映了系统的变化趋势,但强度最大值时的冷却速率却不同,纯 PP/PE 纤网强度最大值出现在较低的冷却速率时,这是由于 PET 和 PP/PE 的结晶过程存在差异所致。

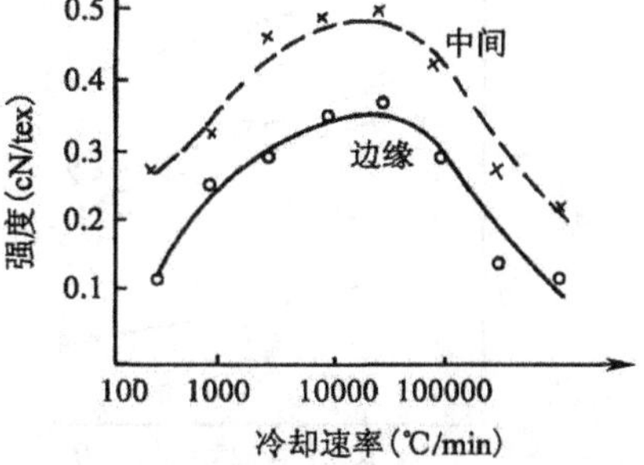

图 1-8-29　冷却速率与混纺纤网强度的关系
(80% PET、20% PP/PE 纤网)

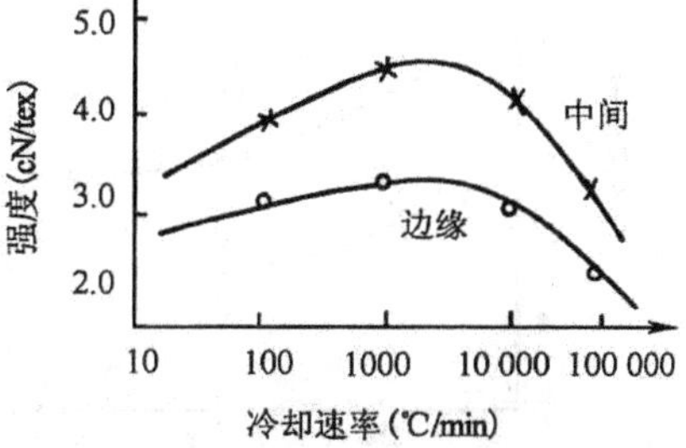

图 1-8-30　冷却速率与纯 PP/PE 纤网强度的关系

冷却速率太快，会在纤维和布的结构中产生应力，必然降低布的强度，如果给定一个较慢的冷却速率，使内部应力有时间松弛，能消除应力集中，会有利于提高非织造布的强度。

任何给定的纤维，对黏合强度都存在着一个黏合和冷却的最佳条件。黏合温度过高，冷却速率过快，将会导致黏合点周围处纤维脆化。

在实际生产中，若冷却条件不变（室温自然冷却），则热黏合温度的提高和降低，都将导致非织造布冷却速率的改变，结晶度、晶粒大小都会改变，也会对非织造布的性能产生影响（图1-8-31）。

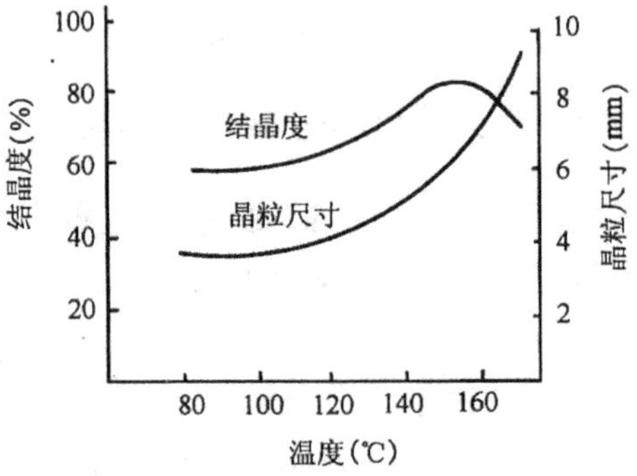

图1-8-31 结晶度和晶粒尺寸随黏合温度的变化曲线

（七）黏结纤维的性能及其含量

黏结纤维的性能及其含量对非织造布的性能有重要影响，这也是正确选择黏合温度、压力和速度等工艺参数的依据之一。图1-8-32和图1-8-33为涤纶和黏结纤维不同混纺比与布的纵向抗弯长度及强度的关系（两图中1、2、3、4表示涤纶和黏结纤维的混纺比分别为100/0，85/15，75/25，50/50）。

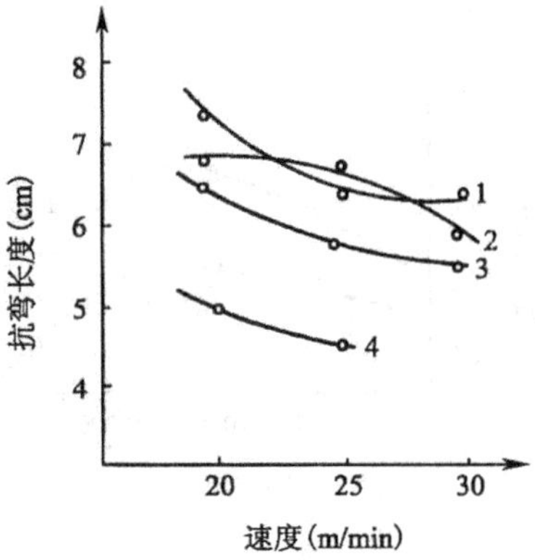

图1-8-32 混纺比与纵向抗弯长度的关系

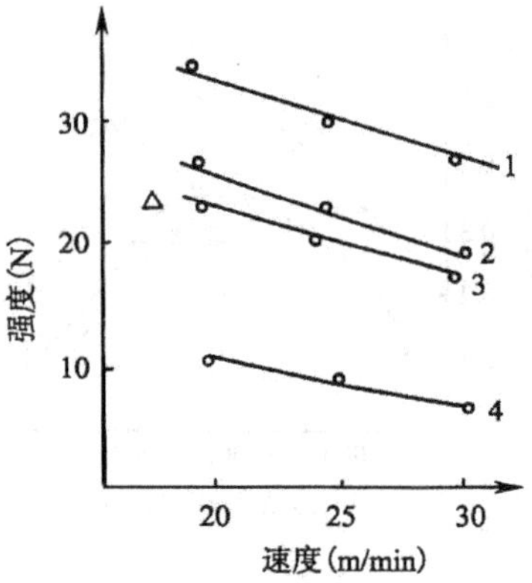

图1-8-33 混纺比与纵向强度的关系

一般来说，随着黏结纤维含量的增加，非织造布的强度也增大。但是非织造布的强度也受到黏结纤维与主体纤维相对力学性能差异的影响。如果黏结纤维的强度低于主体纤维，那么黏结纤维含量有一最佳值，过分增加黏结纤维含量，强度反而会降低。

第四节　热黏合法非织造布产品

热熔黏合产品具有蓬松度高、弹性好、手感柔软、保暖性强等特点。采用成网→热熔黏合工艺可制作用于防寒服、被褥、婴儿睡袋、床垫、沙发垫等的热熔非织造布；采用成网→针刺→热熔黏合工艺可生产高密度的非织造布，用于制作过滤材料、隔音材料、减震材料、汽车成型地毯、壁毡、服装衬里等。

热轧黏合由于其生产速度快，特别适合于纺黏法非织造布的加固。由于热轧黏合的非织造布经过高温轧压而成，因此其热稳定性非常好，能耐较高温度的后整理加工。下表列出了 3 种热轧非织造布的热收缩率。

热轧非织造布的热收缩率

原料项目	黏合形式	定量(g/m^2)	温度(℃)	热收缩(%)	
				纵向	横向
涤纶/黏胶纤维(80/20)	点黏合	30	219	6.9	2.7
100%涤	点黏合	50	219	6.7	1.9
100%涤	面黏合	42	206	1.5	0.4

热轧非织造布由于具有产量高、成本低、无任何化学试剂的特点，被广泛应用于用即弃产品的制造，如手术衣帽、口罩、妇女卫生巾、婴儿尿布、成人失禁垫以及各种防护服和工作服等。此外，它还应用于农业丰收布、土工布、电缆电动机绝缘材料、电池隔膜、包装材料、服装衬里、人造革基布、防水材料等。热轧黏合技术是发展较快的加工方法，随着非织造布后加工技术的发展和新产品的不断开发，热黏合法非织造布的应用领域将会更加广阔。

第五节　超声波黏合技术

振动状态的传播就是波动，简称波。波动是物质运动的一种普遍形式。例如，向水中投 1 粒石子，会引起波动，水的质点就运动并传播，说明有水波通过。声波也是如此，在弹性介质中，如果波源所激起的纵波的频率在 20 ~ 20000Hz 之间就能引起人的听觉。在这个频率范围内的振动称为声振动，由声振动所激起的纵波称为声波。频率高于 20000Hz 的机械波称为超声波。超声波的频率可高达 10^{11} Hz，这样大的频率范围，在科学研究中有重大意义，在非织造布领域内也不例外。

一、超声波黏合及其工作原理

超声波能量只是简单的机械振动能量，确切地说，是在极高的频率(18000Hz)下操作，超出人类正常的听觉范围。超声波黏合是把被黏合材料置于超声波发生器"号角"与滚筒之间，由于压力和振动，导致材料分子之间产生机械压力，释放出热量，使接点处材料软化、黏合，如图1－8－34所示。

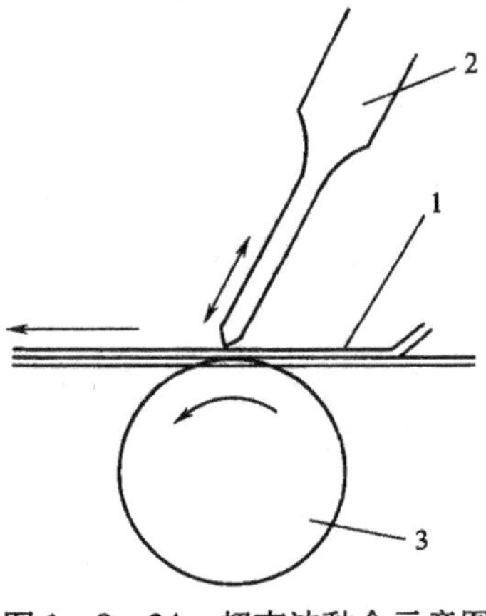

图1－8－34 超声波黏合示意图

1—纤维网 2—号角 3—滚筒

超声波发生器的主要部件有号角、电源、变压器。发生器把电能变成机械能，产生机械波(即超声波)，号角把这种超声波聚集到一个单一平面上。电源所提供的能量可使频率实现自动转换并使超声波的振幅保持恒定不变。

目前所用的两种主要的超声波发生器的使用方法：通过插入进行单个碰撞黏合(如点黏合)或通过一个旋转滚筒对各种尺寸的纤网进行连续黏合。当被黏合材料在滚筒上通过时，得以黏合加固，可获得花纹及文字样的各种图案。

用超声波黏合时，材料是从里向外熔融。因此，黏合只发生在接点处(在号角与滚筒之间)。只有一个针头那么小的面积就能产生有效的黏合而不会对周围材料产生影响。这为生产高弹性、柔软、透气或高吸水的制品创造了有利条件。超声波黏合法不会消耗物质，且设计简单，易维修。与某些工艺比较，在相同维修重量下，超声波黏合法速度更快，据报道已接近150m/min。

二、超声波黏合装置

美国一家公司研究的Pinsonic超声波黏合装置就是一个典型实例，如图1－8－35所示。在钢辊的上方安装一组超声波发生器，钢辊上按照黏合点的花纹要求设计图案，嵌入许多钢销钉，销钉的直径约2mm，露出钢辊表面约2mm，当钢辊回转时，被黏合材料经过超声波黏合器与钢辊表面形成缝隙，这个缝隙最小可为0.05mm左右，视被黏合的纤维或纳缝材料而定，但被黏合材料必须受到一定的压力。超声波发生器将电能转换成高达2万次频率的机械振动，通过放大器，超声波发生器将振幅放大至100μm左右，超声波发生器产生的超声波激励被黏合材料内部分子产生高频振动，其分子运动加剧乃至熔融。因此，被黏合材料必须全部或一半以上用热熔纤维组成。热熔发生在受压部位，即钢辊上有销钉的区域。故被黏合材料在这些地方被黏合，形成点状的黏合区。这种黏合点根据销钉的排列，可以形成多种图案。如果用超声

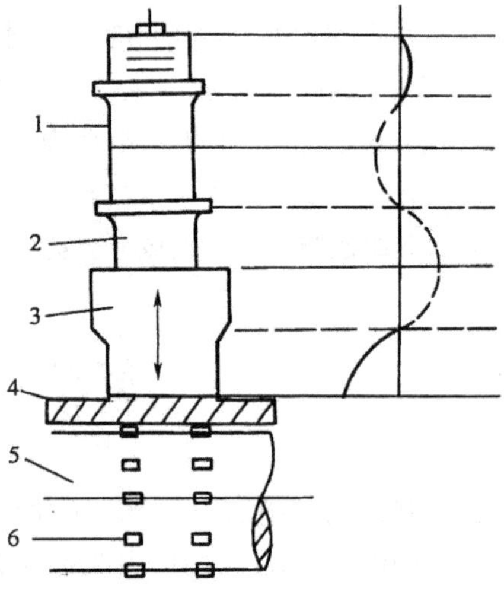

图1－8－35 超声波黏合装置

1—转换器 2—放大器 3—工作头 4—被黏合材料 5—钢辊 6—销钉

波加工热黏合法非织造布，钢辊可换成刻花钢辊，纤网原料中必须含有50%以上的热熔纤维。例如，聚丙烯、聚酯纤维等，才可能取得满意的黏合效果。刻花钢辊一般都采用规则的点状花纹，用这种方法制得的非织造布与某些热轧产品在外观与黏合效果上有很大区别。

三、超声波的应用

超声波最初用于塑料的熔接，后来在纺织工业上有了广泛的应用，如今国外服装制造者将超声波技术用于服装工业（如裁剪与制作服装），可对织机上的合成纤维织物或非织布进行切割或切去毛边，将纺织材料切割成带状、丝带状或其他条状产品；可用单程冲击方式打扣眼，加工装饰性桌布、垫布及窗帘；在服装制作中可用超声波技术装袖边、松紧带及制作花边与图案；在非织造布工业中，目前广泛用于纤网的黏合加固，手术衣、口罩的缝制，也可用于切割地毯及各种非织造布等。可见，超声波技术应用前景非常广阔。

第九章　化学黏合法非织造布

本章知识点

1. 各种化学黏合法的加工原理及特点。
2. 浸渍法、泡沫黏合法工艺参数的控制。
3. 化学黏合法产品的特点。

化学黏合法是利用化学黏合剂的黏合作用使纤维间互相黏结，从而使纤网得到加固的一种方法。按施加黏合剂的方法，可分为饱和浸渍法、喷洒法、泡沫浸渍法、印花法。生产时，以黏合剂乳液或溶液做黏结材料，施于纤网上，然后将纤网进行热处理，就可达到纤网黏合加固的作用。也可采用化学溶剂或其他化学材料，使纤网中纤维表面部分溶解或膨润，产生黏合作用，达到固结纤网的目的。

化学黏合法是发展最早的非织造布固结方法之一。主要用于干法梳理成网、气流成网和湿法成网非织造布的加工，在聚合物挤压成网中也有部分应用，还可与其他加固方法组合使用，如将针刺、水刺后的产品再进行化学黏合，另外，还可将其作为非织造布的后整理手段。

化学黏合法生产具有工艺简便、设备简单、成本低、易操作等特点，被广泛用于黏合衬基布、一次性卫生材料、揩拭材料、防水材料基布、保暖絮片、过滤材料等产品的加工中，但由于某些化学黏合剂有不利于人体健康及环境保护的副作用，使得这一方法的应用受到限制。今后随着无毒性、无副作用"绿色"化学黏合剂的出现，化学黏合法仍将是非织造布的重要加固方法。

非织造布常用的黏合剂有聚丙烯酸酯、乙烯—醋酸乙烯共聚物、丁苯胶、聚醋酸乙烯等。

第一节　饱和浸渍法

饱和浸渍法简称浸渍法，是化学黏合中应用最早、最广的方法。其基本工艺流程是：铺置成形的纤网在输送装置的输送下，被送入装有黏合剂溶液的浸渍槽中，纤网在溶液中穿过后，通过一对轧辊或吸液装置除去多余的黏合剂，最后通过烘燥系统使黏合剂受热固化。这种方法由于受到轧辊表面阻力的影响，不易浸渍较薄的纤网，一般只能加工 $40g/m^2$ 以上的纤网。

一、浸渍黏合设备及工艺

1. 双网帘浸渍机　图 1－9－1 所示为双网帘浸渍机，它利用上下网帘将纤网夹在中间进行浸渍，再经一对轧辊的挤压，除去多余的黏合剂。这种夹持装置可有效保护纤网结构，防止纤网因自身强度低而受到破坏。其产品手感较硬。

轧辊是橡胶的，夹持线压力一般为 69 ~ 98N/cm，纤网经过浸渍槽的长度为 40 ~ 50cm，浸渍速度为 5 ~ 6m/min，浸渍时间约为 5s。

浸渍网帘有不锈钢丝网、聚酰胺丝网、聚酯网。为保证正常生产，网帘应定时清洁，定时更换。

2. 单网帘浸渍机 图 1 - 9 - 2 所示为圆网滚筒式浸渍机，它是将双网帘机的上网帘改为圆网滚筒式，故也称单网帘浸渍机，这样可有效减少网帘的损耗。该机还用真空吸液代替了轧辊的挤压，或经真空吸液后用轧辊轻轧，以使产品保持较好的蓬松状态。这种方法可加工定量较轻的非织造布。

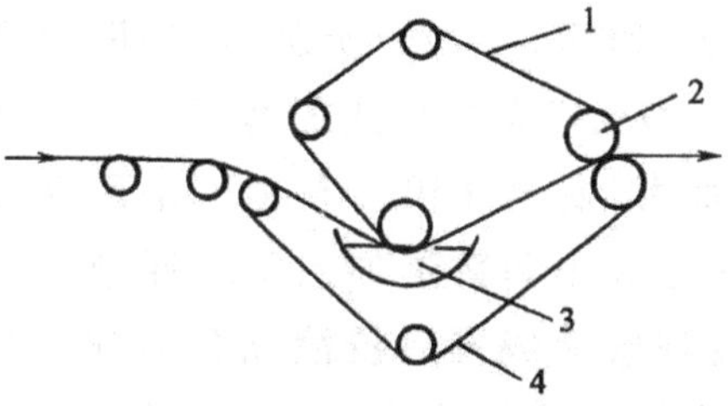

图 1 - 9 - 1 双网帘浸渍机

1—上网帘 2—轧辊 3—浸渍槽 4—下网帘

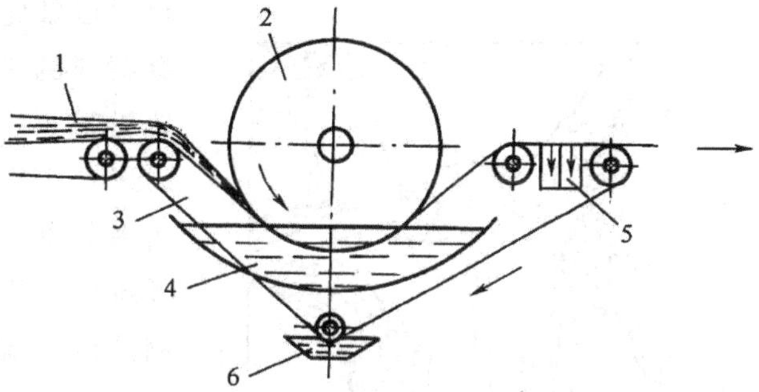

图 1 - 9 - 2 圆网滚筒式浸渍机

1—纤网 2—圆网滚筒 3—网帘 4—浸渍槽 5—真空吸液装置 6—网帘清洗槽

3. 转移式浸渍机 图 1 - 9 - 3 所示为黏合剂转移式浸渍机，该机是美国兰多邦德（Rando Bonder）公司制造生产。它采用上、下金属网帘夹持纤网黏合剂由浆槽 1 流到转移辊 2 上，透过上金属网帘的孔眼浸透到纤网中，溢出的黏合剂可经纤网下的托槽 9 流入储液槽 3，纤网经过真空吸液装置 4 吸掉余液，上、下金属网帘都装有喷水洗涤装置 5。该机的特点是纤网呈水平运动，并被金属网帘夹持，故纤网不易变形，车速可达 10m/min 以上，适宜加工宽幅及定量大于 $50g/m^2$ 的产品。

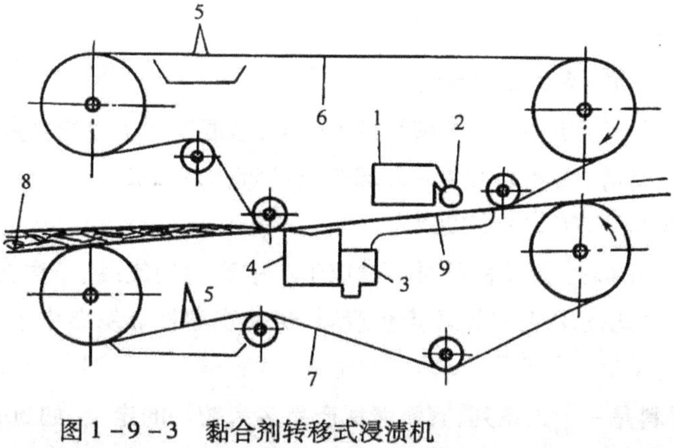

图 1 - 9 - 3 黏合剂转移式浸渍机

1—黏合剂浆槽 2—黏合剂转移辊 3—储液槽 4—真空吸液装置 5—喷水洗涤装置 6—上金属网帘 7—下金属网帘 8—纤网 9—托槽

二、浸渍法非织造布产品

由于浸渍法是最早问世的非织造布生产方法之一，所以早期的非织造布产品大多采用这一方法生产，目前一些档次不高、价格低廉的产品仍沿用这种方法生产，如一次性材料中的各种揩布、箱包衬里、黏合衬基布、包装材料、农用保温材料等，随着浸渍法生产工艺的不断进步以及黏合剂、各种助剂新品种的问世，浸渍法产品仍具有一定的生命力。

近年来，以非织造布为基材的新型弹性研磨材料开发成功。它具有高效、耐磨，使用方便，粉尘少而无污染，气孔率高，不易烧伤工件等优良特性，而且其本身具有弹性骨架，可用于较复杂形面和曲面的加工，是工业部门除锈、打毛、精磨、抛光的理想材料。非织造布研磨材料以锦纶、涤纶为原料，经气流成网后再浸渍到混有磨料的黏合剂中，通过黏合剂的作用，把磨料牢固地黏附于纤维表面，如图1－9－4所示，再经固化及成形加工可制成抛磨轮等各种形式的磨具。为增强磨料与纤维的附着力，研磨非织造布也可采用含砂纤维（将磨料按一定大小和数量加入纺丝原液中而制成的纤维）经梳理气流成网后浸渍黏合而成。非织造布研磨材料除在工业领域使用外，在日常生活的洗涤、清洁用品上也有应用，如含磨料的百洁布，它去污力强，可减少洗涤剂用量，是清洁厨房灶具、餐具等的理想材料。

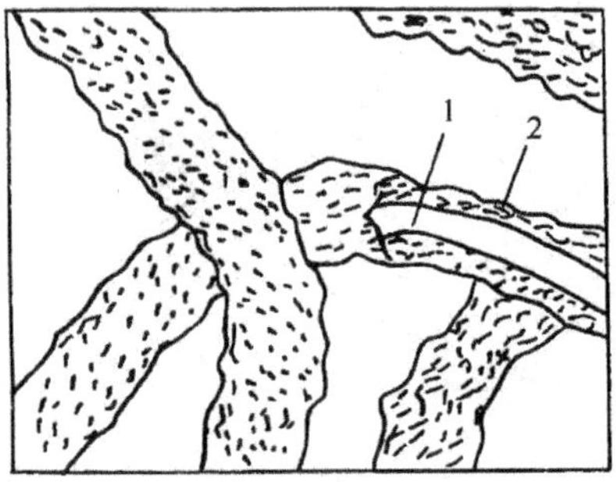

图1－9－4 磨料在纤维上的分布
1—纤维 2—含磨料的黏合剂层

另外，我国已成功开发出了水溶性聚乙烯醇纤维，将这一纤维制成水溶性的非织造布，作为服装行业绣花的骨架材料，绣花加工后只要经过热水（水温约85～90℃）处理，非织造布就能迅速溶解，保留下绣制的花型。

实例：采用饱和浸渍法生产水溶性维纶非织造布。

工艺流程：

纤维原料准备→气流成网→（黏合剂）饱和浸渍→压轧抽吸→预烘→焙烘→切边

成卷（下脚料）→（返回黏合剂）

产品定量35g/m²，厚度0.12mm。

纤维原料：水溶性维纶短纤（溶解温度≤95℃，该温度下不溶物含量≤0.5%）。

黏合剂：聚乙烯醇，浓度1.90%～2.20%，含固量为8.2%。

烘燥温度：预烘100℃，焙烘120℃。

饱和浸渍所用的黏合剂是由纤维本身或生产中产生的废品、布边在热水中溶化并加入渗透剂等助剂混制而成。因此，这种生产既不产生废料，也使水溶性非织布中不含其他不溶杂物，避免了绣花后的处理难度。

农用保温材料是一个大系列，其浸渍法产品多为较轻的定量，如30g/m²左右，用于种子播下后农田表面的覆盖，用来缩小昼夜温差，抵御突发的降温天气对种芽的袭击。这种产品透气性好，强度适当，可重复使用，成本较低，易于被农民接受。

第二节　喷洒黏合法

喷洒黏合法简称喷洒法，是采用喷洒的方式把黏合剂工作液施加到纤网中，再使纤网受热固化而得到加固的一种方法。由于喷洒法的黏合剂是雾状喷洒在纤网上，分布均匀，与浸渍法相比属于非饱和渗透，不需要轧液过程，因此产品蓬松度高，适合生产高蓬松和多孔性的保暖絮片、过滤材料等。

一、喷洒黏合设备与生产线

（一）喷洒黏合设备

喷洒黏合设备主要由喷洒装置、抽吸装置和烘箱组成。喷洒装置的喷头有多种运行方式。

1. 往复式　这种形式是将喷头安装在一个可往复横走的走车上，随纤网向前输送，横动的喷头将黏合剂喷洒在纤网上形成往复的 V 形轨迹，如图 1－9－5(a)所示，走车上可安装 2～4 个喷头，喷洒宽度可自由调节，这是应用最普遍的一种形式。

2. 旋转式　旋转式也采用数只喷头，呈扇叶形配置，并做旋转运动，喷洒轨迹为连环状，如图 1－9－5(b)所示，旋转式喷洒运行平稳，但很难喷洒均匀。

3. 固定式　数只喷头固定分布在纤网上，喷洒轨迹为直线型，如图 1－9－5(c)所示，这种喷洒设备价格较低，但由于喷头的喷洒面有限，需要的喷枪较多。

4. 椭圆轨迹式　这是一种新型的喷洒方式，它以多个喷头在纤网的椭圆形轨道上进行喷洒，如图 1－9－5(d)所示，它运转平稳，喷洒均匀，但这种设备价格较高，应用还不普遍。

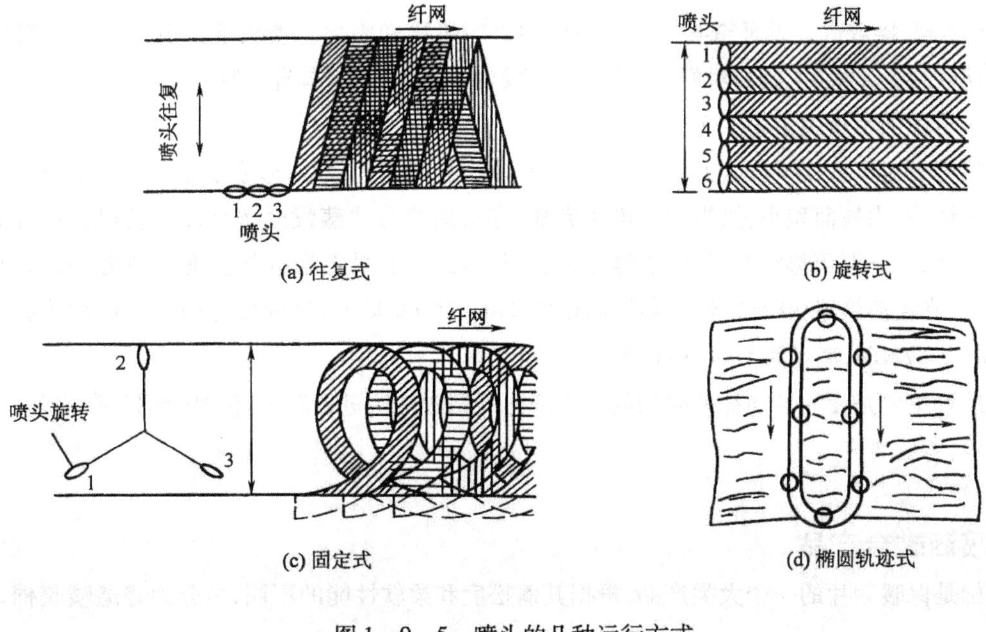

图 1－9－5　喷头的几种运行方式

(二)喷洒黏合生产线

喷洒黏合生产线以生产喷胶棉产品为代表,图 1-9-6 为我国航空工业总公司六零六研究所生产的喷胶棉连续生产线示意图。

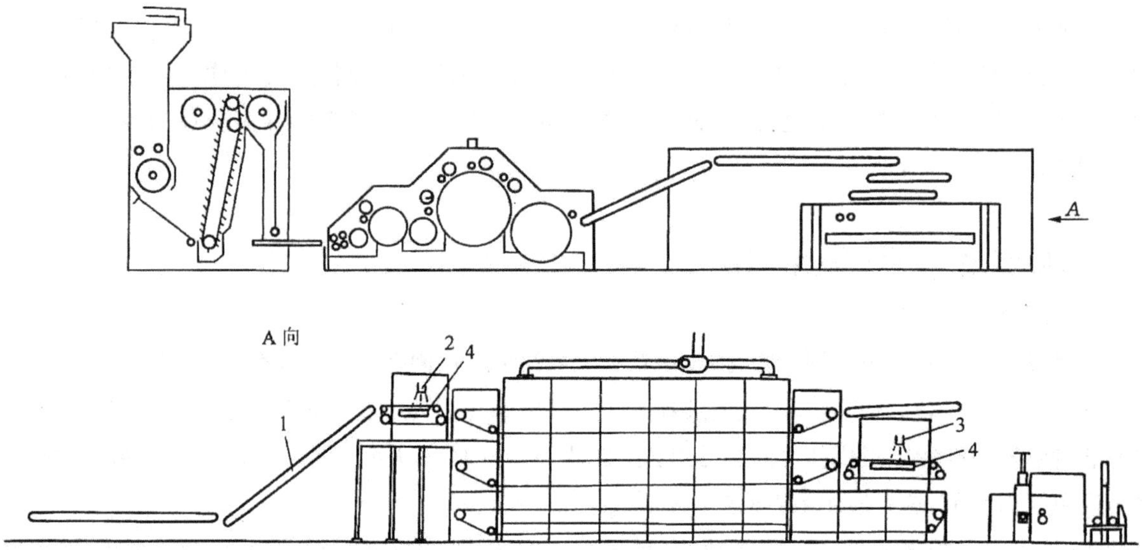

图 1-9-6 喷洒黏合生产线

1—斜帘 2,3—喷头 4—抽吸装置

这条生产线工艺流程为:开松→喂入→梳理铺网→正面喷胶→烘燥→反面喷胶→烘燥→分切卷绕。铺叠成的纤网经斜帘输送到喷头 2 下方的传送网帘上,往复运动的喷头对其正面喷胶,然后进入烘燥箱的最上层接受烘燥。当行至烘燥箱最上层出口处时,纤网翻转,在烘箱第二层入口处接受喷头 3 对其反面喷胶,接着进入烘燥箱第二层和最底层进行烘燥和固化。喷头下方设有负压抽吸装置及多余胶液回收装置,增强了胶液对纤网的渗透力,减少了胶雾逸散,节省了胶液。

喷胶机传送网帘速度为 3~15m/min。

烘燥箱用于对正反面喷胶后的纤网进行干燥,使黏合剂固化,最终形成喷胶棉。该烘燥箱为三层穿透对流式结构,占地面积小,烘燥固化连续完成,穿透对流方式蒸发效率高,有负压吸网,气流作用柔和,分布均匀。纤网用热空气烘燥,烘燥箱最底层、第二层和最上层空气温度分别为 140℃、150℃、160℃。热气流经换热器获得热量,换热器内通以 240~260℃热油,热油由专门加热炉加热。热油压力为 0.45~0.67MPa,流量为 50~70m^2/h。

抽吸装置主要是使喷洒在纤网表面的黏合剂向纤网中间层进行转移,使黏合剂分布均匀,纤网不分层。

二、喷洒黏合产品

喷胶棉是保暖絮片的一个大类产品,根据其蓬松度和柔软性能的不同,可分为普通喷胶棉、软棉、仿丝绵等。

喷胶棉的原料以普通涤纶和三维卷曲中空涤纶为主，其规格为4.4～7.7dtex，51～75mm，两者依据产品蓬松度、软度的要求及成本因素，可按不同比例混合。经硅油处理的三维卷曲中空纤维柔软、滑润，纤维互不缠结，蓬松性好，制成的产品弹性好，手感滑爽而蓬松。这种纤维的卷曲数常在（7～10）个/25mm，卷曲恢复率大于25%，根据产品要求可以混入20%、30%、50%甚至100%的三维卷曲中空纤维。喷胶棉产品的定量一般在40～320g/m²之间。选用的黏合剂为丙烯酸酯乳液，含固量在38%～51%之间，工作液浓度一般为6%～8%。

在喷胶棉工艺的基础上混入一定比例的低熔点纤维，如ES纤维，可制得仿丝绵。混有ES纤维的纤网铺敷在产品的表层，喷洒黏合剂的量有所减少。进入烘箱后一方面黏合剂受热固化，另一方面低熔点纤维软化熔融，使化学黏合与热黏合组合进行，更加提高了产品的柔软性，最后再经轧光机熨平使产品表面具有丝一般的手感与光泽，且具有仿羽绒效果，是服装首选的保温衬垫材料。

实例：采用喷胶黏合工艺生产合成革基布。

生产工艺流程：

丙烯酸酯黏合剂配制、短纤针刺基布准备→黏合剂喷洒→预烘→焙烘→拉幅定型→烫光→切边卷绕

基布为90g/m²涤纶短纤维针刺非织造布，纤维规格为2.56dtex×65mm。

黏合剂成分：丙烯酸酯乳液（含固量38%）；黏合剂与水的配比为1∶12。

上胶量：15%。

用130℃烘干后，得到合成革基布的半成品。经过拉幅定型（140℃）、后整理烫光（230℃）制成合成革基布。

第三节　其他化学黏合法

一、泡沫浸渍法

泡沫浸渍法是利用刮涂或轧液等方式，将制备好的泡沫黏合剂均匀地施加到纤网中去，待泡沫破裂后，释放出黏合剂，烘干成布。与饱和浸渍法相比，泡沫浸渍法黏合剂分布均匀，产品具有多孔性因而产品的蓬松性和柔软性好；这种黏合方式可适当提高黏合剂溶液的浓度，不仅减小了黏合剂在烘燥过程中泳移的可能性，还有利于降低烘燥过程的能耗，达到了节水、节能、节约化学药品的要求。因此，泡沫黏合法是化学黏合中的一种较有发展前途的加工技术。

泡沫黏合剂的制备主要是采用混合装置将空气、黏合剂和发泡剂液体充分混合，制成具有一定发泡率和泡沫稳定性的泡沫黏合剂。

泡沫黏合剂的施加方式分刮涂式、轧涂式及两者组合式。刮涂式是利用刮刀把泡沫黏合剂涂敷在纤网上，在刮刀的刮压作用下，泡沫发生破裂，黏合剂均匀渗入纤网中。轧涂式是利用一对轧辊对纤网进行轧涂，使泡沫破裂。

泡沫黏合剂对纤网可以单面施加，也可双面施加，单面施加适合加工100g/m²以内的产品。双面施加适合加工定量大于120g/m²的纤网。

图1-9-7所示为德国百得补(Freudenderg)公司的泡沫浸渍机,它采用了刮涂与轧涂结合的方式。其工艺过程是:纤网1被输网帘5送至刮涂作用区,在刮刀6的作用下,泡沫黏合剂4涂敷在纤网一面,之后进入三层式烘箱7的最下层进行烘燥。在轧涂工作区,纤网被导辊输送并翻转后,在轧辊9的作用下将泡沫黏合剂8涂于纤网的另一面,再进入烘箱中层和上层,完成烘燥固化。

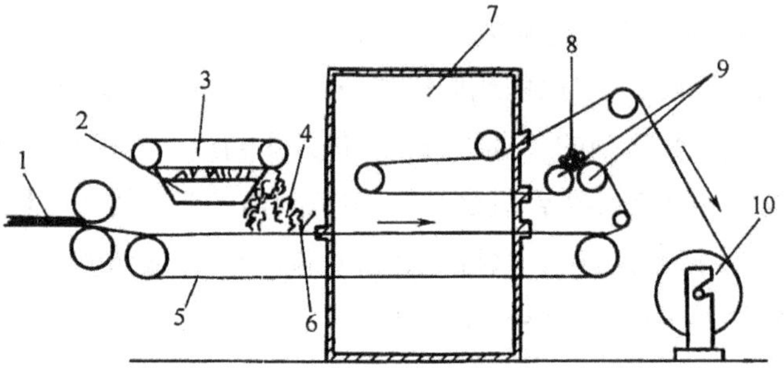

图1-9-7 百得补公司泡沫浸渍机

1—纤网 2—泡沫胶槽 3—发泡装置 4,8—泡沫黏合剂 5—输网帘
6—刮刀 7—三层式烘箱 9—轧液辊 10—卷绕装置

图1-9-8为德国孟福吐(Monforts)公司的浸渍机,它利用刮刀先将泡沫黏合剂均匀地涂在具有一定透气性的橡胶输送带上,随着橡胶输送带的回转,纤网与涂敷的泡沫黏合剂接触,并紧贴压在真空滚筒的表面,在真空作用下,泡沫黏合剂破裂并渗透到纤网内部。这种方式由于真空滚筒的作用,能够使黏合剂在纤网中的分布更加均匀,可提高中厚及厚重纤网的浸渍效果。

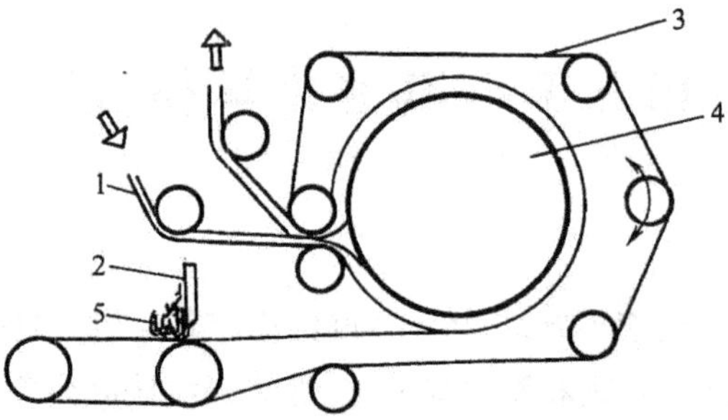

图1-9-8 孟福吐公司泡沫浸渍机

1—纤网 2—刮刀 3—橡胶输送带
4—真空滚筒 5—泡沫黏合剂

泡沫黏合法适合生产黏合剂施量小、产品蓬松度好的各种产品,如黏合衬基布,各类过滤材料、衬垫材料、包装材料,公共交通工具上用于坐椅靠头、扶手中的材料,用即弃材料等。

实例1:用泡沫黏合法生产水溶性聚乙烯醇纤维绣花底衬。

工艺流程:

原料开松→均匀喂入→梳理→气流式成网(或机械杂乱成网)→泡沫浸渍→预烘燥→烘燥定型→卷绕

实例2：150g/m² 聚酯纺黏法针刺基胎生产工艺。

采用德国 Fiesser 公司泡沫浸渍生产线。

工艺流程：

丙烯酸酯类乳黏合剂乳液配制→发泡、混合—┐
针刺聚酯纺黏基布准备———————————┘→泡沫浸渍→预烘→焙烘→切边卷绕

黏合剂：阴离子型丙烯酸酯类乳胶，含固量为 50±2%，pH 为值 6±1，黏度为 100mPa·s。

交联剂：非离子型（无色透明黏稠液体），含固量为 70±2%。

黏合剂配比：原胶：交联剂：水 =60：3：37；用氨水调节 pH 值，调至 7.0～7.5。

泡沫密度为 270g/L，轧余率为 85% 左右，轧辊间隙控制为基布厚度的 0.85 倍。

上胶量为 10%～15%。

干燥时间取决于生产线速度，以 16m/min 为最佳，烘干温度为 205℃、210℃、205℃、190℃。

经过泡沫黏合法将黏合剂施加到基布中后，基布得到进一步加固，从而增强了基布的尺寸稳定性，增大了基布的密度、表面平滑性，可用于改性沥青承载体。

实例3：黏合衬底布生产工艺。

产品规格：30g/m²，中性本白。

原料及配比：涤纶 85%，1.65dtex×38mm；黏胶纤维 15%，2.75dtex×51mm。

黏合剂：聚丙烯酸酯（含固量为 35%），中硬，浓度为 8%，上胶量为 7.5g/m²。

发泡率：5∶1，泡沫直径在 50μm 左右，半衰期为 8min，采用十二烷基磺酸钠作为稳定剂和渗透剂。

纤网定量：22.5g/m²。

车速：16m/min。

烘燥温度：120～140℃预烘，150～160℃焙烘。

二、印花黏合法

印花黏合法是采用花纹滚筒或圆网印花滚筒向纤网施加黏合剂的方法，如图 1-9-9 所示，印花黏合中，由于黏合剂的施加量及其在纤网上的分布完全由印花辊的刻花图形、刻纹深度及黏合剂的浓度来决定。因此，只用少量黏合剂，就能使其有规则地分布在纤网上，即使黏合剂的覆盖面积小，也能使纤网得到一定强度。印花黏合法黏合剂用量小，黏合面积较小，产品手感柔软，透气性好，但产品强度较低，不适合加工厚型产品。其产品主要用于医疗卫生用品及揩布等。印花黏合的黏合剂可用丙烯酸酯、纤维素黄原酸酯或羟基纤维素，若在黏合剂中加入染料，还可在黏合加固的同时形成印花效果。

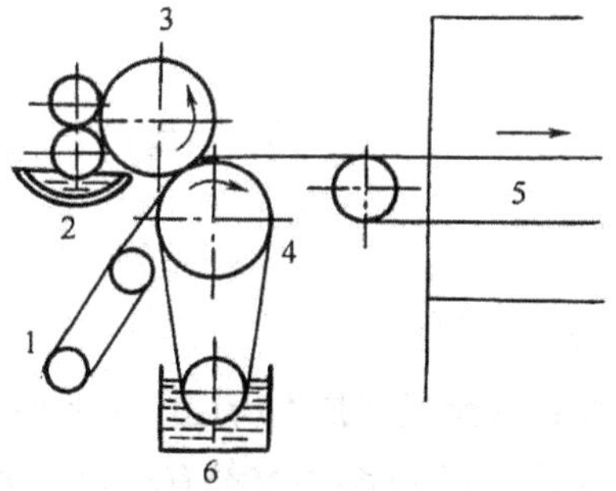

图 1-9-9　印花黏合法示意图

1—纤网　2—黏合剂槽　3—印花滚筒
4—输送帘　5—烘燥室　6—水洗槽

第十章　浆粕气流成网技术

本章知识点

1. 浆粕气流成网的优越性。
2. 浆粕气流成网的原料使用。
3. 几种浆粕气流成网的设备及工艺过程。
4. 浆粕气流成网的产品及应用。

浆粕气流成网技术是以木浆纤维为主要原料，通过气流成网及不同固结方法生产非织造布的一种新方法。这种方法使用的纤维接近造纸所用的纤维，在欧洲和日本被称为 Air - laid paper，在美国则被称之为 dry - formed paper，即我们常说的无尘纸，又可称为无水造纸或干法造纸，而国际上浆粕与造纸协会（TAPPI）和非织造布协会（INDA 或 EDANA）都称之为 Air Laid Pulp Nonwoven，即浆粕气流成网非织造布。

这种短纤成网不同于美国蓝多公司（Randoweber）的气流成网，它使用的木浆纤维原料纤维极短，可到几个毫米，而 Randoweber 气流成网采用 3.8 ~ 4.5cm 的涤纶和人造纤维等化学纤维。正是由于浆粕气流成网非织造布所用的原料大部分是木浆纤维，因此具有吸水性好、柔软性好、蓬松性好以及原料成本低的特点。此外，浆粕气流成网技术还可用乳胶、热熔纤维或其他一些能成网或固网的材料，可生产出各种不同厚薄、不同柔软度、不同吸湿性的材料，主要应用于婴儿纸尿裤、妇女卫生巾、高档桌布和揩拭布等方面。

第一节　浆粕气流成网技术所用原料

一、浆粕

浆粕气流成网技术所用的主要原料是短纤浆，它是用木材一类的纤维制成的浆粕纤维，尤以松木为上乘，世界上很多国家都有种植。美国佛罗里达佐治亚州南部约有百万亩，欧洲也种植造纸用浆粕的树木。除此之外，茶叶、竹纤维、豆腐渣、废纸、皮革纤维、烟叶纤维等也可作为其原料。

二、复合纤维

浆粕气流成网工艺中用来黏结浆粕纤维的低熔点纤维一般都是复合纤维，多数为 PE/PP 复合纤维，并且是皮芯、偏心或并列形式，PE 在外层；或者用 PE/PET、PP/PET 复合纤维。复合纤维仅作为一种黏结纤维，先开松然后喂入成网系统，再与木浆纤维及主体纤维混合。

三、高吸水剂

这种高吸水物质是SAP,一般是粉末或颗粒状的,有的还利用高吸水纤维(SAF)来提高产品的吸水性能。它们的吸水能力是其自重的10~100倍,当然也要看吸收液体的种类及吸收时间。这种吸水剂广泛用于浆粕气流成网生产线中,用来生产卫生巾、尿布、成人失禁垫、运动裤中的芯吸材料。它可以减少木浆纤维的用量,使产品更灵巧,包装运输费降低。一般SAP在成型头中与短纤浆混合。

四、乳胶

浆粕气流成网工艺中使用的乳胶即黏合剂,主要是聚丁二烯、聚丙烯腈及其他的聚合物,多数情况是以液态喷洒或泡沫形式加入。

黏合剂的用量、种类对最终产品的性能影响很大,如悬垂性、强度、弹性、吸湿性、外观、柔软性、手感、防菌、防腐蚀性等。

第二节 浆粕气流成网工艺

浆粕气流成网非织造布的工艺过程大致都需要经过三步:首先将浆粕和纤维开松,第二步是通过成型头气流成网,第三步是黏结加固纤网。即纤维分离机将浆粕分离成单纤维,需要混入双组分热黏合纤维的,纤包需经过预开松处理,然后都要经过计量系统喂入成型头。加入高吸液材料亦需经过专门的喂入系统进入成型头进行混合。各个组分的多少,可以根据产品的需要增减或不用。这些物料输入成型头后,通过成型头的打散机构使纤维混合物呈悬浮状态,由于上有风压,在输网帘下负压的联合作用下,纤维流通过筛网均匀沉降于输网帘上形成纤网。经过一定的热压紧后再进行固结(热黏合固结、胶乳固结或多效固结等)和后处理(如轧花切边、压光、冷却定型、消除静电、给湿等)做成浆粕非织造布。

目前国内外浆粕气流成网都是采用丹麦生产的Dan-web及M&J两种设备的生产工艺流程,下面就Dan-web及M&J Fibertech两种机型的成型及不同的固结方式作些简要说明。其中Dan-web Forming工艺过程如图1-10-1所示。

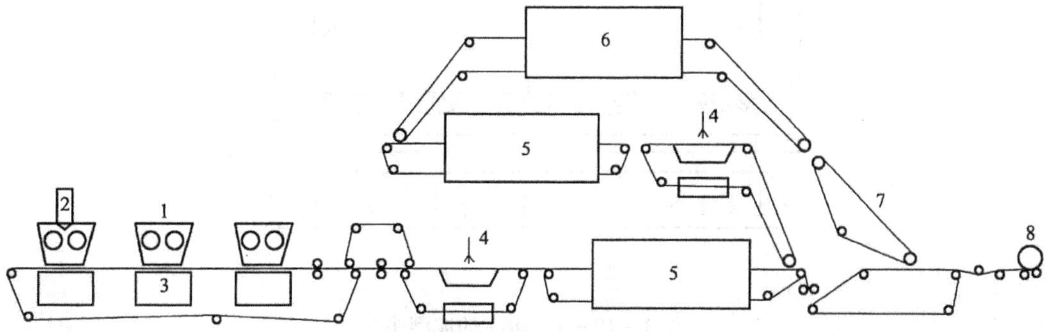

图1-10-1 Dan-web Forming工艺流程图

1—成型头(3个) 2—SAP添加 3—真空箱 4—喷胶 5—烘燥
6—转移烤花、乳胶轧光 7—冷却 8—卷绕

我国湖北省通山轻工机械有限公司和宁波奇兴无纺布厂有限公司生产的浆粕气流成网机及南宁侨虹新材料有限责任公司引进的浆粕气流成网机都属于以上这种类型。这类设备能实现浆粕纤维与常规纤维混合成网及浆粕纤维与热熔纤维成网，并能实现黏合粉黏合、热熔纤维黏合、热轧黏合及喷洒黏合，另外还可以施加 SAP 高吸湿剂。

M&J Fiberech 浆粕气流成网设备已由我国天津 BBA 有限公司引进，它的基本流程图如图 1－10－2 所示。

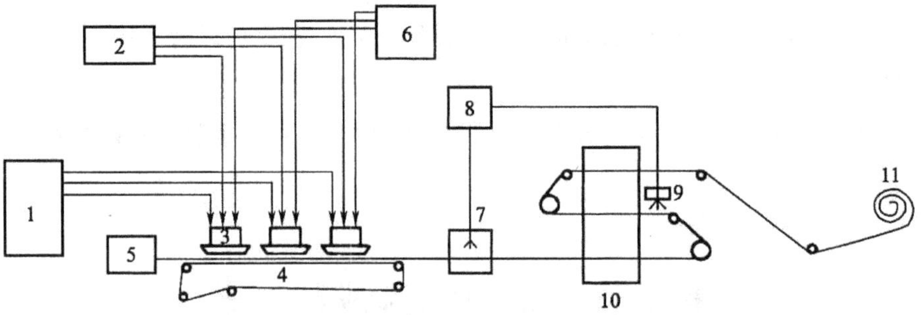

图 1－10－2　M&J Fiberech 工艺流程图

1—浆粕锤磨机　2—纤维开松　3—成型头　4—传送带　5—退绕机　6—SAP 添加
7—喷胶　8—乳胶配制　9—喷胶　10—烘烤　11—卷绕

浆粕开松磨碎一般原料是以浆粕板形式存在，一种较厚，另一种较薄（1～2mm），必须首先把它打松散，再磨碎成松散的极短的纤维，然后再送入成型头进行成网。成网系统主要靠一个成型头，利用气流引进成网。Dan－web 是利用筛鼓进行成网的（图 1－4－12）。

M&J 的成型头与 Dan－web 的不同，如图 1－10－3 所示。

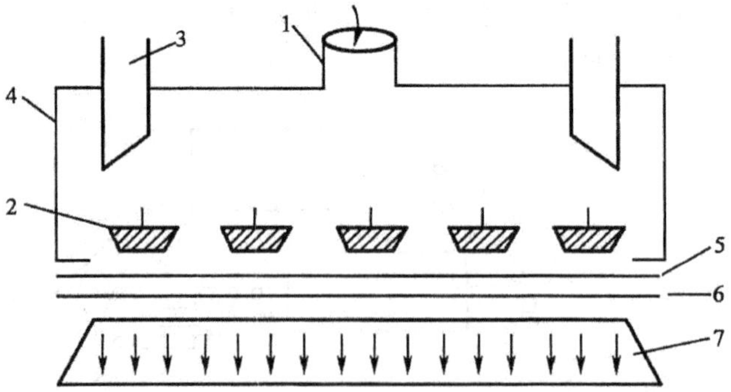

图 1－10－3　M&J 的成型头

1—气流喂入口　2—成型头搅拌器　3—回流口　4—外壳
5—圆孔筛　6—成型网　7—真空箱

第三节 浆粕气流成网加固方式

一、胶黏合固结(Latex bonded air laid,即 LBAL)

这是目前用得较为广泛的一种固结方法,由 Kroyer 首先采用。其生产流程一般采用 100% 绒毛浆为原料,以水溶性乳胶作为胶黏剂,一般用 2 台纤维粉碎机和 1 台高吸水树脂(SAP)开包计量输送系统为 1 个成型头箱供料。加固时,使从成型头出来的纤网先经过热紧压(如需要时可以轧花),然后将专用的乳胶经稀释后在压缩空气作用下通过专用雾化喷头对纤网的正反面进行喷洒。多个喷头沿横向均匀排列,被雾化的胶乳在真空抽吸作用下穿过布面,深入里层,并由热风穿透干燥设备予以烘干,最后经熟化处理,使非织造布更加蓬松、柔软。这类产品一般是不高于 $50g/m^2$ 的纤网经过喷洒天然树脂橡胶进行黏合,可制成擦拭布、桌布、医用产品、妇女卫生用品、肉类产品的保湿和包装制品。

二、热黏合固结或热熔固结(Thermally bonded air laid,即 TBAL)

这种固结方法最早由 Dan - web 采用,后来 M&J 设备也有采用。这实际上是在木浆纤维中混入一定量的 PP/PE 复合纤维(即 ES 纤维,也有用 PE/PET 或 PP/PET 复合纤维),中间亦可加入高吸液材料 SAP 或 SAF,以提高产品的吸液性能,以热熔纤维本身在加热过程中产生的表面熔化和流动形成与木浆之间的热黏合点,从而黏合成纸(一般用热风穿透设备)。单纯的热熔黏合不容易完全固结,容易掉毛,当混入 SAP 高吸液树脂后更容易掉粉,造成后序加工困难,对设备和环境造成污染。因此目前单纯采用热熔固结的,在国际上所占比例不大,但国内采用仍较多。这类产品适合 $50 \sim 120g/m^2$ 规格,产品多用于吸湿卫生用品、地板擦拭材料和医用服装。

三、多效固结(Multi - bonded air laid,即 MBAL)

这种固结方法是 20 世纪 90 年代初期开始采用的,把产品强度高、不易掉粉末的 LBAL 和柔软性好、吸水性强的 TBAL 结合起来,其兼有这两种固结方法的优点。目前,M&J 或 Dan - web 的设备都以这种固结工艺为基础,原来单纯采用 TBAL 或 LBAL 工艺的经过改装,也可改成多效固结工艺。在这种改造后的设备上,根据产品的要求可以采用多效固结,也可采用某一单一工艺。采用多效固结工艺时,可以在混入一定量热黏合纤维进行热熔固结的同时,喷洒较少量的胶乳,这样将有利于切边废料的回收利用。采用多效固结,大大丰富了气流成网产品的品种,满足了多方面的需要。

四、热轧点黏合固结

对于一些较薄的浆粕气流成网产品,还可通过热轧点黏合进行固结,用热压辊(刻花辊)轧光进行黏合,也有人称这种方法为 X—黏合法、氢键黏合法及高压点黏合法。轧点由于温度、压力的作用使纤维熔融,从而实现热黏合加固。这是一种具有特殊风格的产品,也有一定市场。

五、水刺固结

这也是最近几年才发展起来的固结方法，但发展很快，已形成商业化的专用设备。其中 M&J Fibretech与 Rieter Pefojet 合作形成的专用设备称之为 Airlace－2000 及 Airlace－3000，Dan－web 与 Fleissner 合作开发形成的生产线称之为 Aquapulp。这几种浆粕气流成网水刺设备是将梳理成网的纤网，经过预水刺、真空吸水后，再在纤网上加上加工过的气流成网的浆粕纤维（由纤维分离机处理后的浆粕纤维输入成型头后再吸到梳理成网的纤网上），最后经第 2 道水刺予以固结，这种水刺固结的浆粕气流成网非织造布，由于梳理成网的纤网是长纤维，因此强度很高，而复合上的绒毛浆吸湿性和柔软性又特别好，其最后的成品，比一般的浆粕气流成网非织造布有更高的使用价值。如其梳理成网的纤维是涤纶，则其最后产品的性能完全可和涤纶、黏胶纤维的水刺法非织布相媲美。而且浆粕纤维比黏胶纤维要便宜得多，因此其最终成本也就低得多，这正是该固结方法具有很大生命力的原因所在。

水刺固结还可以把纺黏法非织造布和绒毛浆纤维复合固结，以提高浆粕气流成网非织造布的强度。

第四节 浆粕气流成网非织造布的应用及发展趋势

一、浆粕气流成网非织造布的应用

浆粕气流成网非织造布的吸收能力强（如胶黏型产品能吸收自身重量的 8～10 倍的水），透气性好，柔软，湿强度高，无静电（胶黏型产品），无掉毛掉粉，可压花、染色或印刷，可层压或复合，可添加多种纤维或粉末物质，从而实现了产品的功能化。因此，它已在日常生活、医疗、装饰及服饰、汽车等方面获得了广泛的应用。

日常生活领域：干湿纸巾、餐巾、清洁用布、厕所用纸、桌布、卸妆用纸、婴儿尿布、失禁垫、超薄型卫生巾以及卫生棉、纸尿裤等。

医疗卫生领域：手术服、面罩、一次性手术床单、敷裹与包扎材料、吸湿纱巾、医护棉等。

装饰与服饰领域：衬料、鞋衬、合成革基布、服装的絮料和填料、墙布、装潢布、台布、地毯衬布等。

汽车工业领域及其他方面：绝缘材料、涂层基布、车内壁面料（代替毛毯，起绝热防潮作用）、擦拭布、吸油吸墨和吸音材料、过滤材料、香烟过滤嘴、包装材料（水果或易损物）、电缆绝缘材料、禾苗生长基垫等。图 1－10－4 是浆粕气流成网产品的应用比例。

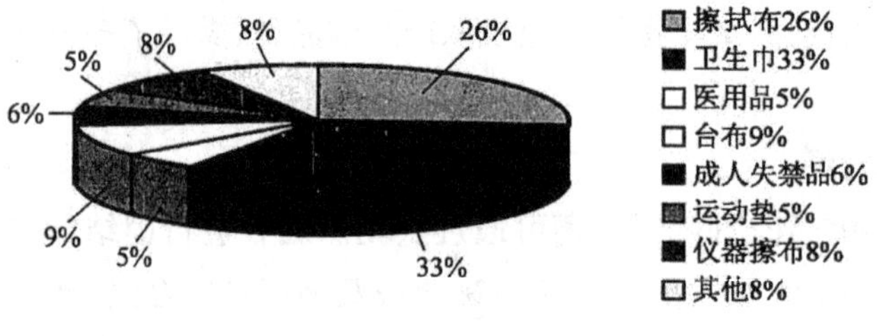

图 1－10－4 浆粕气流成网产品的应用比例

浆粕气流成网非织造布产品在未来的一段时间内的应用将体现在以下方面。卫生巾、婴儿尿布将进一步扩展，擦拭布类产品是第二大市场，食品包装材料、厕所用浆粕气流成网产品又是新的市场，地板清洁布，一次性拖把是新的增长点，另外，一次性卫生用品、护垫及医用材料、与皮肤接触的柔软材料、各种家用清洁产品都会有较好的应用前景。

二、浆粕气流成网技术的发展趋势

(一)产品向复合方向发展

非织造布的成网技术和固结技术不断地互相交叉、互相渗透，使非织造布的产品更加丰富多彩，技术水平不断提高。浆粕气流成网产品向复合化的方向发展是一种必然趋势。

气流成网复合产品可以方便地在气流成网设备上采用多成型头完成，各组成型头可以独立地混有多种新纤维、新材料，特别是功能性的纤维和材料，使之赋予各层以不同的功能，然后几层同时一次固结，复合技术能显著改善产品性能，并使其成本合理、表面涂层可控，还可添加各种活性化学剂。下面结合几个实例来说明。

1. 擦拭布 我国擦拭布大都是由 100% 胶黏合或热黏合的浆粕气流成网制成的。这类产品由于含有胶黏剂，对人体健康有一定的危害。另外短的木浆纤维易出现掉毛现象。

目前，很多擦拭布都采用梳理成网—浆粕气流成网—梳理成网(CAC)制作，图 1－10－5 是丹威开发的新的气流成网设备，复合产品的表层采用梳理网，内层采用吸水性好的木浆纤维，然后用水刺来增加产品强度。

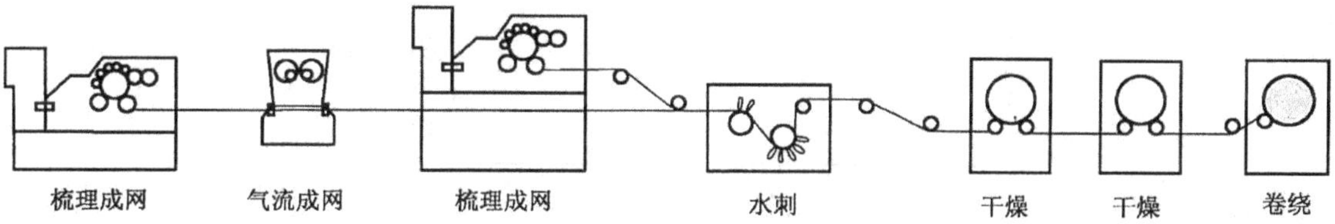

图 1－10－5 梳理成网—浆粕气流成网—梳理成网(CAC)工艺流程

另一种复合产品是纺黏—浆粕气流成网—纺黏，即 SAS，如图 1－10－6 所示。SAS 相对于 CAC 的技术优势，主要在于生产速度和生产效率。纺黏和气流成网两种技术的生产速度和效率非常接近，SAS 生产线上可获得很高的产量及独特的产品均匀度，因此 SAS(纺黏—气流成网—纺黏)生产线是一种非常有效的配置。此外，SAS 可生产各种擦拭巾产品，不需涂胶且无尘屑，产品有良好的吸水性、强度、耐磨性和很高的生产速度。生产线灵活，并且不容易沾灰，可以减少停机清理的时间，同时，水刺时绒毛浆纤维损失较少。

2. 手术服、防护服 还有一种复合方式为纺黏—熔喷—气流成网—纺黏(SMAS)，如图 1－10－7 所示，这种材料有很高的强力、防护性和吸水性，适合制作手术服、防护服、手术围裙和面罩等产品。

3. 复合婴儿尿布吸收芯层 婴儿尿布是卫生吸收性产品中用量最大的，复合婴儿尿布吸收芯层包括接纳层、分布层、吸液芯体、强化吸液层及增强层，如图 1－10－8 所示。每一层由一种或多种成分通过气流成网设备相应成型头混合均匀输入成网帘三维成形，并使其固结在一起，液流(尿液)在纵向上保证其达到最佳状态。

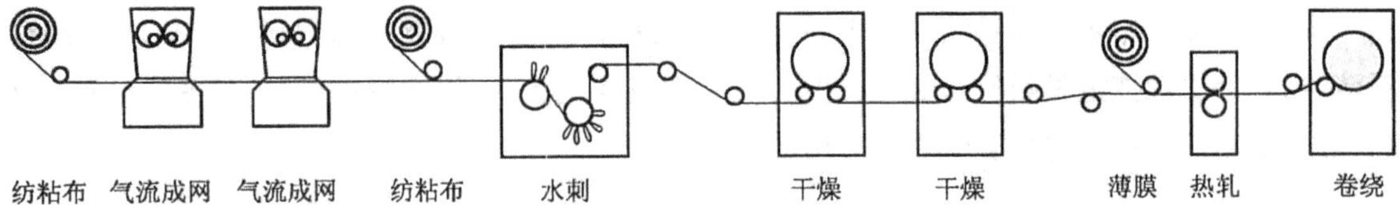

图 1－10－6　纺黏—浆粕气流成网—纺黏(SAS)工艺流程

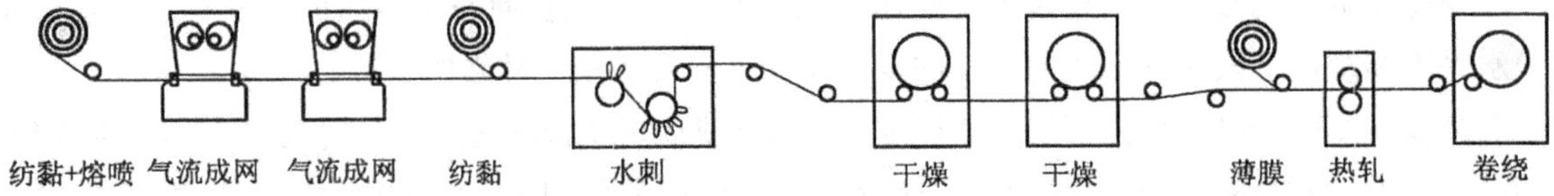

图 1－10－7　纺黏—熔喷—气流成网—纺黏(SMAS)工艺流程

图 1－10－8　复合婴儿尿布吸收芯层

4. 复合伤口敷料（图 1－10－9）　复合伤口敷料不但具有常规产品那样的吸收血液功能，而且在与皮肤接触的一面有对伤口愈合有利的海藻酸钙纤维，还含有活性炭臭味抑制剂 SAP 等，可保持创口处相对干爽。这种复合结构，多种原料可在成型机上一次复合而成。

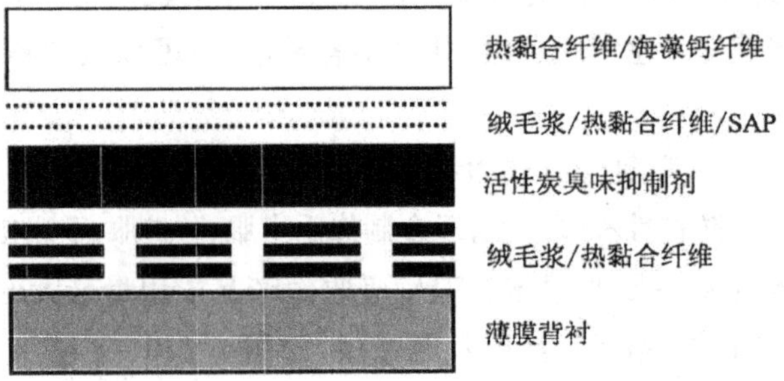

图 1－10－9　复合伤口敷料

5. 高档老人失禁用品 图1-10-10是高档老人失禁用品。该产品把气流成网复合技术发挥得淋漓尽致，它具有优异的接纳液流性，液流保持性，优异的臭味抑制功能，并可在线加上皮肤调整剂、杀菌剂及表面屏障层等。这种高性能的失禁用品，可以做成多种形式的嵌衬、垫材，其控液速率和水平可根据用途在生产中进行改变，很方便；而且生产工序显著减少，总的生产成本也降低了。

6. 农用材料 图1-10-11为复合农用材料，是用于取代粗麻布的农用浆粕气流成网产品，顶层和底层为绒毛浆和黏胶纤维，具有一定的强度和保湿性；中间层为在线复合的钾超吸收剂，对覆盖的植物根部能起到施肥作用，整个结构用生物可降解性的乳胶聚合物固结，经一定时期后，所有材质在泥土表面或在土壤中降解。

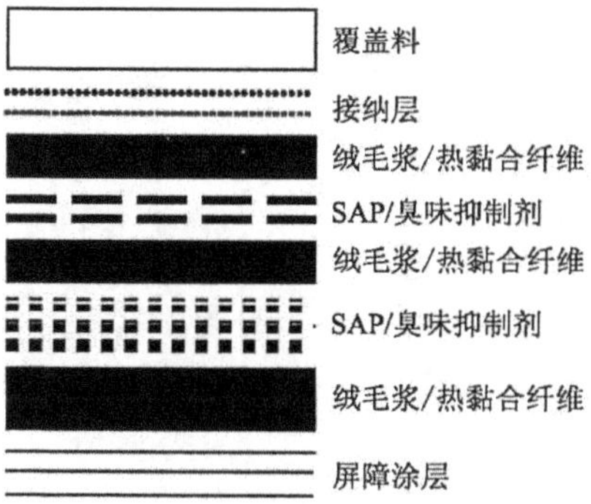

图1-10-10 高档老人失禁用品

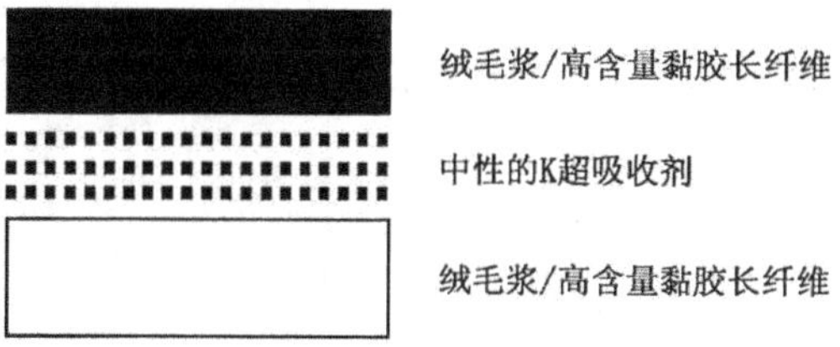

图1-10-11 复合农用材料

通过不同的复合技术所制得的产品具有更好的耐磨性，不易掉尘，不起球，而且能够很好地提高产品的强度，降低乳胶对人体健康的危害，具有广阔的开发、应用前景。

(二) 生产线向大型化发展

我国浆粕气流成网生产线年生产能力最大的是天津博爱膨化芯材，年产量1.6万吨，而大部分国产设备年产量都在1万吨以下。采用多组成型头、增加幅宽、提高输网帘速度，能大幅度地提高生产线的生产能力。目前，国外生产能力为5万吨/年的设备已投入生产，生产能力为10万吨/年的设备也在设计中。此外，国外一些大企业正在酝酿将浆粕气流成网生产尿布料、包装成型产品以及最终尿布生产在一组生产设备上完成从原料到最终产品的一条龙生产。这种生产方式不但可以减少投资，降低生产费用，节省运输成本，还可实现更好、更确切的质量控制，加快实现产品升级。

一般的浆粕气流成网设备，包括过去的Dan-web和M& JFibre-Tech都只能适应8mm以下超短纤维的加工，因为过长的纤维，纤维间容易缠结，不易加工。故设计能加工更长纤维长度的设备也是今后的发展方向之一。在欧洲非织造布展览会Index2005上，Dan-web Forming公司首次展出了可加工纤维长度达3cm的气流成网样机。丹麦Formfiber Spike公司也展出了可加工2~75mm的气流成网装置。据称，Formfiber Spike的成型头单位产量比一般成型头大10倍，并可用于代替传统成型头。意大利A. Celli设计出了最新型的翼片式浆粕气流成网装置。这是一种全新的装置，实验设备幅宽0.5m，成网很均匀，厚度变异系数为2%，每米幅宽的产量为500kg/h左右，横向不匀可控制在±2%。

随着全球环保意识的增强及物质生活水平的提高，浆粕气流成网将作为非织造布发展的一种新技术而日益受到重视并获得广泛应用。其产品正在普遍被人们接受。浆粕气流成网技术在中国的发展还处于起步阶段，但由于这一技术的独特优势，使其发展前景十分乐观。

在我国发展浆粕气流成网技术具有非常重要的意义：一是使我国轻工业有机会了解和跟踪世界先进的技术，提高自我发展能力和研究能力，发展我国自己的浆粕气流成网生产设备。二是能有效占领国内无尘纸市场份额；同时可提高卫生产品的档次和竞争力，改善我国卫生产品"高进、低出"的局面。此外，这也有利于我国非织造布行业产业结构调整和吸引外资，实现非织造布行业"市场化、国际化"的战略目标。

第二篇　湿法非织造布

第一章　概　述

本章知识点

1. 湿法非织造布的发展状况。
2. 湿法非织造布的概念。
3. 湿法非织造布的主要优缺点。
4. 湿法非织造布的分类及其应用领域。

一、湿法非织造布的定义

湿法非织造布又名湿法无纺布，其英文名为 Wet - laid Nonwoven，国际非织造布协会的定义是："湿法成网是从水槽沉集、悬浮的纤维而制成的纤维网，再经固网等一系列加工而成的一种纸状非织造布。"通俗地讲，湿法非织造布是水、纤维或可能添加的化学助剂在专门的成形器中脱水而制成的纤维网状物，再经物理或化学处理、加工后而获得的具有某种性能的非织造布。

二、湿法非织造布与纸的区别

湿法非织造布起源于长纤维造纸技术，所以它沿用了许多造纸的工艺和制造设备，而且它与纸的外观和某些性能十分相似。由于近代非织造布技术的日新月异，不同领域及交叉科学知识的应用，其产品更趋于专业化和系列化，故其与传统造纸的区别越来越大，主要体现在以下几个方面：

1. 纤维原料长度的区别　一般造纸的纤维长度为 1 ~ 3mm，而湿法非织造布所用的纤维长度是 5 ~ 10mm，最长的纤维可达 20mm 以上。造纸仅用纤维素纤维原料，而湿法非织造布几乎可采用在其成形长度范围内的任何种类的纤维原料。

2. 纤维间增强方式的区别　由于造纸纤维采用纤维素纤维，抄造前纤维须经打浆，使纤维切断、帚化、纵向分丝、纤维表面微纤维化，使暴露在纤维表面的氢键量增多，而氢键之间的相互作用及链接，使纸页在成形干燥后，提高了纤维间的结合力，纸张的物理强度也由此而生。而对于湿法非织造布，如果有纤维素纤维存在，纤维间增强的方式与造纸相同，如果是非纤维素纤维成形，纤维加固是靠外加黏合剂或加纤维黏合剂完成，其原理与化学黏合固网方法相同。

3. 纤维成形机理的区别　造纸与湿法非织造布成形机理的相同之处在于：一是将纤维悬浮液变成湿纤维层；二是脱掉悬浮液中约 95% 以上的水分，这两个作用是相互依存和联系的，在脱水的过程中形成湿纤维层,在成形中进一步脱水,最后达到使液态的纤维悬浮液变为固态、均匀的湿成形层。区别之处在于:成形的浓度有高低,造纸的成形浓度一般在0.1%~0.5%之间,而湿法非织造布的成形浓度一般在0.01%~0.05%之间。湿法非织造布的脱水和成形几乎在流浆箱中同时进行,而造纸成形则主要靠流浆箱完成,脱水全靠网部进行。

4. 最终成品性能的区别 湿法非织造布的纤维比纸的纤维长得多,且靠黏合剂黏合加固、加强,不像造纸过程要加大量的填料,所以湿法非织造布在强度、柔软度、悬垂性等方面要比纸好,湿法非织造布多布感,少纸感,性能更接近纺织品。

三、湿法非织造布的主要优缺点

1. 主要优点

(1)生产速度高、产量大。

(2)纤维种类的适应能力强。

(3)纤维结构和成网均匀度好。

(4)生产品种多、应用领域广阔。

2. 主要缺点

(1)一次性投入大,工艺流程复杂,对原材料及成品的输送、存放、操作、质量控制等要求较高。

(2)配套工程要求高,轻度环境污染不可避免,生产过程需消耗大量的水、电、气等,白水处理系统、污水处理系统也不可缺少。

(3)由于工艺流程长,更换品种时间长,适合于大批量连续生产,同一设备上经常性更换品种的灵活性不如干法非织造布。

四、湿法非织造布的应用领域

湿法主要有斜网、圆网和其他成网方式。由于其用途的特殊性和多样性,故按用途介绍其不同的类型和应用领域。

1. 食品工业 茶叶过滤、咖啡过滤、抗氧剂和干燥剂的包装、人造肠衣、高透气性滤嘴棒成形材料等。

2. 家电工业 吸尘器过滤袋、电池隔离膜、电解电容器膜、空调过滤等。

3. 内燃机及建材工业 各种内燃机(飞机、火车、船舶及汽车)的空气、燃油和机油过滤及建筑防护基材等。

4. 医疗卫生行业 手术服、口罩、床单、手术器械的包覆、生物检测、医用胶带基材等。

思考题

1. 湿法非织造布的定义是什么?
2. 湿法非织造布与造纸有哪些不同?
3. 湿法非织造布的优缺点是什么?
4. 湿法非织造布的应用有哪些?

第二章 湿法非织造布原料

本章知识点

1. 影响纤维在水中的分布状态的因素。
2. 湿法非织造布所用纤维原料种类。
3. 湿法非织造布常用的化学助剂。

第一节 纤维原料在水中分布状态的影响因素

湿法非织造布的原料主要包括纤维原料和化学黏合剂。由于湿法非织造布对纤维原料的处理是依靠纤维在水中的分散与悬浮,完全不同于干法非织造布的开松与梳理过程,因而湿法非织造布生产对纤维原料的要求便不像干法那样严格。理论上讲,所有可称之为纤维的固形物质,只要(或经过适当处理)能在水中均匀分散与悬浮,均可作为湿法非织造布的纤维原料。要求纤维能在水中均匀分散,不易絮凝和成团,在整个输浆和成网中都应良好悬浮。

影响纤维在水中的分布状态的因素很多,其中主要有以下几点:

一、纤维的长度、线密度之比

纤维的长度、线密度之比越大,纤维在水中越难分散,越易成团。通常纤维长度(mm)、线密度(dtex)有如下关系:

$$切断长度 = 5 \times 线密度^{1/2}$$

二、纤维的长度分布

纤维的长度分布越窄,在同样条件下越易于对纤维进行控制,纤维越易分散;同时应尽量避免过长的纤维出现,如化学纤维切断过程中的连刀料等。过长纤维在纤维分散过程中能起到纤维桥的作用,可将本已分散开来的纤维又纠缠在一起。

三、纤维的湿模量

纤维的湿模量越大,其在水中的刚度越大,越易分散,如玻璃纤维、碳纤维等较适用于湿法成网。

四、纤维的卷曲度和卷曲类型

纤维的卷曲度越大、卷曲类型越复杂，纤维间越易纠缠，在水中越难分散，如三维立体卷曲的纤维很难分散。

五、纤维的化学结构与表面状态

纤维的化学结构主要是指纤维分子与水的结合性能，结合性能越强，纤维的吸湿性越好，纤维在水中的溶胀能力越强，纤维的分散性越好。纤维的表面状态主要指纤维的表面摩擦性能，纤维表面摩擦系数越大，纤维越易纠缠，在水中越难分散。

第二节　常用纤维原料

湿法非织造布所用的纤维原料与造纸工业类似，包括纤维素纤维、化学纤维及无机纤维等。非织造布所用纤维随各国的资源不同、产品的最终用途不同、采用的设备不同而不同，并没有统一的标准，但大部分还是以纤维素长纤维为主。

一、纤维素纤维

纤维素纤维属于植物纤维的一种，由于其在湿法非织造布中占有特殊的地位，因而在此单独加以阐述。纤维素纤维是用一年生草本植物或是木材通过化学、机械分解作用，除去原料中非纤维性物质，并使纤维彼此分离（称之为制浆）后再经漂白制成或进行改性。其基本成分是纤维素，尚含有少量的木质素、半纤维素和树胶等。目前市场上销售的造纸用纤维素纤维以浆粕或浆板的形式存在，其纤维素含量一般在80%～90%，若再进一步除去木质素等伴生物，使纤维素含量达到90%以上，则称为甲种纤维素或纯纤维素。在湿法非织造布生产中，应根据产品工艺要求选用甲种纤维素或造纸用纤维素纤维，这两种纤维的分散性都不存在问题。选用甲种纤维素的产品，洁白而柔软，但成本较高，如丝光化浆和棉浆粕等。一般纤维素纤维浆粕由化学制浆而成，并在湿法非织造布生产中占有很大的分量，许多湿法非织造布产品多是适当混用一定量的纤维素纤维和其他纤维而制成的。

丝光纤维素纤维也是湿法非织造布使用的纤维之一。丝光是指用氢氧化钠溶液对木材或棉纤维进行碱处理，以提高纤维的纯度，使纤维素含量大大提高，而其他半纤维素和非纤维素成分被除去，经过“丝光化”处理的纤维，纤维膨胀，几乎成为圆柱状，表面平滑，胞腔变小，纤维弯曲度增加，而扭曲度减少。在过滤材料的制造中，由于丝光纤维素纤维有着极好的松厚性和透气性，它一方面可提高过滤材料的效率；另一方面可提高未经化学处理的湿法非织造布的吸收性能，为其深加工创造条件。

二、化学纤维

化学纤维是指以天然或合成的高分子化合物为原料，经过化学方法及物理加工而制成的纤维，主要用于纺织工业，也可作为造纸行业干法造纸和湿法非织造布的主要原料。与天然纤维相比，化学纤维的长度、线密度一致性好；纤维的强度、伸长率、耐磨性等要优于天然纤维。湿法非织造布可根据其产品用途来选择不同的化学纤维原料。

化学纤维可分为合成纤维和再生纤维两大类。

合成纤维的品种很多，常见的有锦纶、涤纶、腈纶、维纶、丙纶等，它们均由煤、石油、天然气等加工制成。由于原料及制造工艺不同，纤维的性质和截面形状各不相同。根据使用要求，各种化学纤维又分为长丝和短纤维两种，长丝多供纺织，短纤维除用于传统纺织外，还用于干法和湿法非织造布生产，而湿法非织造布所用短纤维一般不超过10mm。

常见的再生纤维有黏胶纤维、铜氨纤维、富强纤维等，均由天然的植物原料，如木材、棉短绒等加工而成。

（一）维纶

维纶又称聚乙烯醇纤维，作为湿法非织造布的原料主要有两种：一种是高熔点纤维，主要用于提高非织造布的强度和透气性，如汽车过滤器用材、医用绷带基材、育苗用布等；另一种是低熔点纤维与其他高熔点纤维混合后以湿法成网，经过干燥设备烘缸的加热作用，使低熔点的纤维熔化，产生黏结作用，这类纤维可制成具有不同熔点温度的纤维，目前有35℃、60℃、90℃、120℃等可供选择。维纶具有良好的吸湿性，与植物纤维及水有着很好的亲和性，无须添加任何分散剂即可上网成形，而且加工后具有很好的湿强度，既可提高产品的强度，又可提高单位产量。

（二）丙纶

丙纶又称聚丙烯纤维，近几年来，丙纶在干法非织造布和干法造纸中的卫生材料中的应用极为广泛，因为这种纤维具有相对密度小，强度高，耐酸、耐碱、耐化学溶剂性能优于其他大部分合成纤维的特点。目前丙纶在湿法非织造布中已应用于过滤材料、医用材料、家用装饰材料、食品工业的复合包装材料等。

（三）黏胶纤维

黏胶纤维俗称人造棉，其化学组成与棉纤维极为相似，性能也接近于棉纤维，但它具有比棉纤维更优越的吸湿性、柔软性和分散性。其长度、线密度和卷曲度均可控制，一般湿法非织造布用卷曲长度为4～8mm的纤维，线密度为1.7dtex的短纤维用于制造医疗卫生产品和其他用即弃型产品。

（四）Lyocell 纤维

Lyocell 纤维是一种把纤维素用溶剂溶解后纺成丝的纤维素纤维的通称。由于其独特的性能，十多年来已被广泛地应用于纺织行业，非织造行业的应用是近几年的事。它在合成革基布和医用卫生领域的应用前景十分广阔；在湿法非织造布中的应用研究已初见成效，它在电池隔离材料、过滤材料、热敏版纸基材中的优越性越来越大。其主要特性有：

（1）优良的亲水和分散性。

（2）极易原纤化。

（3）良好的湿强度和低的出网部含水率。

（4）纤维纯度高，单丝强度高，适应性广。

（5）可生物降解，符合环保要求。

三、无机纤维

用于非织造布生产的无机纤维主要有玻璃纤维、石棉纤维碳和活性碳纤维、金属纤维等。

(一)玻璃纤维

在湿法非织造布生产中,玻璃纤维已被广泛应用。由于其具有良好的绝缘性、耐磨性和尺寸稳定性,并具有高强、耐高温和耐腐蚀等特性,常在防水材料、绝缘材料、过滤材料和增强材料中做基材或基布。

(二)石棉纤维

石棉纤维通过离心熔融的岩石制成,用于制造某些耐热性良好及化学稳定性好的材料,通常具有不同的长细度,不需预处理,可直接用于湿法非织造布的生产。

(三)碳和活性碳纤维

碳纤维属脆性材料,裂断伸长小,只有部分可挠性,比强度高,导电、导热,耐高温和耐化学腐蚀,可制作导电材料、静电消除材料、高压电保护层和防火衣等。活性碳纤维是碳纤维中的一种特殊纤维,其主干分布有大量的直径在0.5~50nm的微孔,孔的深度大多大于其自身直径,在孔内可吸附大量的有害气体。因此,湿法活性碳纤维产品常用来作为气体过滤材料,被广泛应用于火力发电厂、化工厂、金属冶炼厂以及汽车等交通工具的废气排放处理。用过一段时间后,还可以经再生处理,对活性碳纤维进行再循环利用。

(四)金属纤维

湿法非织造布中使用金属纤维,主要是利用其导电性能开发生产电子屏蔽材料和抗静电材料等。

动物纤维很少用于湿法非织造布中,只有当需要某些特殊性能时才会用到它们,为了提高美观或防伪能力,可将羊毛加入某些非织造布或纸中。还可将蚕丝废丝经脱胶切成适当的长度,在卫生材料或化妆品中做基材。

第三节 常用化学助剂

湿法非织造布制造过程中所用的化学助剂主要分为过程助剂和功能性助剂两大类。过程助剂有纤维分散剂、消泡剂、防腐剂、网和毛毯清洗剂等。功能性助剂有增强剂(干强剂、湿强剂)、黏合剂(黏合纤维)、浸渍剂等。

随着湿法非织造布品种的增多,新材料的需求不断加大,对化学助剂的依赖性也越来越大。下面就几种常见的化学助剂的性质和具体应用介绍如下。

一、纤维分散剂

纤维分散剂的作用机理是减少纤维的絮聚,改进成形质量,得到均匀的成品。就纤维悬浮液来讲,单位体积的纤维含量越高,纤维与纤维间越易发生相互接触、碰撞、缠绕,其结果是形成了絮聚,纤维越长越容易絮聚。纤维悬浮液是一种类似胶体的物质,既有促进絮聚的共同因素,也有阻止絮聚使纤维分散的共同因素,纤维表面带负电,吸附着一层水分子,吸附水分子越多,悬浮液稳定性越好,越不易絮聚。目前最常用的分散剂有聚丙烯酰胺和聚氧化乙烯。

（一）聚丙烯酰胺

聚丙烯酰胺既可以由非离子聚丙烯酰胺水解制得，也可以通过丙烯酰胺和丙烯酸以一定比例共聚得到。作为分散剂使用的一般是它的钠盐，由于分子链中含有部分羧基，故对带负电荷的纤维素有分散作用。

作为纤维分散剂的聚丙烯酰胺，其相对分子质量在300万以上，这不仅能提高浆料的黏度，有利于纤维的悬浮，而且能提高非织造布的干、湿强度。

（二）聚氧化乙烯

聚氧化乙烯（Polyethylene oxide，简称PEO），是目前国内外应用较为广泛的纤维分散剂。它具有高度的黏性，水溶性好，润滑性好。它还有助留、增强作用，适应pH值范围宽，能改善非织造布的柔软性和光滑程度。一般用于分散剂PEO的相对分子质量大于300万，相对分子质量越低，其用量越大；相对分子质量小于50万时，会完全失去分散效果。PEO在高剪切力和高温下会发生分子链降解，导致黏度降低和分散能力下降，这在使用中要特别注意。

二、增强剂和黏合剂（黏合纤维）

在湿法非织造布的生产中添加增强剂或黏合剂的方法主要有两种，一种是在纤维成网之前加入；另一种是在纤维成网之后进行，也就是我们通常所说的湿法非织造布的后加工黏合。

（一）湿强剂

有纤维素纤维存在时，在成网之前加入的化学助剂主要是湿强剂，它一方面赋予某些产品湿强度，如茶叶过滤、香肠的包装材料等。另一方面对纤网提供足够的湿强度，保证纤网有足够的牵伸应力，使之顺利进入下一道工序。目前主要采用两种湿强剂，一种是聚酰胺环氧氯丙烷；另一种是三聚氰胺甲醛树脂。可根据不同品质和用途进行选择。

（二）黏合纤维

黏合纤维在纤维成网前加入，它不仅会影响纤维成网，更主要的是会影响最终产品的性能。目前这类黏合纤维主要有维纶（聚乙烯醇）、双组分纤维以及低熔点聚丙烯纤维等。如在电池隔离材料中加入水溶性的聚乙烯醇，不仅可增加其挺度，而且可增加其强度和其他电离性能；在茶叶过滤材料中加入SWP浆或ES纤维，可提高其热封性能；在玻璃纤维材料中加入聚乙烯醇水溶性纤维，除了可大大提高其强度外，更能使其品种多样化。

思考题

1. 湿法非织造布原料的选用原则是什么？
2. 影响湿法非织造布纤维原料在水中分散的因素有哪些？
3. 何谓丝光化？
4. 试列举湿法非织造布常用的纤维原料。
5. Lyocell纤维有何特点？
6. 湿法非织造布常用的化学助剂包括哪些？

第三章　湿法非织造布的备料及物料的流送

本章知识点

1. 湿法非织造布生产工艺中备料的定义及目的。
2. 打浆的定义、目的、作用及影响打浆的因素。
3. 打浆设备。
4. 湿法非织造布工艺中浆料的流送设备。
5. 湿法非织造布工艺中浆料的流送设备必须满足的条件。

第一节　湿法非织造布的备料

一、备料的流程

湿法非织造布的生产过程一般是从原料准备开始的，俗称备料，即将纤维（可能有的加有化学添加剂）以水为介质制成的悬浮物，利用机械力或流体的剪切力的摩擦作用，将其分散成单根纤维，除去杂质，使其适合成网并达到产品性能要求的过程。

图2－3－1是一种典型的湿法非织造布的生产备料流程。

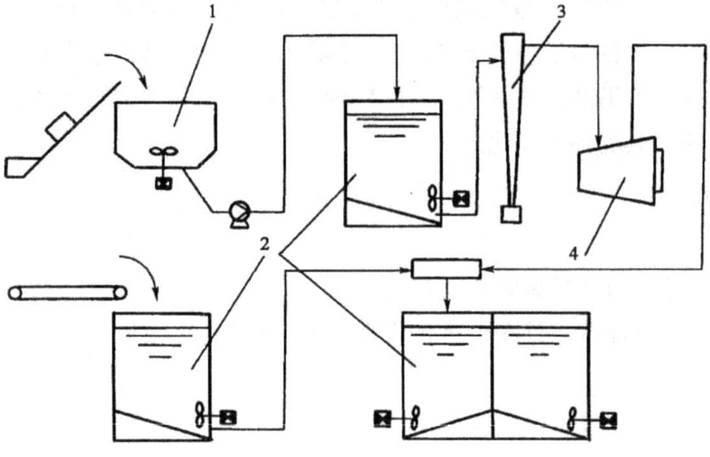

图2－3－1　湿法非织造布的生产备料流程

1—水力碎浆机　2—储浆池　3—除沙器　4—精浆机

从图2-3-1中可以看出,纤维A和(或)纤维B分别被自动称量输送带喂入储存有一定水量的水力碎浆机1中,被充分碎解并达到一定浓度后,按规定的比例混合并被放入储浆池2中。然后被泵送到除沙器3,以除去纤维中比纤维重的沙粒、金属等物质,同时被送入精浆机4或盘磨机,将纤维进行机械处理,即打浆,并按一定的浓度储存。在成网前经筛选机除去比纤维体积大的纤维或非纤维物质,这样就基本上完成了湿法非织造布的生产备料工序。备料的主要内容有打浆与碎浆、净化与筛选、输送与储存、添加化学品等工艺过程。

二、打浆

(一)打浆的目的、作用及影响因素

打浆是利用打浆设备转刀(或飞刀)与定刀(底刀)之间的机械、剪切、摩擦、水力冲击等作用,对纤维进行疏解、切断、压溃、帚化与纵向分丝,从而达到湿法非织造布成形的要求,获得湿法非织造布预期的质量。

1. 打浆与湿法非织造布的关系　大多数湿法非织造布的物理性能取决于打浆,通过打浆不仅可增加纤维之间的结合力,降低纤维的平均长度,而且可提高湿法非织造布的抗张强度、紧度、硬挺度和伸长率等,但降低了湿法非织造布的透气性和撕裂强度。

2. 植物纤维的结合力及其影响因素　纤维经打浆后,受到了切断、揉搓、扭曲、分丝、帚化、压溃、细纤维化等作用,使纤维细胞壁产生了不同程度的移位和变形,细胞的初生壁和次生壁被破除,纤维有可能被切断,从而吸水、溶胀及细纤维化。

打浆对湿法非织造布生产主要有以下几方面的作用。

(1)疏解作用:使浆料中的纤维束分散成单根纤维。

(2)水化及压溃作用:使纤维吸水后溶胀,纤维细胞壁位移,增加了纤维的可塑性,使浆粕形成胶体状。

(3)帚化作用:使纤维表面帚化并起毛,增加比表面积,有利于纤维间相互交织。

(4)混合作用:在间歇式打浆过程中,可以与其他纤维、黏合剂等混合。

打浆使纤维的柔软性和可塑性大大增加了,同时其比表面积也大大增加,在湿纤网中,由于纤维与纤维间存在着大量的水分子,纤维素上的羟基彼此之间通过水分子形成氢键结合,此时的水分子起着桥梁作用,称为水桥,这时纤维间的结合力还很弱,脱水成形时,水分蒸发,这时靠水的表面张力将纤维紧紧拉拢,使之靠近,为纤维间的氢键结合创造条件,当水分完全蒸发后,相邻的纤维素分子的羟基距离小于0.255~0.275nm时,纤维间直接形成氢键结合,所以越干的纤网,氢键的结合就越强。

影响打浆的因素是很多的,主要有打浆的比压、打浆浓度、打浆温度、流量、打浆机械的刀材和刀型。

(二)打浆设备

打浆设备通常可分为两种,一种是间歇式的;另一种是连续式的。间歇式一般多为槽式打浆机,在湿法非织造布生产中,以荷兰式打浆机为主,另外还有伏特式打浆机。连续式的打浆机主要有锥形精浆机和盘磨机等,后者在湿法非织造布生产中应用会越来越多。

1. 间歇式打浆机　间歇式槽式打浆机由槽体(包括山形部)、飞刀辊、罩盖、底刀组、洗鼓、机械

传动以及升降装置等组成。图 2-3-2 和图 2-3-3 为荷兰式打浆机。其浆槽是由钢筋混凝土制成,浆槽内壁用水泥或涂料进行光滑处理,有的内壁衬有瓷砖,以求浆料清洁和流畅。浆槽中有一道中心隔墙,将浆槽一分为二,并形成一条循环的通道,在打浆辊之前称为打浆沟,在此之后称为循环沟。在此之间,即刀辊后面有一个山形坡,沿着槽体向下形成一定坡度,打浆机工作时,浆料经飞刀与底刀接触被打浆后,被飞刀抛越山形坡,然后借山形的高度形成山形部前后落差,使浆料流向槽底,再经过飞刀与底刀之间的推力,由于飞刀辊不停地转动及浆槽本身有一定的坡度,使受处理的浆料在池内沿箭头所示的方向循环运动。当浆料经过飞刀辊与底刀之间的间隙时,两刀片对纤维进行搓磨、剪切,从而使浆料被不断地循环和打浆。

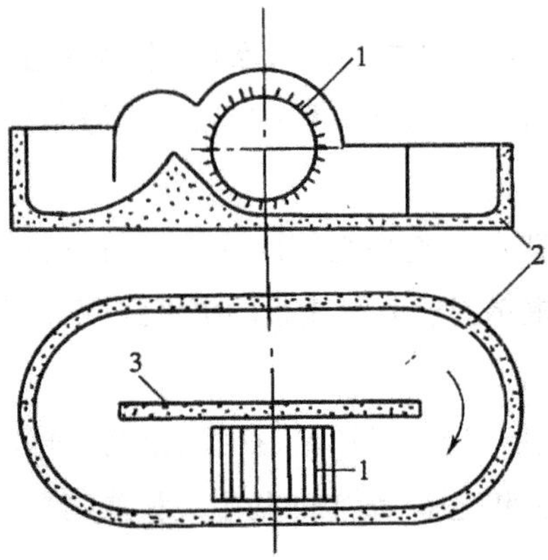

图 2-3-2 荷兰式打浆机示意图
1—刀辊 2—浆槽 3—隔墙

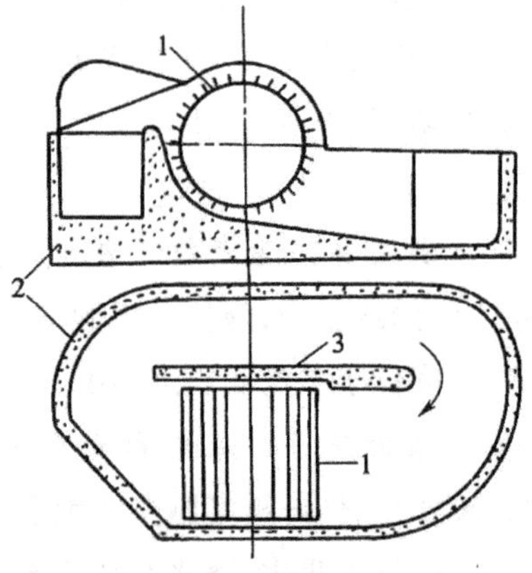

图 2-3-3 改良荷兰式打浆机示意图
1—刀辊 2—浆槽 3—隔墙

2. 连续式打浆机 自荷兰式打浆机发明以来,打浆设备不断改进,相继出现了多种打浆机,但多是间歇式的,打浆效能之低,已无法适应造纸工业日新月异的发展。近几十年来,在打浆工艺和设备上进行了一系列的改进,湿法非织造布的生产也开始应用,并逐步以连续式打浆替代了间歇式打浆。其中最有代表性的、适应湿法非织造布打浆的设备是锥形精浆机。它具有打浆效率高、占地面积小、电耗低、劳动强度低、自动化程度高等优点,为打浆的高浓化、连续化、自动化控制提供了保证。

锥形精浆机主要有低速、高速、水化、内循环式和大锥度精浆机等多种形式。可以把锥形精浆机看做是 1 台将飞刀辊封闭在中央、底刀分布在外周的间歇式打浆机与 2 台离心式浆泵的组合体。它主要由两端装有叶轮的刀辊和均匀分布在刀辊四周的定子刀及其加压装置、外壳等组成,如图 2-3-4 所示。当电动机带动转子旋转时,转子上的进料叶轮就把浆料均匀地分布到转子四周进行打浆,然后通过送料叶轮把已打好的浆料经出浆管送到下一台设备或混料桶中。它是利用外界压力对定子刀进行加压打浆的。底刀固定在长方形的底刀匣中,通过外界压力使其向刀辊做径向移动而达到调压目的并产生打浆作用。目前在湿法非织造布的生产中选用循环式精浆机,主要是考虑到它能保持最大的通过量,在转子内腔受高速离心力的作用,使部分浆料可以循环并被打浆,它帚化作用大,疏解能力强,切断作用小,打浆的效能和打浆度可以通过控制循环量和打浆压力来调节和控制。根据品种的不同及产量的不同,可以单台循环使用,也可以多台串联循环使用。

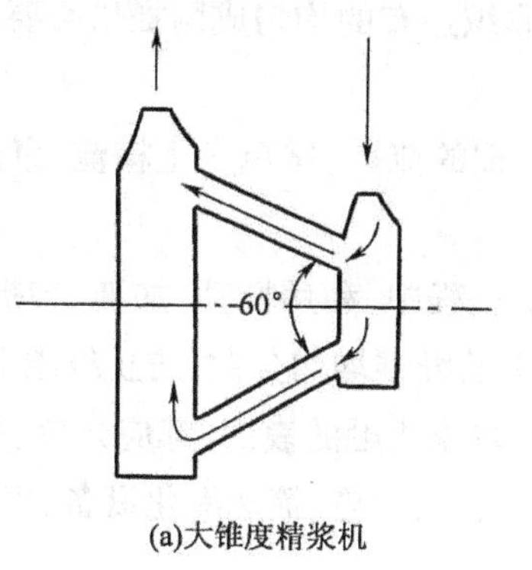

图 2－3－4 锥形精浆机示意图

三、水力碎浆机

水力碎浆机主要用来处理纤维浆板或回收纤维,为进一步打浆做准备。它具有疏解能力强、占地面积小、效率高、耗能低、产量大等特点,是不切断纤维的一种良好的打浆辅助设备。水力碎浆机的主要部件是装有叶片和刀片的转盘以及装有筛板和底刀的槽体,如图 2－3－5 所示。当转盘由电动机带动回转时,一方面是其上的刀片强烈地撞击与它相接触的、经过润湿的浆团或纤维束;另一方面是其上的叶片产生强力涡旋,从而在转盘轮缘周围形成一个速度很高的湍流区,而接近槽体内壁处的速度则较低,于是就产生了水力剪切作用,使纤维物料相互摩擦。这两方面的结果,最终使物料得到碎解,使纤维得到疏解。在湿法非织造布的生产中,它还可以作为不同纤维的混合槽或化学品的添加槽。

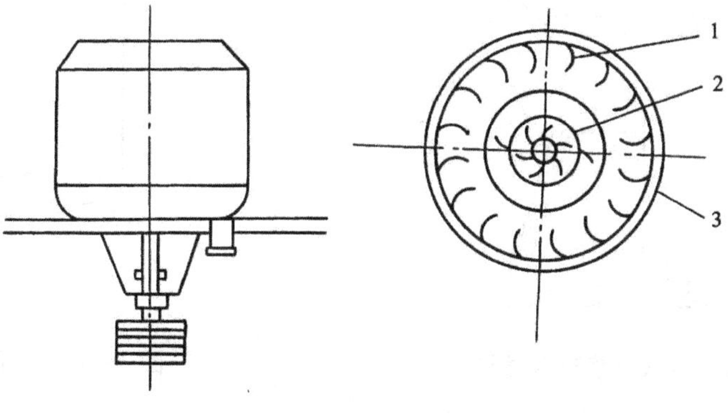

图 2－3－5 立式水力碎浆机示意图

1—刀片 2—转盘 3—外壳

第二节 纤维物料的流送和准备

浆料流送设备是湿法成网机的起始部分,习惯上称之为流浆箱或网前箱,浆料流送设备的作用是把纤维浆料均匀而稳定地流送到成形网上，为湿法非织造布的均匀成网提供必要的前提，为保证均匀成网，浆料流送设备必须具备下列条件：

(1)把浆流分布开，使上网的浆流沿幅宽上有一致的流速，避免发生横流、窜流、扰动等不规则的流动现象。

(2)在保证上网浆流稳定的条件下，在浆料流动过程中，利用搅动、加速、转折、摩擦等，使浆流中有一定的速差和由此产生的流体剪切场，促使浆流中的纤维均匀分散，防止纤维沉积和絮聚。

(3)为了防止挂浆现象，浆料流送设备的浆道和浆流接触的表面，都应光滑、平直，没有死角。

湿法非织造布纤维悬浮液成形前的准备由储浆池、调节箱、筛选净化设备，再配上输送浆和水泵、浓度调节器及自控仪表等来完成。

一、储浆池

湿法非织造布用浆的储存、中转以及化学品的添加大多可通过储浆池来完成，以利于连续生产。储浆池有卧式和立式两种，按不同用途可分为储黑浆池、储白浆池、混合浆池、抄造浆池等，池体有钢筋混凝土的，也有不锈钢的。搅拌装置有螺旋桨式和蜗轮式两种，除此之外，储浆池配有浆泵、浓度调节器和液位器等辅助装置。图 2－3－6 和图 2－3－7 分别是循环泵卧式储浆池和立式储浆池示意图。

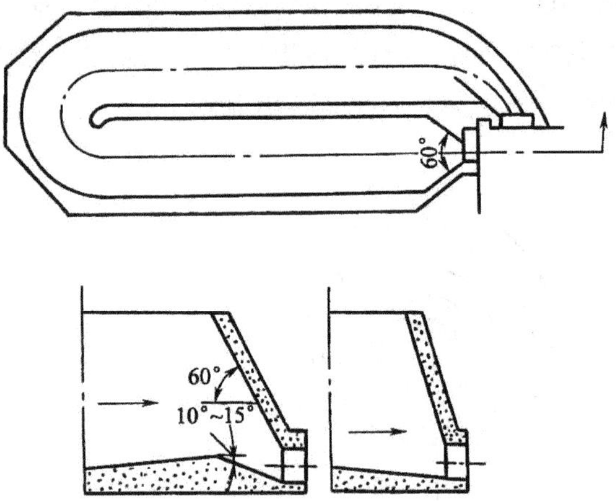

图2－3－6 卧式储浆池示意图

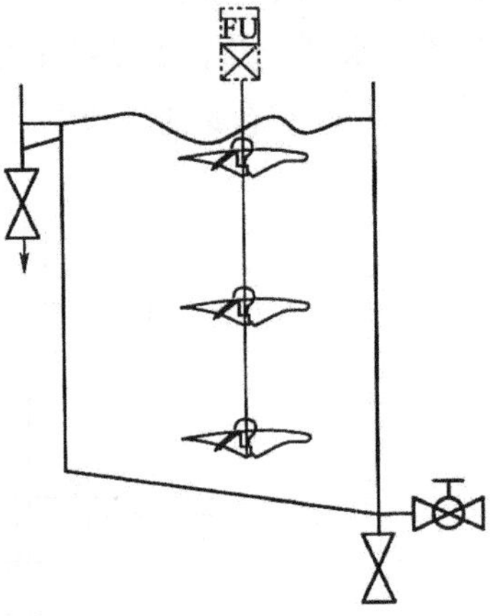

图2－3－7 立式储浆池示意图

二、调节箱与冲浆泵

1. 调节箱 纸浆从储浆池到上网成形，必须加入大量的水进行稀释，将纸浆稀释成低浓度的悬浮液，一般的中、小成形设备多采用在调节箱中加入清水或白水的方法来达到纤维浆料分散均匀的目的。

调节箱一般为方形，内部分为3格或4格，分别接受来自白水和浆料的混合以及白水和浆流的溢流等。浆料从进浆管用泵送至进浆室，通过调节闸板，在混合室与来自白水池的白水充分混合后沿输浆管流入流浆箱，多余的浆料通过溢流板进入溢流室后返回储浆池。

2. 冲浆泵 冲浆泵既能使被稀释到一定浓度的浆料均匀、连续不断地输送到网部,又能使浆料与水充分均匀混合,使纤维悬浮物形成。

冲浆泵还要使浆液形成湍流并保持一定的能量,以达到上网的目的。所以,对冲浆泵的机械加工性能和对流量的控制能力要求很高。

思考题

1. 湿法非织造布生产工艺中备料的含义是什么?
2. 备料的目的及作用各是什么?
3. 试回答打浆的定义、目的、作用及影响打浆的因素。
4. 常用的打浆设备有哪些?
5. 湿法非织造布工艺中浆料流送设备须满足哪些条件?
6. 湿法非织造布工艺中浆料的流送设备有哪些?

第四章　湿法成网

本章知识点

1. 浆料在成网过程中发生的选分和定向现象。
2. 斜网成形器的成形机理。
3. 斜网成形器进浆系统的特点。
4. 斜网成形器的结构特点、设计要求和优势。
5. 斜网成形器的种类。
6. 圆网成形器与斜网成形器的区别。

第一节　湿法成网原理

湿法成网的纤维浆料是纤维在水中的悬浮液，其中还包括一些非纤维性的物质，如黏合剂、增强剂等添加剂。湿法非织造布的成网过程是纤维悬浮液在成形网面上脱水和沉积的过程，脱水过程基本上是一个过滤过程，此时纤维由于成形网的机械拦阻而沉积在网面上，水和一些细小的物质则会通过成形网的网眼流走，随着脱水过程的进行，留在成形网帘上的纤维基层便会增厚，过滤速度降低，由于纤维的堵塞，微细物质的积留也相应增加。另一方面，纤维悬浮液中的纤维脱水和沉积到成形网上的过程是一随机过程，如果纤维悬浮液中纤维的品种和长度、线密度不同，则在沉积过程中会发生定向和自然选分现象。

纤维的定向主要是由于浆料与成形网之间的速度差异，纤维受到成形网运动的牵伸作用而造成的。在纤维沉积开始时，由于网面清洁或是沉积在网面上的纤维层很薄，滤水快，纤维沉积时没有一定的方向排列，纵横向都比较均匀。随着湿纤网的加厚，滤水作用减弱，纤维就越来越多地纵向排列。在成形网面将要离开浆料液面的地方，纤维沿纵向排列的情况尤其显著。因此湿法成形的纤网，其上下层纤维的组织状态是不同的，纤网上层的纤维纵向排列较多，而下层的纤维则纵横排列均匀，因而湿法非织造布纵向强力大于横向。

纤维的选分现象，则是由于细小纤维有较大的比表面积和较强的吸附作用，较易于沉积和附着在网面的纤维层上造成的，因而湿法成形纤网的组成亦不同，在纤维的下层，主要以细小的纤维为主。选分现象是造成湿法成网的纤维有明显的两面性的原因之一。

第二节 湿法成网系统

一、斜网式湿法成网系统(斜网成形器)

斜网成形器是湿法非织造布成形部的一种新的结构形式,成形过程实质上是纤维成形及其脱水的过程。也就是说,在成形之前,要先在纤维中加入大量的水,制成均匀的纤维悬浮液,使纤维在水中自由地分散,通过脱水作用使纤维在水中自由地均匀分散,然后,再通过脱水作用使纤维彼此错综交织而成形。

网部是成形器的主要部分。网部的主要作用是形成均匀的湿网,并脱去纤维悬浮液中绝大部分水。形成均匀的湿网,就要求纤维均匀分散,纵横交织,整个纸幅的定量、厚度、紧度、匀度、强度和其他有关的性能指标均匀一致。由于通常成形器的上网浓度只有0.1%~1%,而离开网部湿纤网的干度(每千克湿蒸汽中含有干蒸汽的质量分数)可达到18%~22%,网部的脱水量占总脱水量的95%~98%。所以,成形器网部的结构形式,既关系到所形成湿法非织造布的品质,又影响着网部脱水的能力。

斜网成形器,英语称其为Inclined Wire Former。有的设备生产厂家取名为Inclined Wire Wet End, Non-woven Former;也有的称为Deltaformer等。从其外形看,它的流送和流浆箱与长网网部有相似之处。但其不同之处在于:长网造纸机网案几乎与地面底轨平行,而斜网网案则是与底轨形成一定的角度,且无案辊、案板等脱水元件。对斜网成形器可以简单地描述如下:它是一个倾斜的无案辊长网网案浸入流浆箱内,采用真空脱水原理,使纤维在倾斜的网案上脱水成形。网案网面与底轨形成的夹角度数就是斜网的斜度。可以认为,它是长网与圆网的“嫁接”,兼容了长网、圆网纸页成形的特点,适用于长纤维纸和湿法非织造布的抄造,特别是多种纤维的混合成形。

(一)斜网成形器的成形机理

斜网成形器虽然与一般的长网成形器一样,是使纤维悬浮液在网上逐步脱水而形成湿成形网。但是,它的成形机理不同于一般的长网,长网一般用于造纸。

斜网成形器的进浆结构和长网成形器较为相似,但原理不同。图2-4-1为斜网成形器结构示意图。纤维通过冲浆泵的输送产生一定的压头,然后由阶梯扩散器将充分分散的纤维悬浮液送入堰池内,同时产生足够的微湍流并保持至上网。斜网成形器无案辊,其成形区几乎也是它的脱水区域,整个成形脱水区较长网短得多。纤维的成形既不像长网成形器那样喷浆成形,也不像圆网成形器那样挂浆成形,而是纤维处于充分悬浮状态,在网上脱水后,垂直沉积。也就是说,纤维在网上成形时很少受到网前进方向上的外力而改变纤维的方向,仅受到在垂直方向的较大的真空抽吸力,使斜网成形器在较短的区域内可大量地脱水,并形成均匀的湿法非织造布。

1. 斜网成形器的进浆系统及控制 纤维在斜网成形器中成形全部是在纸料悬浮液状态中进行的。因此,在实践中要充分发挥斜网成形器独特的优点,研究和重视进浆系统的设计,选择合理的控制方法,这是十分重要的。

(1)进浆系统的特点。

①进浆浓度在临界浓度以下:一般采用的浓度为0.005%~0.025%。

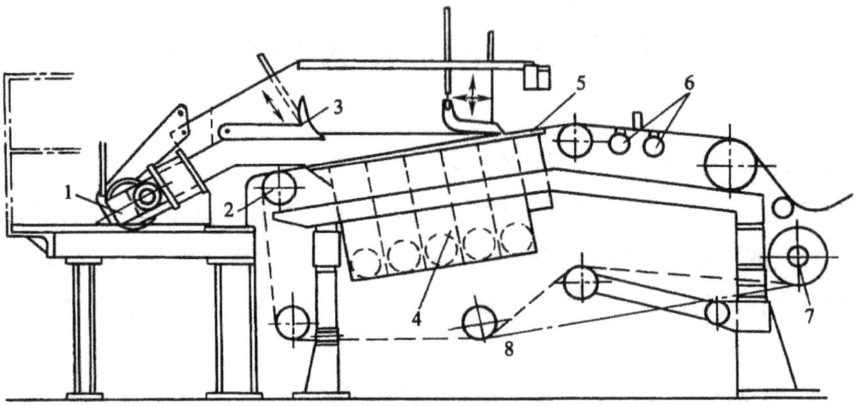

图 2-4-1 斜网成形器结构示意图

1—流浆箱 2—胸辊 3—唇板 4—脱水成形箱 5—成形板

6—脱水管 7—驱动辊 8—网部(成形网)

②进浆的流送量大:以 1 个日产 5 吨的茶叶滤纸生产线为例,其冲浆泵的流量须选择 15000L/min 以上。

③有较大的回流量:为了使总管压力稳定并防止纤维束、空气等聚集到末端,总管必须有一定的回流量,一般回流量应控制在 8% ~10%。

④采用白水封闭循环:除小部分水分由湿纸页带入压榨部外,网部产生的大量的白水应采用封闭循环回用。

(2)进浆系统的控制。进浆系统流量的控制,通常是采用控制压力的方法进行。图 2-4-2 是一个典型的斜网成形器进浆系统控制原理简图。

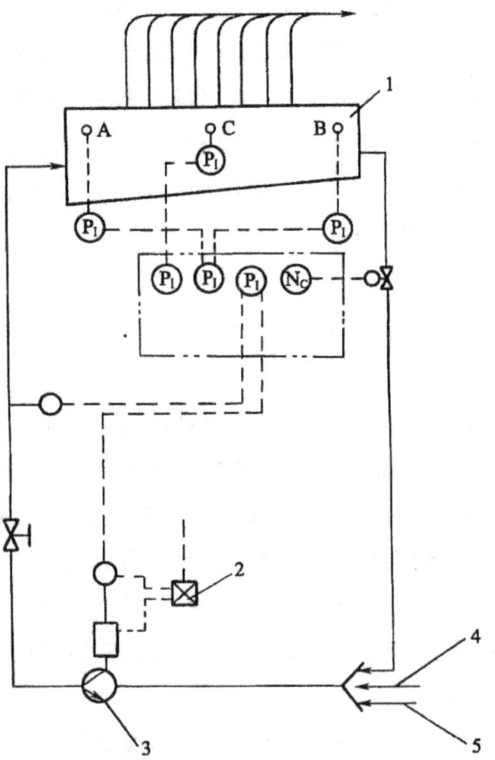

图 2-4-2 斜网成形器进浆系统控制原理简图

1—进浆锥形管 2—AC 发动机 3—冲浆泵

4—白水 5—纤维料

A,B,C—压力传感器 P_I—压力控制器 N_C—阀门

对进浆系统压力的控制,一般有两种方法,一是仪表显示控制;二是人工目测控制。

①仪表显示控制:图 2-4-2 中 A、B 两处为压力传感器。在保持总管流量不变的前提下,来调节回流量的大小,使 A、B 两处的压力平衡,保证进浆沿着成形器全幅的压力相等且稳定。

②人工目测控制:将图 2-4-2 所示的 A、B 两处连通,采用水平仪的工作原理,使 A、B 之间的压力平衡,同样以控制回流量的方法来保证进浆的稳定性和均匀性。

对两种方法的选择,可根据生产厂家的条件以及产品的要求予以确定。

2. 斜网成形器的纸页形成和脱水　斜网成形器在临界浓度下成形和脱水，且大都是抄造长纤维或工业纤维的特种纸或湿法非织造布。因此，为保证纸页成形的均匀和大量的脱水，其结构形式基本具备两大特点：一是高效率的流浆箱；二是能够产生高强度微湍流的流浆箱。这是因为纸页成形虽在网上，而实际上又是在流浆箱中进行。这就要求流浆箱既能有效、分散地脱去大量的水，又要保证纸页成形的质量，因此，真空脱水系统就至关重要了。

(1)斜网成形器的流浆箱：斜网成形器的流浆箱一般均采用阶梯扩散器的流浆箱。通常是纤维悬浮液由方锥管从侧面进入阶梯扩散器，再通过阶梯扩散器，使纤维悬浮液在堰池中沿成形器横向均匀地分布，并产生微湍流，以分散纤维的絮聚。图2-4-3是纤维悬浮液纸料在进入流浆箱阶梯扩散器的速度流动曲线，它十分清楚地表明：纤维悬浮液进入阶梯扩散器不仅改变了流送方向，同时流动速度也迅速增加。然而，经过二级及三级扩散后，使纤维悬浮液的动能变为静能，产生了高强度的微湍流，直至保持到堰池上网。

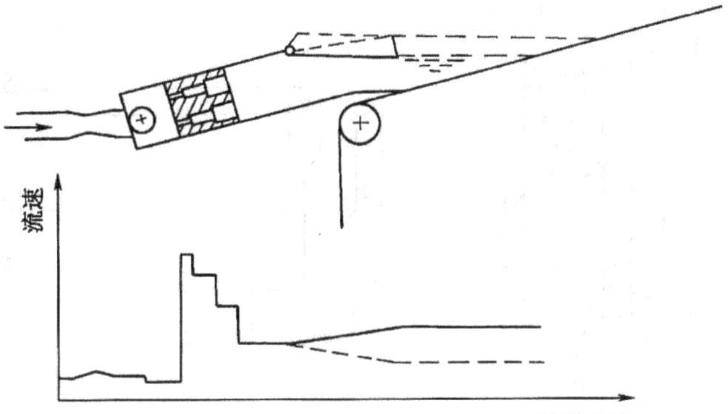

图2-4-3　纤维悬浮液纸料进入流浆箱阶梯扩散器的速度流动曲线

阶梯扩散器的设计，要根据纤维形态、上网浓度、流动速度以及阶梯扩散器本身的结构(形状大小、阶梯数量)而定。一般先在计算机上进行模拟，继而在研究中心加以验证。这样的阶梯扩散器才能满足产品质量的需要。

斜网成形器的流浆箱有开放式和封闭式两种，在低车速的情况下，宜选择开放式，图2-4-4是开放式和封闭式斜网成形器的成形与流速关系示意图。

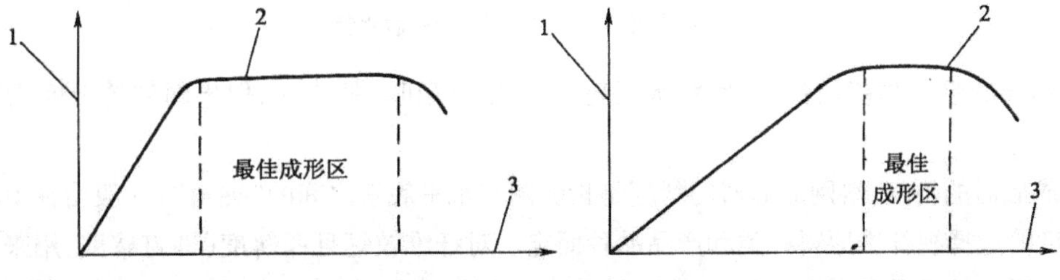

图2-4-4　开放式和封闭式斜网成形器的成形与流速关系示意图

1—成形　2—最佳成形区　3—车速

如图 2－4－4 所示，开放式对车速的适应范围较广，且容易操作，但是如果车速较高，还是选择封闭式为宜，这样成形的匀度较为理想。

(2)斜网成形器的真空系统：斜网成形器的真空系统与成形存在着“特殊”关系。所谓“特殊”是指它不同于一般长网成形器，一般长网成形器的真空系统几乎纯粹是脱水作用，而斜网成形器的真空系统还担负着控制纸的成形。图 2－4－5 是一个典型的斜网真空系统。从理论上来讲，为了保证纸页的良好成形，各真空水箱的脱水量应该是相等的，以保证纤维分批连续地均匀分布在网面上。但在实际操作中，各吸水箱的脱水量可能会出现差别。一般在出成形区的最后一个吸水箱，除具有脱水功能外，还兼有固定湿纤维层的作用，以保证湿网能顺利地传递到压榨部。由于前面吸水箱有控制网部成形的功能，故常选用低压真空风机。而湿网进入最后一个吸水箱，已经出了成形区，可以采取强制脱水，一般是选用高效率的真空泵。

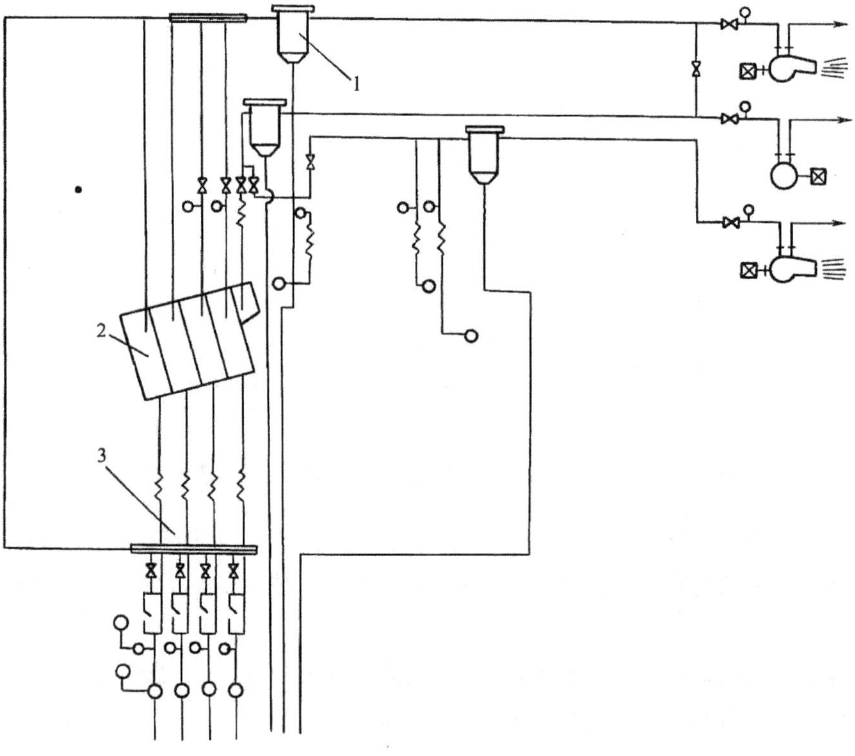

图 2－4－5　斜网成形器真空系统控制原理图

1—汽水分离器　2—脱水箱　3—脱水管

斜网成形器的吸水功能较强，虽然脱水区比一般长网纸机要短得多，但出网部的干度仍然可以达到 20%～25%。

①斜网成形器的斜度：斜网成形器的斜度是指斜网与水平底轨之间的“夹角”，一般均在 10°～30°之间选择。斜度的选择视纤维原料种类和产品品种而定。对纤维较短且叩解度(即打浆度，用来表示浆料的滤水性能或脱水的难易程度)较低的纸料，由于脱水较快，脱水区可以较短，斜度可以适当大些，脱水箱的个数也可以相应减少。反之，叩解度较高，脱水较慢，脱水区需长些，脱水箱的个数也可以增加。在相同的叩解度下，纤维较长，浓度较低，因脱水量较大，成形区要加长，斜度也应该选择小些。反之亦然。

②流浆箱侧面和网面的密封：由于网浸入流浆箱内，流浆箱的侧面与网面需要采用特殊的密封技术。通常有水封和密封片两种。水封方法是借助水压在流浆箱两侧产生一定的静压头，以防止流浆箱纸料向两侧溢出。密封片方法是选用特殊材料固定在流浆箱的两侧，以挡住纸料从流浆箱两侧溢出。选用水封方法更为可靠、实用。

（二）斜网成形器的工艺设计和应用

斜网成形器与长网成形器相比较，其设计原理不一样。图2-4-6是通过实验室内模拟试验和实际应用得出的斜网成形器上网浓度、纸机车速、定量、产量和脱水量之间的模量图，在斜网成形器的设计和长纤维特种纸的生产中得到了广泛的应用。

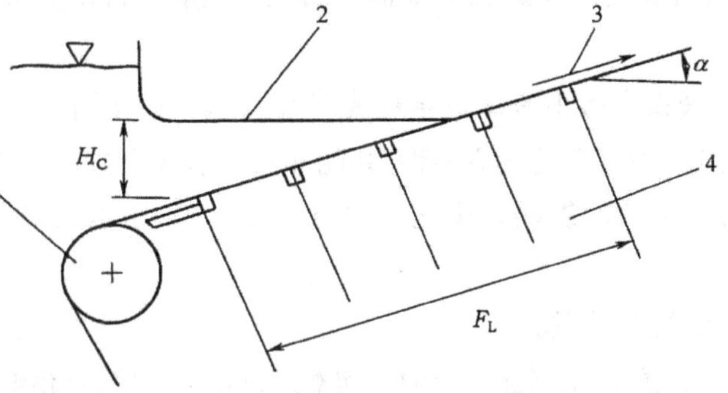

图2-4-6 实验室内模拟试验斜网成形器示意图

1—网辊 2—唇板 3—网运行方向 4—成形脱水箱

对斜网式湿法成网的研究工作表明：

(1)成网帘的倾斜是必要的，倾斜式网帘对水流来说比水平式网帘具有较大的横截面，允许在浆速不变时通过大量的水并从网帘上滤去。

(2)成网料桶中悬浮浆的压力很大，会给悬浮浆与成网帘相交处的密封造成麻烦，必须引起重视。

(3)脱水迅速的纤维应尽可能快地铺到成网帘上。

(4)难以脱水的纤维要求有较长的成网区。

(5)成网帘的倾斜角度以10°~15°为佳。它适应大部分湿法非织造布生产的要求。对于可迅速脱水的纤网(如玻璃纤网)，倾斜角度可以增加。这样缩短了成网区的长度，通过配以适当的水量，可使成形器的结构紧凑。

(6)纤网中纤维的排列可以适当控制。一般情况下，如果成网帘的运动速度与悬浮浆的输送速度一致，则纤维呈杂乱排列。如果两者差异很大，则纤维呈一定的纵向排列。实际生产时，成网的运动速度一般保持恒定。因此要靠调节悬浮浆的输送速度来控制纤维排列。这可通过改变成网帘与挡板的角度、成网区的长度进行调节。

现在湿法成网工艺都倾向于采用循环水路，因为只要用少量水就可以进行循环，轴流泵只需要补偿摩擦损失和成网料桶的压力损失，这样可以大大节约能源。但是，循环水路系统中聚集的空气不易逸出，因而易导致操作困难。另外，当生产厚纤网时，在凝网帘上的压力差会增加，会造成泵中出现空穴的危险。

(三)斜网成形器的适用性

1. 适合于长纤维及其混合纤维在低浓状态下的成形 长纤维纸浆在储存和输送过程中易絮聚。这就需要长纤维在上网时有足够的空间保持其悬浮状态,以防止絮聚。斜网成形器正是为满足长纤维及其混合纤维上网特殊要求而设计的,它通常可以适应长度为3~25mm的长纤维和上网浓度在0.05%~0.025%之间的成形。

2. 保证了成品较好的均匀度及透气性 只有在高度稀释状态下的纤维悬浮液,才能保证细长纤维有充分的自由舒展。这样就要求斜网成形器及时大量地脱水。斜网在堰池内可产生200~500mm高的成形屏障,且整个脱水和成形基本同步进行,多次、长时间地使纤维在充分舒展的情况下在网上成形。所以抄造后成纸均匀度佳,并能满足对透气性能的特定要求,如汽车过滤材料、咖啡过滤材料等。

3. 特别适用于纵横强度比小的湿法非织造布的成形 由于斜网成形器的成形和脱水原理特殊,所成形的纤维在网上排列无明显的方向性,并能在网上的各个方向上均匀分布,这就达到了成纸纵横强度差别小的目的,一般的纵横强度比为(1.1~2.8):1,可以满足某些长纤维特种纸特性的要求。

(四)斜网成形器的种类及其发展

最初发明的斜网成形器,其斜度比一般的长网造纸机稍微大些,且角度固定,如图2-4-7所示。这种成形器车速低,在网上液面所产生的压头比一般的长网造纸机大不了多少。浆料在网上的向前速度靠多堰板控制,完全是开放式的,而且是自然脱水。但仍适合于麻类等长纤维和合成纤维的悬浮液的抄造。随着更多合成纤维的利用及非织造布工业的发展,低浓成形的应用日益增加,现在已发展出了不同结构及适用性强的斜网成形器。图2-4-8是一种改良的不带堰板控制液位、有固定角度、网下靠真空吸水箱脱水的斜网成形器。在此基础上进一步改进,形成了图2-4-9具有开式流浆箱并可调节斜网角度的成形器,它能抄造不同类型的纤维。为了使流速和网速一致,控制纤维悬浮液上网的均匀性,又改进设计出了如图2-4-10所示的成形器,它采用了堰板控制浆速的装置,同时又借鉴了长网造纸机多孔阶梯扩散技术,可控制浆液的速度及湍流的形式。

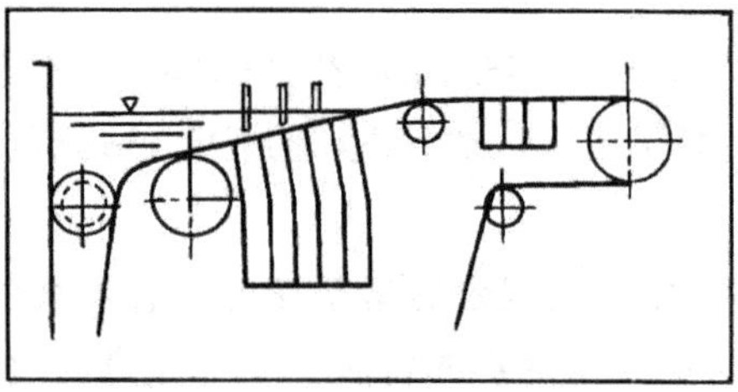

图2-4-7 原始的斜网成形器

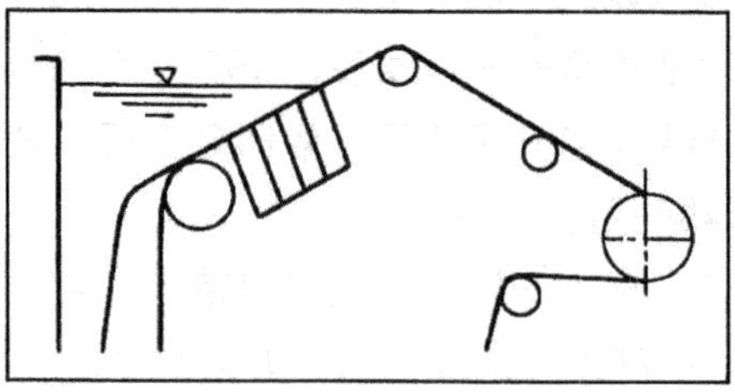

图2-4-8 具有真空脱水及固定角度的斜网成形器

以上斜网成形器的设计大都是单层上浆,随着双层和三层成形器的开发利用,既促进了过滤材料工业的发展,也促进了耐用非织造布和复合材料的发展。先进的斜网成形器可利用合成纤维和热塑树脂的复合技术,如图2-4-11和图2-4-12所示。

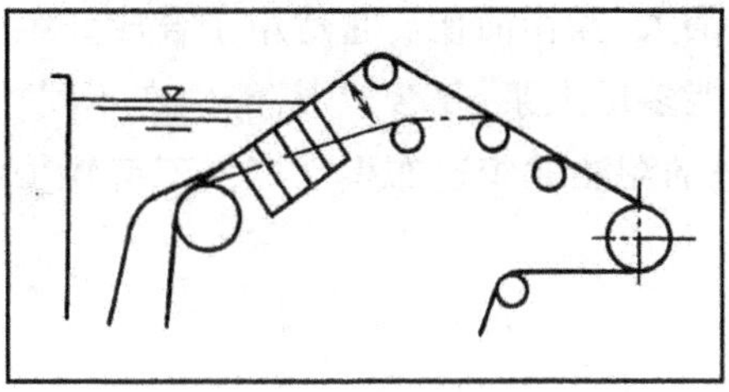

图 2-4-9　有开式流浆箱并可调斜网角度的成形器

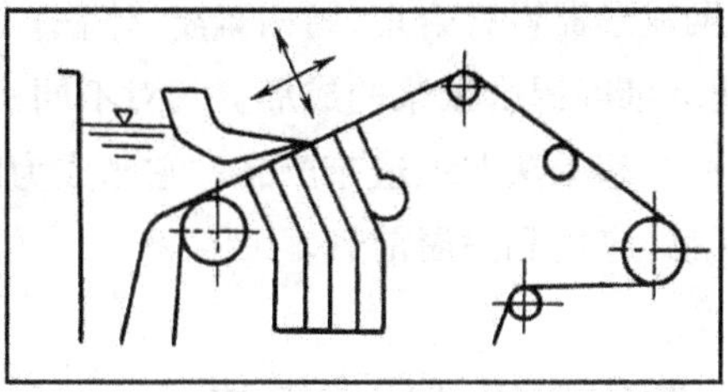

图 2-4-10　同步控制浆速、网速并有固定角度的斜网成形器

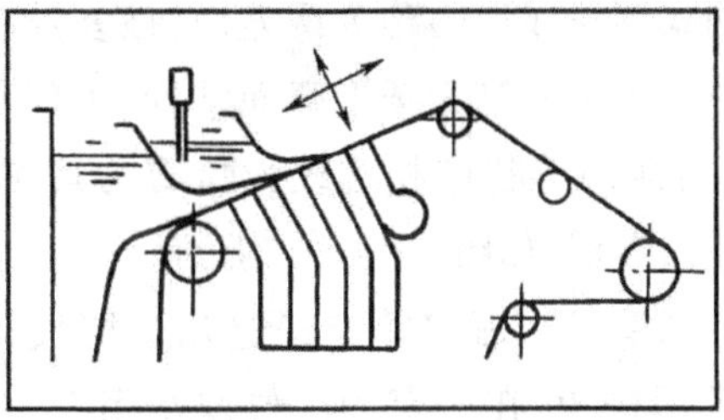

图 2-4-11　用于生产双层纸页的斜网成形器

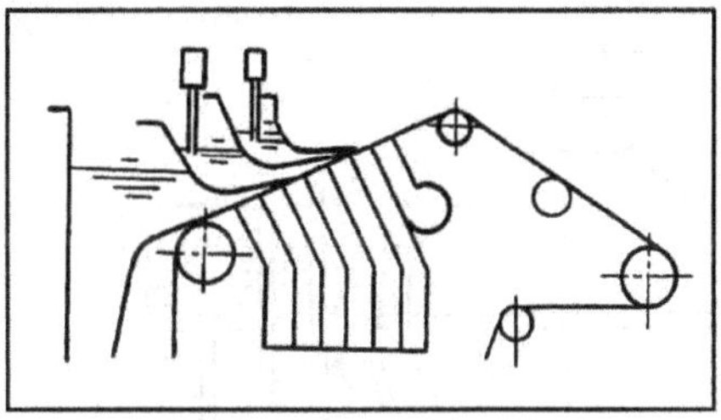

图 2-4-12　用于生产三层纸页的斜网成形器

液压式流浆箱应用于斜网成形器，提高了成形器的车速且改善了纸张的均匀度，其结构如图 2-4-13 所示，双层液压式流浆箱斜网成形器如图 2-4-14 所示，三层液压式流浆箱斜网成形器如图 2-4-15 所示。图 2-4-16 是一种变化的斜网成形器，可用于生产双层复合纸页。由此可见，多层斜网成形器符合生产特种非织造布特别是长纤维材料的需要，它易使低浓度长纤维脱水，适合生产多层特种纸的需要。液压式流浆箱配上斜网成形器，保证了在较高车速下成形网的结构和均匀度。

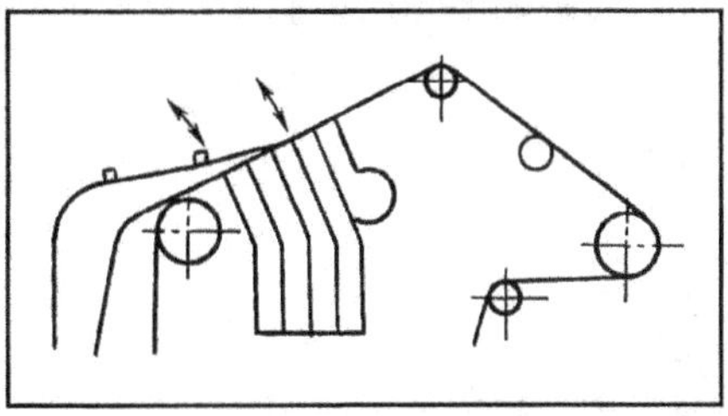

图 2-4-13　液压式流浆箱斜网成形器

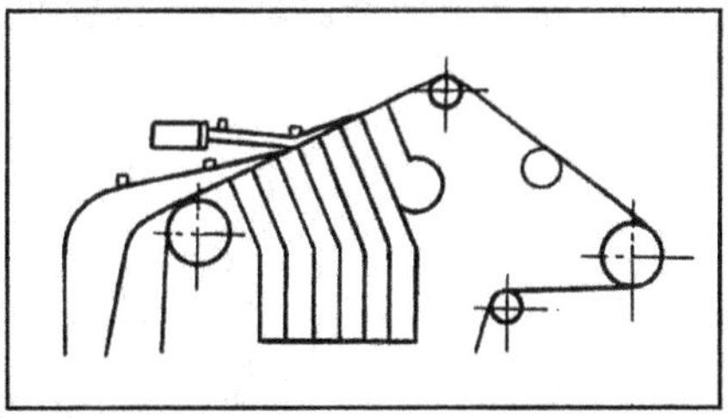

图 2-4-14　双层液压式流浆箱斜网成形器

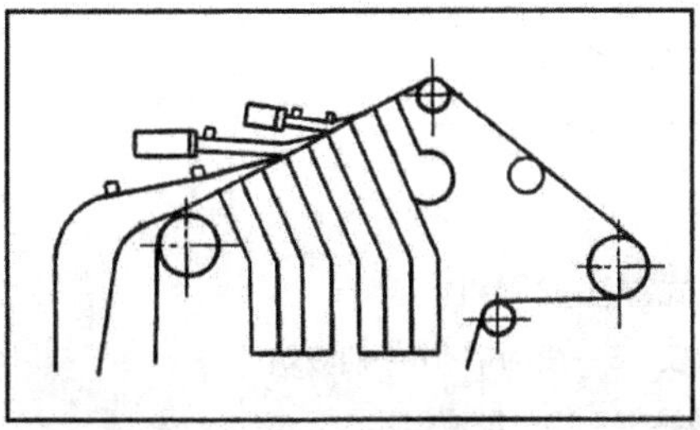

图 2-4-15　三层式液压流浆箱斜网成形器

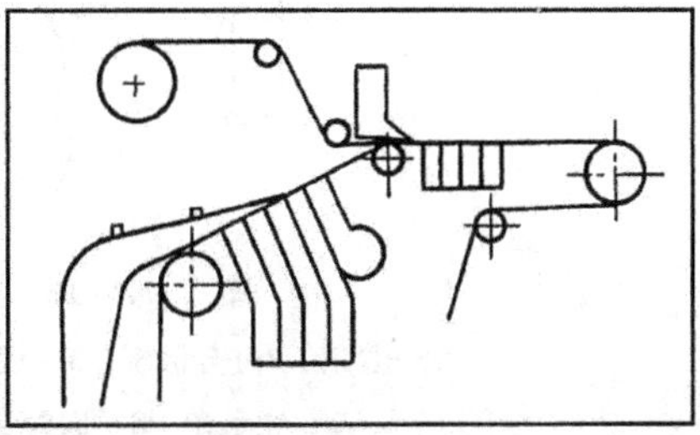

图 2-4-16　三层纸页夹有中间基层的斜网成形器

斜网成形器设计合理，结构紧凑，体积较小，适应范围大，操作简便。它适用于合成纤维、矿物纤维、金属纤维等混合纸浆的成形。它对不同性质的纤维能多层上浆，复合成形，能生产不同功能和用途的特种纸和湿法非织造布产品。它已成为国际上先进的湿法非织造布生产厂家不可缺少的设备，有着广阔的应用和发展前景。

二、圆网式湿法成网系统

从成网原理来讲，圆网式湿法成网与斜网式湿法成网的主要不同之处是成网帘的形状，前者为圆形网，后者为一倾斜的平帘，倾斜式可以看做是曲率很大的圆网式湿法成网。

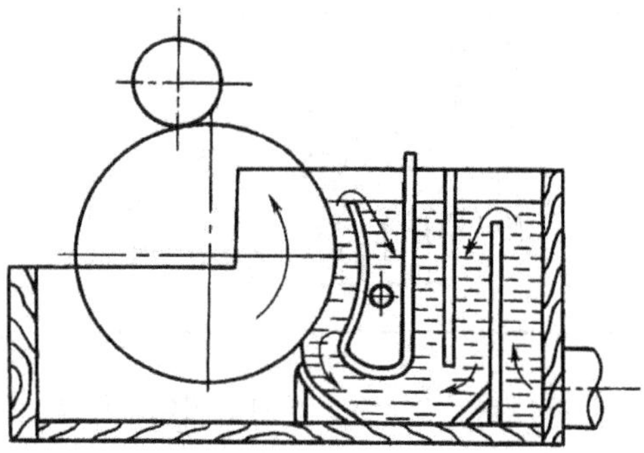

图 2－4－17　圆网成网机

圆网式湿法成形网称为网笼，它被安放在流浆箱的堰池中。由于网笼为圆形弧面结构，为保证成网的均匀性，堰池的形状应相应改为弧槽与其相配，弧形的堰池称为网槽，如图 2－4－17 所示。

纤维悬浮浆在流浆箱中经过几个挡板转向后进入成形区网槽中，在一定的液位差作用下，水通过网笼的网眼进入到网笼中被抽走，而纤维则留在网笼的网面上形成纤网。

图 2－4－18 是典型的圆网式湿法成网机（Rotoformer）。纤维悬浮浆由管道 1 经分散辊 2，输入成网区 3，用 1 块可以调节的挡板 4 来控制成网区空间的大小，成网帘 5 为回转的圆网滚筒。纤维悬浮浆经抽吸箱 6 的作用而使纤维凝聚于圆网表面，水则被吸入抽吸箱，进入滤水盘 7。为了保持圆网表面的清洁，由 3 只喷水头进行冲洗。回转滚筒 8 中有一固定的吸管对准圆网表面，帮助纤维离开圆网，并转移至湿网导带 9 上成网。悬浮浆在成网区中的高度可由溢流螺栓 10 调节。

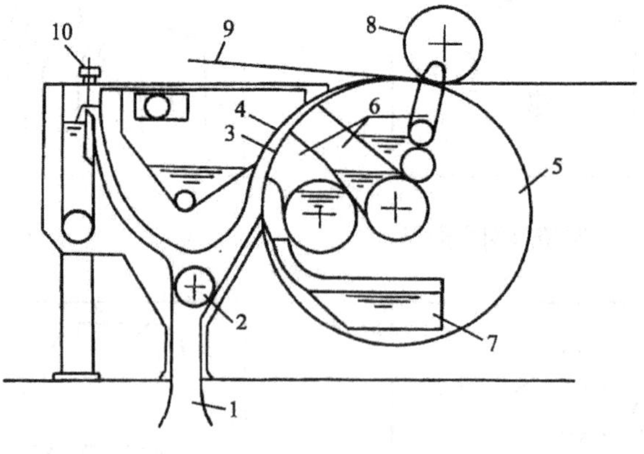

图 2－4－18　典型的圆网式湿法成网机

1—管道　2—分散辊　3—成网区　4—挡板　5—成网帘　6—抽吸箱
7—滤水盘　8—回转滚筒　9—湿网导带　10—溢流螺栓

三、复合成网系统

在湿法非织造布中加入纱线、长丝或其他均匀带有较大孔隙的薄型柔性材料,可增加产品强度,改善产品性能,该系统称为复合成网系统。纱线一般利用斜网式湿法成网机,在成网过程中加入,如图2-4-19所示。

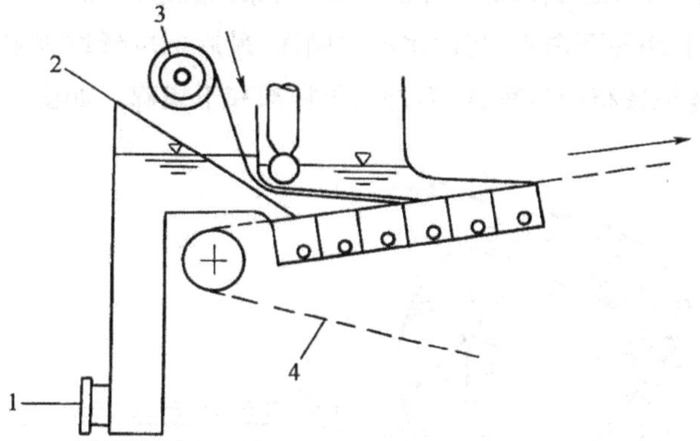

图2-4-19 加入纱线的斜网式湿法成网

1—纤维悬浮浆 2—成网区 3—纱线 4—成网帘

纤维悬浮浆1由管道输入到成网区2,纱线3从经轴退解后引入成网区的中间。这样,在成网帘4上形成的纤网中就加入了纱线。

(一)侧浪式成形器(图2-4-20)

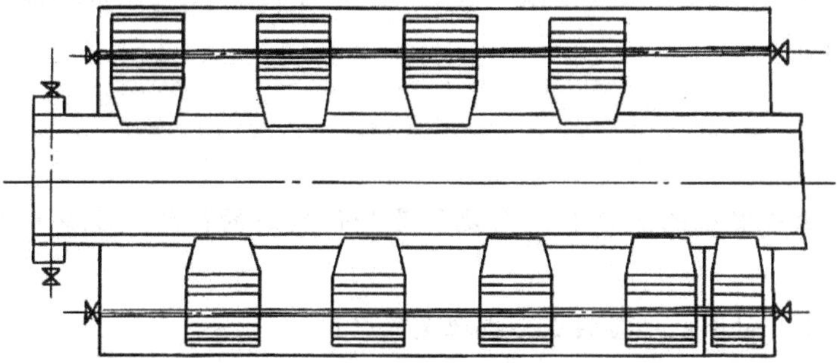

图2-4-20 侧浪式成形器平面示意图

侧浪式成形器是20世纪60年代初在浙江温州蜡纸厂发明成功的,可作为中国湿法非织造布实现机械生产的标志,而杭州新华集团有限公司是目前拥有侧浪式成形器最多的企业。这种成形器可充分利用木本类长纤维原料,如桑树皮、构皮、三桠皮等生产各类湿法非织造布,即传统意义上所称的各类韧皮长纤维纸,如铁笔蜡纸基材、打字蜡基材、非热封茶叶滤纸基材等。这类产品的定量在9~13g/m² 之间。

(二)侧浪式成形器的工作原理

侧浪式成形器的主要成形机理是在手工抄纸的基础上脱颖而出的,手工"打浪"的目的是使纤维在成形网帘上重叠交织,多次成形,以此达到纤维纵横均匀排列。纤维悬浮物从成形器网部两侧的垂直方向，即在长网成形器的基础上运行方向的两侧，各设置 1 只浆槽，槽内安装回转式打浪器若干只，凭借打浪器内的浪斗，把浆料提升到一定的高度，通过滤板的倾斜角，把浆料以一定的流速喷向网面。

打浪器的排列互不对称，避免了浆料的冲突，也保证了两侧浆槽内液面的平衡。通过均衡排列的喷浆元件（俗称浪斗）横向上浆，在网部向前运行过程中通过案辊多次脱水成形，同时，凭借浆料在帘面上的快速流动，把浆料中的纤维束、浆疙瘩冲出帘面，以保证成形的均匀。另外，在湿法成形的最后阶段，设计了一个推水器，利用网下白水，将白水冲向网面，最后把成形过程中浆料内的纤维束等杂质冲出，以保证已成形湿法非织造布的洁净，继而进入压榨部和干燥部。如图 2－4－21 所示。

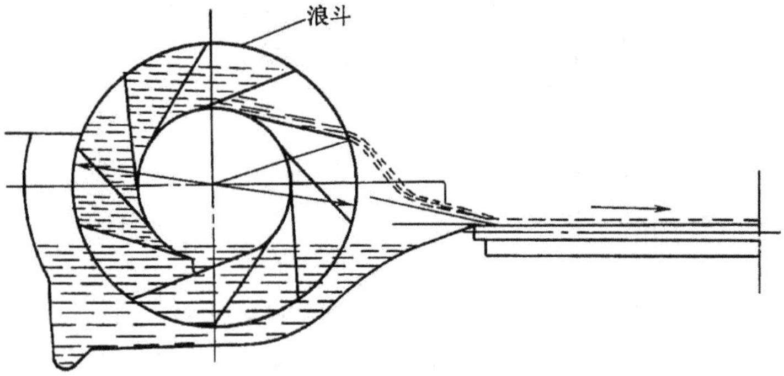

图 2－4－21　侧浪式成形器横截面示意图

侧浪式成形器能在 0.02%～0.03% 的低浓状态下成形，依靠高分子分散剂保持纤维的分散状态，边脱水边成形。由于它在成形网的横向上浆，使得最终成品纵横强度非常接近，其适用纤维的长度比斜网成形器长，投资少，操作简便。其主要缺点是生产效率较低，耗用分散剂较多，强度、透气度、均匀度等都不如斜网成形器。

思考题

1. 浆料在成网过程中发生的选分和定向现象是如何造成的？两种现象对纤网的具体影响是什么？
2. 何谓斜网成形器？斜网成形器的成形机理是什么？
3. 斜网成形器的进浆系统有何特点？
4. 简述斜网成形器的结构特点。
5. 斜网成形器的设计要求有哪些？
6. 与其他成形器相比，斜网成形器的优势有哪些？
7. 斜网成形器的种类有哪些？各有何特点？
8. 圆网成形器与斜网成形器的区别。

第五章　干　燥

本章知识点

1. 湿法非织造布干燥的原理和作用。
2. 湿法非织造布干燥的形式。
3. 接触式干燥的过程。

第一节　干燥的作用及其与湿法非织造布的关系

一、干燥的作用

干燥及热处理的作用主要包括：在压榨后蒸发湿纸页的水分；提高湿法非织造布的物理性能；进行热定型或热黏合处理；在干燥间配以施胶或浸渍，赋予湿法非织造布特殊性能。

二、干燥与湿法非织造布的关系

1. 物理性能　进入干燥部的湿法非织造布中存有3种不同形式的水分，即游离水、毛细管水和结合水。干燥一开始，蒸发的首先是游离水，其次为纤维微孔中的毛细管水，最后才是存在于纤维细胞壁中部的结合水。

干燥初期，纤维间可以自由移动，蒸发出游离水水分后，由于水的表面张力作用，纤维相互靠拢，当水分大于60%以上时，纤维结合力不明显，一旦干度达到某一临界值，一般达到55%以上时，湿法非织造布中的纤维产生氢键的结合，随着水分的进一步除去，干度不断提高，它的强度迅速增长。湿法非织造布在受热蒸发并脱水的过程中，它被干布或干网压在或衬托在干燥器表面而向前牵引，故纵向无法自由收缩，而是被拉长。而其横向很容易收缩，最终湿法非织造布的纵向抗张强度加强，它的韧性也同时增加，干燥后的尺寸稳定性也得到改善。故干燥不仅改变了湿法非织造布的强度，而且还会影响其密度、吸收性、透气性、表面平整度等，同时干燥方式也与其性能密切相关，如快速升温的高强化干燥，将会增加湿法非织造布的松厚性、孔隙率、吸收性和透气性，同时减小其密度、强度、透明度等；反之，缓慢升温的低温干燥，其效果恰好相反。湿法非织造布的过度干燥，一方面能使植物纤维的可塑性降低，同时，由于纤维素产生氧化降解，其强度受到影响；另一方面，长时间的加热干燥将使纤维素聚合度下降，α-纤维素含量减少。故干燥的方式和工艺一定要视产品的特性来选择。

2. 伸长和收缩 湿法非织造布在干燥时的收缩决定于纤维的种类、化学组成、纤维的排列以及成形方式等。

干燥过程中主要是在厚度上产生收缩，干态比湿态厚度大大减小，而横向与纵向的收缩，与设备和牵引方式有关，但不如厚度上的收缩明显，而且纵向又不如横向。在干燥过程中的收缩越大，则成品的伸长率越大，吸湿变形也越大。湿法非织造布的伸长和收缩还与干燥部的牵引力大小和干网的松紧密切相关。牵引力越大，成品的纵向伸长率越小，但它的横向伸长率有所提高。

3. 从湿部到干部的传递 为了避免湿断头，从湿部到压榨部或直接到干燥部的设计，往往从网部伏辊处采用引布毛毯传递。传递有开放式和封闭式（真空）两类，选择何种传递方式，取决于车速、产品的定量以及纤维结构等因素。

开放式传递适用于中低速成形产品的生产，在湿法非织造布的生产中应用较为普遍，开放式引布主要有人工传递、真空吸引和压缩吹移等方式。湿成形布从网上剥离下来引入干部的时候，网与布的受力主要有黏着力、表面张力、离心力、重力、惯性和张力等，要克服以上的力，剥离时需要消耗能量。故开放式引布的主要任务是减少断头，提高车速。其具体措施有：

（1）设计时尽量增加剥离角。

（2）尽量增加网部的真空，以降低剥离湿成网的水分。

（3）尽力减少湿成网被黏附网或辊的各种附着力。

封闭式传递适用于高速和薄型产品的生产，真空吸引辊装在伏辊上方或真空伏辊的两个真空室之间，一般装在湿部成形网之前，接触到真空伏辊与传动辊之间的一段网上，以尽量使成形网速度与毛毯速度一致。封闭式传递的最大优势是它不仅能提高车速，而且能减少断头。

第二节 干燥的形式及其设备

一、接触式普通烘缸干燥

1. 干燥原理 湿法非织造布的接触式普通烘缸干燥，其水分是在受热的烘缸表面蒸发的，它从烘缸的壁上获取热量而使温度上升，水蒸气又被干毯吸收再通过干毯蒸发。水分的蒸发与非织造布的表面温度、水蒸气压力跟周围环境空气的温度、烘缸的传热和干燥通风情况有关。如湿法非织造布的表面蒸汽压大于周围环境空气的蒸汽压时，水分就会在布的表面汽化而逸到周围空气中去，与此同时，形成布的内部温度与表面温度差，使水分由内而外扩散。所以接触式普通烘缸干燥的过程实际上是一个汽化和扩散的组合。就湿法非织造布整个干燥过程来说，可分为 3 个干燥阶段，就每个烘缸来说，可分为 4 个循环。

2. 干燥过程 湿法非织造布在汽化和扩散整个综合干燥过程中，若热源足够，接触式多烘缸的干燥在湿法非织造布生产中也被广泛采用。其全部过程可分为 3 个阶段，即升温阶段、恒温干燥阶段和降速干燥阶段。

（1）升温阶段：进入干燥部的湿法非织造布的温度约为 10～30℃，视室温而异。这一阶段必须将湿法非织造布加热至蒸发温度，加热不能过快，否则会破坏湿法非织造布的组织，引起纤维间结合力下降，影响到成品的强度，此时烘缸传递给湿法非织造布的热量是用来提高其温度的，水分变化不大。由于湿法非织造布的厚度不大，此时温度上升幅度很快，这一阶段是比较短暂的。

（2）恒温干燥阶段：当湿法非织造布被加热到相当于蒸发温度时，即进入了恒温干燥阶段，此时，湿法非织造布绝对湿度的降低与干燥时间成正比，湿法非织造布内部水分扩散的程度大于外部扩散速度，其表面有足够水分汽化，干燥的速度决定其对外的扩散。湿法非织造布的表面是被水分所包围的，其表面温度等于蒸发温度。在这期间，湿法非织造布蒸发水分最多，并是在多烘缸上进行的，干燥时间约占总干燥时间的50%～60%。

（3）降速干燥阶段：湿法非织造布达到一定的干度时，其内部水分向表面扩散的阻力增大，当湿法非织造布表面水分蒸发速度大于内部的扩散速度时，蒸发速度开始下降，从而进入了一个降速干燥阶段。

湿法非织造布的干燥速率很大程度上取决于烘缸内部蒸汽性质及干燥部通风的能力。所以要不断地排除烘缸内部的空气和冷凝水，保持烘缸内外表面清洁，使烘缸传热正常，保持干毯的干燥和张紧程度，经常保持供汽阀门的畅通，这些对提高干燥效率是十分重要的。

接触式干燥缸的数量可根据不同品种而不同，各个干燥缸的温度也是不同的，可根据工艺要求进行调节。把烘缸温度调节为由低到高并逐步上升，直到烘干结束，几个烘缸温度连起来的曲线叫干燥曲线，或叫烘干曲线。合理地设置和控制干燥曲线，是保证质量、节约能源和有利干燥的重要条件之一。

二、气流干燥器

气流干燥器是采用对流原理设计的干燥装置，它的热量传递是以空气作为介质，它先把热量传递给空气，使干燥的空气达到一定的高温，然后使空气充分地接触被干燥物，并将能量传递给被干燥物，使水分得到蒸发。气流干燥器一般可分为以下几种形式：

1. 平板式热风干燥器 如图2－5－1所示。

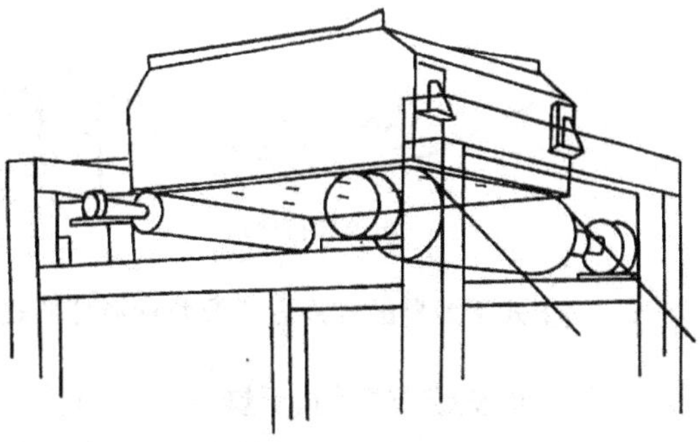

图2－5－1 平板式热风干燥器示意图

2. 拱式热风干燥器 如图2－5－2所示。

3. 气垫式热风干燥器 如图2－5－3所示。

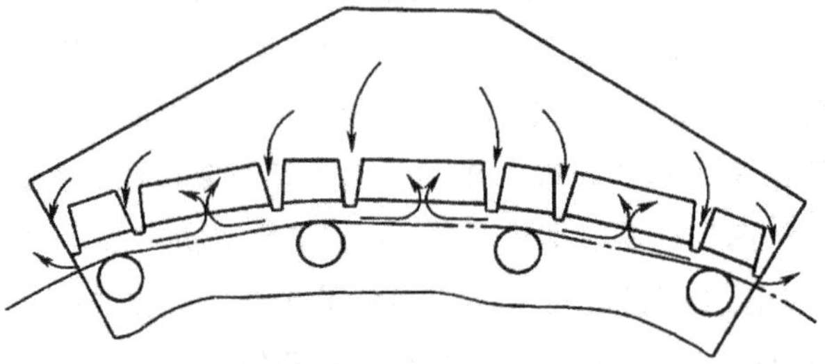

图 2-5-2 拱式热风干燥器示意图

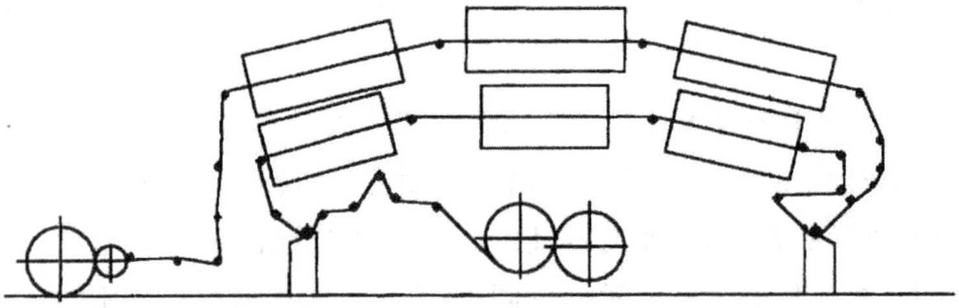

图 2-5-3 气垫式热风干燥器示意图

气垫式热风干燥器是被干燥的湿法非织造布不接触干燥器的干燥形式，它可以单侧布置，但大多数气垫式干燥器为双侧（即上下）布置，双侧布置的气垫式干燥器可再分为对应排列式和交错排列式，如图 2-5-4 所示。气垫式热风干燥器的喷嘴形式也有气浮式和气翼式两种。

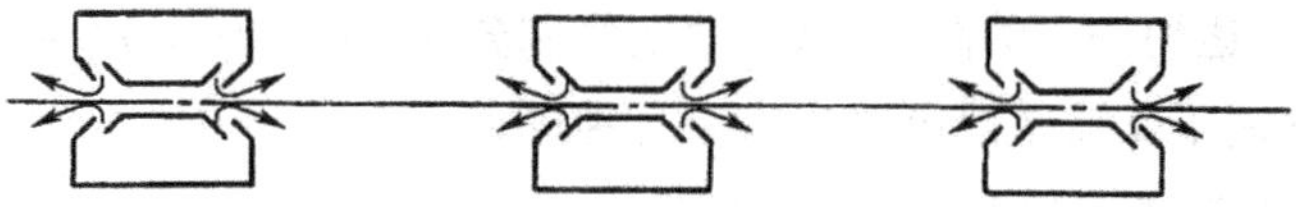

(a)对应排列式

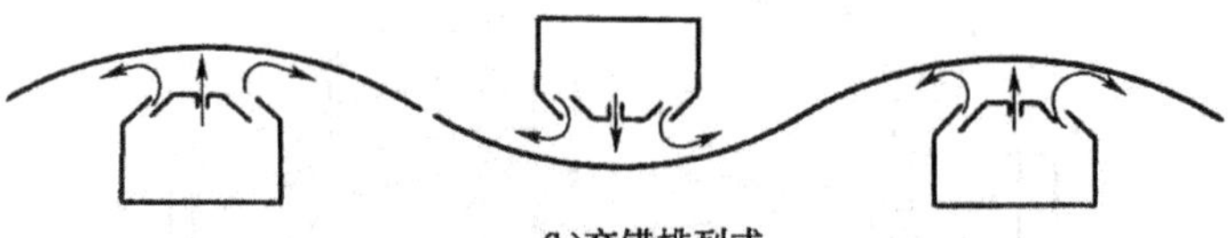

(b)交错排列式

图 2-5-4 气垫式干燥器的排列方式及两种喷嘴形式示意图

气浮式的喷嘴图 2-5-4(b)是对称交错布置的，干燥空气从喷嘴的两侧喷出，由于产生了“附壁现象”，横向气流给干燥物带来摩擦作用，从而达到了最佳的热和质的传递，同时把干燥物支撑在某一位置。喷嘴的这种设计形式，使湿法非织造布全幅在最佳运行状态下达到最大限度的热量交换，湿法非织造布能以正弦波形式穿过气垫箱，这样就能防止褶皱和卷曲，能获得最佳的运行稳定性。气翼式干燥器的喷嘴结构如图 2-5-4(a)所示，干燥空气从喷嘴一侧喷出后随非织造布运行方向一起向前进。由于“附壁现象”，非织造布将被定位在离喷嘴一定距离处，这种喷嘴结构给予非织造布以极佳的稳定性和较好的干燥能力。

气垫式热风干燥器的空气循环是通过循环风机轴向抽吸穿过空气加热器的干燥空气，再把它吹送到气垫箱内完成的。具有代表性的空气循环系统如图2－5－5所示。空气循环系统主要的组成部分如下：

（1）循环风机：它决定了喷出干燥热空气的体积量，而此体积量取决于喷嘴的开口和所需的喷送速度。

（2）热交换器：供气系统可以利用许多热源来加热循环空气，常见的有高压蒸汽蛇形管和燃油交换器等，可以将干燥空气加热到最高温度200℃。

（3）排湿风机：通过它将一定数量的接近饱和的空气排出，在热交换器内引入并补充干空气。

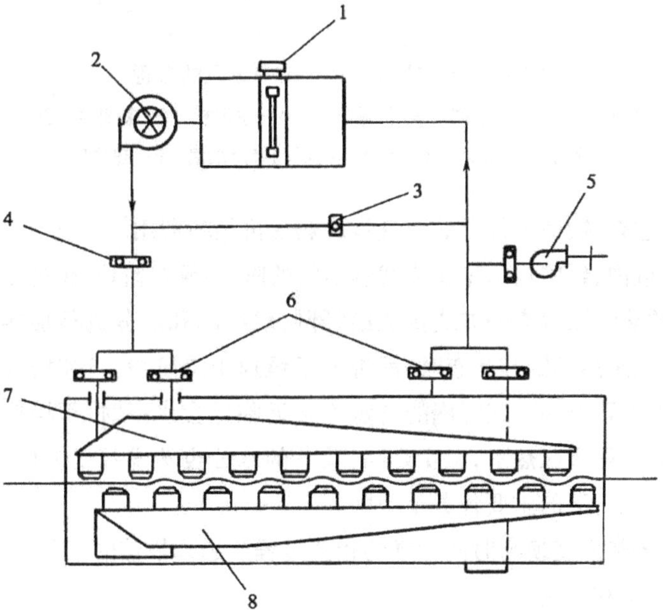

图2－5－5 气垫式热风干燥器的空气循环系统示意图

1—新鲜空气 2—循环风机 3—旁通风门 4—供气风门 5—排风机
6—排气风门 7—上部干燥器 8—下部干燥器

三、热风穿透干燥器

热风穿透干燥器采用空气对流的原理，让热空气经主风机的抽吸作用把热量直接传递给纤网来蒸发水分，从而保证了高效的热质交换。图2－5－6为热风穿透干燥过程中热风的流程。它可以精确地进行温度控制和温度分布均匀性的调节，再通过微机控制来达到高效节能的目的。

热风穿透干燥系统的主要构件是蜂窝滚筒。当含有水分的纤网传递到滚筒，通过热风干燥真空区域时，纤网由不锈钢网罩支撑，这个真空区域由滚筒内部装配的真空密封装置来确立。通过不锈钢网罩传送到滚筒内的热风，在主风机形成的真空作用下穿透纤网并从滚筒的端部抽出，同台风机同时完成不锈钢网罩供气和滚筒排气的功能。热空气穿过纤网后，少部分潮湿的空气被排出系统外，同样

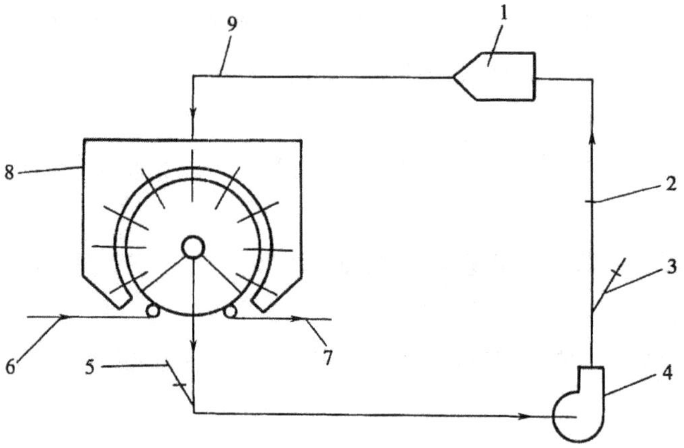

图2-5-6 热风穿透干燥中热风的流程

1—热交换器 2—主调节阀 3—排湿气阀 4—主风机 5—新鲜空气进气阀
6—湿网 7—干网 8—不锈钢网罩和蜂窝滚筒 9—热风管

体积的干燥空气被补充进系统，而大部分热空气被加热后再循环利用。

在热风穿透干燥区域内，纤网经历了3个截然不同的阶段：预热阶段、恒速干燥阶段、降速干燥阶段。在预热阶段，大量的热量以对流的方式传递给纤网，对纤网和水分进行加热，少部分热量用来蒸发水分。当纤网的温度逐渐达到饱和状态时，就进入了恒速干燥阶段。这时全部的热量用来蒸发纤网中的水分，纤网的温度不再升高。当纤网的含水率接近临界含水率时，干燥速度开始下降，从而进入了降速干燥阶段，此时纤网吸收热量，温度升高，残余的水分也蒸发掉了。如果纤网有热融或热黏合纤维存在，则在降速干燥阶段的主要任务是固网。

在热风干燥过程中的热质交换与时间延续的相关过程要选择最佳的工艺参数，如干燥温度、热风流量、排气含湿量等的设定和控制。

(1)干燥温度(热风温度)：热力学规律表明，热风温度越高，纤网的干燥效率越高，在实际生产过程中，热风的温度取决于热空气的加热方式及纤维原料的热性能。

(2)热风流量(热风速度)：热风流量受循环风机速度的限制，循环风机在滚筒内部产生较高的吸气压力，使大量热风穿透密度较高的纤网。当热风流量增加时，干燥速度也将提高。但是，在增大热风速度时，必须考虑到设备对压力、风机对允许电流的最大限制。

(3)排气含湿量：经验表明，排气的最佳含湿量是20%～30%，含湿量在此范围内可以保证较高的干燥速度和较低的能耗。

四、辐射式干燥器

辐射式干燥器是利用红外线辐射原理而设计的干燥设备。由于红外线是一种发射电磁波的不可见光线，其振动频率如果与构造物质的分子固有振动频率在同一范围内，当红外线对物质进行照射时，会引起电磁的共振，其热能可被有效地吸收。通常红外线辐射设备发出的辐射波长为0.7～1.0μm，并扩展至波长为8μm的热能，由于水不能被红外辐射所穿透，故水吸收红外线后可达到被加热的目的。液态水很容易吸收波长为2.5~3.3μm的红外线,对应的发射温度约在600~870℃范围内,其发射温度用加热强度来控制。红外线干燥器还必须配备一套强制对流通风系统,用于除去表面附着的热气,以将非织造布表面的水蒸气及时排除,提高干燥的效能。

辐射式干燥器具有设计紧凑和高能量输出的优点,它紧靠干燥物体,效果显著。当表面水膜还未遭到干燥气流的过多干扰时,涂料中的大量水分能有效吸收红外线的辐射能量,这会使水与干燥物的温度一起上升,不至于因失水而引起局部表面过快干燥而引起结皮现象。在高速干燥器的装置中红外线干燥已广泛采用。

思考题

1. 干燥的原理、作用各是什么?
2. 干燥的形式有几种?
3. 详细阐述接触式干燥的过程。
4. 简述气流干燥器的形式及优势。

第六章　几种主要湿法非织造布产品

本章知识点

湿法非织造布的应用领域。

第一节　食品工业用滤材

湿法非织造布在食品行业主要应用于袋泡茶、咖啡的过滤材料和香肠的包装材料等，两者制造的工艺流程几乎相同，可以说能在同一条生产线上生产，只是后加工技术有所不同。下面就以袋泡茶过滤材料（习惯上也叫茶叶袋滤纸）为例介绍该类产品，非织造布行业把它称为最典型、最传统的湿法非织造布产品，而且湿法非织造布的技术发展也是从此开始的。

茶叶袋滤纸是专供自动包装机包装袋泡茶的专用包装材料，也可用于包装中成药、咖啡等。该材料具有较高的湿强度和快速扩散茶叶抽提物的性能，同时符合食品卫生要求，对人体安全无害，无异味。按包装封口方式，茶叶袋滤纸可分为非热封型和热封型两种。

一、非热封型茶叶袋滤纸

国外非热封型茶叶袋滤纸的原材料有大麻、黄麻、剑麻、马尼拉麻、构皮、三桠皮等，普遍采用马尼拉麻浆配抄针叶木浆或上述另外几种浆。化学纤维也越来越多地被用于生产非热封型茶叶袋滤纸，尤其是黏胶纤维。在生产设备方面，国外普遍采用斜网纸机，它均匀度好、生产效率高；使用的分散剂是非离子型的，可以加入湿强剂，也可以用机施胶增强一步法生产非热封型茶叶袋滤纸。

非热封型茶叶袋滤纸用钉书钉机械封口，封口手续较繁，包装机投资较大，钉书钉易生锈，影响茶水品质，但非热封型茶叶袋滤纸包装的袋泡茶比热封型的美观，所以还有一定的市场，特别是在英国市场，大多是非热封型的。

二、热封型茶叶袋滤纸

热封型茶叶袋滤纸是随着热封包装机的发明而产生的，主要是在制造过程中，其中一面混入热熔纤维，如聚丙烯、聚烯烃、ES 复合纤维等。通过包装机封口装置的热量，使热熔纤维熔融产生黏合作用，当被折叠后纸的两内侧在封口线上时，热熔纤维相互之间产生了黏结，并达到了封口的目的。热封包装机的发明，使得袋泡茶的包装丰富多彩，有方形的、圆形的、长形的，有水印的，有花纹的，包装袋的大小也根据需要和可能在不断变化,虽然非热封型袋泡茶作为传统的红茶袋还依然存在,但由于热封型袋泡茶包装的多样性,包装机结构简单、价格低及包装效率的提高,将使其成为今后发展的趋势。

国外热封型茶叶袋滤纸的原材料采用植物纤维和热塑性化学纤维混合抄造。

美国 Dexter 公司是世界上最早且最大的茶叶袋滤纸生产厂家,英国 Crompton 公司于 1938 年从 Dexter 购得茶叶袋滤纸的专利后,也开始生产茶叶袋滤纸。国内只有杭州新华集团有限公司一家企业生产,基本上垄断了国内市场,每年还有少量出口。目前茶叶袋滤纸全世界产量约为 20000 吨/年,但随着国内消费水平的提高,袋泡茶的需求日益增大,加之茶叶袋滤纸产品质量的改善,国内茶叶袋滤纸生产会有更广阔的市场。

第二节 内燃机及建筑材料

一、内燃机过滤材料

内燃机过滤材料的“三滤”按用途和性能不同可分为空气过滤、机油过滤和燃油过滤 3 类,每一类中又可分为重负荷、中型、轻型及微型车类用滤清器等系列产品。空气过滤的主要目的是将空气中的尘埃杂质(即固体悬浮物)滤除,使进入燃烧器的空气燃烧完全并保护燃烧器等气缸器械。机油过滤的主要目的是将机油润滑过程中磨损气缸的杂质颗粒滤走。燃油过滤的目的是滤去燃油中的杂质,使其充分燃烧。“三滤”的过滤介质各不相同,它们的主要性能体现在过滤介质的材料上,大多数人习惯上称之为内燃机过滤纸。其实从其产品制造的原材料、工艺及设备来讲,它与湿法非织造技术更接近。这些产品所用的原材料主要有木浆、丝光化纤维、化学纤维和玻璃纤维等,从工艺技术来区分,可分为固化和非固化两大类型,固化型滤材主要采用水溶性或溶剂型的酚醛树脂浸渍处理,在滤器的制作过程中,通过一定时间、一定温度达到树脂的分子交联,使滤器具有较好的强度和尺寸稳定性。非固化型滤材主要采用水溶性的丙烯酸类树脂,浸渍后即可达到滤器所需的性能要求,也就是说,在其制造过程中胶黏剂分子已经自交联,它与前者相比,具有节能、安全、环保等优势,是今后该类产品的发展趋势。目前,国际上仅有芬兰的 Alstrom 公司、德国的 J. C. Binzer 公司、美国的 H&V 公司,国内仅有杭州新华集团有限公司等少数企业拥有该技术。

二、建筑用湿法非织造布

湿法非织造布在建筑材料方面的应用主要是利用玻璃纤维制作油毡和墙布基材,它具有耐腐蚀性好、抗张强度高和使用寿命长等特点,是目前解决建筑行业中屋面和墙面渗漏问题的理想材料之一。其主要生产企业有美国的 OCF 公司、德国的 Schuller 公司和芬兰的 Ahlstrom 公司等。

第三节 家电工业用湿法非织造布

碱性电池隔膜(以湿法非织造布等制成)是碱性电池中隔离电解液的一种材料,主要是防止由于阳极活性材料与阴极活性材料接触而引起的内部短路，避免因为使用某些电解质（如氢氧化钾）和去极化剂（如二氧化锰）而不引起收缩或变形，从而保持产生电动势所需的足量的电解质，不妨碍离子传导而引起的耐久性。其主要性能要求如下。

（1）气密性为 2 ~ 100s/100mL。如果气密性小于 2s/100mL，就意味着隔膜的孔隙率太大，这样就会造成阳极和阴极的化学物质互相浸透，从而使电池内部短路而缩短电池的使用寿命；如果大于 100s/100mL，就意味着隔膜的孔隙率太小，这样就会使离子很难通过，使隔膜电阻太大而无法保证电池的大电流放电，且由于电池内部耗电太多而使电池的实际功效大大降低。

（2）吸液率大于 500%。吸液率指的是 50mm × 50mm 的隔膜在常温下浸泡在 40% 的 KOH 溶液中 10min，然后放在倾斜 45° 的玻璃板上保持 3min，再称取重量，设其重量为 W_2，原纸干重为 W_1，吸液率即为 $[(W_2 - W_1)/W_1] \times 100\%$。吸液率越大，离子就越容易通过，而且使阴极和阳极的化学物质反应越充分，电池容量也就越大。

（3）在强碱性电解质溶液中收缩率小于 5%。如果收缩率太大，生产好的电池在保持一段时间后，由于电池隔膜的剧烈收缩而易破裂，这样就会使阴极和阳极之间发生内部短路。

（4）在强碱性电解质溶液中有很好的化学稳定性。防止在碱液中发生化学反应而影响电池的放电量。

（5）较高的干湿强度。因为电池包裹时速度非常大，这就要求隔膜具有较高的干强度，又因为隔膜要在碱液中反复充放电，故要求隔膜具有较高的湿强度。

（6）抗强氧化性。主要是防止隔膜与二氧化锰强氧化剂反应，影响放电量。

（7）较低的隔膜电阻。主要是防止隔膜电阻过高而使电池无法大电流放电，致使电池内耗增加。

（8）具有均匀的微孔。如果微孔大小不一，很容易造成电池内部短路。

（9）阻止锌沉积物（枝晶）。由于环保的要求，碱性锌锰电池不准使用汞作为锌的缓释剂，这样锌锰就会在电池内反应产生氧化锌，形成非常细小的针状物质，这种细小的针状物质很容易穿透隔膜而使电池内部短路。

另外，湿法非织造布在医疗卫生行业可用于医用手术服、包、病员服等，木材行业可用于木皮复合材料、耐磨剂基材，过滤行业可用于油漆过滤、水过滤、啤酒（饮料）生产过滤，服装行业可用于水洗标签，灯具行业可用于艺术灯照等。

思考题

1. 湿法非织造布的应用领域有哪些？
2. 试分析湿法非织造布的应用、发展前景。

第三篇　聚合物直接成网法非织造布

第一章　概　述

本章知识点

1. 聚合物直接成网法的概念、分类。
2. 纺黏法和熔喷法的现状。
3. 纺黏法和熔喷法的技术特点。
4. 聚合物直接成网法产品的应用领域。

聚合物直接成网是近年发展较快的一类非织造布成网技术，它利用化学纤维纺丝原理，在聚合物纺丝成形过程中使纤维直接铺置成网，然后纤网经机械、化学或热方法加固而成非织造布；或利用薄膜生产原理直接使薄膜分裂成纤维状制品（非织造布）。聚合物直接成网包括纺丝成网法、熔喷法和膜裂法等。

纺丝成网法包括熔融纺丝直接成网法（又称纺黏法）、干法纺丝直接成网法（又称闪纺法）和湿法纺丝直接成网法。熔融纺丝直接成网法是在熔融纺丝的同时，边抽丝边使连续的长丝铺网，再经加固而形成非织造布的一种加工工艺方法。纺丝成网法主要以该法为主。近年来，美国杜邦公司专门为纺丝成网法非织造布发明了一种新工艺，即干法纺丝直接成网法，也称闪纺法。它是将高聚物溶解在溶剂中，然后通过喷丝孔挤出，使溶剂迅速挥发而成为纤维，它同时采用静电分丝法使纤维彼此分离后凝聚成网，经热轧加固形成闪纺法非织造布。湿法纺丝直接成网法是高聚物纺丝溶液通过喷丝孔挤出，再进入凝固浴中形成纤维后得到纤网，然后让纤网经加固制成非织造布。

熔喷法是在抽丝的同时，采用高速热空气对挤出的细丝进行拉伸，使其成为超细纤维，然后凝聚到多孔滚筒或网帘上形成纤网，再经自身黏合或热黏合加固而制成非织造布产品的一种工艺。

膜裂法是将聚合物吹塑成纤维片状膜，再经一定的方法，如针割或刀切，让纤维片状膜形成孔洞。在牵伸时，把膜变成纤维状而成为膜裂纤网，也称为原纤化技术成网法。

以上方法中，纺黏法非织造布生产技术是目前发展最快的一种生产方法。纺黏法非织造布的产量最大、品种最多。各种聚合物成网法非织造布之间的复合生产技术发展也较快。本章的内容将以介绍纺黏法非织造布为主。

一、聚合物直接成网技术的特点

（一）纺黏法非织造布的技术特点

（1）工艺流程短，生产能力高。传统的非织造布生产工艺流程为：开松→混合→梳理→铺网→加固→卷绕。纺黏法工艺流程为:切片干燥→挤压纺丝→牵伸→分丝铺网→加固→卷绕,可省去纤维切断、打包、开包、开清、混合、梳理多道工序,大大缩短了工艺流程,一条纺黏生产线年产量在1000吨以上,多的可达10000吨。

(2)产品力学性能好。纺黏法非织造布是长丝直接成网,在受到拉伸时,具有更高的断裂强度和断裂伸长。

(3)生产成本低。由于生产流程短,生产速度高,纺丝成网非织造布除一次投资大外,产品的综合生产成本较低。

(4)生产便于管理。由于纺丝成网法生产的自动化程度高,在生产工艺方面,容易实现生产的精确控制。调整产品定量只需控制聚合物的挤出量和成网速度即可达到。

但是,目前纺黏法也存在一些缺点和局限性,如改换品种难,只适合大批量单一品种生产,而且纤维均匀度不及干法非织造布,一次性投资费用较高。随着纺黏法技术的日益完善,一定会显示出更大的优势。

(二)熔喷法非织造布的技术特点

(1)工艺流程短,生产效率高。

(2)熔喷法非织造布的纤网由极细的短纤维组成,纤网均匀度好,手感柔软,过滤性能优良,吸液性能良好,但纤网的强度低。

(3)生产的能源消耗大。

二、聚合物直接成网法非织造布的主要应用领域

由于聚合物成网法非织造布产品目前大部分采用自黏合或热熔黏合加固,没有其他化学黏合剂加入,产品手感好,因此广泛应用于医疗卫生领域,用来制作一次性手术衣、手术帽、病人服、病人用床单等。纺黏法非织造布产品具有良好的力学性能,又适合大批量生产,也被广泛应用于土木水利建筑领域,如纺黏土工布,可用于铁路、高速公路、海堤、机场、水库水坝等工程,也可在建筑工程中做防水材料的基布,此外,还可用于农用丰收布、人造革基布、保鲜布、贴墙布、包装材料、汽车内装饰材料、工业用过滤材料等方面。而熔喷法非织造布主要应用于制作液体及气体的过滤材料、医疗卫生用材料、环境保护用吸油材料、保暖用服装材料及合成革基布等。聚合物成网法非织造布复合材料可以大量应用于防护服、过滤材料等。随着新产品、新技术的不断开发,聚合物成网法非织造布的应用范围必将更加广泛。

思考题

1. 纺黏法非织造布生产技术的特点?
2. 熔喷法非织造布生产技术的特点?

第二章　成纤聚合物的主要性质和成纤方法

本章知识点

1. 成纤聚合物的主要性质。
2. 各种成纤方法。

成纤聚合物是指能通过化学和机械加工而制成的纤维高聚物，其含义是高聚物不但具有形成纤维的能力，而且所形成的纤维性能指标具有实用价值。纺丝成形的方法不同，评价高聚物成纤能力的准则也有所不同。因此，用所制得纤维的综合性能来作为评价成纤高聚物的准则是比较恰当的，一般不用高聚物形成纤维的能力来评价。对成纤高聚物的具体要求则随着加工方法和使用要求而各不相同。

第一节　成纤高聚物的主要性质

一、成纤高聚物应具有的基本性质

化学纤维的性质取决于原料成纤高聚物的性质，同时也受到纺丝成形和后加工条件的影响。并非所有的高聚物都能纺制成化学纤维，能纺制成化学纤维的高聚物必须具备以下条件：

（1）成纤高聚物必须具有线性的分子结构，大分子的形状与高聚物的性质有密切关系。线性分子的柔软性好，在外力作用下容易将纤维中的大分子沿纤维轴向排列，使纤维具备一定的强度和延伸度，满足纺织加工和使用要求。

（2）高聚物应具有相当高的相对分子质量，相对分子质量分布应较窄，以得到黏度适当的熔体或溶液，从而有利于纺丝加工和获得良好性能的纤维。

（3）高聚物的化学结构和空间结构应具有一定的规律性，尽可能使形成的纤维具有合适的超分子结构。

（4）非晶体高聚物的玻璃化温度应该高于使用温度，因为它能决定纤维的极限热稳定性。在玻璃化温度低的情况下，高聚物应具有高的结晶度。

（5）高聚物的熔融温度或软化温度应大大高于使用温度。

（6）高聚物应该具有一定的热稳定性及介质稳定性，以保证它能加工成纤维，同时保证纤维的使用性能。

二、高聚物分子结构对成纤高聚物性质的影响

成纤高聚物的结构和性质主要是由它的主链结构决定的。大分子主链结构可以仅由碳原子组成碳链高聚物,也可由其他原子基团组成杂链高聚物。碳链高聚物在分子链上可以有双键或者在不同序列中有环状基团,杂链高聚物在链的组成上可以有不同的杂原子(—O—、—S—、—N—、—Si—等),也可以有环状基团。它们的化学结构见表3－2－1。

表3－2－1　成纤高聚物的化学结构

类　别	学　　名	单　　体	主要重复单元的化学结构式
聚酯纤维	聚对苯二甲酸乙二酯纤维	对苯二甲酸或对苯二甲酸二甲酯、乙二醇或环氧乙烷	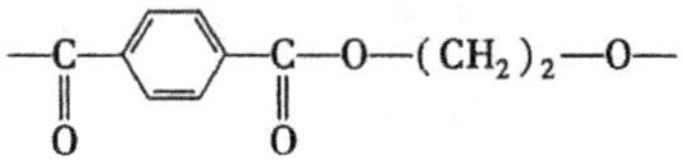
	聚对苯二甲酸丁二酯纤维	对苯二甲酸或对苯二甲酸二甲酯、1,4－丁二醇	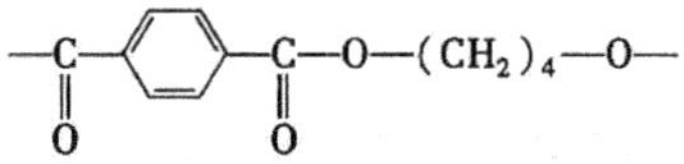
脂肪族聚酰胺纤维	聚己内酰胺纤维	己内酰胺	$—HN—(CH_2)_5—CO—$
	聚己二酰己二胺纤维	己二胺、己二酸	$—HN(CH_2)_6NHOC(CH_2)_4CO—$
聚丙烯腈纤维	聚丙烯腈纤维(丙烯腈与15%以下其他单体的共聚物纤维)	除丙烯腈外,第二、第三单体有:丙烯酸甲酯、醋酸乙烯、苯乙烯磺酸钠、甲基丙烯磺酸钠、衣康酸等	$—CH_2—\underset{CN}{CH}—$ 共聚组分未表明
	改性聚丙烯腈纤维(丙烯腈与15%以上第二组分的丙烯腈共聚物纤维)	丙烯腈、氯乙烯	$—CH_2—\underset{Cl}{CH}—\quad —CH_2—\underset{CN}{CH}—$ 无规共聚物
聚烯烃纤维	聚丙烯纤维	丙烯	$—CH_2—\underset{CH_3}{CH}—$
	聚乙烯纤维	乙烯	$—CH_2—CH_2—$
聚乙烯醇纤维	聚乙烯醇缩甲醛纤维	醋酸乙烯酯	$—CH_2—\underset{OH}{CH_2}—$ 缩醛化后的结构未表明
	聚乙烯醇—氯乙烯接枝共聚纤维	氯乙烯、醋酸乙烯	聚乙烯醇(PVA)、聚氯乙烯(PVC)的接枝共聚物
聚氯乙烯纤维	聚氯乙烯纤维	氯乙烯	$—CH_2—\underset{Cl}{CH}—$
弹性纤维	聚氨酯弹性纤维	聚酯、聚醚、芳香族二异氰酸酯、脂肪族二胺	$—NHRNH\underset{\underset{O}{\|}}{C}OR'O\underset{\underset{O}{\|}}{C}—\quad —NHRNH\underset{\underset{O}{\|}}{C}NHR'NH\underset{\underset{O}{\|}}{C}—$ R:芳基;R′:烃、醚、酯等

续表

类　别	学　　名	单　　体	主要重复单元的化学结构式
纤维素纤维	黏胶纤维	天然高分子化合物	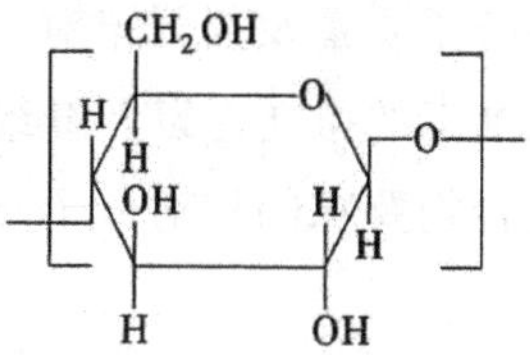
	溶剂纺纤维素纤维（Lyocell）	天然高分子化合物	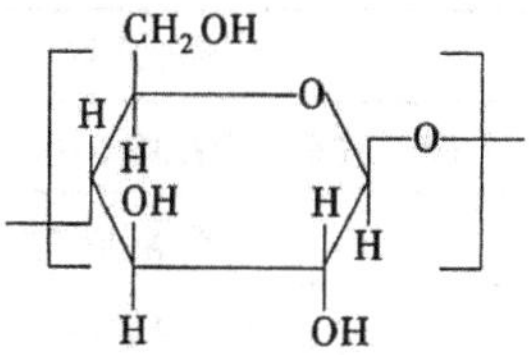

成纤高聚物的化学结构对所制得纤维的化学反应性、染色性、热稳定性，对日光、大气的稳定性有重要影响。一般来说，主链中只含 C—C 键的碳链类成纤高聚物，它们的耐化学试剂的稳定性相对都比较好，但它们所含的叔碳原子，有时会成为光氧化的敏感点，从而导致其对日光、大气的稳定性较差。

杂链类成纤高聚物中的酯键、酰胺键对水解反应都比较敏感，水解能使它们发生降解。但是，如果在这类键的附近引入苯环，会对该类键的水解具有抑制作用；如果在成纤高聚物的主链中引入众多的苯环，则会大大提高所得纤维的热稳定性。

成纤高聚物化学结构中的侧基的性质，对于所得纤维的各种物理化学性能也有明显的影响，例如羟基等亲水基团的存在，有助于提高所得纤维的吸湿性；氰基的存在，有利于提高所得纤维的耐日光、大气稳定性；卤素取代基的存在，有利于提高所得纤维的难燃性。

长链分子化学结构中，主链、侧基、长链分子端基、长链中由副反应产生的杂结构以及有无横向交联等，都会对所制得纤维性能产生影响。

1. 端基的影响　在整个高聚物中，端基的含量无疑是很少的，但对高聚物的性能却有较大的影响。例如正常情况下所得到的聚对苯二甲酸乙二酯（PET）长链分子的端基应该是羟基。但是，由于聚合反应中存在热裂解和热氧化裂解等副反应，使有些长链分子的末端呈现为羰基，羰基含量的多少反映了聚合物降解的程度。因此在 PET 切片中，如果羰基含量增多，必然导致该切片的可纺性变差，并使纤维的颜色发黄。

2. 杂结构的影响　所谓杂结构是指长链分子中夹杂有非正常情况下具有的构成单元。例如在 PET 切片中的二甘醇构成单元增多，该切片的熔点会明显下降，相应所得的纤维结晶性也会随之降低。

3. 横向交联的影响　在一般的化学纤维生产中，原则上必须避免发生长链分子间的横向交联，否则该成纤高聚物将不具有被加工成纤维的性能，但有时会特地在其已形成纤维之后或再形成纤维的过程中，通过一定手段，使所得纤维分子间发生一定的横向化学交联，以改善纤维的弹性、模量或热稳定性。

三、相对分子质量及其分布

在纤维生产中，经常将相对分子质量分布作为控制生产和改进产品质量的重要手段。因为高聚物的相对分子质量及其分布对纤维生产过程和成品纤维的性质有很大影响。高聚物熔体或溶液浓度、黏度、加工的可能性以及纤维成形、取向拉伸和热定型条件都与相对分子质量及其分布有关。不同成纤聚合物要求的相对分子质量差别较大，见表3－2－2。

表3－2－2　几种主要高聚物的相对分子质量

成纤高聚物	平均分子量
聚酰胺6或聚酰胺66(PA6或PA66)	16000～22000
聚酯(PET)	19000～21000
聚丙烯腈(PAN)	10600～53000
聚乙烯醇(PVA)	60000～80000
聚氯乙烯(PVC)	60000～150000
等规聚丙烯(IPP)	180000～300000

成纤高聚物的平均分子量和相对分子质量分布是表征高聚物远程链结构的重要参数，它对该高聚物的加工性能和所制得纤维的性能具有明显的影响。

1. 对成纤高聚物加工性能的影响　成纤高聚物纺丝熔体的零切黏度和弹性很大程度上依赖于该高聚物的平均分子量及其分布。

2. 对所制得纤维性能的影响　在一定范围内，所得纤维的强度随高聚物平均分子量的提高而增大。随着高聚物平均分子量的提高，该高聚物分子可能发生的最大形变量随之增大。这对于改善所制得纤维的弹性是有利的。纤维的疲劳性能，常随构成该纤维高聚物的平均分子量的提高而得到改善。

成纤高聚物的相对分子质量分布对所制得纤维的结构均一性有很大影响。有人在研究涤纶时发现，在同样纺丝条件下制得的纤维，经电子显微镜观察，原料相对分子质量分布宽的纤维，表面有相当大的不均匀裂痕，在初生丝和拉伸丝内，排列是杂乱无章的，而原料相对分子质量分布窄的纤维无论是拉伸丝或未拉伸丝，其表面基本上是均一的。由表3－2－3中可看出，原料相对分子质量分布宽，所得纤维强度低，断裂伸长大，而且耐疲劳性差，同时强伸度不匀率也较大。

表3－2－3　相对分子质量分布对聚酯纤维加工和性能的影响

指　　标	样品1	样品2
原料相对分子质量多分散系数	1.074	1.644
成品纤维相对分子质量多分散系数	1.069	1.375
纤维线密度(dtex)	276	280
后拉伸倍数	4.8	4.8
纤维断裂伸长(%)	10.6	21.6

注　后拉伸倍数指纤维成形后再次进行拉伸的倍数。

四、成纤高聚物的热性质

结晶高聚物加工成纤维的可能性及纤维的性质与高聚物的热性质有密切关系，而高聚物的热性质取决于分子结构。

1. 熔融温度　结晶高聚物的熔融过程也是相变过程，但它与低分子物质不同，它从开始熔融到完全熔融有一个相当宽的温度范围，一般将最后完全熔融时的温度称为熔点，即 T_m，可用熔融热 ΔH_m 与熔融熵 ΔS_m 之比表示。

$$T_m = \frac{\Delta H_m}{\Delta S}$$

影响结晶高聚物熔点高低的因素有以下几方面：

(1)晶片的厚度。

(2)高聚物的结晶温度。结晶温度低，高聚物熔点亦低；结晶温度高，熔点亦高。

(3)相对分子质量。在一种聚合物的同系物中，熔点随相对分子质量增大而增加，直到临界相对分子质量时，即可忽略分子链末端的影响。此后熔点的高低与相对分子质量的大小无关。

(4)高聚物的化学结构。高聚物的熔点与 ΔH_m 和 ΔS_m 的大小有关，而 ΔH_m 的大小标志着分子间作用力的强弱；ΔS_m 的大小与分子链的柔顺程度有关。这些显然都与聚合物的分子结构有关。

2. 玻璃化温度(T_g)　高聚物的玻璃化温度是指非晶态高聚物从玻璃态到高弹态的转变温度。对于晶态高聚物来说，指其中非晶部分的这种转变。玻璃化温度与高聚物结构的规整性有关。对于半结晶高聚物，随着取向度和结晶度的增大，T_g 明显升高。

由于玻璃化温度和熔点决定了分子链活动性的大小。T_g 与 T_m 有如下的经验关系式：

$$\frac{T_m}{T_g} = 0.5 \sim 0.67$$

由此可见，成纤高聚物的玻璃化温度不宜过低，否则熔点会接近使用温度。如 T_g 为 -50℃，则熔点将只有 62℃，这样的纤维是没有使用价值的。已知的各种高能弹性纤维的玻璃化温度在 0 ~ 20℃ 范围内，这就能保证它们的熔点高于 100℃。

第二节　成纤的主要方法

成纤（纤维的成形）普遍采用两种方法，即熔体纺丝和溶液纺丝，目前还出现了一些其他新型纺丝方法。

一、熔体纺丝

熔体纺丝是将高聚物通过加热使其成为熔融状态而进行纺丝的方法。在工业生产中有两种途径：一种是直接将聚合或缩聚所得到的高聚物熔体送去纺丝，这种方法称直接纺丝；另一种是将聚合或缩聚得到的高聚物熔体制成切片，然后在纺丝机上重新熔融进行纺丝，这种方法称切片纺丝（间接纺丝）。

以锦纶长丝为例采用直接纺丝法和切片纺丝法生产的工艺流程如下：

直接纺丝：单体己内酰胺→熔融聚合→聚己内酰胺熔体→纺丝→初生纤维→拉伸→加捻→复捻→压洗→定型→平衡→络丝→成品丝。

切片纺丝法：己内酰胺→熔融→聚合→切粒→聚己内酰胺切片→萃取→切片干燥→熔融纺丝→初生纤维→拉伸→加捻→复捻→定型→平衡→络丝→成品丝。

二、溶液纺丝

溶液纺丝是将高聚物溶解在特定的溶剂中制成纺丝溶液，然后进行纺丝的方法。纺丝溶液的制备与熔体纺丝法相似，也有两种方法：一种是直接利用聚合后得到的高聚物溶液做纺丝原液，这称为一步法；另一种是先制成颗粒状或粉末状的成纤高聚物，然后再溶解制成纺丝原液，这称为二步法。用一步法省去了高聚物的分离、干燥、溶解等工序，可以简化工艺流程，提高劳动生产率，不论技术上还是经济上都比二步法有利，但从所得纤维质量上来看，不能简单评定两者的优劣。

根据纤维成形过程不同，溶液纺丝又分为湿法纺丝、干法纺丝、干喷湿纺法纺丝。其中以前两种方法为主。

1. 湿法纺丝 纺丝溶液经混合、过滤和脱泡等纺前准备送入纺丝机，通过纺丝计量，经过烛形过滤器、连接管而进入喷丝头，从喷丝头毛细孔中压出的原液细流进入凝固浴，原液细流中的溶剂向凝固浴扩散，凝固浴中的沉淀剂向原液细流内部扩散，于是高聚物在凝固浴析出，形成纤维，湿法纺丝中的扩散和凝固是一些物理变化过程，而在某些化学纤维的湿法纺丝过程中，还同时发生化学变化，因此湿法纺丝成形过程是比较复杂的。受溶剂和凝固剂双扩散速度、凝固浴的流体阻力等因素所限，湿法纺丝速度比熔体纺丝低得多。湿法纺丝时，原液浓度、凝固浴的组成和温度等重要参数随所用溶剂的不同而有所不同。

采用湿法纺丝，必须配备凝固浴的制备、循环及回收设备，不仅工艺流程复杂，而且厂房建筑和设备投资都较大，加之纺丝速度较低，故湿法纺丝的成本较高；短纤维生产则可采用数万孔的多喷丝头来提高生产能力，从而弥补纺丝速度低等缺点。

2. 干法纺丝（闪纺法） 从喷丝头毛细孔压出的原液细流不是流入凝固浴，而是进入纺丝甬道中，在甬道中，由于吹入的热空气流的作用，使原液细流中的溶剂快速挥发，挥发出的溶剂被热气流带走。在溶剂挥发的同时，原液细流凝固并伸长变细而形成初生纤维。

在干法纺丝过程中，纺丝原液与凝固介质之间只有传热、传质过程，不发生任何化学变化，纺丝速度取决于溶剂的挥发速度。因此要尽可能提高原液浓度，溶剂的沸点和挥发潜热应低，这样才可降低热能消耗，提高速度。目前，生产中干法纺丝速度一般在 200～500m/min，当增加纺丝甬道长度或纺制较细的纤维时，纺丝速度可提高到 700～1500m/min。

用干法纺丝时，也需要有溶剂回收等工序，所以其辅助设备比熔体纺丝法多。目前，采用这种方法生产的合成纤维数量不多，理论研究也远远落后于熔体纺丝。以上纺丝方法的基本特征见表 3－2－4 所示。

表 3-2-4　各种纺丝方法的基本特征

纺丝方法	熔体纺丝	干法纺丝	湿法纺丝
纺丝溶液状态	熔体	溶液	溶液和乳液
纺丝溶液浓度(%)	本体	18~45	6~18
喷丝头直径(mm)	0.2~0.8	0.03~0.2	0.05~0.1
凝固介质	冷却空气	热空气	凝固浴
凝固机理	冷却凝固	溶剂挥发凝固	脱溶剂凝固
纺丝速度	很快	较快	较慢

三、新型纺丝方法

1. 液晶纺丝　液晶纺丝指用液晶状态的溶液来纺丝的方法。蚕丝是由生物高分子液晶得到的天然纤维。液晶纺丝主要用于制造高强度、高模量并耐高温的刚性链芳香族聚酰胺纤维中。芳香族聚酰胺溶解后,形成的溶液具有特殊的流变性能和光学特性。纺丝溶液的制备可以采用两种方法:一步法,即直接用单体在溶剂中缩聚而得到纺丝溶液;二步法,即将预先制成、析出并经干燥的高聚物溶解而得到纺丝溶液。纺丝溶液经混合、过滤、脱泡等纺前准备工序,然后进行纺丝。液晶纺丝可采用湿法、干湿法进行。

2. 冻胶纺丝法(半熔体纺丝法)　冻胶纺丝法是介于干法纺丝和熔体纺丝之间的一种纺丝方法,其实质是将一种浓度很高的高聚物溶液或塑化的冻胶经喷丝头而进入一种气体介质,在此介质中纺丝丝条被冷却,有时还伴随着溶剂挥发,致使高聚物固化。纺丝后的纤维需要萃取其中的残存溶剂并对纤维进行超倍拉伸,从而得到高强度的纤维。

3. 相分离纺丝法　相分离纺丝法与冻胶纺丝法相类似,采用高聚物溶液作为纺丝溶液,通过改变温度而使纤维固化。溶剂必须具备在高温下能够溶解高聚物,而在冷却时能迅速分离成两相的特性。这种纺丝方法的特点是能纺制特别细的纤维及含有大量充填物的纤维。

4. 乳液或悬浮液纺丝法　乳液或悬浮液纺丝法是把成纤高聚物分散在分散介质(即载体)中,形成乳液或悬浮液,然后进行纺丝的方法,这种纺丝过程与湿法纺丝类似。载体通常是另一种高聚物的溶液,这种溶液应容易纺制纤维并在高温下能被破坏掉。载体除去后,成纤高聚物的粒子被烧结或熔融成连续化的纤维。

5. 静电纺丝法和喷射纺丝法　静电纺丝法是指高聚物熔体或其在挥发性溶剂中的溶液,可在静电场中形成超细纤维,纤维被收集后制成非织造布。

喷射纺丝法是将纺丝溶液或熔体通过长的狭缝形模口被挤出,然后被高速气流拉伸而得到极细纤维。

6. 离心纺丝法　离心纺丝法是将高聚物溶液或熔体自轴心引入一快速转动的喇叭筒或漏斗口中央,由于离心力的作用把纺丝流体抛出,在喇叭筒或漏斗口内形成逐渐变薄的薄膜,然后薄膜被分散成纤维,随后干燥或冷却固化成纤维。这种纤维的线密度和性质不均匀,强度较低,主要用于制造特殊性能的非织造布。

7. 无喷丝头熔池纺丝法　无喷丝头熔池纺丝法是直接从高聚物熔体表面稳定连续地拉出单

丝，经一定长度的纺程冷却固化后得到纤维。这种纺丝方法的特点是节约了昂贵的高精密度喷丝头部件及用于纺制的双组分复合纤维。其纺丝过程中，熔体温度的控制非常重要。

8. 膜裂纺丝法　膜裂纺丝法是利用某些成纤高聚物薄膜具有分裂成条的能力而纺制纤维的方法。膜裂纤维包括割裂纤维和撕裂纤维，其中薄膜经割裂、拉伸后变成扁条或扁丝就成为割裂纤维；扁条经原纤化以后就得到撕裂纤维。这种方法一般用来生产较粗的非服装用纤维。

四、初生纤维的后加工

在纺丝过程中得到的纤维称为初生纤维。由于初生纤维的结构还不完善，物理力学性能也较差，还不能直接用于纺制加工及满足使用需要，必须经过一系列的后加工工序，以改善其结构和性能。后加工工序中的有些工序，如拉伸和热定型，是生产任何纤维都不可缺少的，这些工序主要是改善纤维的结构和性能。其他工序则是生产某些纤维所要求的。如生产切断状短纤维时，需进行卷曲和切断，而长丝的后加工需进行加捻和络筒等。这些工序对纤维结构的改变不大，因此对纤维物理力学性能的影响不如拉伸和热定型等工序大。

思考题

1. 成纤高聚物应具备哪些基本性质？
2. 成纤的方法有哪些？

第三章　聚合物切片干燥工艺与设备

本章知识点

1. 纺丝成网法对切片的质量要求。
2. 切片干燥的目的及原理。
3. 切片干燥设备。

切片质量不仅影响熔融纺丝成网法非织造布的品质，而且直接关系到生产能否正常进行。因此，要纺制优质的纺黏法非织造布，必须严格控制切片质量。熔融纺丝成网法非织造布所用的切片质量和长丝的质量要求基本相同，主要有以下指标。

(1)特性黏数。为了使产品具有适当的物理力学性能，又能顺利纺丝，要求切片有适当的相对分子质量，而测定相对分子质量及其分布较为烦琐，故用特性黏数来表示相对分子质量的大小。切片特性黏数根据产品品种要求而定。目前常用聚酯切片的特性黏数为0.64～0.66，它随相对分子质量的增大而增大。

(2)相对分子质量的分布。相对分子质量分布宽，可纺性差，制得的成品在热态条件下使用时，分子易降解。

(3)灰分。切片中常含有一些杂质，杂质含量高，切片的可纺性能差，故一般对杂质含量有一定要求，在聚酯长丝生产中一般要求含杂率低于0.1%。

(4)等规度。聚丙烯切片的等规度要高。

第一节　切片干燥的基本原理和工艺

一、切片干燥的目的

切片通常含有一定的水分，例如聚酯切片含水率在0.4%以上。切片中含水对纺丝极为有害，一般不能用于直接纺丝，在纺丝前必须对切片进行干燥。聚丙烯原则上不含水，因此可直接用于纺丝。

经过干燥除去切片中的水分，可避免高分子的纺丝过程产生剧烈水解，造成相对分子质量降低，影响纺丝质量。此外，除去水分，还可避免在单丝中夹带水蒸气，形成气泡丝或使断头率增加。为了保证纤维质量，必须使纤维含水率尽可能低。聚酯切片的含水率一般要求低于0.005%（长丝加工）。

湿态的聚酯切片为无定型结构，软化点较低，若直接用于纺丝，极易在螺杆挤压机的进料口受热软化，造成堵塞。对切片进行干燥，可提高切片的结晶度，从而大大提高软化点。生产实践表明，干燥后切片的质量对纺丝过程和成品质量的影响甚大，而且切片含水均匀性对纺丝也有极其重要的影响。因此，应提高切片干燥质量，使其含水率尽可能低、尽可能均匀。

二、切片干燥的基本原理

当物料进行干燥时，包含两个基本过程：传热和传质。传热能使水分从固体物料内部迁移至表面。在高聚物切片干燥的过程中，同时还伴随着高聚物结构的变化（结晶）以及轻微的降解（特性黏数降低）。切片的含水量 F 可由下式表示：

$$F = F_1 + F_2$$

式中：F_1——自由含水量；

F_2——平衡含水量。

自由含水量又称非结合水分，是可被脱除的水分。这种水分的存在使物料表面上的蒸汽压等于纯液体的蒸汽压。平衡含水量（又称结合水分），是与一定的干燥条件相平衡的。干燥不能完全脱除水分，关键是减少平衡含水量。若要降低平衡含水量，必须降低平衡条件下的水气分压。自由水分脱除的速率受到干燥介质温度、湿度的影响，此外，干燥时间也是一项重要因素，因为内部结合水向外部迁移、达到平衡需要一定的时间。

三、切片干燥工艺

1. 制订干燥工艺应考虑的因素

(1)保证干燥后切片的含水量尽可能低，含水量波动范围尽可能小。

(2)在干燥过程中，高聚物降解要小。

(3)在干燥过程中，防止切片发生黏结，且产生的粉末要少。

(4)要使干燥机生产能力得到最大限度发挥。

2. 干燥工艺条件的选择

(1)预结晶的温度和时间（聚酯切片）：根据结晶机理，在切片玻璃化温度与晶体熔融温度之间，温度越高，结晶完成时间越短，但湿切片开始时温度高，切片易粘连。预结晶温度和时间要根据设备条件而定，使用沸腾床式干燥预结晶器，切片不易粘连，预结晶温度可高达 160 ~ 180℃，时间为 8 ~ 15min。采用充填式干燥预结晶器，切片与热空气逆流接触，需停留 1 ~ 1.5h，温度为 120℃。由于真空转鼓干燥是间歇进料，并靠旋转自然搅拌，故必须在 120℃以下缓慢升温，时间为 4 ~ 5h。

(2)干燥温度：干燥温度越高，干燥所需时间越短，而且趋于平衡的含水量越低，但温度过高，容易引起高聚物降解，因此，干燥温度应使高聚物在干燥过程中特性黏数降低较小。另外，干燥温度的选择还受到设备条件的限制。干燥方式不同，干燥温度也不同，如聚酯切片的干燥温度一般为 160 ~ 180℃，真空转鼓用蒸汽加热干燥时，一般干燥温度为 130 ~ 160℃。

(3)干燥时间：干燥时间的选择与干燥温度有关。另外，还与高聚物的性能、颗粒大小、料层厚薄、干燥方式、干燥介质（温度、相对湿度、气流速度）及切片与介质的接触方式有关。

图 3－3－1 为切片与气流接触的三种方式。在沸腾床式干燥中，接触面积和气流速度比另外两种都大，因而有很高的干燥速率。采用真空转鼓式干燥，干燥时间还与升温速度和真空度有关。大量实验说明，真空转鼓式干燥时，升温速度快，达到工艺要求的切片含湿量所需的时间较短。单对聚酯切片来说，在干燥前预结晶度低，软化点低，升温速度不当，切片容易产生黏结，因此，升温速度还受到切片原料预结晶度的限制。真空度对干燥过程影响也很大，真空度高，利用水分蒸发，切片达到平衡时含湿量低，所以真空度越高越好，这有利于缩短干燥时间和获得含水量较低的切片。切片的含水量随干燥时间的增加而降低，到达一定时间以后，即趋于一平衡值，此时再延长时间，切片含水量变化甚微，而且对整个生产过程不利，会导致粉末量增大，耗气、耗电量增加，设备生产能力降低，若在高温干燥时，还将导致特性黏数的增大。因此，合理的干燥时间应选择在水分趋于平衡后 1～2h。使之有一个切片之间和切片内部含水率的均衡过程，这时切片含水率低且均匀，干燥机生产能力较大。

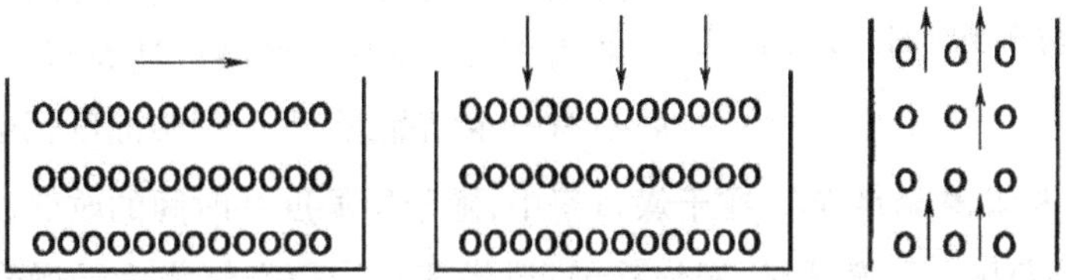

图 3－3－1　切片与气流接触的三种方式

（4）风速：风速提高会使切片与气流的相对速度增大，干燥时间缩短；风速的选择与干燥方式、设备大小、生产能力等有关。

（5）风湿度：热风含湿率越低，干燥速度越快，切片平衡含水量越低。

（6）切片干燥应注意的问题：

①不同批号的切片不能混合使用；

②防止异物混入切片，以免堵塞管道；

③及时清除切片中的粉末；

④确保干燥切片（干切片）含水量的均匀性；

⑤注意气候变化对空气露点的影响。

（7）干切片的储存：干燥后的切片含水量极低，容易重新吸湿，使切片含水达不到要求，因此，防止干切片在储存过程中重新吸湿是相当重要的问题。切片的储存一般是将干燥后的切片放入切片储桶，标上批号及净重。在大规模生产中，一般是把干切片用空气或氮气流直接输送至螺杆挤压机上的干切片储桶中供纺丝用。聚酰胺干切片在较高的出料温度下与空气接触，易氧化变黄，因此一般采用氮气输送。聚酯切片对氧的敏感性小，可采用减湿后的干空气输送，要保证储桶中的切片不被吸湿。为了保持切片在螺杆挤压机内熔融过程的稳定，还可以使加入料桶的切片不经冷却而保持一定的温度，进行热料纺丝，并通入热氮气流进行循环，这样可以使切片在料桶中进一步干燥并使其含水进一步均匀。

四、干燥过程中高聚物结构的变化

1. 干燥过程中切片结晶度的变化 切片在干燥过程中伴随着结晶度的变化。图 3－3－2 表示聚酯切片在真空转鼓干燥时的结晶度变化曲线。

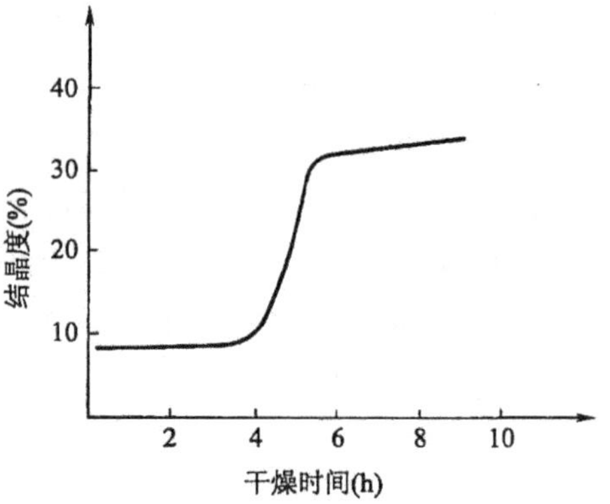

图 3－3－2 结晶度与干燥时间的关系曲线

当高聚物切片被加热时，存在一个起始结晶温度。聚酯、聚酰胺切片干燥时的温度都高于切片的起始结晶温度，因此，在干燥过程中切片的结晶度增加。以聚酯切片为例，干燥前基本上是无定型的透明体，结晶度极低，加热到 70 ~ 80℃ 时就变软发黏，继续加热到 90 ~ 95℃ 以上时，切片逐渐变成硬的乳白色透明体。取样测试可发现，切片结晶开始发生变化，并急剧增加，达到一定值以后，其变化又趋平缓。干切片的结晶度取决于结晶温度和时间。聚酯切片干燥后结晶度一般为 30% ~40%，最高可达 50%，聚酰胺切片干燥前虽有一定结晶度，干燥后结晶度仍会增加。

2. 干燥过程中特性黏数的降低 在干燥过程中，随干燥温度和时间的改变，切片的特性黏数和羟基含量也发生相应的变化。温度低时，变化甚微；温度高且采用空气作为干燥介质时，高聚物的降解就会变得比较严重。真空转鼓干燥机中产生特性黏数降低的主要原因是：在一定温度下，切片由于含水使大分子链发生水解。此外，干燥时间长也会加剧降解。因此加快升温、提高真空度、缩短干燥时间，都可以使特性黏数降低。一般沸腾床式干燥产生的特性黏数降低幅度较真空转鼓干燥大。

第三节 切片干燥设备

一、联合式切片干燥设备

目前切片干燥中普遍采用联合式切片干燥设备，其主要由三部分组成，即预结晶器、充填干燥器和热风循环系统。切片首先经过预结晶器被除去大部分水分（主要是表面吸附水）并产生一定的预结晶度，提高软化点，使切片在高温下不再发生黏接，然后进入充填式干燥器，在干燥器内保证足够且均一的停留时间，充分去除切片水分，且使最终切片微含水均匀。由于联合式切片干燥设备较好地运用了切片干燥的原理，因而具有干燥效率高、干燥质量好且稳定等特点。我国自 20 世纪 80 年代以来，先后引进了多种先进型号的联合式切片干燥设备。其中以德国的 Buler Miag（简称 BM）公司和吉玛（Zimmer）公司的联合干燥设备最为典型，此外还有日本的奈良、细川，英国的 Rosin 公司等的联合干燥设备。经过几年的消化吸收，国产各种联合干燥设备也不断出现，并逐步接近国际先进水平。

1. 联合式切片干燥设备的工艺流程 图 3－3－3 是德国 BM 公司设计制造的涤纶切片干燥工艺流程，它采用间歇式预结晶装置（或连续式沸腾床预结晶器）与连续式充填干燥器相结合，配以附有氯化锂除湿器和废气余热利用装置的热风循环系统，具有干燥效率高、质量稳定、能耗低、占地少等优点。

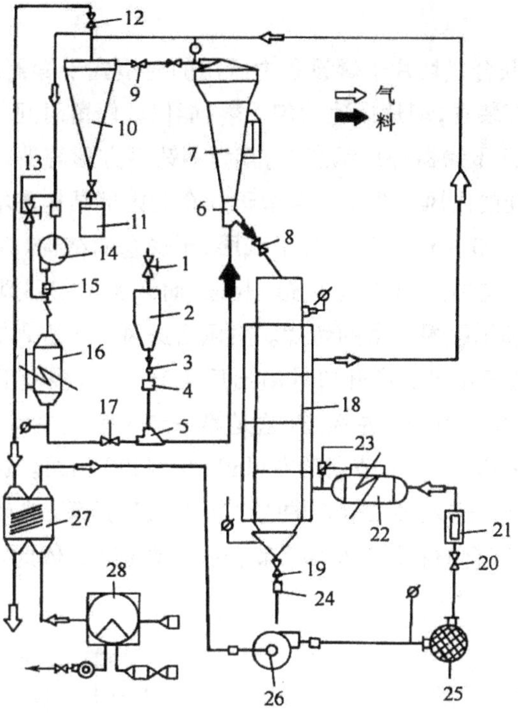

图 3-3-3　德国 BM 公司涤纶切片干燥工艺流程图

1—进料阀　2—计量桶　3,8,19—出料阀　4—冷却器　5—气流喷射器　6—隔板阀　7—预结晶器　9,12,20—调节阀　10—旋风分离器　11—粉末收集器　13—旁通阀　14,26—离心风机　15—补偿器　16,22—加热器　17—气动阀　18—充填式干燥器　21—流量计　23—温度调节器　24—视镜　25—微过滤器　27—热管式换热器　28—除湿器

湿切片自储料斗通过进料阀 1 进入计量桶 2 中。当干燥系统进料时，进料阀 1 关闭，气流喷射器 5 将湿切片从底部送进预结晶器 7 中，在预结晶器停留约 10min，切片的结晶度由 1% 提高到 25% 以上，可以保证切片在以后的干燥过程中不再黏结。然后经隔板阀 6、出料阀 8 进入充填式干燥器 18 中，干燥约 2h。干燥后的切片含水率 <0.005%。干切片经出料阀 19 直接送至螺杆挤压机进料斗供纺丝用。

2. 预结晶器　预结晶器可分为间歇式和连续式两类。图 3-3-4 是德国 BM 干燥设备中采用的一种间歇式预结晶器。整体为一不锈钢制成的圆锥形容器，底部有一隔板阀。利用旋涡式热气流吹沸和加热切片。气流将一定量的切片从底部输入时，流速达 20m/s（a 点）。由于容器上部体积扩大，气流速度下降到 2m/s（b 点），切片浮力减少，又靠重力降落，下落至锥形底部时，遇到高速热气流，又重复上升，呈剧烈沸腾状，不仅可加强传质、传热，而且可防止切片间相互黏结。当切片进入结晶器内 10min 左右时，排气口风温上升至 150℃，预结晶过程结束，发出温度到达信号，同时隔板转动，出料阀打开。此外，预结晶器内装有一套振动装置，由汽缸操作。汽缸 1 通过杠杆 2 使中心杆 3 振动。中心杆上装有很多根短的撞击棒，它与中心杆呈 72°倾斜，顶部装有锥形帽 5，以防止切片飞出。出料时，振动一下，可打碎黏结切片，使切片全部顺利排入充填式干燥器中。

该预结晶器中切片呈鼓泡状沸腾，无反混现象，停留时间更均一，设备上无振动部件，无噪声，粉尘少。

3. 充填式干燥器　在联合式切片干燥设备中所用的充填式干燥器同单独使用的充填式干燥设备的主要区别是：其内无搅拌装置，切片慢速均匀下落，能保证停留时间一致。

图3-3-5为BM充填式干燥器外形示意图，其为不锈钢方形容器，由4节干燥仓组成。热风从底层干燥仓进入，顶层干燥仓的出风口排出。各节干燥仓的内部结构基本相同，其内纵向交错排列着菱形风管，两侧是风道。图3-3-6为第一节（最低层）干燥仓的结构。菱形风管底部有长形开口，其中①、③、⑤层风管为进风管，与右风道2（进风道）相通，而②、④、⑥层风管为出风管，与左风道1（出风道）相通。风管的周围充满了缓慢下落的切片。热风由进风口3进入右风道，即同时进入第①、③、⑤层进风管4，随后从菱形风管底部长形开口处溢出后上升，穿透缓慢下行的切片层，由第②、④、⑥层出风管底部开口处进入出风管而转入左风道，这是第一节干燥仓中热风的流向。第二节干燥仓与第一节相反，其左风道为进风道，与第一节仓的左风道（出风道）相通。这样，热风就由第一节仓左风道升入第二节仓的左风道，同时进入第二节仓的①、③、⑤层进风管，热风再次溢出与切片接触后，经第②、④、⑥层出风管至第二节仓的右风道（第二节仓的出风道）。依此类推，第二、第三两节仓的右

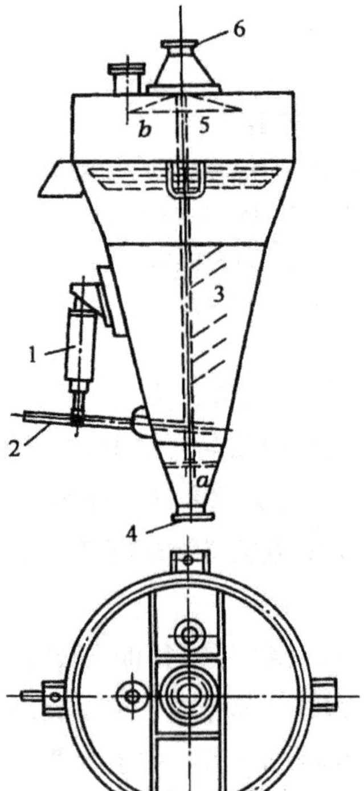

图3-3-4　德国BM公司的间歇式预结晶器

1—汽缸　2—杠杆　3—中心杆　4—进料口
5—锥形帽　6—排气口

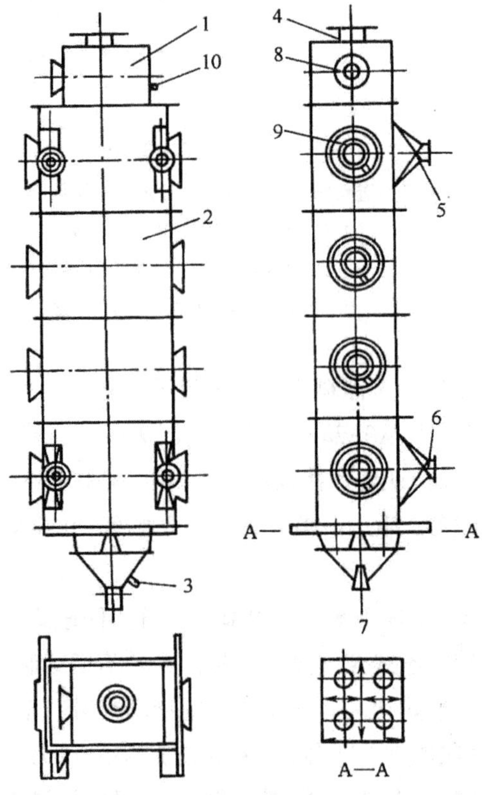

图3-3-5　BM充填式干燥器外形示意图

1—进料仓　2—干燥仓　3—取样管　4—进料口
5—热风出口　6—热风进口　7—出料口
8，9—视窗　10—压力表

风道相通，第三、第四两节仓的左风道相通，最后热风由第四节右风道入排风口排出。四节干燥仓上下相通，切片自上慢速下落，穿行于交错排列的风管之间与热气流接触，如图 3－3－7(a)所示。在整个充填式干燥器中，干燥空气的流向在同一节干燥仓中呈并联流动；而在节与节之间则为串联流动[图 3－3－7(b)]。切片在干燥器中停留 2h，出料时切片温度达 150～160℃。为保证切片有均一的停留时间，在干燥器底部支撑架处设置 4 只锥形出料管，上方下圆。切片由 4 个出料口出来后汇入一锥形收集管中，再经一气动滑板阀进入螺杆挤压机。

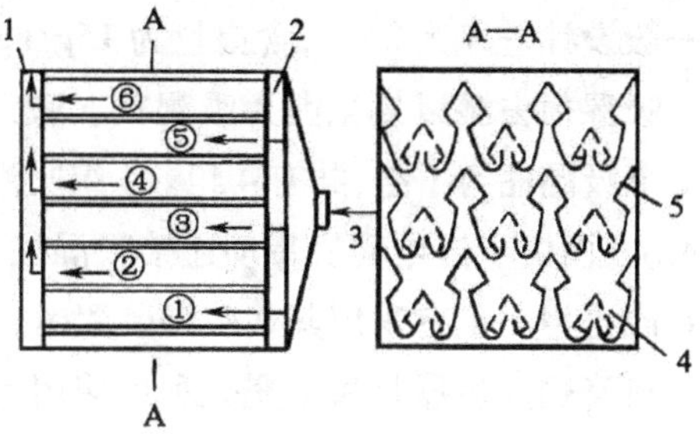

图 3－3－6 干燥仓结构示意图

1—左风道 2—右风道 3—进风口
4—进风管 5—出风管

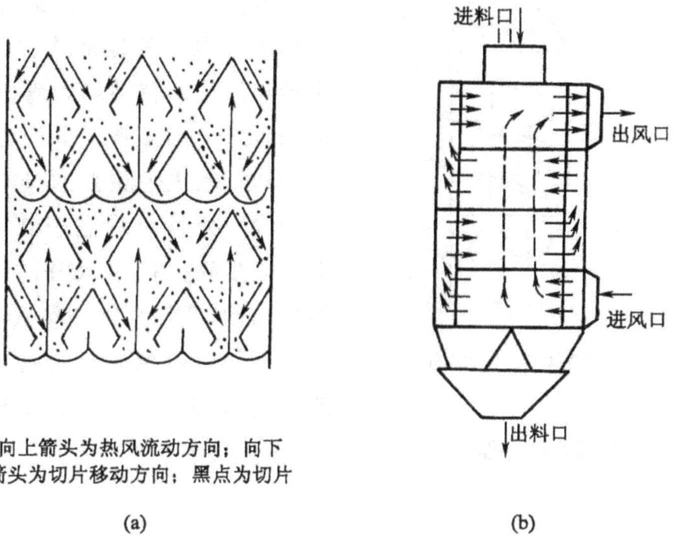

图 3－3－7 切片在气缝式干燥仓中的移动情况及与热风接触的流向示意图

BM 充填式干燥器热风流程长，切片干燥时间短，效率高。

4. 热风循环系统 热风循环系统主要由过滤器、去湿装置、加热器(换热器)和风机组成。德国 BM 干燥设备的热风循环系统(图 3－3－3)工作过程为：新鲜空气先经过滤器进入除湿器 28，再通入热管式换热器 27 进行预热，然后由离心风机 26 吸入加热器 22，将其加热到 160～170℃之后，进入充填式干燥器干燥切片，从充填式干燥器出来的热空气分为两部分：一部分经调节阀 12 到热管式换热器，利用其余热预热新入干空气，最后排入大气；另一部分则由高压离心风机 14 吸入后，送经加热器 16 再加热至 160℃，用气流喷射器 5 输送切片和使切片预结晶干燥。切片自预结晶器中出料时，气动阀 17 关闭，旁通阀 13 打开，空气作短路循环。在预结晶过程中，切片中的粉末被热气流从预结晶器顶部带出，经旋风分离器 10 分离后，落入粉末收集器 11 中。

去湿器采用冷冻去湿与吸湿剂去湿相结合，使干空气露点达 －10℃，含水量为 1.65g/kg。冷冻去湿部分串联安装 3 台冷冻压缩机冷却器。若进风经过第一台冷却器后已达到工艺要求的冷冻去湿温度(露点8℃),则后面2台冷却器的冷冻压缩机会自动停车,否则后面2台冷却器都要工作。冷冻去湿一般设计进风为25℃,含湿量为15g/kg,冷冻后风温为8℃,含湿量为6.7g/kg。

吸湿剂去湿以氯化锂为吸湿剂。吸湿剂被吸附在圆柱状超细陶瓷纤维过滤器上,成为吸湿柱。每4个吸湿柱为1组,共有4组。4组吸湿柱同时工作,每组中有3个用于吸湿,1个再生。吸湿柱固定不动,而由步进电动机带动连接吸湿柱两端的分配板转动。分配板起阀门作用,轮流使各组吸湿柱吸湿或再生。也有采用其他吸湿装置的,如日本钟纺公司利用高分子吸附除湿。

热管式换热器是为了充分利用使用后热风的余热,对工作进风预热。它分为左右两室,中间隔板上倾斜安装有热管(图3-3-8),管内装有低沸点液体氟利昂,管内壁上有螺纹毛细片作为气液升降的通道。管外壁上装有长方形铜翅片。热管内的液体在较低的一端吸收热量,变成气体上升,到达较高的一端后将热量传给工作进风,又变成液体下降。如此反复循环,热量可收回50%~65%。

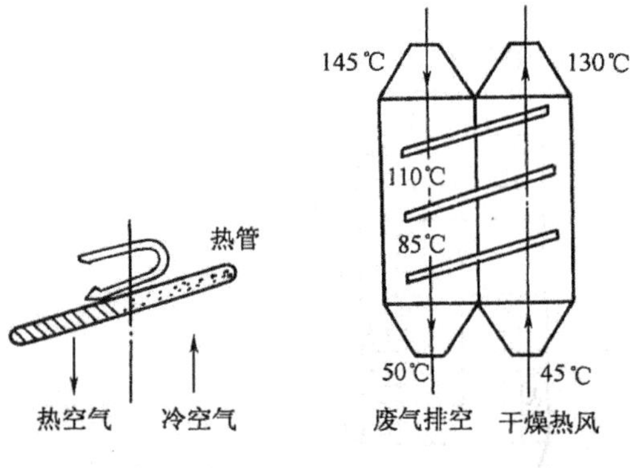

(a) 热管内液—汽循环传热示意图　　(b) 换热器内的温度分布

图3-3-8 热管式换热器

这种热风循环系统用风合理,热量利用充分,是一种较为先进的热风循环系统。联合式切片干燥机还有很多其他形式,如我国在聚酯切片干燥中最早采用回转圆筒干燥机和充填式干燥器组成的联合式干燥设备。由于切片中的大部分水分已在回转干燥机中除去,并具有较高的结晶度,进入充填式干燥器只相当于储存一段时间,一方面可以进一步除去微量水分;另一方面可以改善含水的均匀性。因此,其充填式干燥器结构更为简单,内部无任何机械转动装置,切片沿圆柱形筒体呈塞流状慢慢下落,但该套干燥系统流程长,占地大,粉尘较多。

二、整体式干燥机

对于小批量、多品种的生产往往采用整体式干燥机。整体式干燥机具有占地小、操作灵活等特点。整体式干燥机的种类和形式很多,下面以几种常见的典型干燥机为例来介绍。

(一)真空转鼓干燥机

真空转鼓干燥机如图3-3-9所示。以VC353型真空转鼓干燥机为例,其主要由转鼓部分、抽真空系统和加热系统组成。

1. 转鼓部分 转鼓是全机的主体,为倾斜装置(倾角为25°)的圆筒形容器,整个鼓体分内外两层,内层为衬不锈钢的复合钢板,外层为锅炉钢板,两层之间用钢管支撑,两层之间通热载体。

2. 抽真空系统 抽真空系统的主要部分是真空泵及其附属装置。真空泵可用机械真空泵,也可用蒸汽喷射泵。

采用机械真空泵时,常常采用泵组,以获得较高的真空度。常用罗茨泵和水环泵。VC353型真空转鼓干燥机采用1台100m/h的二级水环泵、1台200m/h的罗茨泵和1台400m/h的罗茨泵,而且在水环泵和200m/h的罗茨泵之间又串联了1台空气喷射泵,以减轻水环泵的负荷。为了防止从转鼓中

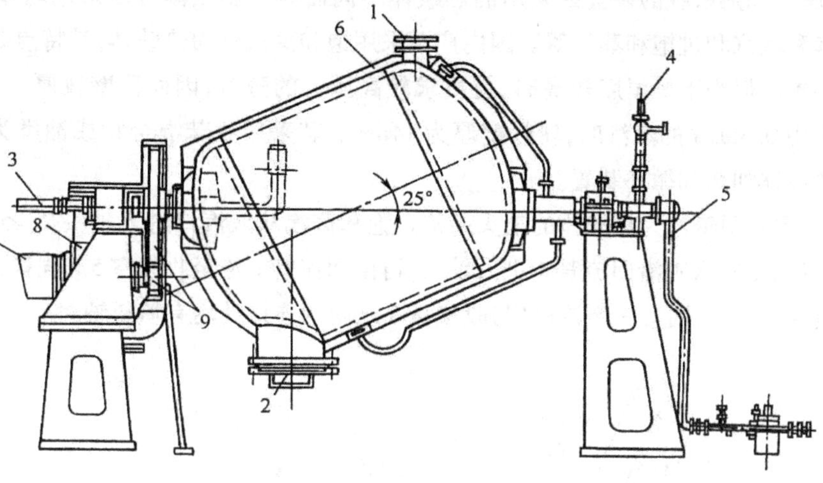

图 3－3－9　真空转鼓干燥机

1—进料口、出料口　2—人孔　3—抽真空　4—热载体入管　5—热载体回流管

6—转鼓夹套　7—电动机　8—减速器　9—齿轮

抽出的气体中的水分进入真空泵，还在真空泵与转鼓之间装备了蒸汽冷凝器和汽水分离器。

蒸汽喷射泵具有工作稳定可靠、设备简单等特点，常采用多级蒸汽喷射泵。一般三级蒸汽喷射泵喷射蒸汽压力为 98×10^4Pa，可使转鼓内的余压降到 0.033×10^4Pa；四级蒸汽喷射泵喷射蒸汽压力为 $(147 \sim 157) \times 10^4$Pa，转鼓内余压可降到 53Pa；五级蒸汽喷射泵可使转鼓内的余压降到 6.7Pa。

抽真空系统的管线与转鼓之间采用特殊的轴头结构连接，如图 3－3－10 所示。轴头中有 1 根真空管，其左端与真空系统相连，右端伸入转鼓内，其上接弯管 1，弯管伸入转鼓上部空间，并在顶部装有除尘器 2，防止粉末通过抽真空管 3 抽出。转动的轴头与不转动的真空管之间采用填料密封。

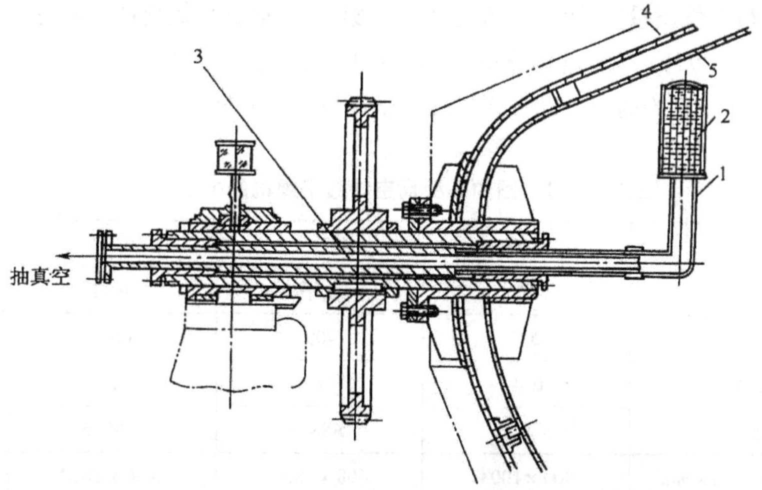

图 3－3－10　真空转鼓干燥机抽真空部分轴头结构

1—弯管　2—除尘器　3—抽真空管　4—夹套　5—鼓体

3. 加热系统　加热系统的装置因采用的热载体不同而异。热载体可以采用联苯混合物、38 号汽缸油、甘油、饱和蒸汽和过饱和蒸汽等。国内广泛采用饱和蒸汽作为热载体，其特点是结构简单，不需要其他附属装置。但当干燥温度较高时，就要求较高压力的蒸汽，因而器壁较厚。如 VC353 型真空转鼓干燥机采用 0.4MPa 的蒸汽时，转鼓壁厚为 14mm。若采用联苯混合物或油类为热载体，则需要一套相应的热载体加热和循环装置。

图 3-3-11 是采用蒸汽为热载体的轴头结构。饱和蒸汽从入汽口进入轴头 2，经接管 3 进入转鼓夹套进行热交换，冷凝水则沿回流管 4 进入轴头，再由回流管 1 流至收集室 5。同样，进蒸汽管与轴头之间以及回流管 1（它随轴头一起转动）与收集室 5 之间的连接处均有填料轴封。

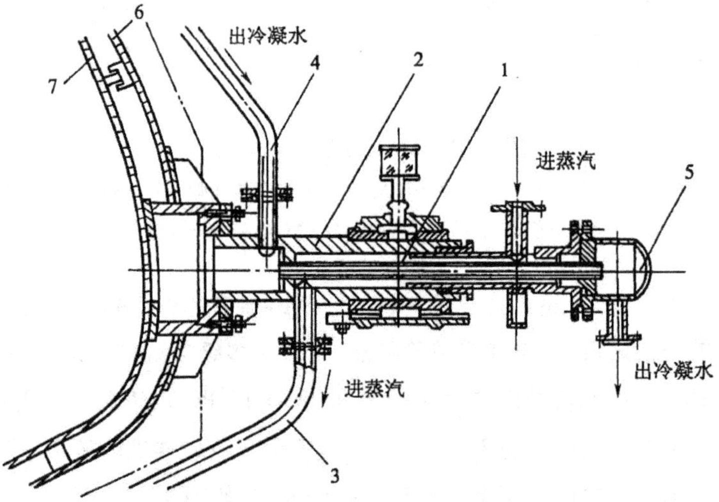

图 3-3-11　真空转鼓干燥机加热部分轴头结构

1,4—回流管　2—轴头　3—接管　5—收集室　6—夹套　7—鼓体

真空转鼓干燥机干燥质量高，可在较低温度下干燥切片，适合易氧化或热敏性的高聚物。但由于其干燥时间长、生产能力低、不能连续化等，一般用于小批量、多品种及一些特殊品种的生产。表 3-3-1和表 3-3-2 分别为国内外几种真空转鼓干燥机的主要性能。

表 3-3-1　国内几种真空转鼓干燥机的主要性能

特　　性	ZG400	VC351	VC352	VC353
转鼓位置	倾斜	水平	倾斜	倾斜
最大投料量（kg）	200	400	1100	1750～2000
转鼓容积（m^3）	0.4	1	2	4.8（有效 2.5）
真空度（kPa）	>98.6	>98.6	>98.6	1.3（余压）
转鼓尺寸（内径×长）（mm×mm）	800×1003	600×1800	1400×2000	1700×2735
热源	蒸汽（0.2MPa）	蒸汽（0.2MPa）		蒸汽（0.4MPa）
传动功率（kW）	2.2	2.8	5.5	15.1

表 3－3－2 国外几种真空转鼓干燥机的主要性能

特性		法国设备	日本设备	意大利设备
最大容积(m^3)		16	8	16
最大投料量(kg)		6000	2500～3000	6000
热源		加热油、联苯	过热蒸汽(1.5～1.6MPa)	联苯
干燥温度(℃)		155～159(聚酯)	150～190(载热体)	155～195(聚酯) 140～170(切片)
干燥时间(h)		12	7～8	12
切片含水	干燥前	0.5%～1%		0.5%～1%
	干燥后	0.001%		0.001%
转鼓内余压(Pa)		0.4	<4	4

(二)回转圆筒干燥机

回转圆筒干燥机主要由两部分组成:回转圆筒部分和热风循环系统。

回转圆筒部分为不锈钢制卧式回转筒体。国产回转圆筒干燥机的筒体内壁装有48根沿轴向排列的钩状抄板,而且内边缘形成了进口端直径为1200mm、出口端直径为1730mm的锥形内腔。筒外装有传动用的大齿轮和支撑用的托圈。出料端装有出料量控制器和旋风分离器群,如图3－3－12所示。工作时,热风与切片呈顺流。湿切片进入回转圆筒1后,随着筒体缓慢地旋转,被内壁上的抄板2带到一定的高度,逐渐散落下来。在散落过程中,被热风吹拂,切片3温度迅速升高,将水分蒸发并带走,同时发生结晶,软化点升高。由于抄板形成的斜锥体内腔和下落时热风的吹动,切片被逐渐移向出料端。切片的这些剧烈运动,可以防止切片在高温下发生黏结,但由于切片下落的高度不同,被风向前吹移的距离不同,因而不能保证切片先进先出,使得干燥后的切片含水不够均匀。

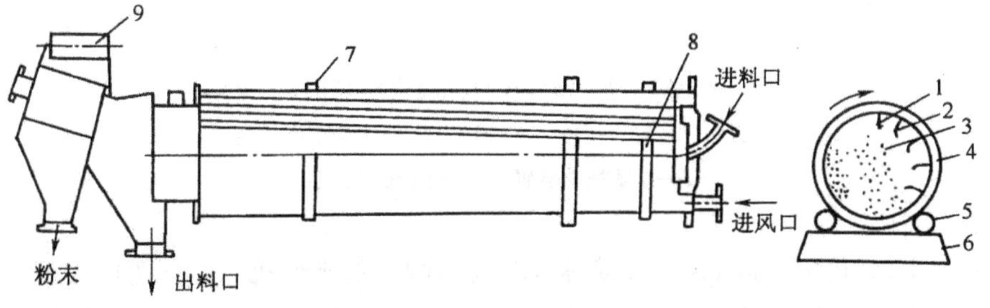

图3－3－12 回转圆筒干燥机

1—回转筒体 2—抄板 3—切片 4—大齿轮 5—传动齿轮
6—底座 7—托轮 8—止推轮 9—回风口

筒体的回转是由电动机通过减速器、联轴器传动小齿轮,带动筒体外部的大齿轮4转动的。热风循环系统主要由风机、加热器和干燥机出料端的旋风分离器群组成。热风经分离器除去粉尘后至风机,再经加热器加热后循环使用。在循环过程中,不断排放部分循环空气,并补充经减湿过滤过的新鲜空气。

回转圆筒干燥机的特点是操作连续、生产能力高、干燥时间短、操作方便等，但由于切片的停留时间不一致，造成干燥后的切片含水不够均匀。因此，一般其后需要设置充填式干燥机，对切片进一步干燥和匀化。

（三）充填式干燥机

充填式干燥机有搅拌式和无搅拌式两种。后者一般和预结晶装置联合使用，已在联合式干燥设备中介绍。

搅拌充填式干燥机为直立圆筒（图3－3－13），分上下两个区域。上半区装有立式搅拌装置，切片在搅拌下完成预结晶后，经过中部的炉栅搅拌器落入下半区，再充分干燥至纺丝要求的含水率。

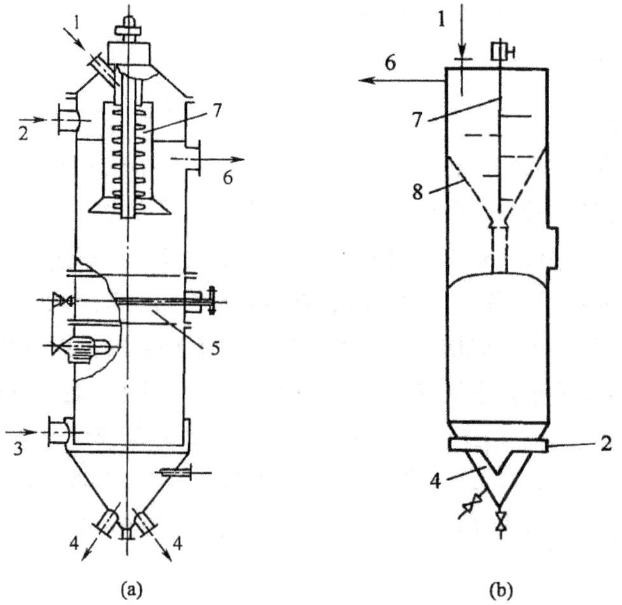

图3－3－13　搅拌充填式干燥机

1—切片　2，3，6—空气　4—干切片　5—炉栅搅拌装置

7—立式搅拌装置　8—倒锥形开孔板

图3－3－13（b）为德国 Karl Fischer（简称 KF）公司制造的干燥机。上下两区由开小孔的倒锥形不锈钢板分割，小孔尺寸小于切片尺寸。热风经小孔上升，而切片则从中央落料管落到下部干燥区。改变中央出料管的长度可调节切片输出量。

图3－3－13 还带有一套水平搅拌装置，亦称为炉栅搅拌器，其结构如图3－3－14 所示（图3－3－13 的 A—A 剖面图）。炉栅搅拌器是沿同一横截面平行排列6根转轴，其上焊有均匀排列的叶片，而且相邻两轴上的叶片交错排列，以均匀搅拌物料。

充填式干燥器热风采用二进一出的形式，即预结晶区热风与切片呈并流，而干燥区的热风与切片呈逆流，充分利用热风热能，提高干燥效率。

与充填式干燥机相配套的主要有切片输送系统和热风循环系统。储存在大料仓的湿切片被罗茨

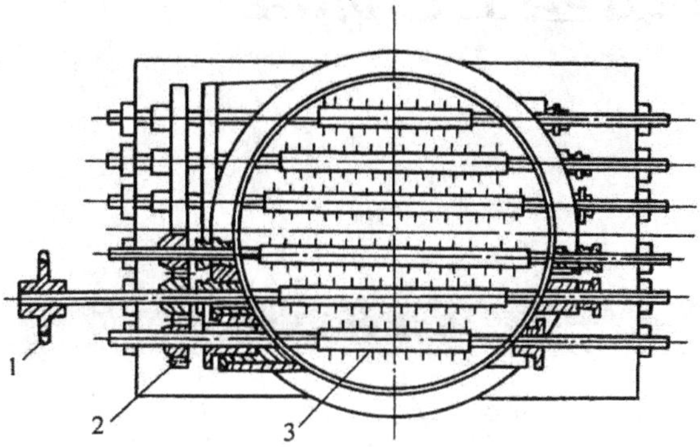

图 3－3－14　炉栅搅拌器

1—链轮　2—齿轮　3—搅拌器

泵所产生的真空抽吸经旋风分离器落入小料仓中，再靠重力落入充填式干燥器。小料仓设有料位计，以控制切片的输送量。

切片输送系统主要包括大料仓、小料仓、旋风分离器和真空泵。

热风循环系统主要包括旋风分离器、鼓风机、空气过滤器、空气除湿器和加热器等。

搅拌充填式干燥设备的特点是：将切片预结晶和匀化干燥两个过程设计在一个装置中完成，占地少，效率高。切片在干燥区（干燥器下区）内呈活塞状流动，保证了切片在干燥过程中停留时间一致，干燥均匀。干燥后的切片可以直接连续地进入螺杆挤压机加料斗供纺丝使用，避免了干切片的回潮。但其产量较小，不适合大规模生产。

思考题

1. 切片干燥的目的及其基本原理是什么？
2. 干燥对高聚物结构有何影响？
3. 简述切片干燥设备种类及其工作原理。

第四章　熔体纺丝工艺原理

本章知识点

1. 熔体纺丝的特点及工艺流程。
2. 掌握熔体成形原理。
3. 切力变稀流体的流动曲线表示方式。
4. 纺丝流体切力变稀的原因。
5. 纺丝流体挤出细流的类型及其影响因素。
6. 可纺性的表征方法，毛细断裂、内聚断裂的判断依据。
7. 纺丝流体在孔道中流动的参数计算。
8. 纺丝线上受力情况及其各区的特点及对成形的影响。
9. 熔体纺丝过程中的取向机理及取向度的表征方法。
10. 影响卷绕丝取向度和结晶度的因素。

第一节　熔体纺丝工艺概述

一、熔体纺丝工艺的特点

熔体纺丝(熔纺)工艺具有过程简单和纺丝速度高的特点,在熔体纺丝过程中,成纤高聚物经历了两种变化,即几何形状的变化和物理状态的变化。几何形状的变化是指成纤高聚物经过喷丝孔挤出、拉长而形成连续细丝的过程;物理状态的变化即先将高聚物变为易于加工的流体,其挤出后为保持已经改变了的几何形状和取得一定的化纤结构,使高聚物又变为固态。熔体纺丝过程只是一个随传热过程而发生的物理变化过程,而溶液纺丝则远非这么简单,其成形过程除了传热外,更重要的是传质过程,甚至发生复杂的化学变化和物理变化,而且由于工艺过程复杂,溶液纺丝速度难以提高。而熔体纺丝的丝条一经凝固便具有相当高的抗张能力,且冷却介质皆为空气,丝条运动阻力极小,因而纺丝速度可以提高。原则上讲,分解温度高于熔点温度(或流动温度)的高聚物都可以采用熔体纺丝法。

熔体纺丝成网非织造布(纺黏法非织造布)和熔体纺丝生产纤维的设备各有不同,但纺丝过程比较接近,熔体纺丝可以归结为以下 4 步(纺黏法非织造布的纺丝过程为前 3 步)。

(1)高聚物纺丝熔体的制备。

(2)熔体自喷丝孔挤出。

(3)挤出的熔体细流的拉伸和冷却固化。

(4)固化丝条的给湿上油。

二、熔体纺丝工艺流程

常规熔体纺丝工艺流程为(图3-4-1):干燥切片→熔融挤出→混合→计量→过滤→纺丝→冷却成形→上油→卷绕。

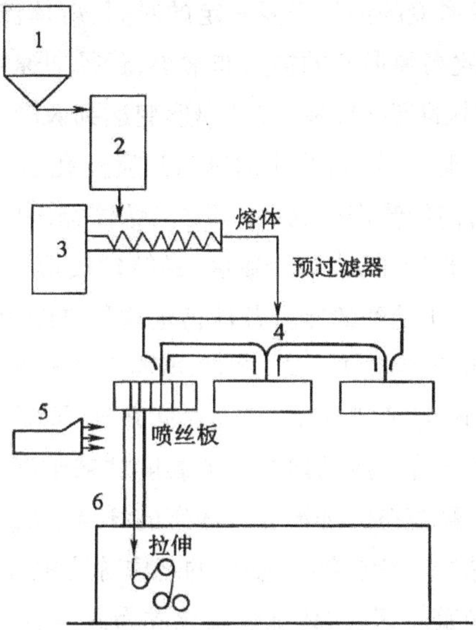

图3-4-1 熔体纺丝工艺流程

1—干燥装置 2—料斗 3—螺杆挤压机 4—纺丝箱体 5—吹冷风冷却 6—冷却成形

1. 熔体的制备 切片熔融是高聚物大分子的热运动达到一定程度的结果,随着温度的升高,切片中的非晶态部分以玻璃态转化为高弹态,再进一步转化为黏流态;晶态部分则发生结晶的熔化,从而得到熔体。由于切片相对分子质量不均一,且结晶度也不均一,故熔体的形成也就难易不同,其中最难熔融的是凝聚物的高结晶部分,未熔融或未完全熔融会造成熔体不匀,会给纺丝带来很大危害。

在熔体制备的过程中,会产生水解、热裂解和氧化降解,导致大分子链断裂,从而影响可纺性。

降解反应不但与切片含水量及其性能有关,而且随温度的升高和熔体停留时间变长而明显加剧。纺丝过程中,常采用测定无油丝黏度降解的方法来表征纺丝过程中大分子的降解反应,尽量将降解减到最低程度。

使用螺杆挤压机制备熔体时,切片被螺杆不断向前推,并逐步升温,部分熔融,到压缩阶段后,由于螺槽由深变浅,物料被压缩排气,并全部熔融,最后在计量段被计量和均化。螺杆各区温度的设定对熔融状况有关键的影响,螺杆本身结构和形式对熔融状况也有很大影响。由螺杆挤压机得到的熔体以一定的压力被挤出再输送至纺丝箱体中进行纺丝。

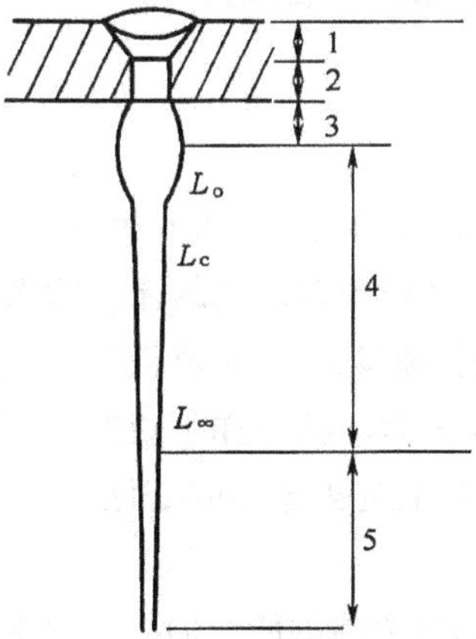

图3-4-2 熔体挤出成形示意图

1—入口区 2—孔流区 3—膨化区 4—形变区 5—稳定区

L_o—熔体细流从喷丝孔出口到熔体细流直径最大处的距离

L_c—熔体细流直径最大处到拉伸应变速率最大时的距离

L_∞—熔体完全凝固时距喷丝孔出口的距离,即凝固长度

2. 熔体细流及其冷却成形 熔体细流在成形过程中,其黏度、速度、应力和温度在其路径上存在着连续变化的梯度分布场,固化的纤维所具备的性能与这些分布场所起的作用有很大的关系,如图3-4-2所示。

(1)入口区:指熔体经过的每个喷丝孔的喇叭口部分。熔体从较大的空间进入直径逐渐变小的喇叭口内,流速增长所损失的能量以弹性能储存在体系中,这种特性称为“入口效应”。

(2)孔流区:指熔体在喷丝孔中流动的区域。在此区域中,熔体有两个特点,一是流速不同,靠近孔壁处速度小,孔中心处速度大,且有一个径向速度梯度;另一个是入口效应产生的高弹形变有所消失,高弹形变的消失需要一定的时间,熔体流经孔道的时间甚短,约 $10^{-4} \sim 10^{-3}$s,弹性内应力来不及松弛。故高弹形变的损失非常小,若径向速度梯度过大或在孔流区的剪切速率过高,亦会继续产生入口效应中的高弹形变,如高弹形变达到极限值,熔体细流就会发生破裂而无法成纤。

(3)膨化区:指熔体细流离开喷丝孔后的一段区域。产生膨化现象的主要原因是高弹形变的迅速恢复,使细流产生膨胀。另外,熔体经出口时速度场的改变以及熔体的表面张力等也是重要因素。

(4)形变区:也称冷凝区,是纺丝成形过程中的重要区域。选择好成形工艺条件,使熔体细流在形变区内所受到的冷凝条件稳定均匀是纺丝好坏的关键条件之一。

熔体细流在 $L_0 - L_c$ 之间,即离开喷丝板 10 ~ 15cm 的距离内,温度仍然很高,流动性较好。在张力作用下,细流很快被拉细,速度升高,同时由于冷却空气的作用,细流温度逐渐降低。当达到距离 L_c 后,温度下降造成的熔体细流黏度越来越高。细流细化的速度也越来越慢,到了 L_∞ 时,细度变化就基本停止,黏流态的细流变成固态的纤维。L_∞ 称为凝固点,离喷丝板约为 40 ~ 80cm,一般成形条件约为 50cm 左右。细流变细、变长的现象称为喷丝头拉伸。

(5)稳定区:熔体细流固化成为纤维后,直径稳定,速度不再发生变化。

3. 给湿上油及卷绕 初生纤维较干燥,易产生静电。通过上油给湿,使丝条有一定的油剂和水分,可消除静电,使丝条润滑,便于后道工序加工。纺黏法非织造布在生产中,从纺丝得到的纤维经气流拉伸后直接铺丝成网,不需给湿上油及卷绕。

第二节 高聚物熔体的加工性质

一、高聚物熔体的流变性

流变性是指材料在外力作用下发生流动和形变的能力。纤维纺丝成形是高聚物通过流动和形变来实现的,流动是纤维成形过程中最基本的现象,在熔体纺丝过程中有复杂的流动现象。概括地说,它包括喷丝孔中的剪切流动和出喷丝孔后自由丝条的单轴拉伸流动,上述两种流动不仅表现出黏性,而且表现出弹性,它们随高聚物熔体丝条逐渐冷却而固化,其热力学状态亦不断变化。可见,处于纺丝过程中的高聚物熔体,其流变性不但本身具有复杂的内容,而且还处于不断变化之中。

(一)高聚物熔体的剪切黏度

在熔体纺丝的条件下,剪切流动存在于高聚物流体形成纤维之前的所有加工过程中,包括高聚物在喷丝头的毛细孔、熔体过滤的多孔介质、齿轮泵、熔体输送管道以及螺杆挤出机过程。其中包含多种形态的剪切流动,简单的如压差作用下喷丝孔及输送管中的管道流动,复杂的如过滤层中以剪切为主的复杂流动等。

剪切流动中,切黏度 η 是联系切应力 σ_{12} 和切变速率 $\dot{\gamma}$ 之间关系的特性常数,对于一些简单流体,切应力和切变速率服从牛顿流动定律。

$$\sigma_{12}=\eta\dot{\gamma}$$

因此，切黏度可以简单定义为切应力与切变速率之比。高聚物熔体在加工过程中的流动都不是牛顿流体，其切应力与切变速率之间不呈线性关系，其黏度随切变速率而变，这类流体称为非牛顿流体。有多种描述非牛顿流体流动的关系式，如幂次律定律：

$$\sigma_{12}=K\dot{\gamma}^{n}$$

式中：K——黏度系数；

n——非牛顿指数，用以表征流体偏离牛顿型流动的程度。

当 $n=1$ 时，该流体属牛顿流体，其表观黏度 η_a 随 $\dot{\gamma}$ 的增加而减少，这种流体称为假塑性流体或切力变稀流体，大多数聚合物熔体和溶液属该类流体，如以下关系式：$\eta_a=\sigma_{12}/\dot{\gamma}^{n}$。当 $n>1$ 时，其表观黏度 η_a 随 $\dot{\gamma}$ 的增加而增大，这种流体称为胀流性流体或切力增稠流体，少数聚合物溶液和一些固体含量高的聚合物分散体系属于这一类。此外，还有一种流体必须克服某一临界剪切应力才能产生牛顿流动，这种流体称为宾厄姆流体，部分聚合物的浓溶液属于这一类。如图 3-4-3 所示。

影响高聚物切黏度的因素较多，了解它们对纤维的生产有重要的实际意义：当纺丝流体的切黏度与正常情况发生偏差时，可提供寻找偏差原因的途径，能及时解决纺丝流体的不稳定性；切黏度和可纺性有关，可以根据各种因素的调节来改善纺丝流体的可纺性。其具体的影响因素如下：

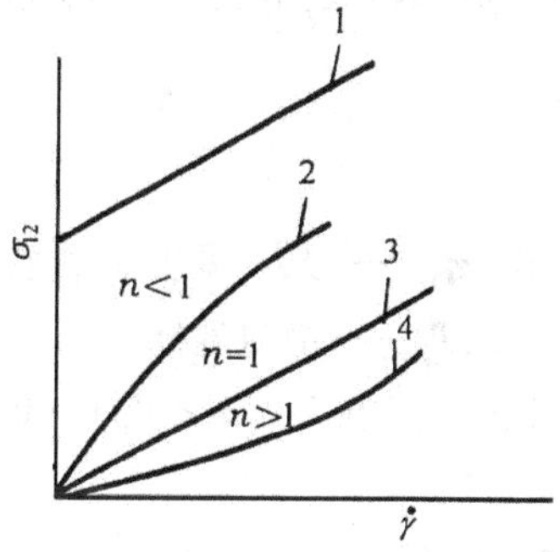

图 3-4-3　各种流体的流动曲线

1—宾厄姆流体　2—切力变稀流体

3—牛顿流体　4—切力增稠流体

1. 切黏度与切变速率的关系　在不同的切变速率范围内，切黏度对切变速率的依赖关系有所不同，对切力变稀的高聚物熔体（图 3-4-4），在低切变速率范围内，切应力和切变速率的关系接近于直线。在切变速率达到一定程度后，切应力与切变速率不再保持直线关系，表现出切黏度对切变速率的依赖性。当切变速率进一步增加到某个临界值以后，切应力和切变速率又在一个新的水平上成为直线关系。通常将 σ_{12}—$\dot{\gamma}$ 线性关系的低切变速率区的黏度叫零切黏度，记为 η_0，将 σ_{12}—$\dot{\gamma}$ 保持线性关系的高切变速率区的黏度叫极限黏度，记为 η_∞，在 σ_{12}—$\dot{\gamma}$ 非线性关系的中等切变速率区，形式上可以按照牛顿黏滞定律定义黏度，称为表观黏度，记为 η_a。

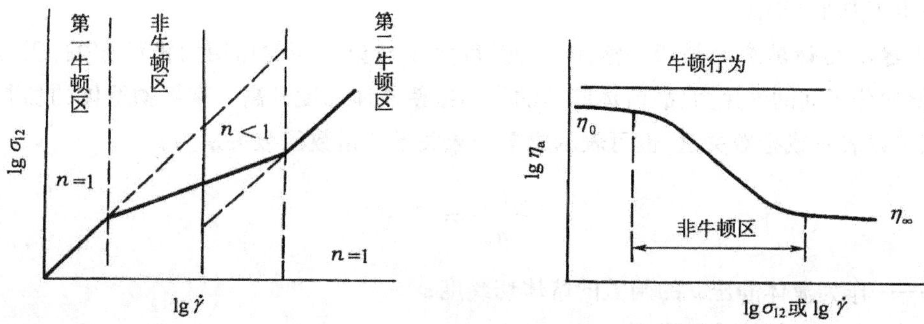

图 3-4-4　切力变稀流体的流动曲线

各种高聚物，其熔体的表观黏度随切变速率的变化情形是不一样的。例如，聚酰胺和聚酯熔体的表观黏度对切变速率不那么敏感，在很宽范围内都能保持牛顿流体的特点，而聚乙烯和聚丙烯熔体，表观黏度随切变速率的升高很明显地下降，只能在很低和极小的切变速率范围内具有接近牛顿流体的性质。

2. 切黏度与温度的关系　流动过程与分子运动密切相关，高聚物熔体的切黏度对温度有很强的依赖关系，在温度间隔不大及温度远高于玻璃化温度 T_g 的情况下，纺丝流体的切黏度随温度的升高按指数关系下降，即符合阿累尼乌斯方程式：

$$\eta = A \cdot \exp \frac{E_\eta}{RT}$$

式中：A——常数；

E_η——黏流活化能；

T——绝对温度；

R——气体常数。

在温度较低的情况下，切黏度与温度的关系可用最常见的 WLF 方程来表示：

$$\lg\left(\frac{\eta_T}{\eta_{Tg}}\right) = \frac{17.44(T - T_g)}{51.6 + T - T_g}$$

式中：η_T、η_{Tg}——某一温度 T 和玻璃化温度 T_g 时的切黏度；

T、T_g——绝对温标，K。

此式一般在 $T_g < T < T_g + 100$ 的温度范围内比较合适。事实上，此时的 η_T 已是熔点以下固体的切黏度。

3. 切黏度与相对分子质量及其分布的关系　纺丝流体的零切黏度 η_0 很大程度上依赖于高聚物的平均分子量，有许多联系 η_0 与相对分子质量 M 的经验公式。通常采用的有：

$$\lg\eta_0 = a + b\overline{M}^{0.5}（用于缩聚物）$$

$$\eta_0 = k\overline{M}^{\alpha}（用于加聚物）$$

上式中，a、b、k、α 都是经验常数。上述关系表明：在一定温度下，高聚物熔体的切黏度随平均分子量 M 的指数函数增加。同样，相对分子质量分布对高聚物熔体流动特性的影响，也表现在表观黏度 η_a 与切变速率 $\dot{\gamma}$ 的关系上，在平均分子量相近时，相对分子质量分布宽的将比窄的容易在较低的切变速率下出现非牛顿流动。

4. 流体静压对切黏度的影响　液体的切黏度大小与分子间的作用力密切相关，压力将使液体体积减小，增加分子间的作用力，故流体静压的作用致使流体黏度升高。高聚物熔体的切黏度与流体静压的关系可以表示成指数关系，也可表示成幂函数关系。指数函数关系为：

$$\frac{\eta(p)}{\eta_{at}} = e^{bp}$$

式中：$\eta(p)$——作为流体静压 p 的函数的熔体切黏度；

η_{at}——常压下的熔体切黏度；

b——高聚物种类决定的常数(聚酯为5.1×10^{-5}、聚乙烯为3×10^{-5})。

5. 粒子充填剂对切黏度的影响　在聚合物的加工中,为了消光、抗老化、染色、增白、提高制品强度及制造功能纤维等,往往要在聚合物流体中加入某些添加剂,如二氧化钛、氧化锌、颜料、增白剂、热稳定剂及一些功能性添加剂等。这些添加剂对聚合物的流变性能及切黏度有明显的影响。一般固体物质的加入会使聚合物的切黏度增大,随高聚物中充填粒子体积分数的增加,熔体切黏度增大,而且增大程度与切变速率有关。在低切变速率下,切黏度随充填剂增加而升高的程度要比在高剪切速率下大些。

(二)高聚物熔体的拉伸黏度

高聚物流体的拉伸流动是与剪切流动完全不同的另一种流动方式,如熔体细流从喷丝孔到凝固点的拉伸流动,它和剪切流动一样,有一个可测的材料参数与之相联系。这个联系拉伸应力和拉伸应变速率的材料参数就是拉伸黏度η_e,一般写为:

$$\eta_e=\frac{\sigma_{11}}{\dot{\varepsilon}}$$

式中:σ_{11}——丝条横截面上的拉伸应力;

$\dot{\varepsilon}$——拉伸应变速率。

与切黏度一样,拉伸黏度也对温度、形变速率和相对分子质量有依赖性。

1. 拉伸黏度与温度的关系　一些研究者在低速纺丝线上研究了丝条和聚合物熔体拉伸黏度的关系。假设拉伸黏度与拉伸应变速率的大小无关,并测定了丝条温度、直径随纺程的分布,用纺丝动力学方法求纺丝张力分布,然后由$\eta_e=\frac{\sigma_{11}}{\dot{\varepsilon}}$计算出拉伸黏度随纺程的分布,从而求得$\eta_e$与$1/T$的关系。纺丝流体的拉伸黏度随温度的升高按指数关系下降,也符合阿累尼乌斯方程式,如对几种熔纺高聚物从纺丝动力学研究得到了下面一些经验关系式:

$$\text{聚丙烯}\ \eta_e=0.004\exp\frac{3500}{T}$$

$$\text{聚酯}\ \eta_e=0.073\exp\frac{5300}{T}$$

$$\text{聚已内酰胺}\ \eta_e=0.034\exp\frac{3250}{T}$$

式中:T——绝对温度。

2. 拉伸黏度与拉伸速率的关系　从拉伸流动的黏弹理论研究得出拉伸黏度与拉伸应变速率的关系为:

$$\eta_e=3\eta_0\frac{1}{(1+\tau\dot{\varepsilon})(1-2\tau\dot{\varepsilon})}$$

式中:τ——松弛时间;

η_0——零切黏度;

$\dot{\varepsilon}$——拉伸应变速率。

当τ值很小时，拉伸黏度随拉伸应变速率的增加而增加，在低拉伸应变速率之下，拉伸黏度接近于切黏度的3倍，当拉伸速率接近于12 τ时，拉伸黏度趋于无限大。从实验结果看，拉伸黏度随拉伸应变速率的变化关系比较复杂，随拉伸应变速率的增加，拉伸黏度可能减小，也可能增大，增大的原因可能是大分子链的取向伸直、平行排列的分子较无序排列的分子具有更强的抗拉伸性；拉伸黏度随拉伸应变速率的增大而减小的原因是其分子链缠结浓度的降低。在高速纺丝的情况下，聚合物流体是黏弹体，有人采用Maxwell黏弹模型推导拉伸黏度的表达式如下：

$$\eta_e \frac{dV}{dx} = \sigma + \eta_e V \frac{d\sigma}{E dx}$$

式中：E——弹性模量，Pa；

V——拉伸速率，cm/min；

x——拉伸的位移，cm；

σ——拉伸应力，mN。

3. 其他因素的影响 聚合物的平均分子量越大，拉伸黏度越大，聚合物的相对分子质量分布越宽，拉伸黏度越大。聚合物共混体系的表观拉伸黏度随拉伸应变速率增大而减小，不同的共混体系表观拉伸黏度可能介于混合的聚合物的纯组分之间或低于两种纯组分。具体情况取决于两组分在不同比例下的分散状态。有人认为：η_e越小，纤维成型时最大喷丝头的拉伸比越大。因此，η_e的测定有可能用来作为某种高聚物熔体可纺性的相对量度。η_e随拉伸应变速率变化的规律还与成形的稳定性有关。

二、高聚物熔体的可纺性

可纺性在化学纤维工艺原理中并无严格的定义，一般是指某种流体在单拉伸应力状态下能大幅度地出现不可逆伸长变形，通俗地讲，就是熔体在拉伸作用下能形成连续细长丝条的能力。显然，可纺性并非高聚物所特有，其他物质，如肥皂液、蜂蜜、高黏度矿物油等都具有成丝的能力，但作为纺丝熔体，仅仅具有可纺性是不够的，它必须在纺丝条件下具有足够的热稳定性和化学稳定性，在形成丝条后容易转化为固体，而且固化的丝条经过适当的处理后，具有必要的物理力学性能，所以可纺性是成纤高聚物的必要条件，但不是充分条件，从纺丝成形加工角度来看，高聚物是从喷丝孔挤出后受到轴向拉伸而形成丝条的，可纺性好坏是保证纺丝过程持续不断的先决条件。20世纪60年代初，波兰学者Ziabicki等在探讨流体丝条断裂机理的基础上研究了可纺性，并提出了丝条的两种破坏机理：

(1)毛细破坏：是由于丝条表面张力挠动及其传播的不稳定性导致的，这种挠动在液体表面上形成一种毛细波动，纺丝液从喷丝孔挤出时形成了新的自由表面，液体的表面张力有使液体自由表面收缩成滴的趋势，最初毛细波的振幅是δ_0，当毛细波发展到振幅等于自由表面无挠动丝条的半径R时，流体便解体成滴而断裂。

(2)内聚破坏：对于黏弹性流体的拉伸流动，当储存的弹性能密度超过某临界值时，流动就会发生破坏，这个临界值相当于液体的内聚能密度K。

高聚物流动在拉伸流动中的丝条破坏究竟按哪个机理进行，取决于拉伸条件和流体的流变特性。低黏度的牛顿流体形成的丝条自喷丝板挤出而发生断裂，稍高黏度的流体可以形成连续的丝条，而高弹性的熔体因为有向高应力发展的可能，所以只能在较低的卷绕速度下纺丝，否则纺丝将会因为应力发展超过临界水平而引起内聚断裂。显然低相对分子质量熔体丝条的破坏是出于毛细机理，而相对分子质量非常高的熔体破坏是内聚破坏。不同类型高聚物的可纺性是不同的，常见的缩聚成纤高聚物，具有优良的可纺性。在实际纺丝中，内聚断裂导致的丝条不稳定性决定了纺丝速度和纺丝拉伸比的上限；对于聚酰胺、聚酯和聚氨基甲酸酯熔体，由于其松弛时间短，形变能的消散快，即使采用4000～5000m/min 的卷取速度和超过1000 的形变比（拉伸比），也不会出现内聚断裂，而毛细破坏对可纺性的限制作用决定了挤出速度的下限，当喷丝板温度过高或高聚物热降解致使挤出熔体黏度太低时，丝条的毛细破坏则随时可能发生。

三、聚合物熔体的毛细管流动和挤出胀大现象

（一）高聚物熔体的毛细管流动

1. 毛细管流动的切应力、切变速率和速度分布　例如对一个半径为 R 的毛细管剪切流动的纺丝流体，取长度为 L、半径为 r 的一流动层进行分析，若两端的压力差为 ΔP，通过对这段流体的力的平衡分析，可得出毛细管流动中的切应力和切变速率表达式。流体在毛细管中的流动如图 3－4－5 所示。

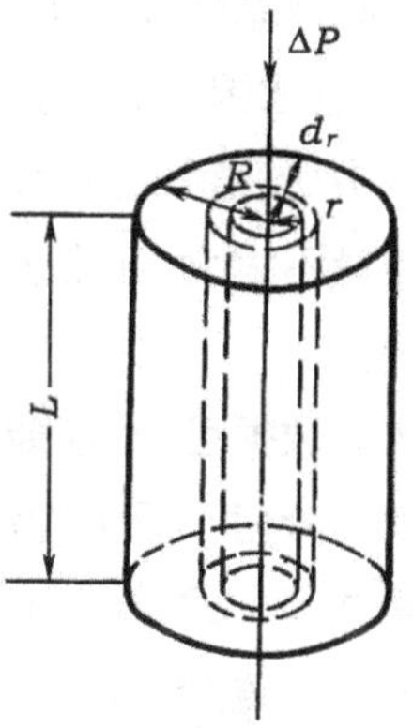

图 3－4－5　流体在毛细管中的流动

作用于流体端面上的压力等于流体的黏滞阻力，若流体中的切应力为 σ_{12}，根据力的平衡条件可得：

$$\pi r^2 \Delta P = (2\pi r L)\sigma_{12}$$

则

$$\sigma_{12} = \frac{\Delta P \cdot r}{2L}$$

式中：σ_{12}——距轴线任意距离 r 处流体承受的切应力。

则管壁处的切应力 σ_W 为：

$$\sigma_W = \frac{\Delta P \cdot r}{2L}$$

对于牛顿流体

$$\sigma_{12} = \eta\dot{\gamma}$$

则有切变速率

$$\dot{\gamma} = \frac{\Delta P \cdot r}{2\eta L}$$

孔道中流动速度 $V_x(r)$ 呈抛物线分布。即：

$$V_x(r) = \frac{\Delta P R^2}{4\eta L} \cdot \left[1 - \left(\frac{r}{R}\right)^2\right]$$

对于非牛顿流体的非弹性流体，可用幂次律表示黏度对切变速率的依赖性。

2. 聚合物熔体在喷丝孔中流动的轴向压力分布 高聚物熔体通过喷丝孔的流动有明显的流场变化,不像上述推导所基于的假设那样是一种单纯的流动,它包含进入毛细孔之前入口区的收敛流场、进入毛细孔后均匀端面的管流流场以及毛细孔出口区挤出过程向拉伸流动的流场过渡。另外,高聚物熔体是弹性的,有时间依赖性和形变速率依赖性。即在喷丝孔中难以形成具有稳定速度分布的稳态速度场,因此,必须对这种偏离的效应加以考虑,尤其是高聚物的弹性效应。

从能量平衡的角度来看,实验测得的压力降是从入口区到形成自由射流时的总压力降 ΔP,它不仅用来发展黏性流动包括整个流域的摩擦损失 ΔP_1,发展定态流动所需的摩擦损失 ΔP_2,入口和出口的摩擦损失 ΔP_3 以及流体进入毛细管具有比原来高的平均速度的动能效应 $\Delta(KE)$;而且还要消耗于弹性效应 ΔP_E,可用下式表示:

$$\Delta P = \Delta P_1 + \Delta P_2 + \Delta P_3 + \Delta P_E + \Delta(KE)$$

由于在喷丝孔中流动高聚物熔体的黏度特别高,流速常常很低,消耗于动能部分的压差可以忽略不记。而且这部分动能在熔体出毛细孔后,一部分消耗于出口区的流场变化,另一部分残余在运动的丝条中。黏性摩擦损失都是耗散的,全部转化为热能形式。弹性部分的压力损失分为两种,一部分也是耗散的,它或因应力松弛而耗散,或是通过弹性引起流体异常耗散;另一部分是可恢复的,为熔体在整个流域中所获得的弹性能。它储存于流体之中,这部分对高聚物熔体挤出影响很大。一般情况下,这部分能量不太大,通常表现为孔口有胀大现象。当它超过熔体所能储存弹性能的限度时,便要产生熔体破裂。

从实验数据可知,动能效应的能量损失及黏流的末端效应所占比例都十分小,可以忽略不记,黏性损失大部分用于毛细管流动。这部分能量在总能量供给中所占比例最大。弹性能部分是在入口区流动中建立起来的,在总能量中占了相当可观的部分。一般说来,随着 L/D 的增大,弹性能中的耗散部分也增加。残余弹性(表现为孔口胀大)逐渐减小,说明在发展毛细管流动的同时伴随着应力松弛过程。随着 L/D 的增加,弹性能松弛得越多,流体残余的弹性能越少,就越有利于消除出口区的不稳定流动现象。

(二)挤出胀大现象

在早期的流体力学研究中便观察到,液流自管中流出时,液流的直径并不等于管径,低黏度的牛顿流体流出管口时,液流的直径产生收缩,收缩比在 0.86 左右。对于黏弹性高聚物流体,在它流出毛细孔时,其直径会扩大。这就是挤出胀大现象,又称孔口胀大。胀大程度用出口液流最大直径(d_{max})与喷丝孔直径(d_0)之比表示。

纺丝过程中,出口胀大现象十分普遍,其胀大比 B 在 1 ~ 2.5 范围内,在极有害的情况下,$B=8$,出现位置一般在距喷丝孔 0.1 ~ 1cm 处。胀大位置和大小与高聚物特性、毛细孔几何形状及流体在孔中的流动情况有关,熔体黏度越高,非牛顿行为越突出,喷丝孔长径比(L/D)越小,毛细孔入口区死角越严重,熔体在毛细孔中流动越快,胀大比 B 越大,胀大点离喷丝孔越远。提高熔体温度,增大喷丝孔长径比,可以减小孔口胀大。

对高聚物来讲,出现孔口胀大现象的主要原因是熔体的弹性,表现在两个方面,其一是毛细孔的入口效应,熔体进入毛细孔时流速增大,在入口处发生流线收缩,并在流动方向上形成速度梯度,大分子链在此作用下发生构象改变,从而储存一部分弹性能,由于分子链的纠缠作用,使形变的分子链不可能立即恢复它原来的形状。如果熔体在毛细孔中流动时间很短,这部分弹性能不可能完全耗散,熔体出毛细孔后,松弛过程继续进行,使大分子链恢复到原来比较卷曲的构象,表现出直径胀大。其二为毛细孔流动中的弹性能储存。从前面对高聚物熔体流动过程的分子机理的叙述可知,由于纠缠的形成,切应力也会使大分子无规则线团产生形变而储存弹性能,松弛过程在出口后的继续进行也会导致挤出物胀大。

不同的高聚物熔体,孔口胀大现象的严重程度也不同,聚酯和聚酰胺熔体接近于牛顿流体,孔口胀大较小,$B=1\sim1.5$,只有温度降低至接近于固化温度时才会出现较大的孔口胀大,这是因为此时松弛时间大大增加的结果;等规聚丙烯则表现出非常突出的非牛顿行为,胀大现象比较严重,$B=1.5\sim2.6$,因此在高出熔点很多的温度下才能顺利纺丝。

弹性能能够储存是形变和流动引起的,所以熔体在流动中受到的剪切应力越大,孔口胀大也就越突出。对于一定黏度的熔体,切变速率越大,熔体在毛细孔中的时间越短,弹性能储存就越多,挤出时熔体弹性也就表现得更突出。

实验表明,对挤出物施加张力时,将使熔体的胀大比减小。聚丙烯、聚乙烯和聚苯乙烯等高聚物熔体的 B 值随卷绕作用力增加而减小,而聚酰胺和聚酯的 B 值则不受卷绕力的影响,这可能是碳链和杂链高聚物熔体弹性有差异的缘故。另外,当挤出温度越低时,胀大现象表现得更突出。

(三)熔体破裂

熔体从喷丝孔高速挤出时,随着纺丝流体黏弹性和挤出条件的不同,挤出细流的类型分为液流型、慢流型、胀大型和破裂型。熔体破裂是高聚物熔体自喷丝孔高速挤出时出现的一种挤出物畸变现象,它是在胀大型细流的基础上继续增加切变速率转化为破裂型的,熔体破裂是发生在临界挤出速率以上的一种不稳定流动现象。它具体表现为在挤出时形成如粗大畸形、波浪形、竹节形、螺旋形等畸形挤出物及连续挤出完全破坏的碎节等现象。

如果用临界切变速率 $\dot{\gamma}_{MF}$ 来评价发生熔体破裂的条件,则各种高聚物的 $\dot{\gamma}_{MF}$ 相差较大,相对分子质量增大时 $\dot{\gamma}_{MF}$ 值下降。

也有人用临界黏度 η_{MF} 作为出现熔体破裂的标志。当切变速率 $\dot{\gamma}$ 增加时,高聚物流体的表观黏度 η_a 由零切黏度 η_0 下降至临界黏度 η_{MF} 时,熔体发生破裂。η_{MF} 和 η_0 之间存在以下经验关系:

$$\eta_{MF}=0.25\eta_0$$

纺丝流体挤出过程中的熔体破裂不是黏性湍流的结果。纺丝熔体挤出过程中的不稳定流动是弹性引起的。当流体内弹性形变能量达到与克服黏滞阻力所需的流动能量相当时,则发生熔体破裂。这种不稳定流动被称为弹性湍流。纺丝流体的弹性可由可复切应变 ν 表示:

$$\nu=\frac{\sigma_{12}}{G}=\frac{\eta\dot{\gamma}}{G}=\tau\dot{\gamma}=N_{Re,el}$$

式中 $N_{Re,el}$ 为弹性雷诺准数。$N_{Re,el}$ 可以作为熔体破裂出现的判定依据。有人认为 $N_{Re,el}>5\sim8$ 时,即发生熔体破裂。

由分析可知,熔体破裂发生与否取决于纺丝流体的黏弹性及在喷丝孔道中的流动状态。从弹性雷诺准数包含的因素 τ 和 $\dot{\gamma}$ 看,通过调节切变速率和熔体温度可以避免纺丝时发生熔体破裂。

第三节 熔体纺丝动力学与传热

关于熔体纺丝过程的理论分析是比较复杂的。在熔体纺丝的路径上，丝条单元的运动速度、截面积（直径）、所受的各种力及温度等都在不断地发生变化，这些因素相互交错，十分复杂，为了处理问题简便，作为一级近似，可以认为其速度（V）、应力（σ）和温度（T）只是空间坐标的函数，不随时间改变而改变，即满足于：

$$\frac{\partial}{\partial t}(V,T,\sigma\cdots)=0$$

因此，可以把纺丝路径上各种参数随空间坐标变化的连续函数，用速度场、应力场、温度场等表示出来。假如不考虑丝条截面上的分布，则这种速度场、应力场和温度场都是一维的，即这些参数只随丝条运动方向的坐标轴变化。所以把喷丝孔至卷绕点的整个纺丝路径称之为纺丝线。在稳态条件下，各种参数以丝条为坐标轴形成一种恒定的分布，表示在纺丝成形中依次经历的状态变化。

一、纺丝线上的直径变化和分布

熔体从喷丝孔挤出后，流体丝条逐渐被拉细，并且运动逐步加速，这是丝条在纺丝线上最直观的变化。丝条直径的变细与熔体在纺丝线上的纵向速度梯度场 $\pi R(x)^2$ 和密度 $\rho(x)$ 的关系，可用连续性方程联系，即：

$$\frac{\mathrm{d}}{\mathrm{d}x}[\rho(x),V(x),A(x)\cdots]=0$$

或纺丝线上各点的质量流量相等，即：

$$\rho(x)A(x)V(x)=常数$$

若密度数值 ρ 为已知，实际上纺丝线上的密度 $\rho(x)$ 应是温度的函数，知道温度分布 $T(x)$ 后便可确定出 $\rho(x)$，则从速度可以直接计算出丝条截面尺寸的变化。反之，若能测定截面变化，则可从上式推算出速度场。

丝条的加速运动并不是均匀的，再加上对出口胀大区的考虑，在出口胀大直径最大的截面之前，运动是减速的，经过最大直径以后又逐步加速，到固化后速度基本维持恒定。

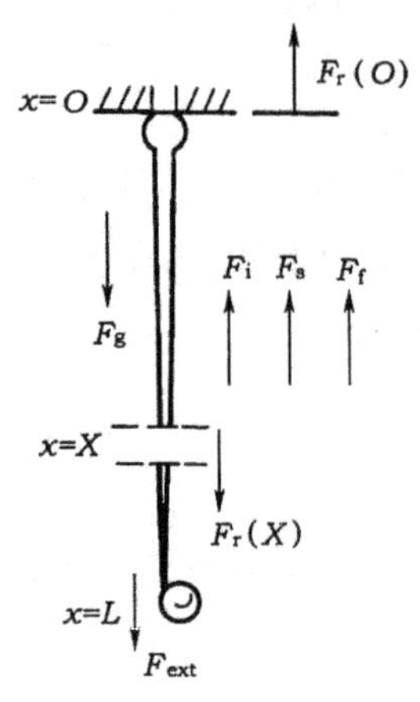

图3-4-6 纺丝线轴向受力示意图

二、纺丝线上力的平衡

在熔体纺丝过程中，聚合物熔体从喷丝孔挤出后即受到纺丝线上的卷绕力 F_{ext} 和纺丝线上的张应力 σ 的作用，而丝条在运行过程中将克服各种阻力而被拉长细化。稳定的成形过程必须使作用在丝条上的所有力处于平衡状态，如图3-4-6所示。距离喷丝头 X 处和在卷绕筒管 $L(x=L)$ 处的力平衡方程式分别为：

$O—X$ 段：$F_r(X)+F_g(O—X)=F_r(O)-F_i(O—X)-F_s(O—X)+F_f(O—X)$

$O—L$ 段：$F_{ext}=F_r(L)=F_r(O)+F_i(O—L)+F_s(O—L)+F_f(O—L)-F_g(O—L)$

式中：$F_r(X)$——在 X 处丝条所受到的流动阻力；

$F_r(O)$——熔体在喷丝孔出口处做单轴拉伸流动时所克服的流动阻力；

$F_s(O-X)$ 和 $F_s(O-L)$——纺丝线在纺程 $O—X$ 段和 $O—L$ 段中需克服的表面张力；

$F_f(O-X)$ 和 $F_f(O-L)$——空气对运动着的纺丝线 $O—X$ 段和 $O—L$ 段表面所产生的摩擦阻力；

$F_i(O-X)$ 和 $F_i(O-L)$——使纺丝线 $O—X$ 段和 $O—L$ 段作轴向加速运动所需克服的惯性力；

$F_g(O-X)$ 和 $F_g(O-L)$——重力对纺丝线 $O—X$ 段和 $O—L$ 段的作用力。

现在对作用于纺丝线上平衡的诸力逐项进行分析。

1. 重力 F_g 大多数熔体纺丝体系是垂直向下并在空气中冷却成形的。丝条按单位体积计算重力 f：

$$f=(\rho-\rho^0)g$$

式中：ρ——丝条的密度；

ρ^0——空气介质的密度；

g——重力加速度。

对于纺丝线上的某点，距离喷丝孔处坐标位置为 X 处，丝条断面所受的重力就相当于从喷丝板出口（$x=O$）至纺程 X 处（$x=X$）整个丝条的重量，即：

$$F_g=\int_o^x \rho g\frac{\pi d(x)}{4}dx$$

式中 $d(x)$ 为丝条的直径，是方程 X 的函数。

2. 表面张力 F_s 纺丝液的拉伸流动是一个使流体比表面积增大的过程，为使体系的自由能降低，表面张力要使液体表面趋于最小，这是一种抗拒拉伸的作用。其值为：

$$F_s=2\pi(R_0-R_x)\lambda$$

式中：λ——熔体细流和空气介质之间的界面张力；

R_0——喷丝孔的半径；

R_x——熔体细流的半径。

在熔体纺丝中，F_r 这项阻力一般都很小，仅在丝条处于液体的较小段区域内起作用，一般可以忽略不计。

3. 惯性力 F_i 高聚物熔体从喷丝孔挤出后，在纺丝线上从初速度 V_0 加速至 V_L，根据牛顿第二定律，使物体加速需要克服其惯性力，纺丝线上 X 处的惯性力为：

$$F_i=W(V_X-V_0)=Q\rho(V_X-V_0)=A_0V_0(V_X-V_0)$$

式中：W——通过喷丝孔熔体的质量流量；

Q——通过喷丝孔熔体的体积流量；

ρ——丝条的密度；

V_0——熔体挤出速度；

V_L——丝条卷绕速度；

V_X——纺丝线 X 处的速度；

A_0——喷丝孔的横截面积。

惯性力仅在纺丝线上有加速运动的范围内存在，丝条固化后，速度不再变化，惯性力也就不存在了。

4. 摩擦阻力 F_f　纺丝线在空气介质中运动时，其表面积与介质之间因相互运动而产生摩擦阻力。空气作用在纺丝线表面的剪切应力（即空气摩擦阻力）用 $\sigma_{rx,s}$ 表示，从喷丝头到纺丝线 x 处受到的摩擦阻力为：

$$F_f = \int_{\sigma}^{x} \sigma_{rx,s} \cdot 2\pi R(x)\,dx$$

因此，摩擦阻力沿纺丝线是变化的，熔体纺丝线上的边界层气流流型也是变化的。总的来说，除喷丝板附近的区域外，都是湍流态。接近喷丝板处，熔体丝条速度特别小，空气阻力也极微小，在形变速率最大的区域中，空气阻力不十分重要，实际上空气摩擦阻力绝大部分为丝条固化达到卷绕速度以后的纺丝线所贡献。

空气的摩擦阻力 $\sigma_{rx,s}$ 为：

$$\sigma_{rx,s} = \frac{1}{2} C_f \rho^0 V(x)$$

式中：ρ^0——空气介质的密度；

$V(x)$——空气介质的运动黏度；

C_f——空气摩擦阻力系数，它取决于丝条沿长轴方向运动的雷诺数、丝条运动速度、丝条表面几何形状及介质的运动黏度等因素。

如果对一定纺丝线速下的纺丝线，在拉伸形变完成之后，沿纺丝线测定张力，发现测得的张力沿纺丝线线性增加。这时张力变化的原因基本上只是空气摩擦阻力增加的结果。

在低速纺丝时，流体力学阻力对张力贡献不大，但随纺丝速度的增大而增大，在高速纺丝的情况下，空气摩擦阻力是绝对不可低估的因素。

5. 流变阻力 F_r　根据拉伸应力的定义，流变阻力决定于高聚物熔体离开喷丝孔后的流变行为和形变区的速度梯度，即：

$$F_r(x) = \eta_e \dot{\varepsilon}(x) \pi R^2(x)$$

式中：η_e——拉伸黏度；

$\dot{\varepsilon}(x)$——轴向速度梯度；

R——丝条半径。

实际上 η_e 也是纺丝线上位置的函数，它受纺丝线上速度分布和温度分布的影响，反过来，η_e 的分布又影响速度的分布，3 个分布之间是相互影响、相互联系的，都与流变阻力有关。

综上所述，说明各种力是沿纺丝线变化的，在稳定条件下形成一种分布，这种分布随纺丝速度的变化而变化。进一步分析可知，在熔体挤出量恒定时，随卷绕速度 V_L 的增加（纤维细度相应减小），F_{ext} 几乎成线性地增加。与此同时，流变阻力 F_r、卷绕张力 σ_L 随 V_L 更快地增加，当纤维细度保持不变时（熔体挤出速度和 V_L 成比例增大），则出现不同的情况，F_{ext} 和 σ_L 实际上保持不变，而 F_r 则随 V_L 的增大而减小。F_r 的减小看来是由于熔体细流的温度升高使拉伸黏度降低所致。F_{ext} 保持不变，则可能是由于流变阻力的减小被 F_r 和 F_f 的增大所补偿的缘故。

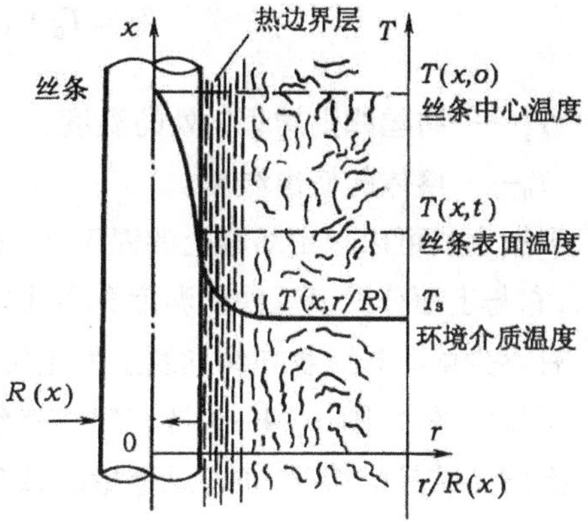

图 3-4-7　纺丝线传热过程示意图

由此可知，卷绕张力对纺丝条件是敏感的，如卷绕速度和挤出速度的变动、挤出细流的冷却条件和流变特性的变动，都会影响卷绕张力。因而可以用 F_{ext} 来表征工艺的稳定性。

对长丝成网非织造布的纺丝来说，其纺丝线上的受力平衡可参照以上进行分析，但因无卷绕张力，要用气流牵伸力来代替。

三、纺丝线上的传热和温度分布

熔体细流（初生丝条）向环境介质的传热与纺丝线上的固化过程间的关系，是熔体纺丝过程的决定性因素之一，它影响纺丝线上的速度分布和应力分布以及纺丝线上的结晶、分子取向和其他结构形成过程。在丝条内部，热流因传导所引起，从丝条表面到环境介质则主要为对流传热，还有很小一部分为热辐射。这样，丝条在纺丝线上逐渐冷却，并有一轴向温度场，同时，由于热量是从中心经过边界层传到周围介质中去的，因而必定有一径向的温度场。研究熔体纺丝中的传热问题就是要得到任何时刻纺丝线上的轴向温度场和径向温度场。

1. 熔体纺丝线上的轴向温度分布

(1) 在纺丝线上聚合物流动是稳态的，冷却过程是稳态过程。

(2) 内能的变化及流动过程中的能量失散可以忽略不计。

(3) 细流在介质中以对流控制热传导，忽略热辐射、丝条上轴向的传热。

(4) 丝条在冷却过程中无相变热释放。

(5) 丝条上径向无温差，细流及丝条的截面为圆形。

dx 部分的方程式为：

$$\frac{dT}{dx}=\frac{-4a^*(T-T_s)}{Vd\rho C_p}=\frac{-\pi da^*(T-T_s)}{WC_p}$$

式中：a^*——传热系数，$W/(m^2\cdot K\cdot s)$；

C_p——等容热容，$J/(kg\cdot K)$；

T_s——介质温度；

W——每个喷丝孔熔体挤出量，kg/s。

对上式积分，即可得到纺丝线上稳态轴向温度分布的方程式：

$$T_x = T_0 + (T_0 - T_S)\exp\left(-\int_0^x \frac{\pi d a^*}{W C_P}\right)dx$$

式中：T_x——纺丝线上纺程 x 处的温度；

T_0——熔体的挤出温度。

根据上式可以求出纺程上的温度 T_x，PA6 常规纺丝线上实际测定的温度分布曲线如图 3-4-8 所示，它与上面公式所反映的温度分布比较一致。

有不少熔纺高聚物在纺丝线上发生结晶，由于结晶放热对冷却效应的补偿，在 $T(x)$ 曲线上可能出现明显的平台，图 3-4-9 是 PET 高速纺丝时的温度分布曲线，它与计算值不一致。为此，对于纺丝线上发生结晶的情况，纺丝线上稳态轴向温度分布的方程式应进行相应的校正。

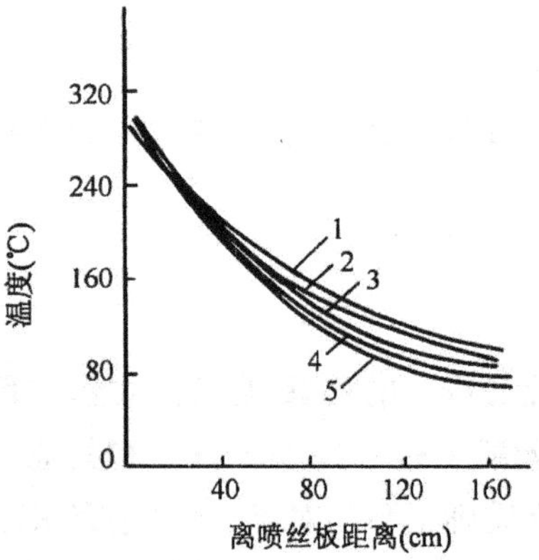

图 3-4-8　PA6 常规纺丝线上的温度分布

1—100m/min　2—200m/min　3—300m/min

4—556m/min　5—1000m/min

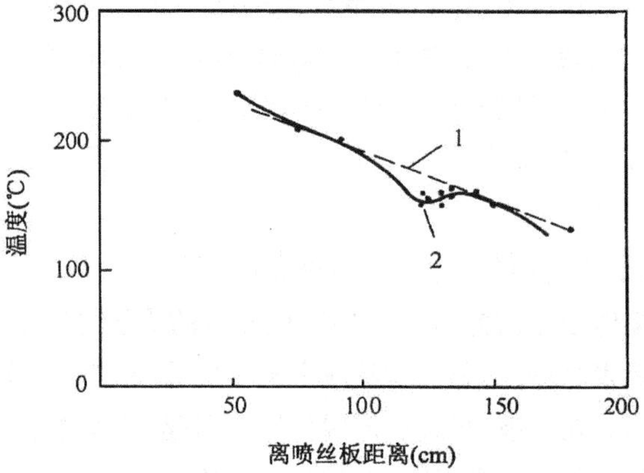

图 3-4-9　PET 纺丝线上的温度分布

1—4000m/min　2—8000m/min

2. 熔体纺丝线上的径向温度分布　在分析纺丝线上轴向温度分布时，假设了丝条的径向无温度差，但实际上从丝条中心到表面存在温度差，因此应该考虑从内部高温点到表面低温点的热传导。由于聚合物为导热差的物体，根据傅立叶经验定律，可得到径向分布的微分方程：

$$\left(\frac{\partial T}{\partial r}\right)_R = \frac{(T_R - T_S)a^*}{\lambda}$$

式中：T_R——丝条表面温度，K；

λ——丝条的导热系数，W/(cm·K)。

丝条的径向温度分布梯度随传热系数而变化，即随纺丝速度和冷却风速的增加、线密度的减小而变大。对比沿纺丝线丝条纵向、径向的温度分布可以发现，径向上的温度梯度比纵向上的温度梯度大得多，在纵向上，最大的温度梯度不过为 1～10℃/cm，而径向上却高达 10～10^3℃/cm。由于聚合物性质对温度的依赖性，这样的径向温度梯度会对径向结构发展产生重要的影响，径向温度分布导致径向黏度分布，高黏度的皮层出现应力集中，高应力的皮层比纤维表面的低应力区有较大的大分子取向和结晶，从而在高速纺丝中形成皮芯层结构。

所以，纺丝线上温度分布在很大程度上决定了纺丝线的流变性质，同时对结晶和取向结构的形成有很大影响。由此可见，控制温度分布十分重要。

四、非稳态纺丝

不满足稳态条件的纺丝过程皆为非稳态纺丝，导致非稳态纺丝的原因十分复杂，所表现的现象也多种多样，而纤维不均匀性包含的内容就更复杂。一般说来，卷绕丝的不均匀性包括几何形态不均匀和结构不均匀。几何形态的不均匀指单根纤维的长度方向上线密度的变化或复丝在截面上各根单丝在直径上的差异。结构不均匀含有宏观和微观两方面的内容，夹杂异物、气泡等为宏观的，相对分子质量、结晶和取向是微观的。导致这些不均匀的原因非常复杂，其实有些并不一定与非稳态纺丝有关，例如，复丝喷丝板孔径不均一或分布不合理会造成复丝截面的不均匀。但这种不均匀性也可能由非稳态纺丝产生，通常与纺丝过程稳定性有关的因素有：

(1)纺丝熔体本身的不均匀或含有异物。

(2)熔体温度的波动。

(3)泵供量的波动。

(4)卷绕速度的波动。

(5)冷却条件的变化，如冷却气流压力、风速、风温、温度等。

(6)喷丝板板面剥离性劣化或孔壁异常。

此外，熔体在纺丝过程的拉伸形变中，在一定条件下，显示出固有的不稳定性，一类是在前面已叙述的熔体破裂机理，这种不稳定性是由于表面扰动的生长或内聚断裂所致；另一类不稳定性则表现为，拉伸丝条的直径发生周期性的变化，称之为“拉伸共振”，在固化点仔细控制的条件下很容易观察到这种现象，但在实际生产中并不易发现。

熔体本身有不均匀性异物，通常易造成短区域性局部不规则的丝结，生产中常发现的硬头丝或气泡丝都属于这一类，它们有的是消光剂或着色剂絮凝而形成的团块，有的是熔体夹杂的杂质，在显微镜下可以识别。另外，还有一种硬结是由于熔体的黏度局部不匀造成的。

熔体温度过高时，丝条会出现毛丝断裂，致使纺丝中断；温度过低时，可能出现“熔体破裂”现象，使丝条产生严重的畸变和表面粗糙。

泵供量的变化将导致丝条直径的变化。有人对丝条挤出量、卷绕张力及丝条截面积的影响进行过计算，图 3－4－10 是丝条挤出量 W 突然增大 1% 时对 134dtex 的聚丙烯单丝的计算结果。很明显，W 产生一个变化，卷绕张力 F_{ext} 和截面积 A_L 要经历一阵波动之后才能达到一新水平下的平衡。由此可推知，卷绕速度的波动所带来的变化也会产生同样的结果。

冷却条件在上述所有因素中是最主要的，也是最易波动的。因为空气的状况最难以维持稳态，它涉及传热和丝条扰动两方面的作用。冷却条件是固化过程的决定性因素，强烈地影响着纤维的结构和纺丝线上的各种分布，成为一系列不均匀产生的根源。有人研究了横向吹风速度 V_y 的突然变化对丝条截面积和卷绕张力变化的影响，其结果与挤出量变化的影响相类似。为了稳定冷却条件，人们在改进冷却装置上做了许多努力。

冷却条件变化对纺丝线的影响是全面性的，图 3－4－11 是在某种纺丝条件下，周期性地变化下抽风冷却风压，在丝条上造成扰动的后果。可见，它不但影响着丝条的压差、纺丝应力、卷绕线密度、

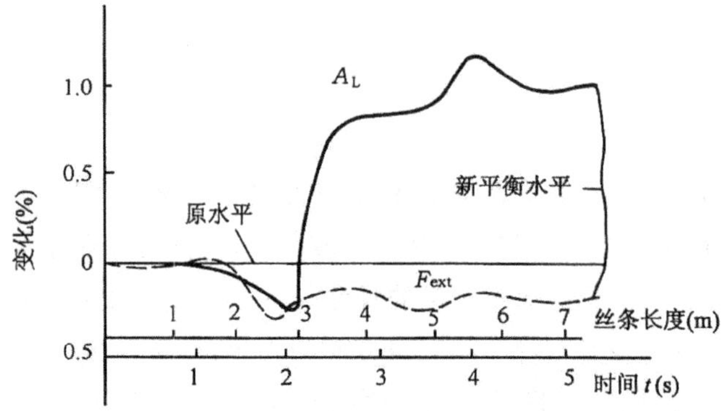

图 3-4-10　丝条挤出量突然变化对丝条截面积 $A_L(t)$ 和卷绕力 $F_{ext}(t)$ 的影响

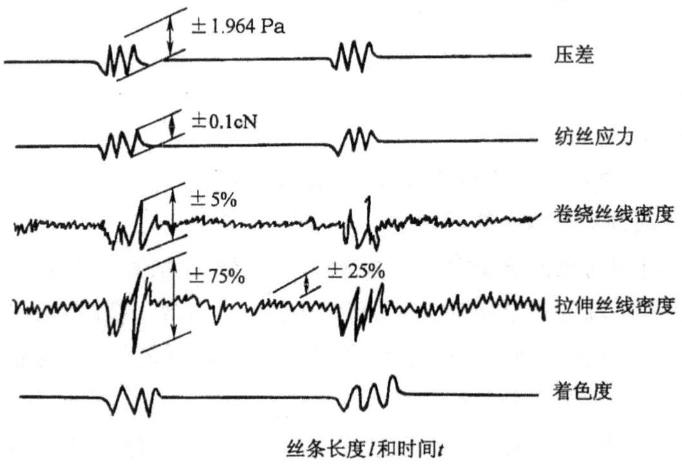

图 3-4-11　下抽风冷却风压不稳定的后果

拉伸丝线密度，还会影响成品纤维的染色性能。

非稳态纺丝不但会使卷绕丝线密度不匀，还会带来结构的不均匀。而这种结构的不匀在后拉伸中也会造成线密度不匀，因为丝条中取向和结晶较高的部分具有较低的形变性，它的屈服应力较其余部分高，在拉伸时就会留下一个未充分拉伸的节结，因为卷绕丝结构对后拉伸有影响，所以，对于纺丝条件的控制，不仅要能减少卷绕丝线密度的波动，还要避免产生结构的不均匀。

第四节　熔体纺丝过程中纤维结构的形成

熔体纺丝得到的纤维最终结构除决定于成纤高聚物本身的性质外，还取决于纺丝、拉伸、热定型等一系列加工过程，而且下一工序的加工条件和结果，又强烈地受前一工序已形成丝条结构的影响，其中纺丝得到的结构（即卷绕丝结构）对最终纤维结构具有非常重要的影响。

纤维结构的形成与发展，主要指纺丝线上高聚物的取向和结晶，对于所有成纤高聚物，发生取向是普遍的，而结晶现象并非所有成纤高聚物或一切纺丝条件下都会发生，有的高聚物，如聚对苯二甲酸乙二酯，在通常的纺丝条件下，在纺丝线上不发生结晶或发生较少的结晶。

一、熔体纺丝过程中的取向

在纺丝过程中，结构单元在应力场中沿外力方向择优排列，这种排列是材料结构单元对外力的响应。发生取向是纤维加工中最重要的结构形成过程之一，取向度是取向和解取向过程的综合结果，取向度影响纤维的力学性质、光学性质和吸附性质，尤其是这些性质的各向异性行为。

（一）纺丝过程中的取向机理

纺丝过程中的取向作用，根据高聚物在纺丝线上的流变特点可分成两种，一种是处于熔体状态下的流动取向；另一种是纤维固化之后的形变取向。前者包括喷丝孔中切变流场中的剪切流动取向和出喷丝孔后熔体丝条在拉伸流场中的拉伸流动取向。

喷丝孔中的剪切流动取向，是在径向梯度场中$\left(\dot{\gamma}=\frac{\partial V_x}{\partial r}\right)$的取向，在稳态条件下取向度正比于切变速率$\dot{\gamma}$与松弛时间$\tau$的乘积。这是一个无量纲组合，称为韦森堡数。熔体在喷丝孔中流动时的温度较高，因而松弛时间较短，形成的取向就小。实验数据表明，喷丝孔中的流动取向对卷绕丝的取向度贡献很小。所以，喷丝孔中的流动取向可以忽略不计。

熔体纺丝线上的拉伸流动取向，除速度场类型与剪切流动取向根本不同外，形式上与喷丝孔中的取向相类似。控制取向的速度场是拉伸流动中的轴向速度梯度$\left(\dot{\varepsilon}=\frac{\partial V_x}{\partial x}\right)$。实验表明，这是熔体纺丝中所应考虑的最重要的取向机理，卷绕丝的取向度主要是纺丝线上拉伸流动的贡献。拉伸流动中，流动单元也是两种对立因素竞争的结果，一种是以轴向速度梯度$\dot{\varepsilon}$为特征的拉伸流动速度场的取向作用；另一种是布朗运动的解取向作用（与扩散系数D或松弛时间的倒数$1/\tau$成正比）。与毛细管中的切变流动相似，在稳态时，决定取向度的参数是轴向速度梯度$\dot{\varepsilon}$与松弛时间的乘积（$\dot{\varepsilon}\tau$）；在非稳态条件下，取向度还决定于取向时间t与拉伸条件下的稳态建立时间t_u（$\dot{\varepsilon}\cdot\tau$）。

形变取向发生在纺丝线上的固化区，大小取决于其变化。固化高聚物的形变可分为两部分：塑性形变和弹性形变。塑性介质中的刚性结构单元（微胞、结晶），在承受拉伸时，塑性基体产生永久的变形，在外力消除后，这些结构单元的取向也保留下来，而在弹性形变中，应力消除后，取向立即或逐步消除，形变也跟着消失。

在塑性形变和弹性形变两种情况下，取向因素都取决于形变大小。而不像在流动取向中那样取决于速度梯度（形变速率）与松弛时间的乘积。流动取向立即或逐步消除，形变取向的差异在于后者可以看成是扩散速度D为零（或松弛时间无穷大）的极限情况，此时并没有对应的解取向作用发生。纺丝中哪种机理占优势，目前尚有争论，也需视情况不同而异，一般熔纺实验表明，松弛因素和速度差（V_L-V_0）对取向的影响较形变比（V_L/V_0）的影响大得多。但对于松弛时间很长的高聚物，例如支化聚乙烯或聚丙烯，则对形变比有显著的影响，弹性的可复形变的取向，通常随纺丝应力的去除而松弛。

（二）影响纺丝取向的因素

纺丝线上的取向过程是非稳态的过程，取向因数与纺丝参数之间的关系是非常复杂的。有的研究者直接应用双折射率测定，得出固化点处的双折射率 Δn 与固化点处丝条张应力 σ_{xx} 成正比，即：$\Delta n \propto \sigma_{xx}$，而 $\sigma_{xx}=\eta_e \cdot \dot{\varepsilon}_{xx}$。

图 3－4－12 是 3 种熔纺卷绕丝双折射率与卷绕张力的关系。从中可见，涤纶卷绕丝的双折射率随卷绕张力直线上升。

此外，在恒定挤出速度或单丝线密度不变的情况下，卷绕丝双折射率随卷绕速度增加而明显升高，如图 3－4－13 所示。因为拉伸应力与卷绕速度增大成正比。在形变比 S 和卷绕速度恒定的情况下，单丝纤维密度对卷绕丝双折射有强烈的影响，如图 3－4－14 所示。图 3－4－15 为各种因素对卷绕丝双折射影响的示意图。

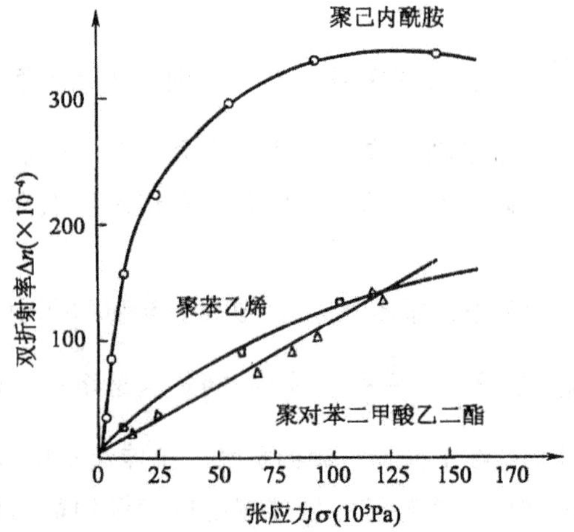

图 3－4－12　卷绕丝双折射率与卷绕张力的关系

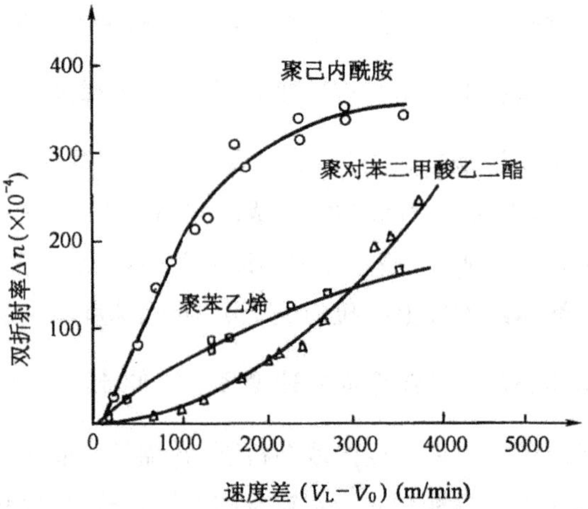

图 3－4－13　质量流量 W 恒定时，卷绕丝双折射率与速度差（$V_L - V_0$）的关系

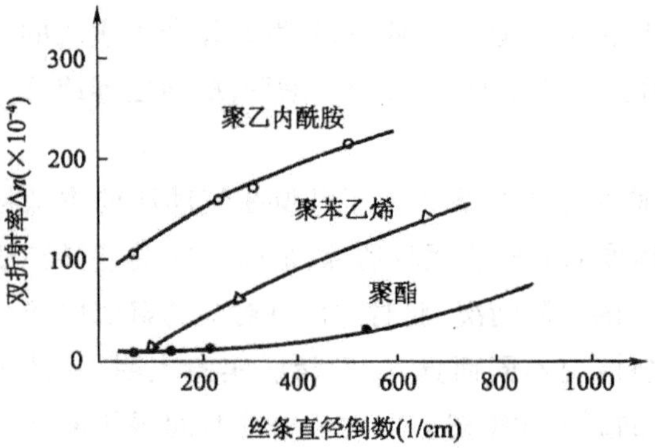

图 3－4－14　单纤维直径对卷绕丝双折射率的影响

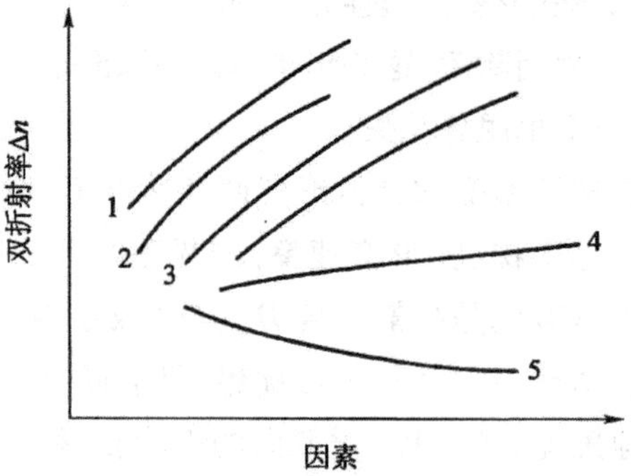

图 3－4－15　各种因素对卷绕丝双折射率影响的示意图

1—速度差（$V_L - V_0$）　2—拉伸应力 σ_L　3—直径倒数

4—纺丝拉伸比　5—熔体温度

综上所述,各种纺丝参数对卷绕丝取向度的影响见下表。

纺丝参数对卷绕丝取向度的影响

所研究的参数	纺丝参数											f	Δn
	初级参数								次级参数				
	高聚物材料	T_0	T_S	冷却条件	D_0	W/n	V_L	L	单根丝条直径	平均挤出速度	形变比 S	理论预测取向变化	实验观察双折射率变化
W	=	=	=	=	=	↑	=	=	↑	↑	↓	↓	↓
W,d_0	=	=	=	=	↑	↑	=	=	↑	=	=	↓	↓
V_L,S	=	=	=	=	=	=	↑	=	↓	=	↑	↑	↑
V_L,d_0	=	=	=	=	↓	=	↑	=	↓	↑	=	↑	↑
V_L,W	=	=	=	=	=	↑	↑	=	=	↑	=	↑	↑
$d_0,(S)$	=	=	=	=	↑	=	=	=	=	↓	↑	↑ ≈	↑ ≈
T_0	=	↑	=	=	=	=	=	=	=	=	=	↓	↑
T_S	=	=	↑	=	=	=	=	=	=	=	=	↓	↓ U
冷却强度	=	=	=	↑	=	=	=	=	=	=	=	↑	↑
相对分子质量附加参数	M↑	=	=	=	=	=	=	=	=	=	=	↑	↑
加增塑料	ηE_η	=	=	=	=	=	=	=	=	=	=	↑	↑
L	=	=	=	=	=	=	=	=	↑	=	=	↓ ≈	无数据

注 d_0 为喷丝孔直径,↑增大,↓减小,=保持不变,≈接近不变,U 有极小值。

二、熔体纺丝过程中的结晶

熔体纺丝线上的结晶是控制丝条固化的一个极重要的动力学过程。纺丝线上的结晶对卷绕丝的结构和性质起着决定作用,也直接影响着卷绕丝的后加工性能及成品丝的性质。另一方面,这一过程的发展除决定于高聚物本身性质外,还与整个纺丝线上的应力和热历史相联系,而且会反过来对纺丝线上的温度分布和速度分布等产生重要的影响。

(一)熔体纺丝中纤维结晶的主要特征

熔体纺丝中纤维结晶的特征包括两个方面:一是卷绕丝本身的晶态结构;二是熔体纺丝中高聚物结晶过程的发展。

卷绕丝的结晶特征包括:晶格结构,结晶度,结晶形态、尺寸,晶区取向等,它们对纤维物理特性都有影响。

1. 晶格结构 成纤高聚物的晶体大多数为对称性较小的晶态,如三斜、单斜、正交等,也有少数为六角晶系。值得注意的是,纤维结晶中常出现同质多晶现象,即在不同的纺丝过程和纺丝条件下,生成不同的晶型。

2. 结晶度 通常高聚物的结晶与低分子物质不同，高聚物的结晶极不完整，这种性质用结晶度来表征，是结晶物质的重量分数或体积分数。

熔体纺丝线上的结晶，是在温度和应力连续发生变化下的非稳态过程，根据相转变理论，此时可表示为：

$$\theta_c = \theta_m \left[1 - \exp\left(\int_0^t \int_0^t HU\mathrm{d}t^2 \right) \right]$$

式中：θ_c——已结晶物质的体积分数；

H——单位体积中单位时间内的成核数；

U——体积生长速率；

θ_m——最大（平衡态）结晶度。

3. 结晶形态及尺寸 在光学显微镜和电子显微镜下观察可发现，结晶高聚物有多种结晶形态：片晶、单晶、微丝晶、球晶、柱晶等，但对熔纺丝卷绕丝的资料不多，在一些熔纺卷绕丝中出现了球晶形态，主要是在低速成形的粗丝条中，而高结晶速度的高聚物（如聚乙烯）常常出现柱晶。

晶粒的平均尺寸可以从相转变的动力学理论推导出来，也可以用广角 X 射线对晶粒大小进行测定，其数量级为 1～100nm。

4. 晶区取向 熔体纺丝中的结晶过程是在应力作用下发生的，分子取向对高聚物结晶过程的影响还表现在使结晶粒子有一定取向，作为晶区取向结构单元的晶胞有 3 个晶轴，故在一定取向度下，3 个晶轴对纤维轴都具有一定的夹角，分别决定了 3 个晶轴对纤维轴的取向作为晶区取向因数。通常以大分子链沿晶轴（即 C 轴）对纤维轴的取向作为晶区取向因数。

（二）纺丝线的准等温度结晶动力学方法

熔体纺丝线上的结晶过程，是在拉伸应力下的非等温过程。此外，取向与结晶还有强烈的相互作用。纺丝线结晶动力学研究，主要目的是确定结晶度沿纺丝线的发展、冷却条件及丝条张力分布、对结晶形态的影响。

根据等温结晶动力学理论，结晶的整个过程决定于两步，即晶核的生成和结晶的生长。晶核的生成可能是均相成核，也可能是异相成核。成核机理除与高聚物本身所含杂质有关外，还与过冷程度有关。第二步是晶体在晶核上生长。从统计理论得出结晶速率$\frac{\mathrm{d}\theta_c}{\mathrm{d}t}$为：

$$\frac{\mathrm{d}\theta_c}{\mathrm{d}t} = (\theta_m - \theta_c) \int_0^t HU\mathrm{d}t$$

H 和 U 都与温度有关，但温度对两个过程有不同的影响。温度升高，晶核不稳定，故成核速率低；但是温度高却增加了分子链段的活动性，晶体生长与分子链的运动有关，故温度高促进了晶体长大。低于玻璃化温度，成核虽多，但链段运动速度极慢，故结晶过程只有在 $T_g < T < T_m$ 的范围内发生。通过分析温度对结晶过程两方面的影响可知，在温度为 $T_g \sim T_m$ 之间，结晶速度有一个极大值。结晶总速度以温度作图通常为一种倒钟形曲线，如图 3－4－16 所示。

如上所述，用结晶度随时间的变化速率来定义结晶速度。在实验中，某一温度下的结晶速度是在

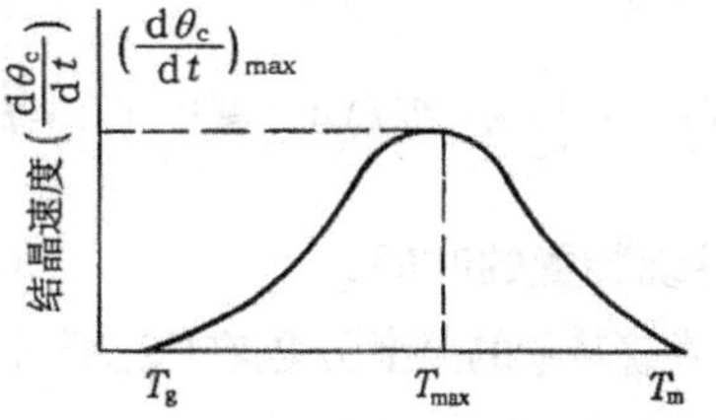

图 3-4-16 结晶速度与温度的关系

等温结晶过程中测定的,从实测所得的变化规律与从统计方法得到的阿弗拉米(Avrami)方程式的关系相符合。

$$(1-\theta_c)=\exp(-Rt^n)$$

其中 R 和 n 叫做阿弗拉米参数,R 与成核浓度和结晶生长速度相关,时间指数 n 是一个整数,其值在 1~6 之间,它取决于成核过程的类型(均相成核或异相成核)和结晶生长的几何特征(结晶生长空间的维数和形态)。

图 3-4-17 是根据阿弗拉米方程式,将结晶度 θ_c 对时间对数作图,它表示了结晶度随时间变化的一般规律。可见,在一定的温度下,结晶速度是随结晶过程的发展(即随时间)而变化的。

为方便起见,将结晶度达到最大可能结晶度的 50% 所需时间的倒数$(t_{1/2})^{-1}$作为各种高聚物结晶速度比较的标准,称之为结晶速率常数 K。显然结晶速率快,$t_{1/2}$就小,则 K 就大。对同一种高聚的结晶速率常数也是温度的函数,$K(T)$ 曲线与$\frac{d\theta_c}{dt}-T$ 曲线有同样的变化规律,如图 3-4-18。

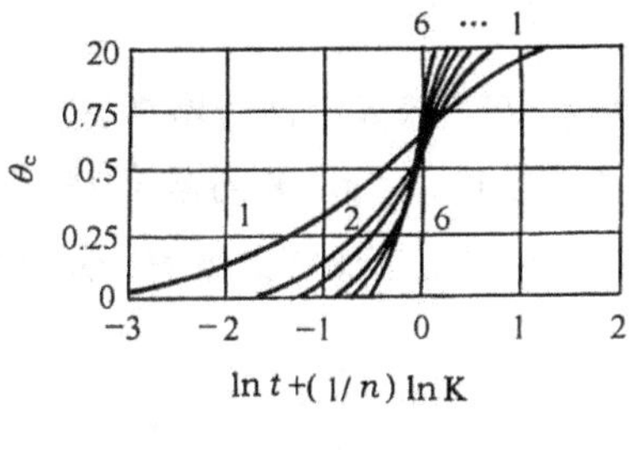

图 3-4-17 不同阿弗拉米指数 n 的结晶变化曲线(曲线上的数字是 n 值)

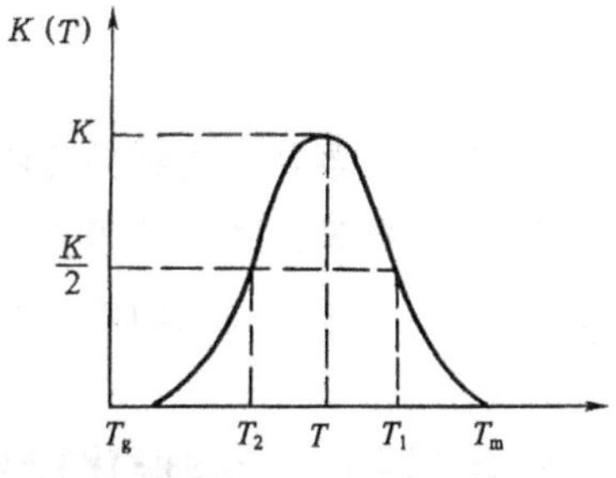

图 3-4-18 结晶速度的温度依赖性

采用准等温的方法,可将等温动力学研究数据用于非等温结晶过程。为此,可由 $K(T)$ 曲线定义出半结晶宽度 $D=(T_2-T_1)$ 和"动力学结晶能力"G,G 是 $K(T)$ 曲线下的面积。由图 3-4-17 可知,G 近似地等于半结晶宽度 D 和最大结晶速度常数 K^* 之乘积:

$$G=\int_{T_g}^{T_m}K(T)\,dT=K^*D$$

动力学结晶能力 G 是从准等温的角度来考虑非等温过程的基本物理参数,其意义是:某高聚物从熔点 T_m 以单位冷却速度降至玻璃化温度 T_g 时所得的相对结晶度。之所以是相对值,是因为 K 并不等于结晶速率，而是假定以它代替结晶速率。根据这一理论得出，到达卷绕装置时丝条的结晶度近似为：

$$\theta(t) \approx \int_0^{t_L} K[T(t)\mathrm{d}t] \approx K^*(t_1 - t_2)$$

式中：t_L——相当于丝条单元达到卷绕装置的时间；

$T(t)$——丝条单元由喷丝孔至卷绕装置的温度历史，在稳态条件下相当于纺丝线上的温度分布 $T(x)$；

t_1、t_2——分别对应于温度达到 T_1 和 T_2 的时间。

上述的近似关系对在熔点开始结晶，到玻璃化温度或低于玻璃化温度结晶终止的结晶过程是适用的，即满足条件：

$$T_1 \geqslant T_m$$
$$T_L(\approx T_s) \leqslant T_g$$

这两种条件中，第一条件在普通熔纺中是完全能满足的；第二个条件相当于卷绕丝结晶结构的动力学稳定条件，对于玻璃化转变温度足够高的高聚物（如聚酯、聚苯乙烯）是满足的，而对于在室温下继续结晶的高聚物（如聚酰胺6、聚丙烯）则不能满足。

根据前面提到的温度分布：

$$T(x) \approx T_s + (T_0 - T_s)\exp\left[-\int_0^x \frac{n\pi d(x)a^*(x)}{WC_p}\mathrm{d}x\right]$$

式中 d 和 α^* 都是应用在温度 T^* 时的值，可得到卷绕丝的结晶度为：

$$\theta(t_L) \approx K^* \frac{\rho C_p \mathrm{d}(T^*)}{4a^*(T^*)} \ln \frac{T + \frac{D}{2} - T_s}{T^* - \frac{D}{2} - T_s}$$

从上式可看出，卷绕丝的结晶度依赖于材料特性 K^*、D 和 T^*（随 K^*、D 而增加，随 T^* 而减小），同时还依赖于与冷却速度有关系的参数（α^*、ρ、C_p）和 T_s，而 V_0，V_L 和 W 与丝条在 T^* 时的直径 $\alpha(T^*)$ 相联系，并与这一点上的传热系数 $\alpha^*(T^*)$ 相关，因此，对卷绕丝的结晶度有一定影响。

三、纺丝过程中的玻璃化转变

一些结晶速度慢而玻璃化温度较高的高聚物，如聚对苯二甲酸乙二酯，在熔体纺丝的冷却条件下，通常是不结晶的，当丝条温度降至玻璃化温度时，高聚物从弹性流体转变为玻璃态，得到的卷绕丝是非晶态的纤维。

从分子的尺度上看，T_g 是这样一个温度，它与加热时主链段开始运动相联系，这种主链段运动的发生能引起大分子活动性骤增。由于高聚物的松弛性，玻璃态高聚物并不处于热力学平衡态，需要相当长的时间才能使体系达到平衡。人们发现涤纶卷绕丝的玻璃化转变温度与冷却速度有关，可用下述经验公式表示：

$$T_g = 81.3 - 1.38\lg q$$

式中：q——冷却速度，℃/min。

物质中分子的活动性与自由体积有关，在高冷却速度下，会使高聚物分子链冻结而产生更多的自由体积，这就使高聚物在重新加热时，在较低的温度下就发生玻璃化转变。同理，纺丝过程中分子取向使高聚物堆砌更紧密，使自由体积减小，因而使玻璃化温度提高。因此，玻璃化温度可与纺丝速度相联系，随着卷绕速度的增加，卷绕丝的取向度增加，致使玻璃化温度升高。但总的说来，对涤纶卷绕丝，纺丝条件所导致的玻璃化温度变化仅在3℃左右，主要的变化发生在后拉伸和热处理工序。

四、卷绕丝在存放中结构的变化

在高聚物的熔体纺丝中，卷绕丝分子活动性不大，热力学平衡态会在很长的时间后才能达到，在实际工艺条件下得到的卷绕丝常常是一种非平衡态的亚稳体系（过冷的非晶相）。

卷绕丝的结构在存放过程中是否稳定，主要决定于其玻璃化温度 T_g 与存放时环境温度 T_s 的关系。当高聚物体系的温度降至平衡相转变温度 T_m 时，结晶在热力学上成为可能，并开始结晶的动力学过程，这个过程持续的时间 Δt 取决于高聚物的玻璃化温度 T_g，对于那些 T_g 比存放环境温度高的卷绕丝，时间区间 Δt 是有界的，即体系温度达到 T_g 时，相转变的动力学过程停止了。这种卷绕丝在动力学上是稳定的。此时，除其他对大分子活动性起作用的因素外，卷绕丝的结构在存放中原则上是不发生变化的，涤纶卷绕丝就属于这种情况。对于那些 T_g 小于 T_s 的卷绕丝，时间区间 Δt 是半有界的这种体系的卷绕丝的相态结构是不稳定的，在存放中，相转变将继续进行，因平衡态尚未达到，动力学过程不会结束。

还有一些高聚物，它们的玻璃化温度比室温高不了多少，如聚己内酰胺和聚酰胺66，$T_g=40\sim50$℃，且吸湿后，有可能将 T_g 降至室温附近。因此，这种卷绕丝在存放的过程中，会发生明显的结构变化，取向和结晶都将继续进行下去。

思考题

1. 切力变稀流体的流动曲线有哪几种表示方式？可以得到哪些物理量？
2. 流动曲线对化学纤维生产有哪些意义？
3. 纺丝流体切力变稀的原因有哪些？
4. 影响纺丝流体弹性的因素有哪些？
5. 纺丝流体挤出细流的类型有哪几种？影响因素有哪些？
6. 可纺性的表征方法有哪些？如何克服毛细断裂、内聚断裂？
7. 纺丝流体在孔道中的流动参数怎样计算？
8. 纺丝线上各区的特点及对成形的影响是什么？
9. 纺丝线上受力情况如何？
10. 影响纤维表面温度分布的因素有哪些？
11. 简述熔纺过程中的取向机理及取向度的表征方法。
12. 影响卷绕丝取向度的因素有哪些？
13. 影响卷绕丝结晶度的因素有哪些？

第五章　熔体纺丝设备

本章知识点

1. 螺杆挤出机的结构，螺杆挤出机各段的作用。
2. 计量泵的结构及其工作原理。
3. 纺丝组件的结构及各部位的作用。
4. 侧吹风装置的结构及各部位的作用。

在聚合物成网法非织造布的生产过程中，从聚合物到纤维是由纺丝设备完成的，纺丝设备的作用是将聚合物熔体或溶液，经过过滤、精确计量，从喷丝板（帽）的小孔喷出，在空气中冷却或通过溶剂扩散凝固成形。其纺丝方法不同，纺丝设备的结构也不同。熔体纺丝适用于加工热分解温度高于熔融温度的聚合物，主要品种有涤纶、锦纶和丙纶。依据纺速不同又可分为常规纺（1000～1500m/min）、中速纺（3000～4000m/min）、高速纺（4000～6000m/min）及超高速纺丝设备。熔体纺丝设备的组成包括纺丝箱体、计量泵、纺丝组件、冷却装置等4部分，对间接（切片）纺丝还要有切片熔融装置，即螺杆挤压机。因品种不同，这五部分的结构也略有差异，以下分别叙述。

第一节　螺杆挤压机

螺杆挤压机的作用是把固体高聚物挤压、排气、熔融、混合均化后，在恒定的温度和压力下定量输出高聚物熔体。其有卧式和立式两种类型。卧式螺杆挤压机的装拆和维修方便，但螺杆为一外伸悬臂梁，螺杆头部容易磨损。立式螺杆挤压机的螺杆不易弯曲，头部磨损少，但厂房高度增加，装拆和维修比较麻烦。目前多采用卧式螺杆挤压机，选择优质耐磨、耐高温、耐腐蚀材料制造螺杆及套筒，并对其表面进行特殊处理，以进一步增加其硬度和耐磨性。

螺杆挤压机按螺纹头数和螺杆根数的区别可以分为单螺纹、双螺纹、单螺杆及双螺杆挤压机。按螺杆转速的高低可分为通用（转速小于100r/min）和高速螺杆挤压机。本节重点介绍卧式通用螺杆挤压机的结构特征、技术性能和工作原理。

一、螺杆挤压机的工作原理和结构

1. 工作原理　物料从加料口进到螺杆的螺槽中，由于螺杆的转动，把切片推向前方，使切片不断吸收加热装置供给的热能；另一方面，因切片与切片、切片与螺杆及套筒的摩擦以及液层之间的剪切作用，而使一部分机械能转化为热能，切片在前进过程中温度升高而逐渐熔融成熔体。熔化过程中聚合物在温度、压力、黏度和形态等方面都发生变化，由固态（玻璃态）转变成高弹态，随温度的进一步升高，出现塑性流动，成为黏流态。黏流态的聚合物经螺杆的推进和螺杆出口的阻力作用，以一定的压力向熔体管道输送。

2. 结构 螺杆挤压机主要由4部分组成（图3-5-1）。

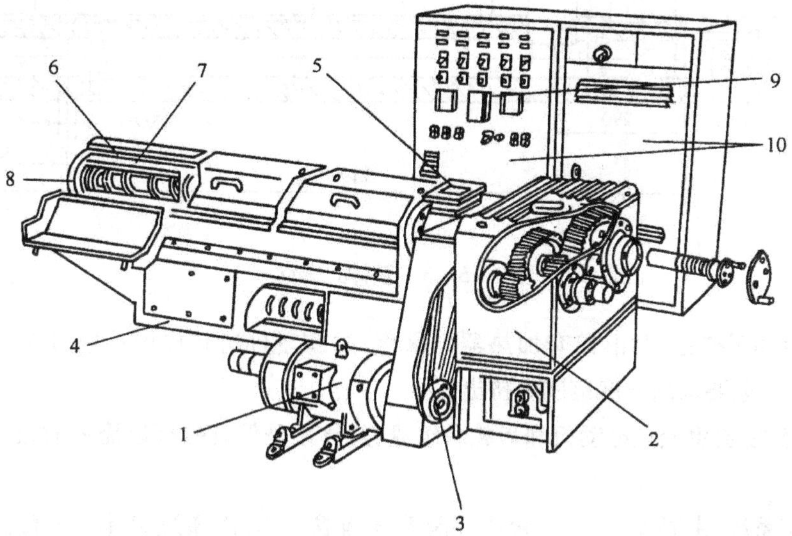

图3-5-1 螺杆挤压机

1—电动机 2—齿轮传动箱 3—三角皮带 4—机座 5—进料口 6—套筒 7—加热器 8—螺杆 9—压力控制器 10—控制柜

（1）高聚物熔融装置：主要由螺杆和套筒组成，其作用是将固体的物料挤压、加热，使其熔融成均匀的熔体，并在一定的温度、压力下定量地从螺杆头部挤出，经熔体管道送至纺丝装置进行纺丝。

螺杆是挤压机的主要工作部件，挤压机的生产能力及其性能都与螺杆的几何形状和结构有关（图3-5-2）。

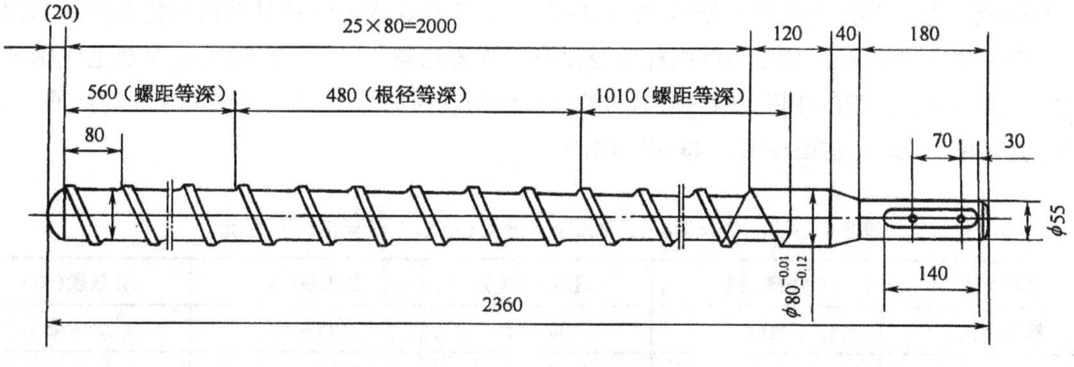

图3-5-2 螺杆结构

套筒是一个厚壁圆筒，套筒可以分为整体式、分段式和带内衬式等。整体式套筒由整根圆钢加工而成；分段式适用于实验装置，可根据实验要求取舍不同的长度；带内衬式是在钢制套筒的内表面浇铸或镶入耐腐、耐磨层，目前普遍采用的是整体式，如图 3-5-3 所示。

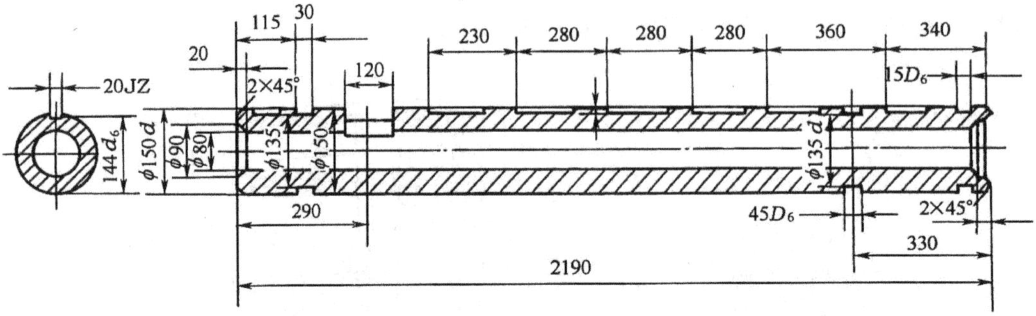

图 3-5-3　整体式套筒

(2)加热和冷却系统：主要由铝套加热器和水冷却夹套组成，其作用是通过对套筒的加热和冷却，保证高聚物在工艺要求的温度范围内挤出。

(3)传动系统：主要由变速电动机和齿轮箱组成，其作用是保证螺杆以需要的扭矩和转速稳定而均匀地工作。

(4)电器控制系统：由温度、压力和转速控制系统构成，一方面通过熔体压力传感器控制电动机按所需要的转速运转；另一方面通过测温元件控制加热、冷却系统按设定温度工作。

二、螺杆的结构参数

螺杆挤压机的规格是以螺杆的外径来表示的，纺丝工业用螺杆的外径一般为 65~200mm，随着工业规模的不断增大，螺杆的外径已可达 300mm。螺杆的结构参数主要有：

1. 螺杆直径(*D*)　螺杆直径是螺杆的外径，挤压机的产量是由螺杆直径决定的。化纤生产用的螺杆直径已经系列化。

2. 螺杆的工作长度和分段　螺杆的工作长度是进料段、压缩段、计量段长度的总和。螺杆的分段是按不同聚合物的熔融特性来划分的，见表 3-5-1。长径比大的螺杆具有输出物料熔融均匀、压力稳定、产量波动小等优点，所以目前螺杆长径比有增加的趋势。但长径比增大在制造上较困难，功率消耗也增大，螺杆易弯曲变形，使磨损加剧，造成螺杆与套筒间隙不均。目前采用的 *L/D* 值一般在 22~26，大多在 24 以上，在国外也有 28~33 的。

表 3-5-1　普通螺杆三段长度的分配(占总工作长度的百分比)

螺杆类型	适用聚合物	进料段(%)	压缩段(%)	计量段(%)
短区渐变	聚酯	30~45	25~35	25~45
长区渐变	聚烯烃	10~25	56~65	25~35
突变	聚酰胺	50~60	1~2 个螺距	22~25

螺杆进料段的主要作用是对固体物料进行输送。固体物料类似于一个套在螺杆上不转动的螺母，螺杆旋转使螺母沿着螺纹的轴向移动，但由于部分物料受螺杆表面的摩擦力会随螺杆做回转运动，因此降低了输送效率。为了增加物料的输送作用，一方面应尽量减小螺杆表面的摩擦力，如提高螺杆表面的光洁度或在螺杆轴向开有冷却水的中心孔，通过降低温度使聚合物与螺杆表面的摩擦因数减小。另一方面可加大套筒内表面对物料的环向摩擦力，如在进料段套筒的内表面开轴向沟槽等。

螺杆压缩段的作用是将进料段送来的固体物料进行加热、压缩、排气和熔融。

由进料段过来的固体高聚物受热软化，并被压缩形成固体床(图 3-5-4)。固体床吸收套筒壁传入的热量，先在套筒的内壁处熔化，出现一层熔体薄膜(熔膜)。当熔膜的厚度超过螺纹与套筒的间隙时，这层熔膜在螺杆与套筒相对运动的推动下，不断向螺纹的推进面汇集，形成旋涡状熔体流动区(熔池)。由于压缩段螺杆直径是渐增的，因此，随着物料的前移，固体床不断被顶起，与套筒内表面接触，出现新的熔膜，汇集到熔池。这样，固体床体积越来越小，直至全部熔融。

熔融物料进入计量段后被进一步混合、均化、稳定，最后，在一定的温度、压力下，定量地从螺杆头部输出。

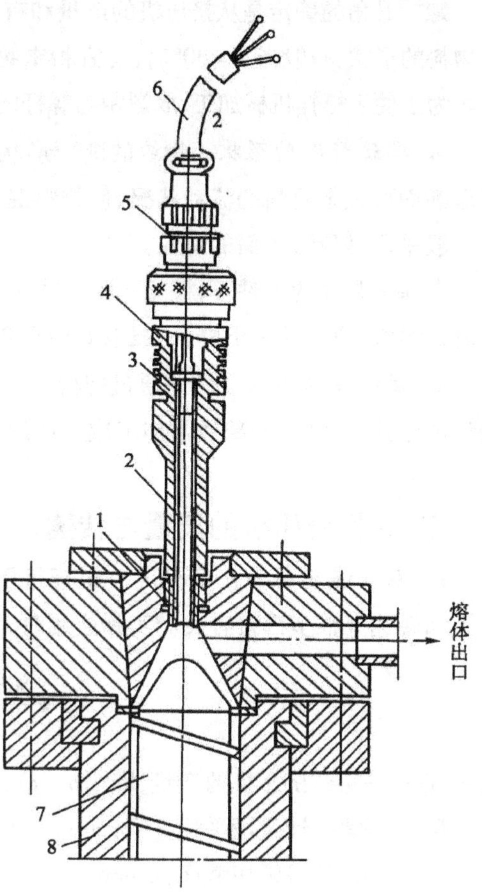

图 3-5-4　压力传感器

1—薄膜片　2—应变杆　3—应变片　4—外壳　5—压紧片　6—连接导线　7—螺杆　8—套筒

3. 螺杆的槽深及压缩比 ε　螺杆计量段的槽深直接影响其产量，槽深过大，产量不稳定，槽深过小，产量低，槽深一般为 $0.05D$。

螺杆的压缩比一般指几何压缩比，为进料段一个螺距内螺槽容积与计量段一个螺距内螺槽容积的比值，即：

$$\varepsilon=\frac{(D-h_1)h_1}{(D-h_3)h_3}$$

式中：D——螺杆外径，cm；

h_1——进料段槽深，cm；

h_3——计量段槽深，cm。

对聚酯 ε 取 3.5～3.7，锦纶 66 取 3.7，聚丙烯取 3.7～4.0。

4. 螺距 S 与螺旋角 α　当螺杆直径确定后，螺距与螺旋升角有如下的几何关系：

$$S=\pi D\tan\alpha$$

螺旋升角的确定是从挤压机的产量和有利于螺杆的制造来考虑的。在进料段，螺旋升角大小取决于物料的形状，一般当 $\alpha = 30°$ 时，适宜粉末物料；$\alpha = 15°$ 时，适用于块状切片；$\alpha = 17°$ 时，适用于圆柱切片。为了便于螺杆机械加工，取螺距与螺杆的直径相等。此时，螺旋升角 $\alpha = \arctan(1/\pi) = (17.7)°$。

5. 螺纹断面的形状　螺纹的断面形状有矩形和锯齿形两种，矩形的容积较大，加工方便，而锯齿形断面可改善物料的流动状况，使物料混合均匀，不易产生死角滞料现象。目前，熔纺挤压机的螺杆一般采用锯齿形断面的螺纹。

在保证强度的条件下，棱宽 e 取小些为好，这样可以增加螺槽容积；提高输送量，但是 e 过小会使漏流量增大，机头压力下降，一般取 $e = (0.08 \sim 0.12)D$。

6. 螺杆头部结构　熔体通过螺槽进入机头时，物料的流动由螺旋运动急剧变为直线运动，为了避免产生死角，螺杆头部通常加工成半球形或圆锥形结构。

三、螺杆挤压机的产量与转速

1. 螺杆挤压机的产量计算　螺杆挤压机的产量与螺杆结构及尺寸、物料特性、工作温度、机头压力和转速等很多因素有关。实际应用时，多用经验式对产量进行估算：

$$Q = \frac{60\pi \cdot D_m \cdot F \cdot r \cdot n \cdot \beta}{1000}$$

式中：Q——螺杆挤压机的产量，kg/(h·r)；

D_m——螺杆计量段平均直径，cm；

F——计量段螺槽截面积，cm；

r——熔体比重，g/cm^3；

n——螺杆转速，r/min；

β——有效系数（与熔体性质、纤维品种、螺杆类型、机头压力和工作温度等有关，其值见表 3－5－2）。

表 3－5－2　计算螺杆挤压机产量的有效系数

纤维品种聚合物名称	PA6	PA66	PET	PP
短纤维	0.45	0.40	0.50	0.35
长丝	0.26 ~ 0.34	0.25	0.30 ~ 0.40	—

2. 螺杆的转速与传动　螺杆转速是挤压机的主要参数之一，是调节螺杆产量最直接、最简便的手段。为了适应不同纤维品种，螺杆转速需要有一定的调节范围，其范围一般为 10 ~ 100r/min。

螺杆传动系统有 3 种形式，即：

变速电动机 ——→ 减速箱

定速电动机 ——→ 无级变速器 ——→ 减速箱 ——→ 螺杆

由于大功率无级变速器结构复杂，价格昂贵，所以螺杆挤压机大多采用变速电动机传动方式，变速电动机有直流电动机和交流电动机两种。

第二节　计量泵

计量泵的作用是精确计量，均匀而连续地输送纺丝熔体或溶液，并在喷丝头组件内产生预定的压力，保证纺丝流体通过滤层并以精确的流量从喷丝孔中喷出。计量泵是纺丝过程中的高精度部件，我国已有系列产品，产品的型号由下式表示：

JRG - 1.2 ×2

J 表示计量泵；R 表示熔纺，另有 N 表示黏胶，S 表示腈纶，Y 表示维纶；G 表示高压泵；数字 1.2 表示公称流量，即每转的流量为 1.2mL；2 表示叠泵。

一、计量泵的结构与工作原理

计量泵为外啮合齿轮泵，由 1 对相等齿数的齿轮、3 块泵板、2 根轴和 1 副联轴器以及若干螺栓组成（图 3 -5 -5）。

计量泵工作时，传动轴插在联轴器的槽中，带动主动轴转动，从而使一对齿轮在中泵板的“8”字形孔中运行。泵的密封是靠泵板与高精度平面相密合，并由沉头螺钉固紧而连成一体。联轴器及其端盖是由内六角螺钉固定在上泵板上，整个泵体由 4 个（或 6 个）螺栓固定在泵座上。

齿轮泵是一种容积泵，在齿轮啮合处两边分成压出腔和吸入腔。随齿轮旋转，吸入腔的流体填加到齿谷中被带走，吸入腔压力减小，流体不断进入。齿谷间的熔体在齿轮的带动下紧贴着“8”字孔的内壁回转近 1 周后送至压出腔，而压出腔由于齿谷中的流体不断地加入，压力增加，从而将流体排出（图 3 -5 -6）。

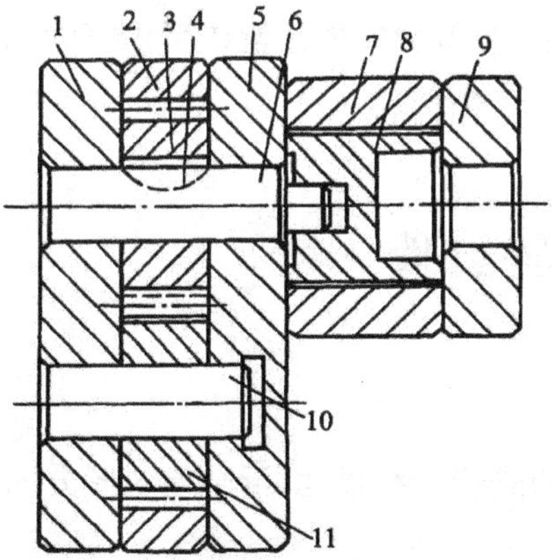

图 3 -5 -5　计量泵结构图

1—下泵板　2—中泵板　3—主动齿轮　4—键　5—上泵板
6—主动轴　7—轴套　8—联轴器　9—端盖
10—从动轴　11—从动齿轮

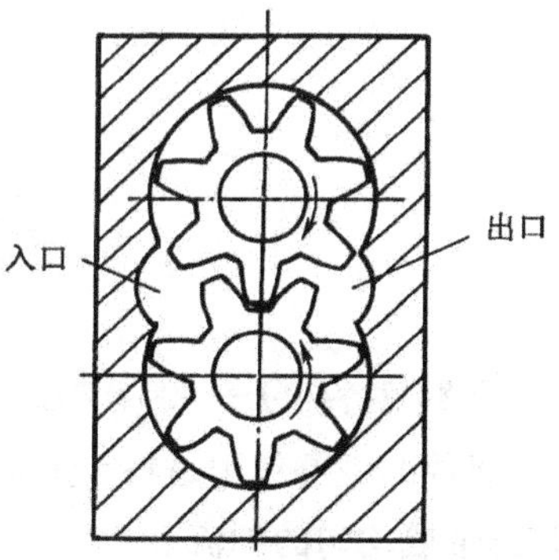

图 3 -5 -6　齿轮泵工作图

二、计量泵流量与转速

当一对齿轮转过 $d\theta$ 角度时，压出腔瞬时容积的变化为 d_q，则：

$$d_q = b(r_a^2 - r_b^2 - u^2)\,d\theta$$

式中：r_a——齿顶圆半径，mm；

r_b——节圆半径，mm；

b——齿轮宽度，mm；

u——轮齿啮合点至节点的距离，mm。

上式描述了齿轮泵瞬时流量的大小。一对轮齿刚刚啮合时，u 为最大；啮合点与节点重合时，$u = 0$。每对轮齿由啮合到分离，就使输出量产生一个变化周期，计量泵转动 1 周，流量波动次数等于 1 个齿轮的齿数。减少流量波动的办法是选取小模数、多齿数的齿轮。也可以采用 1 个主动齿轮带动 2 个从动齿轮，组成 2 个“小泵”，共有 1 个出口，而中间主动齿轮为奇数，使 2 个“小泵”的流量脉动刚好差半个周期，从而使 2 个“小泵”流量曲线的波峰与波谷相互抵消，达到减少总流量脉动的目的。

计量泵采用标准渐开线齿轮时，则有：

$$Q = \frac{2\pi m^2 b(z + 0.274)}{1000}$$

式中：m——齿轮的模数，mm；

b——齿轮的宽度，mm；

z——齿轮齿数；

Q——计量泵的体积排量，也称为泵容积，cm^3。

改变齿轮宽度是调节输出量的常用方法，不同的齿轮宽度输出量不同。根据所纺纤维的品种、规格和纺速，可计算出纺丝机的产量，进而确定单位时间的流量，可根据工作转速选择计量泵的规格。

计量泵的转速范围一般为 10～40r/min，这是因为计量泵所输送的液体黏度很高，流动阻力较大，如果转速过高，液体不能及时充满齿谷，若形成空蚀现象，泵就会失去计量作用，也会加剧泵的磨损，缩短其寿命。但转速过低，又会增加泵的回流量，降低泵的效率。

第三节 纺丝组件

一、纺丝组件的主要作用

纺丝组件的主要作用是将计量泵送来的熔体或溶液进行最终过滤，混合均匀后分配到每一个喷丝孔，挤出形成均匀的细流。

纺丝方法不同，纺丝组件的差异较大，但对组件的基本要求是相同的：

(1)熔体应均匀地分配到喷丝头的各个小孔，通道阻力应相等，组件内不能有死角，以免熔体停留时间过长而发生裂解或形成凝胶。

(2)密封良好，无漏浆现象。

(3)过滤作用好,使用周期长。

(4)组件拆装方便。

(5)凡与熔体直接接触的零件均需耐高温、耐腐蚀。

图3-5-7为一典型的熔体高压纺丝组件装配图。

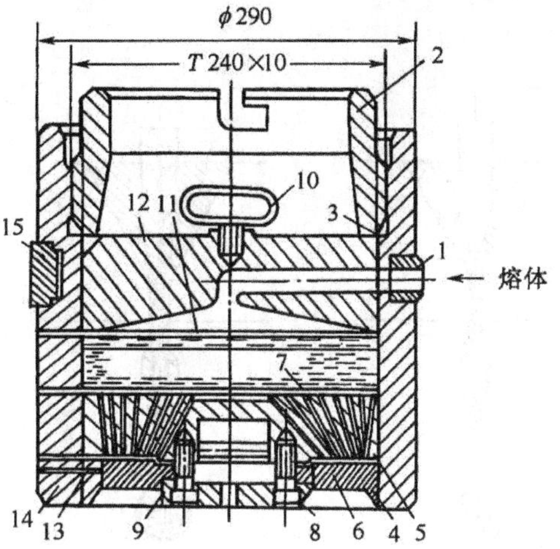

图3-5-7 高压纺丝组件装配图

1—垫圈 2—压帽 3—O型圈 4—喷丝板 5—承压板 6,7—包边滤网 8—螺钉 9—压板 10—吊环 11—滤网 12—分配板 13—垫圈 14—外壳 15—定位块

二、复合纺丝组件

复合纺丝是将两种或两种以上具有不同物理性能的熔体或溶液在一个喷丝孔中挤出,形成一根截面上有明确分界的丝,因此复合纺丝组件结构十分复杂,且复合形式不同,结构差别甚大。

1. 熔法复合纺丝组件 由喷丝板座、分配板、喷丝板和套筒等组成(图3-5-8)。熔体进入组件被套筒分隔成A、B两室,两种物理性能不同的熔体分别通过两室的过滤层,进入分配板中相应的A、B孔中。板的一面是平的,内外两圈的喷孔以a、b表示;另一面有凸出的环状隔板c在隔板上开有连通A、B的沟槽,它将两种熔体导入喷丝孔。喷丝板中有一凹形环状槽与分配板的环状隔板相对应,槽底开有若干个微孔。两种熔体在喷丝孔的微孔中合并成一股细流喷出,凝固后形成双组分复合丝。微孔形状与纤维截面如图3-5-9所示。

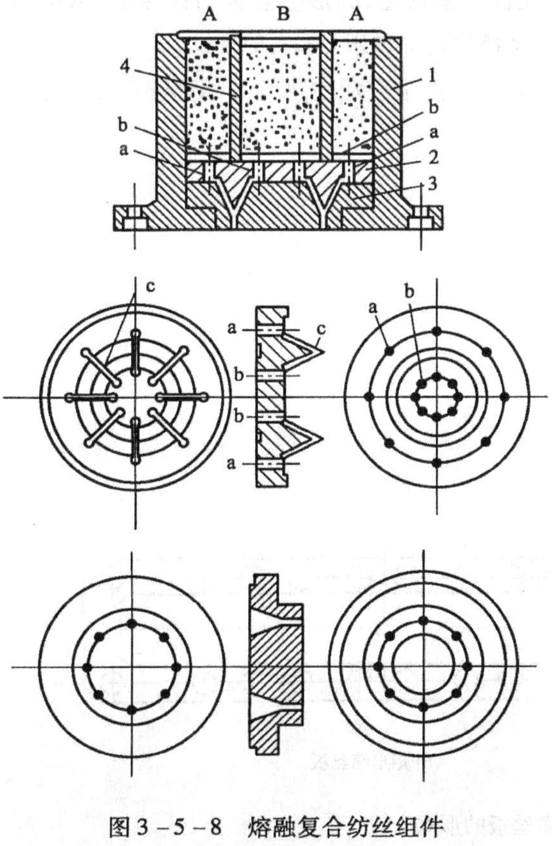

图3-5-8 熔融复合纺丝组件

1—喷丝板座 2—分配板 3—喷丝板 4—套筒

2. 湿法复合纺丝组件 图3-5-10为腈纶湿法短纤维复合纺丝组件。组件中有两块分配板,溶液A、B穿过螺母套上的两个孔,分别流入分配板的上方。在分配板的上面开有放射状的沟槽,而与沟槽相通的同心圆通道中的很多分配孔,将纺丝液A均匀地引入喷丝帽微孔中纺丝液B是经过分配板上的同心圆沟槽,进入分配板相应的分配孔中。这些分配孔在分配板上也呈同心圆分布,但与放射状沟槽完全隔开。这样,两种纺丝溶液A和B就只能在喷丝帽的小孔中汇合成细流喷出,经凝固、拉伸后形成复合纤维。分配板上以同心圆排列的孔,通常取等孔距,且同一圆上孔距不大于10mm。

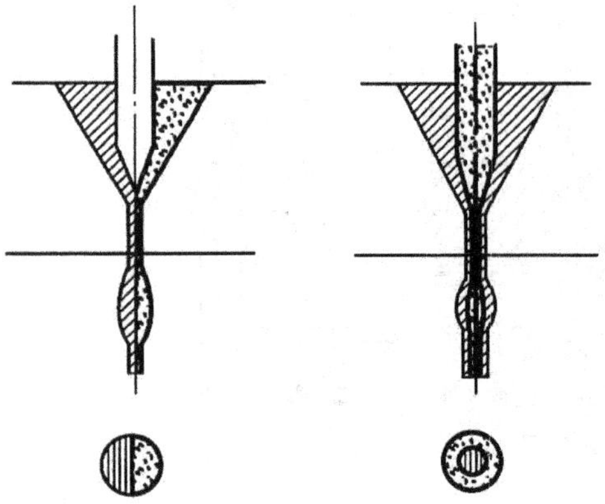

图 3-5-9 喷丝孔形状与复合纤维截面结构

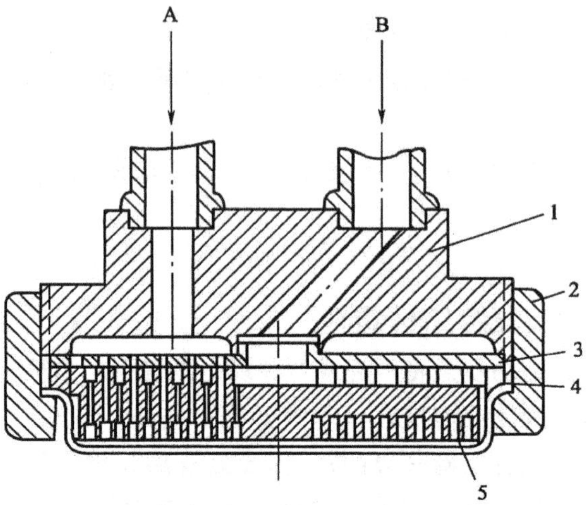

图 3-5-10 腈纶复合纺丝组件

1—螺母 2—喷丝头座 3,4—分配板 5—喷丝帽

三、喷丝板的结构及主要参数

喷丝板是纤维成形的关键零件之一。我国的喷丝板已系列化，圆形喷丝板的代号以 PR 外径—孔数—孔径表示，其中 PR 表示熔纺喷丝板，工作温度 <450℃，工作压力 ≤3.9MPa。

熔纺喷丝板的外形主要有圆形和矩形（图 3-5-11），生产上广泛使用的是圆形喷丝板。矩形喷丝板规格较大，孔数多，应用也在增加。

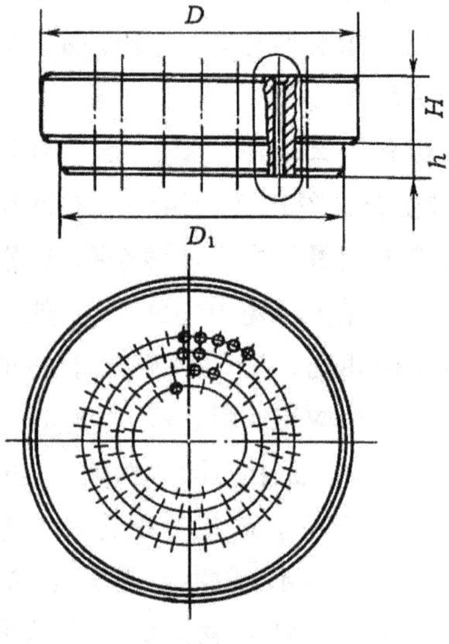

(a) 圆形喷丝板

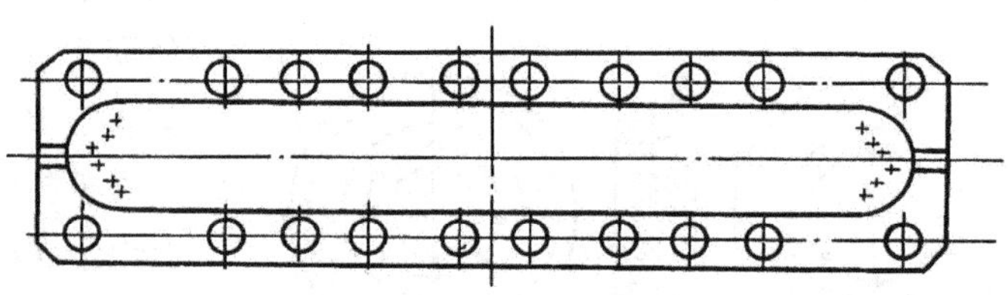

(b) 矩形喷丝板

图 3-5-11 喷丝板的形式

喷丝板的主要参数包括如下几项：

1. 喷丝板的外径与厚度 喷丝板的外径根据孔数排列方式和工作条件来确定，长丝的喷丝板外径有50mm、52mm、64mm、70mm、80mm和85mm，纺短纤维和帘子线的喷丝板外径在160mm以上。

2. 喷丝孔的结构 喷丝孔由导孔和微孔组成，导孔形状有带锥底的圆柱形、圆锥形、双曲线形和平底圆柱形几种（图3-5-12）。

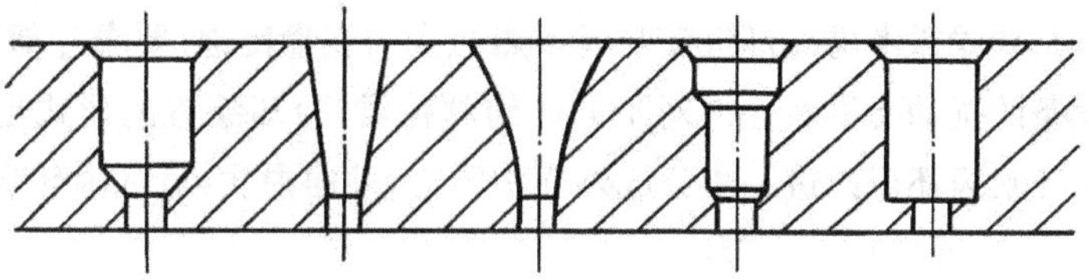

图3-5-12 导孔形状

导孔的作用是引导熔体连续平滑地进入微孔，在导孔和微孔的连接处要使熔体收缩比较缓和，避免在入口处产生死角和出现旋涡状的熔体，保证熔体流动的连续稳定。

喷丝板导孔的直径一般为1.6mm、2mm、2.5mm、2.8mm和3mm，我国的喷丝板标准系列中导孔直径多为3mm。导孔与微孔的过渡锥角小时，可以减缓熔体的收敛程度，常用的锥角为60°和90°。高黏度的熔体应选用较大的微孔，例如，纺聚酰胺时微孔直径用0.25mm；纺聚酯时用0.3mm；纺聚丙烯时用0.30~0.45mm，甚至更大，单丝或丝条线密度不同，微孔直径也应不同。

3. 微孔长径比 由于熔体的“入口效应”影响出口熔体的流动稳定性，增大长径比有助于熔体的弹性松弛，减小出口处的弹性胀大，对纺丝有利，但加工较困难。微孔的长径比一般取1.5~2。

4. 喷丝板孔数及排列 喷丝板的孔数与纺丝的品种有关，纺长丝一般只有几十孔，纺短纤维一般有上千孔，甚至多达上万孔。

喷丝板上孔的分布应均匀，且孔与孔之间应有足够的间距，使冷却风均匀吹到每1根丝条上，提高冷却效果。

喷丝孔的排列形式可归纳为5种类型：同心圆形、正方形（或菱形）、满天星形、一字线形、分区均布排列（图3-5-13）。矩形喷丝板用一字线形排列，圆形喷丝板以同心圆或分区均布排列方式为多。

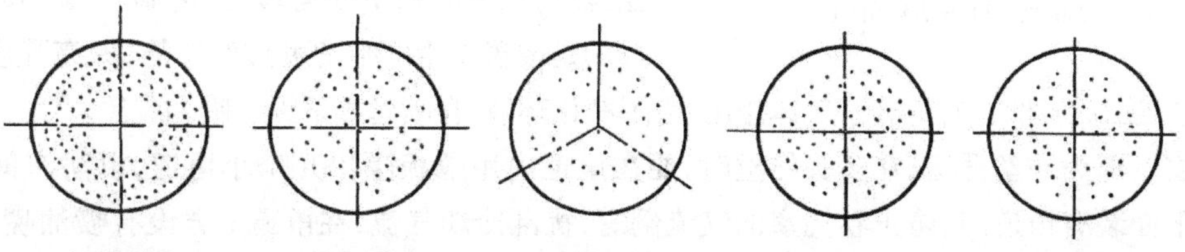

图3-5-13 喷丝孔排列形式

第四节　熔体纺丝冷却吹风装置

熔体细流从喷丝板喷出到卷绕（或成网）以前要进行冷却吹风，使其在短时间内凝固成丝条，与卷绕机第一个导丝元件接触时，丝条温度最好低于65℃，以保证单丝之间不黏结。冷却吹风的工艺条件对纤维的线密度、染色性、伸长等都有较大影响。

在选择冷却方式时，要着重考虑冷却气流与丝条热交换的能量传递，要求冷却对每一根丝条都具有均匀性，冷却长度对丝条的扰动要尽量小。对不同的纺丝种类，冷却装置的形式也有所区别，常用的有侧吹风和环吹风两种，环吹风还可以进一步分成外环吹风（由外向内吹风）和内环吹风（由内向外吹风）。

一、侧吹风装置

侧吹风装置结构简单，操作方便，适于长丝的冷却。因为长丝的单丝根数少，丝条需要散逸的热量少。采用侧吹风时，空气与丝成垂直方向直接吹在丝条上（图3－5－14），传热系数较高，冷却效果好，适用于生产30tex以下的较低线密度的丝条。

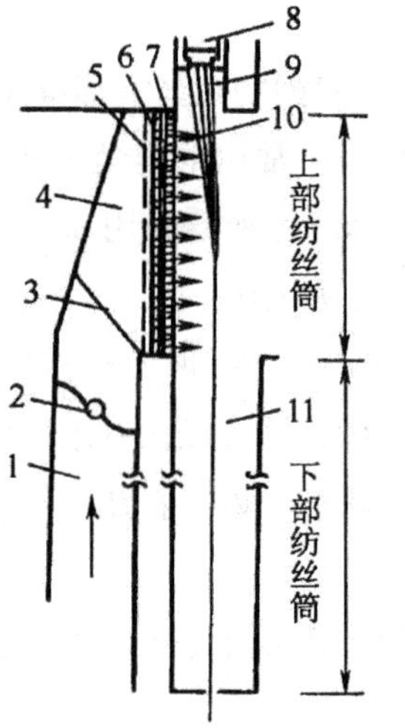

图3－5－14　侧吹风装置

1—风道　2—碟阀　3—多孔板　4—稳压室　5—风窗　6—整流板　7—金属网　8—喷丝板　9—缓冷室　10—冷却风　11—纺丝甬道

碟阀用于调节冷却风量，在碟阀后的风道上装有风量指示仪，指示各纺丝部位的冷却风量。

多孔板呈倾斜状态，采用开孔率为50%～80%的金属板，孔径为1～3mm，用来克服风窗垂直面风速分布的不均匀。

金属网用多层金属丝以不同角度交错而成，一般采用40～100目的金属网4～6层，也可以用烧结金属毡，作用是使冷却风混合稳定、过滤。

整流板采用金属薄板，制成蜂窝式结构，其作用是使冷却风呈层流状态水平吹出。整流板气流方向的厚度为40～100mm。

缓冷室是为了防止冷却风吹向喷丝板、提高初生纤维的性能和喷丝板的使用周期而设计的，其高度为30～200mm，下部有2块插板，将缓冷室与冷却室隔开。纺工业丝时，在喷丝板下装有缓冷环，温度在290℃左右，其目的是改善初生纤维的可拉伸性能，提高强度和降低伸度。对丙纶、锦纶纺丝时，有低分子气体排出，为了净化环境，在喷丝板下设有吸烟装置。

吹风窗下部为纺丝甬道，在多头纺丝时，要在甬道内用隔板隔出几个小甬道，以防车间内空气干扰。甬道下面装有甬道门，防止卷绕室的气流倒灌，扰乱冷却气流，在甬道上方设有喷油嘴和导丝器，吹风窗高度在1m左右，甬道长为3～5m。

侧吹风的风速分布与导流板形式有关（图3－5－15）。按照丝条的温度变化规律，要求风速紧靠喷丝板下方处为零，随着与喷丝板距离的增加，风速逐渐增大。在离喷丝板100～500mm处，风速应最大，待丝条固化后，风速再逐渐减小，整个风速分布介于图3－5－15的(a)与(b)之间。目前已有可调式导流板用于不同纤维生产的多功能冷却装置。

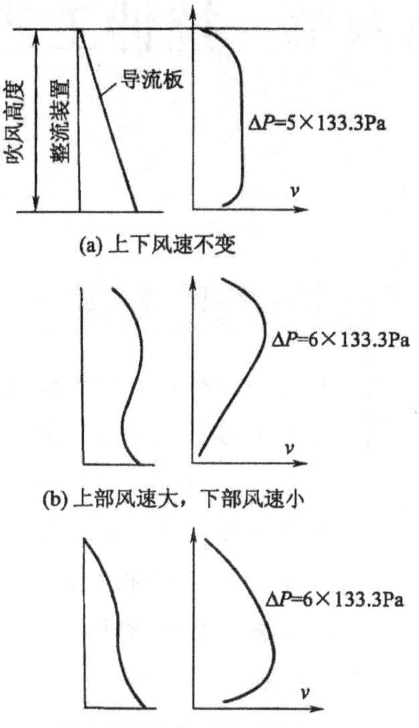

(a) 上下风速不变

(b) 上部风速大，下部风速小

(c) 上部风速小，下部风速大

图3－5－15　风速分布曲线图

二、环吹风装置

环吹风装置用于短纤维生产。短纤维纺丝时，每块喷丝板的孔数多达1000～2000以上，需要散逸大量的热，同时要求每单根纤维有相同的冷却条件，所以采用环形吹风装置较好。环吹风装置在结构上分为密闭式和开放式。密闭式环吹风装置的吹风头上口与纺丝箱之间及下口与纺丝甬道之间都是密闭的，与周围的环境完全隔绝，开放式环吹风装置的上口与下口均不密闭，其结构较为简单。环吹风装置由环吹风头、吹风筒、阻尼层、上下风室、稳定室和移动装置等组成。

1. 密闭式高阻尼的环吹风头　密闭式环吹风装置由高压鼓风机吹风，环吹风头中有阻尼层，在甬道下方有抽风装置，以保持吹风和抽风的平衡。冷却风由进风口进入，经多孔板、导流板均匀地进入上风室，通过阻尼筒的网板吹向丝条。阻尼层由烧结金属粉末和不锈钢丝网组成。环吹风装置到喷丝板的距离一般取100mm，环吹风头内径比喷丝板直径大20mm左右。

2. 开放式低阻尼的环吹风头结构　开放式环吹风装置大多采用低风压、低阻尼的吹风头，它的上口与下口均不密闭，以控制气流的方向，使其在环吹风装置内形成正压、气流从上口向周围溢出，图3－5－16(a)为侧进风式，图3－5－16(b)为下进风式，后者安装较方便。装置的外壳用镀锌板或镀铬板卷制而成，有同心圆和渐开线两种形式。渐开线形式的风速比较合理。阻尼材料可采用钢丝网、非织造布、泡沫塑料和多孔板。为了使风速均匀地从环吹风头内吹出，可安装2～4块导流板。

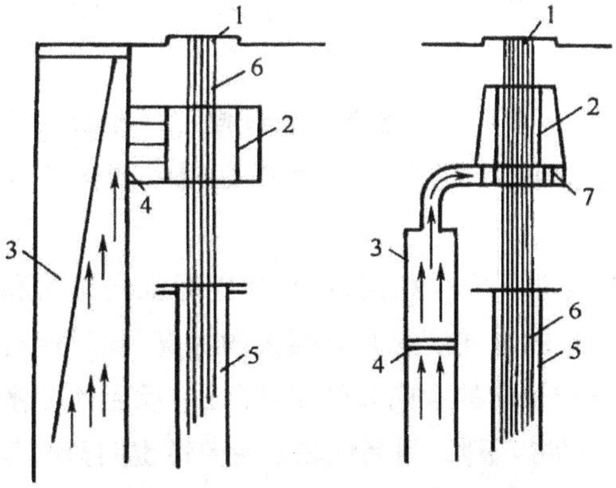

(a) 侧进风式　　(b) 下进风式

图3－5－16　开放式环吹风装置

1—喷丝板　2—多孔板　3—风道　4—泡沫塑料　5—提拉套筒　6—丝条　7—分配板

为保持冷却条件的稳定，吹风头内应是正压，喷丝板周围应有一定的气流外溢，形成保护性气幕，以防外界空气对熔体细流的干扰，保证丝条的均匀冷却。环吹风装置主要是控制冷风速度，一般把风速控制在0.5m/s左右，溢流区的高度约为10mm，即可形成较适宜的保护幕。整个冷却区的风速分布也为上大下小。

开放式环吹风头离喷丝板的距离与熔体细流的及时冷却关系很大，实验表明，原丝直径不匀率、延伸不匀率等随环吹风头离喷丝板的距离加大而增加。环吹风头要有足够的长度，冷却区长度一般取200mm左右。

第六章　拉伸工艺原理

本章知识点

1. 了解拉伸的目的和作用，掌握拉伸的分类和方法。
2. 重点掌握拉伸曲线的基本类型及其各因素对拉伸曲线的影响。
3. 熟悉初生纤维结构对拉伸性能的影响。
4. 掌握拉伸线上的速度和速度梯度分布。
5. 掌握气流牵伸机理及其影响因素。
6. 了解拉伸过程中纤维结构和性能的变化。

第一节　概　述

一、拉伸的目的和作用

初生纤维的物理特征，特别是物理力学性能远远达不到使用要求，主要体现为强力低、伸长大、结构极不稳定。必须经过进一步的加工，才能提高纤维的物理力学性能，使其达到纺织加工的要求，并具有优良的使用性能。

拉伸是后加工过程中最主要的环节，它不仅是提高纤维物理力学性能必不可少的手段，而且也是检验纺丝成形过程进行得好坏的关键。

拉伸是在固态条件下把成形的纤维拉长到原来的20% ~2000%。这种伸长过程常伴随着大分子链或聚集态结构单元发生舒展，并沿纤维轴向排列取向。在取向的同时，又常伴有相态结构的改变（晶区的部分破坏）以及其他结构特性的改变。

各种初生纤维在拉伸过程中所发生的结构和性能的改变并不完全相同，这与初生纤维的结构和拉伸工艺条件有关，但也有一些共同点，那就是经过拉伸后，纤维的取向度总是有很大的提高，同时伴有密度、结晶度等其他结构方面的变化。由于纤维内大分子沿纤维轴向的取向和伸展，纤维中承受外加张力的分子链的数目增加了，从而使纤维的断裂强度显著提高，延伸度下降，耐磨性和耐疲劳性也明显改善。

此外，在拉伸过程中形成了纤维最终的宏观尺寸。

二、拉伸的基本形式

拉伸可接着纺丝工序而连续进行，或者与纺丝工序分开单独进行。纤维的品种不同、纺丝成形的方法不一样、初生纤维的结构和性质不一样，拉伸的条件和方式就不同。按拉伸时纤维所处的介质不同，拉伸方式分为如下几种：

- 拉伸方式
  - 机械拉伸
    - 干拉伸
      - 室温拉伸
      - 热拉伸
    - 蒸汽浴拉伸
      - 饱和蒸汽浴拉伸
      - 过饱和（过热）蒸汽浴拉伸
    - 湿拉伸
      - 液浴拉伸
      - 喷淋拉伸
  - 气流拉伸

室温拉伸一般适用于玻璃化温度（T_g）在室温附近的纤维。拉伸时不对纤维加热，而拉伸过程产生的热量，一部分提高了纤维自身温度；另一部分散失到空气中。如锦纶的玻璃化温度为45℃，接近室温，且纤维中含有少量起增塑作用的单体和低聚物，故卷绕丝的拉伸是在室温下进行。

拉伸方式也不完全取决于纤维的玻璃化温度。比如，丙纶的玻璃化温度是－20℃，但由于其初生纤维结晶度很高，为避免在拉伸过程中纤维中产生空洞而使纤维发白或产生毛丝，也需要进行热拉伸。

热拉伸是用热盘、热板或热箱对纤维进行加热，使纤维温度升高到玻璃化温度以上，这样才能促进分子链段的运动，降低拉伸应力，有利于拉伸的顺利进行。如涤纶长丝，一般加热到140～150℃时进行3～4倍的拉伸。

蒸汽浴拉伸是指利用饱和蒸汽或过热蒸汽对纤维加热，因为水分子的存在可以起到良好的增塑作用，可使纤维的拉伸应力有较大的下降。例如，在聚丙烯腈短纤维生产中，T_g 为15℃，为了进行高倍拉伸，必然把纤维温度升高到超过其玻璃化温度，即升温至120℃左右，因此，在生产中常采用饱和蒸汽加热。在涤纶短纤维生产中，无定型的初生纤维玻璃化温度为69℃，经过一道拉伸后，部分结晶的涤纶玻璃化温度升至79～81℃。为进一步拉伸，往往采用170～180℃的过热蒸汽使纤维加热至137～150℃进行第二道拉伸，以降低拉伸应力。

湿拉伸是指纤维完全浸在加热液浴中，纤维与介质间传热迅速且较均匀，尤其是对粗丝束。涤纶短纤的第一道拉伸常采用热液浴拉伸。

此外，还有将热水、热油剂喷淋到纤维上，边加热边拉伸的，即喷淋拉伸，这也是湿拉伸的一种。

第二节　拉伸过程分析

一、拉伸曲线的基本类型和形变的稳定性

初生纤维在拉伸过程中的力学行为强烈地依赖于纤维的内部结构和拉伸的条件。在拉伸过程中，应力和应变不断地发生变化，反映这种变化关系的曲线称为拉伸曲线。

各种初生纤维的拉伸应力—应变（σ—ε）曲线可归纳为3种基本类型，如图3－6－1所示。

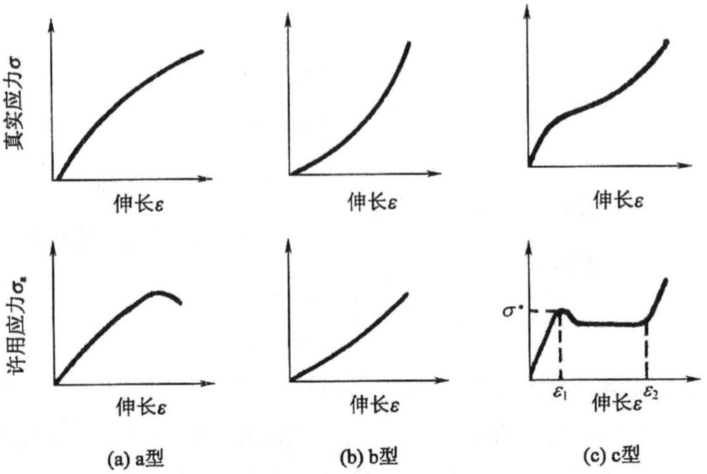

图3-6-1　应力—应变拉伸曲线的基本类型

1. a 型　如图3-6-1(a)中，a 型 σ—ε 曲线是凸型，拉伸模量 $E(\mathrm{d}\sigma/\mathrm{d}\varepsilon)$ 随形变 ε 的增大而减小，这种形变是不稳定的。随着 ε 的增大，在某一时刻 σ 达到最大值（此时的值称为屈服应力），随后纤维局部细化导致“细颈”产生和应力集中。纤维经不住继续拉伸，很快产生断裂，也就是说，纤维克服了屈服应力而开始塑性形变时，立刻就断裂了。σ—ε 曲线属于这种类型的纤维是不可拉伸的，应尽量避免纤维出现这种形变。

2. b 型　如图3-6-1(b)中，σ—ε 曲线呈凹型，其拉伸模量 $E(\mathrm{d}\sigma/\mathrm{d}\varepsilon)$ 是随 ε 增大而增加。纤维在拉伸过程中产生自增强作用，因而不产生细颈，能承受更大的拉伸应力，形变是平滑的，当 σ 达到某一应力 σ_{max} 时，纤维以脆性断裂而结束，这种拉伸称为均匀拉伸。应尽可能使纤维的拉伸行为呈现这种类型，其可拉伸性是最好的。

3. c 型　图3-6-1(c)是先凸后凹的 S 型 σ—ε 曲线，它表征了更复杂的体系，在较小的形变范围内，即 $\varepsilon<\varepsilon_1$，形变是均匀的，并伴随着模量的减小，这种形变是可恢复的。当 $\varepsilon_1<\varepsilon<\varepsilon_2$ 时，伸长是不稳定的，形变先是集中于一个或多个细颈处，继而逐渐扩散到整个样品，而细颈处的横截面积保持不变。在这个范围内的形变是不可逆的塑性形变。

当达到另一临界形变 ε_2 时，形变又是均匀的、可逆的，且随着拉伸应力逐渐增大，直至纤维断裂。这是聚合物材料在温度不太高又稍高于 T_g 时最典型的拉伸行为。

应该注意，σ—ε 曲线仅仅对纯弹性体或纯塑性体来讲是唯一的。一般来讲，聚合物纤维是黏弹性材料，$\sigma(\varepsilon)$ 函数还与纤维的形变历史和形变速率等因素有关。

二、拉伸条件对 σ—ε 曲线的影响

在拉伸过程中，纤维的形变行为受到拉伸条件的影响，即在不同的拉伸条件下，纤维所表现出的拉伸行为是不一样的。最重要的影响条件是拉伸温度和拉伸速度。

1. 拉伸温度　聚合物的应力—应变曲线对温度非常敏感，图3-6-2是一种未取向的结晶高聚物在不同温度时的典型拉伸曲线。当在 T_g 以下拉伸时，聚合物的行为是脆性固体，拉伸曲线呈现 a

型，曲线1、曲线2、曲线3清楚地显示了弹性伸长—狭义范围的塑性流动—细颈型破坏的拉伸断裂过程。在拉伸温度大大低于 T_g 时，则表现为没有塑性流动的脆性断裂，涤纶在20℃以下拉伸时，就会发生脆性断裂，同样锦纶在-20℃时，将产生脆裂。

随着拉伸温度的升高，塑性形变越来越显著，σ—ε 曲线呈现c型。在这个区域中，屈服应力随温度升高而降低，显示塑性形变的水平能有所缩短，如曲线4、曲线5、曲线6所示。

随着温度的进一步提高，屈服应力和水平部分消失，如曲线7、曲线8、曲线9，在这个区域中形变行为呈现b型。由c型向b型转变的温度范围取决于材料特性和形变速率，聚酯纤维在80℃以上、聚丙烯纤维在90℃以上才能观察到均匀拉伸。

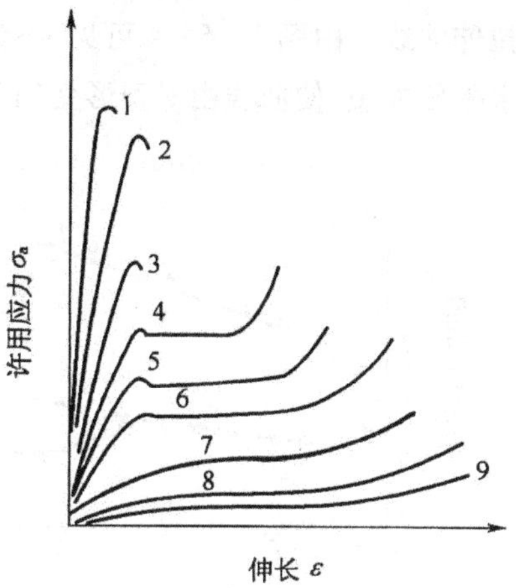

图3-6-2　温度对应力—应变曲线的影响

应该指出，初生纤维拉伸时，适当提高拉伸温度到 T_g 以上是必要的，正如前面所述。但温度过高也不好，拉伸时的取向作用和分子热运动的解取向作用是对立统一的。温度过高，会造成解取向作用增强，影响纤维的最终强度；而结晶速率的提高，使结晶增加，会使拉伸应力上升。

总之，拉伸过程最好在链段和大分子发生运动的基础上完成，所以拉伸温度一般要高于 T_g，而且随着拉伸过程中取向和结晶结构的变化，在多级拉伸中温度要逐级提高，当然拉伸温度应低于黏流温度。在黏流状态下拉伸，因大分子的活动性会导致快速解取向，所以，不可能产生有效的取向。

2. 拉伸速度　对不同的材料进行观察，结果表明，拉伸速度 V_R 增大对 σ—ε 曲线的影响与降低温度类似，这符合时温等效原理。在c型形变范围内，随着拉伸速度 V_R 的提高，屈服应力 σ_a 和自然拉伸比 N 有所增大。如果原来属于b型形变，则随拉伸速度的提高，逐渐由b型向c型转变。

涤纶卷绕丝的屈服应力和拉伸应力随 V_R 的变化如图3-6-3所示，屈服应力和拉伸应力随拉伸速度增大而增加，这是黏弹过程松弛特征的反映，当拉伸速度 V_R 增加到某一值时，拉伸应力反而下降，这是绝热过程特点的反映，说明此时拉伸热效应所引起的温度升高超过了 V_R 增大所相当的温度降低。

对部分结晶的初生纤维，拉伸速度的影响可归纳为以下几点：当拉伸速度很高时，会产生很大的应力，并使细颈区局部过热，导致不均匀的流动，可能使纤维中形成空洞甚至产生毛细断头。

当拉伸速度很低时，会产生缓慢流动，此时拉伸应力不足以破坏不稳定的结构并随后使它重建，结果尽管拉伸比可能很高，但拉伸取向效果却不明显。

当合适的拉伸速度可产生塑性流动时，应力足以使结构破坏并随后重建，可在细颈区建立最佳的热平衡，且没有过分的应力集中，所以可获得缺陷较少的纤维。

3. 低分子物质的存在　高聚物中低分子物质的存在，使大分子间距离增大，分子间作用力减小，使链段和大分子易于运动，即降低了高聚物的玻璃化温度，这种现象称为塑化或增塑作用。增塑作用对拉伸过程的影响与升高温度相似。

图3-6-4为拉伸温度为20℃、拉伸速度为500mm/min时，水分和低聚物含量不同的锦纶初生纤维拉伸曲线。由图3-6-4可见，不论水或低聚物都能起到增塑作用，使屈服应力降低，并使σ—ε曲线水平段缩短，使曲线由c型形变向b型形变转化。

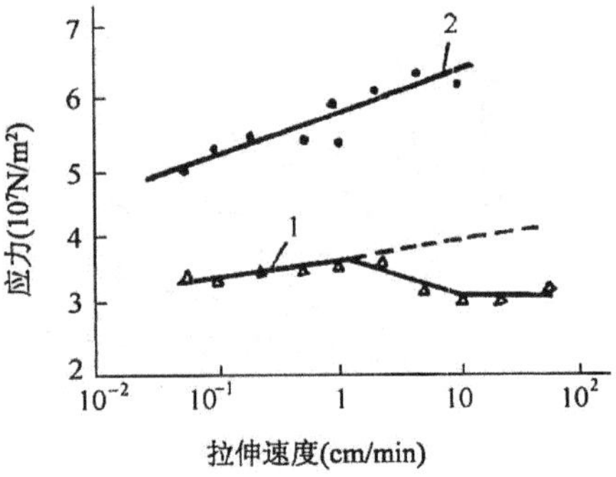

图3-6-3 拉伸速度对涤纶卷绕丝屈服应力和拉伸应力的影响

1—拉伸应力 2—屈服应力

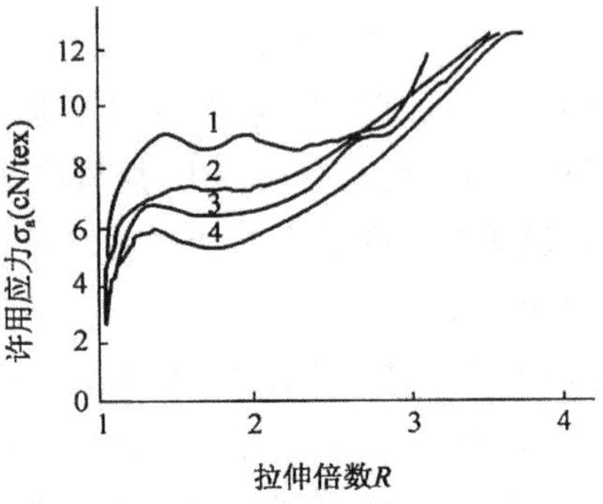

图3-6-4 含不同量水分和低聚物的锦纶初生纤维的拉伸曲线

1—干纤维，低聚物含量0.5%

2—风干纤维，低聚物含量0.5%

3—干纤维，低聚物含量7.8%

4—风干纤维，低聚物含量7.8%

三、初生纤维结构对拉伸性能的影响

初生纤维的结构包括分子链结构和超分子结构。对某种纤维来说，大分子化学结构基本是固定的，主要考虑的是超分子结构的影响。初生纤维的结构对拉伸过程有重要影响，主要体现在以下几方面。

1. 结晶度的影响 初生纤维的结晶结构对其应力—应变性能影响很大。随着初生纤维结晶度的增大，σ—ε曲线沿着b—c—a型的方向转化，导致屈服应力σ_a提高和自然拉伸比N增大。由图3-6-5可知，涤纶初生纤维屈服应力、屈服应变随结晶度的增加而线性增加。

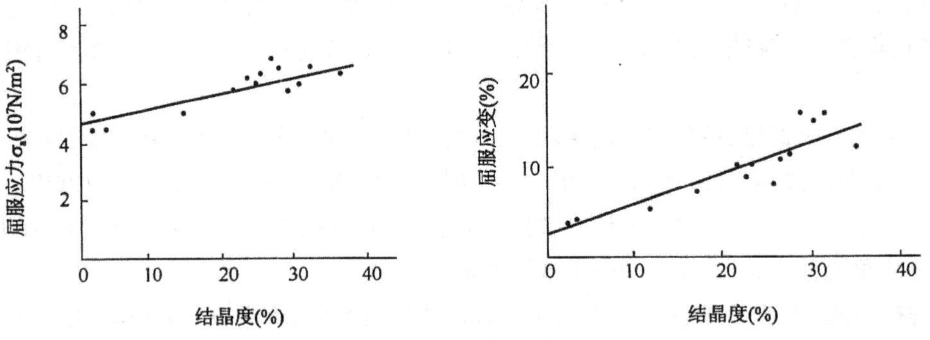

图3-6-5 结晶度对涤纶初生纤维屈服应力、屈服应变的影响

有的纤维，如聚偏二氯乙烯，在未拉伸状态一旦结晶，则会完全失去可拉伸性，即拉伸时将呈现a型脆性断裂。初生纤维应避免这种情况出现。

2. 预取向度的影响 随着初生纤维预取向度的提高，纤维形变特性沿着 c—b 型的方向变化，自然拉伸比减小，并转变为均匀拉伸，屈服应力和拉伸模量都有所提高。图 3－6－6 表明了涤纶未拉伸丝预取向度对屈服应力和拉伸模量的影响。图 3－6－7 是涤纶初生纤维的自然拉伸比随预取向度的变化曲线。由此可见，预取向度对自然拉伸比有很大的影响。

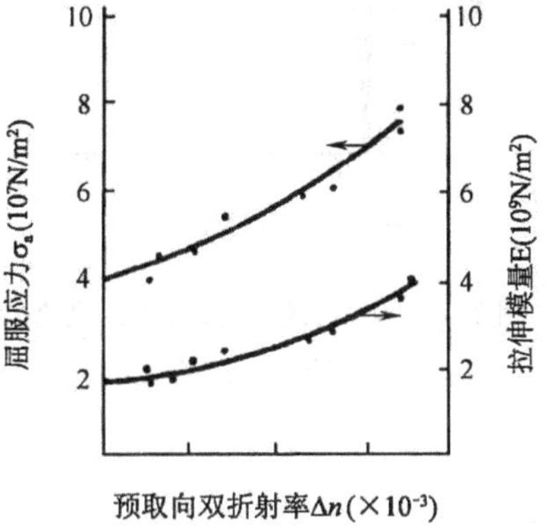

图 3－6－6 涤纶未拉伸丝预取向度与屈服应力和拉伸模量的关系

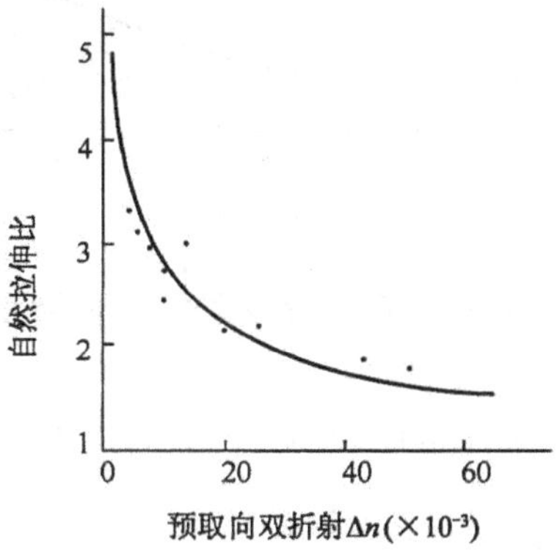

图 3－6－7 涤纶初生纤维的预取向度对自然拉伸比的影响

图 3－6－8 给出了熔纺锦纶 6 的两种样品的拉伸曲线，从中可知，低取向样品（曲线 2）拉伸时有细颈产生，呈现带有水平区的塑性流动；高取向纤维则显示均匀拉伸形变（曲线 1），初始模量明显加大，而最大拉伸比则较小。

可见，为改善初生纤维的可拉伸性，使拉伸过程易于顺利进行，应在成形过程中控制纺丝条件，不要使初生纤维的预取向度过大，这是对普通纺丝工艺来说的。对纺黏法而言，气流拉伸在纺丝过程中进行，提高纺丝速度有利于纤维取向度的提高。

3. 初生纤维相对分子质量的影响 一般来说，随着初生纤维相对分子质量的提高，拉伸时的屈服应力有所提高。在相同的温度下拉伸涤纶初生纤维，相对分子质量提高，则最大拉伸倍数有所下降，断裂强度反而有所增大，对相对分子质量较高的初生纤维，要以相同的拉伸倍数进行拉伸，必须相应提高拉伸温度才可顺利进行。

图 3－6－9 是相对分子质量不同的乙烯—乙烯醇共聚物的应力—应变曲线，从中可看出：试样 A 具有较好的拉伸性能，而试样 B 则较差，一拉就断。这说明相对分子质量过低是承受不起拉伸应力的，也就是说，为使其具有一定的拉伸性，初生纤维的相对分子质量应达到某一值，这个值因不同纤维品种而异。

但也不是相对分子质量越大，可拉伸性就越好。随着相对分子质量的增加，大分子间的作用力增强，大分子间的缠结程度加强，造成分子间的滑移困难，即难以实现塑性形变，所以，相对分子质量超过某一限度，也会使纤维的可拉伸性能降低。

由此可见，同一种高聚物的初生纤维，随其结晶度、取向度以及相对分子质量的不同，其拉伸性能差异很大。通常，随结晶度和取向度的增大，初生纤维模量增大，屈服应力也提高，断裂伸长则减小；当相对分子质量增大时，通常纤维的韧性增加，即断裂功增大，σ—ε 曲线向更高断裂强度和断裂伸长的方向移动。

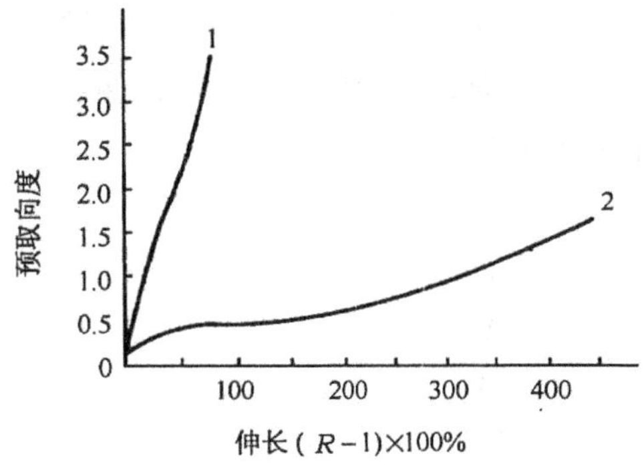

图 3－6－8　锦纶 6 初生纤维的拉伸特性

1— $v_L=3800\text{m/min}, \Delta n=332\times10^{-4}$

2— $v_L=800\text{m/min}, \Delta n=161\times10^{-4}$

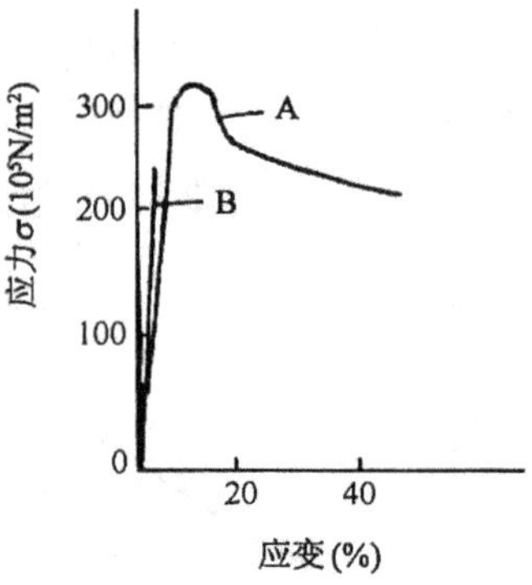

图 3－6－9　乙烯—乙烯醇共聚物的应力—应变曲线

第三节　连续拉伸过程

在工业生产中，纤维的拉伸是一个连续过程，了解纤维在连续拉伸过程中速度、速度梯度分布及其变化规律，了解其他一些物理性质的变化，对控制和改善纤维的拉伸质量具有实际意义。

一、拉伸曲线上的速度和速度梯度分布

初生纤维连续拉伸时，其直径和横截面积都在连续变化，相应拉伸曲线上的纤维运动速度和速度梯度也有所变化，所以，纤维在拉伸箱或拉伸浴中拉伸时，沿纺丝线上所发生的形变或拉伸本身不是均匀的，速度的分布呈现 S 形，见图 3－6－10。

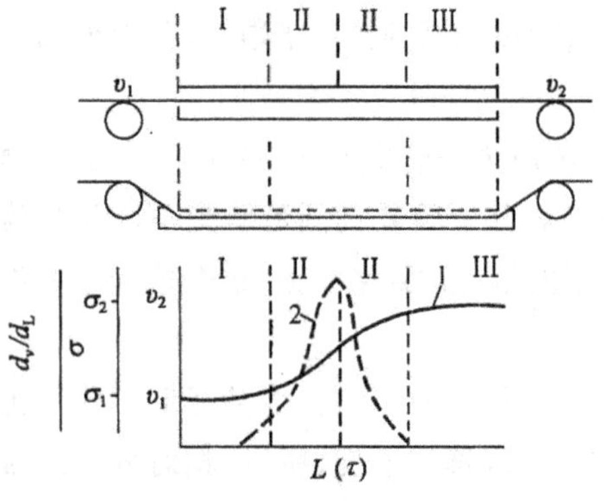

图 3－6－10　连续热拉伸和塑化拉伸时速度的典型分布曲线

Ⅰ—准备区（塑化区）　Ⅱ—形变区（拉伸区）　Ⅲ—松弛区

在速度分布曲线上可分成 3 个区，在每个区，丝条的速度和张力是不同的：

Ⅰ——准备区：在此区内，纤维开始受热塑化，运动速度仍等于喂入速度且基本恒定，而速度梯度则为零。当纤维温度超过玻璃化温度而开始产生形变时，准备区就结束。就整个拉伸区长度而言，准备区较短，它取决于加热及传热的速度。将丝条加热至拉伸温度所需的时间与热交换条件、纤维直径有关，时间越长，准备区就越长。

Ⅱ——形变区：在此区内，速度开始逐渐增大，纤维直径开始细化，长度变长，纤维发生取向，同时伴随着结构的改组。而速度梯度为正，并逐渐增大，在某一时刻达到最大值，然后速度梯度开始下降，最后减为

零，此时速度达到衡定并等于输出速度。随着纤维结构变得规整，取向度提高，纤维形变的能力剧烈下降，拉伸作用逐步停止。这是纤维结构发生变化的主要阶段。

Ⅲ——松弛区：在此区内，纤维不再发生形变，内应力得到逐步松弛，丝条速度基本恒定，与此相应，速度梯度已降为零。

研究表明，各种不同高聚物材料在拉伸线上的速度变化规律都与熔纺成形过程的速度分布曲线类似。就其运动学行为的这种相似，可以证明在纺丝和拉伸过程中的取向机理是相同的，只是条件不同而已。纺丝成形时的取向发生在较高的温度下，因而解取向作用较明显，最终得到的取向很小；而拉伸过程中的取向在较低温度下进行，解取向作用较小，所以最终保留的取向度较大。

适当选择拉伸条件，可以控制形变区的位置，对改变纤维的性质能起到一定作用。3－6－11显示了不同拉伸比对形变区位置的改变。

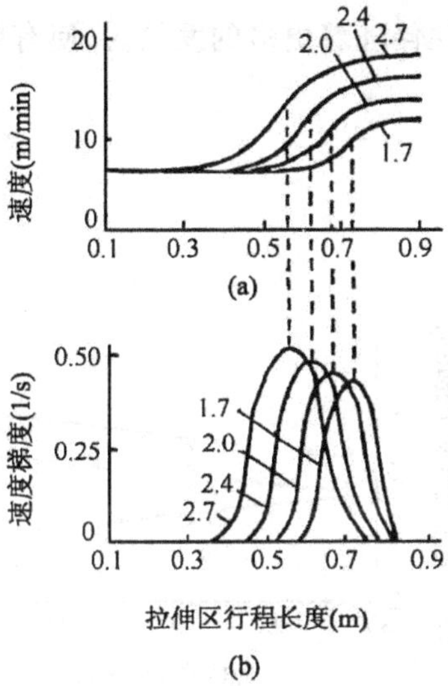

图3－6－11 聚乙烯醇纤维在空气中热拉伸时，丝条运动速度和速度梯度的分布曲线（曲线旁数字表示不同的拉伸倍数）

二、拉伸曲线上的张力分布

拉伸张力 T_r 关系到拉伸过程的稳定性，直接影响拉伸质量和纤维的结构。一般来说，拉伸张力的大小取决于拉伸条件及所拉伸材料的组成和结构。

丝条通过一个拉伸辊后，张力的增大主要取决于丝条与辊面之间的摩擦系数 μ 和丝条在辊上的包围角 θ，见图3－6－12。根据包围角定律，张力增大可描述为：

$$\frac{T_2}{T_1} = \exp(\mu\theta)$$

若丝条通过一系列的拉伸辊，则从最后一辊导出的张力 T_R 为：

$$T_R = T_1 \exp(\mu\theta)$$

式中：T_1——进入第一辊前的预张力；

T_2——自第一个拉伸辊导出的张力；

θ——每个辊上包围角之和，$\theta = \theta_1 + \theta_2 + \cdots + \theta_n$；

μ——丝条与辊面之间的摩擦系数。

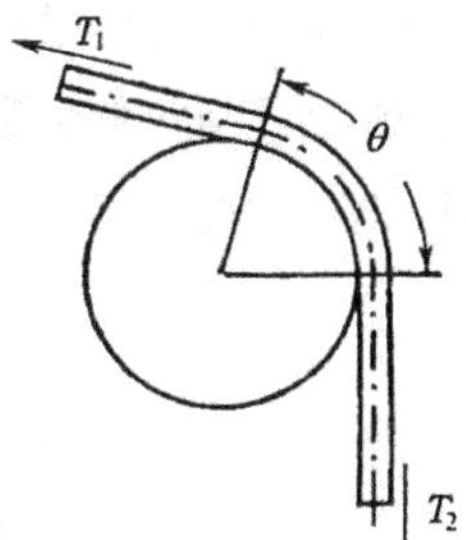

图3－6－12 丝条通过拉伸辊时的张力变化

影响拉伸张力大小的拉伸条件主要包括拉伸温度、拉伸比和拉伸速度。

一般来说，拉伸温度越高，拉伸张力就越小，这是由高聚物本身的热机械性能所决定的。在其他条件一定时，拉伸速度对拉伸张力的影响较为复杂。根据黏弹机理，拉伸速度的提高，应引起拉伸张力的增大，某些实验结果也证实了这一点（图 3－6－13 曲线 1 和曲线 2）。但也有随拉伸速度的增加，拉伸张力反而下降的，这是由于在较高的形变速度下往往伴随着更多的发热，并使有效松弛时间和黏度下降所致，如图 3－6－14 曲线 3 所示。

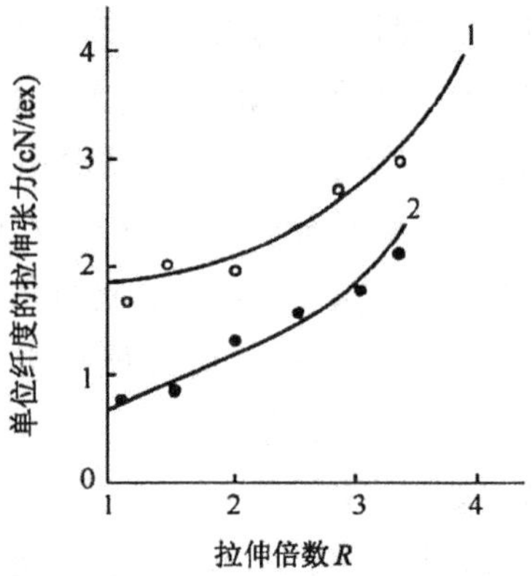

图 3－6－13　拉伸速度相同时，锦纶 6 和涤纶的拉伸张力与拉伸倍数 R 的关系

1—锦纶　2—涤纶

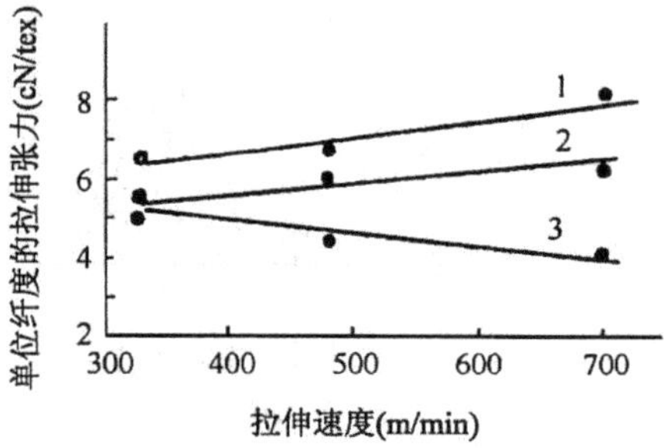

图 3－6－14　拉伸倍数为 3.6 倍时，锦纶和涤纶的拉伸张力与拉伸速度 V_R 的关系

1—锦纶，拉伸温度为 80℃　2—锦纶，拉伸温度为 20℃

3—涤纶，拉伸温度为 80℃

三、拉伸热效应

实际生产中，拉伸过程一般是在高速下进行的热拉伸，纤维的形变伴随着大量能量消耗，如果形变速度足够高，相当一部分能量可被纤维吸收而使其温度升高。由于这种拉伸热效应，使拉伸过程的热交换关系非常复杂。图 3－6－15 为利用热平衡方程计算出来的涤纶绝热拉伸过程中纤维温度与拉伸倍数的关系，随着拉伸倍数的增大，纤维温度随之升高，图 3－6－16 表明锦纶以不同的拉伸倍数进行拉伸时，细颈温度与拉伸倍数的关系，可见细颈温度随拉伸倍数和拉伸速度而增加，这与绝热拉伸的理论计算基本一致。

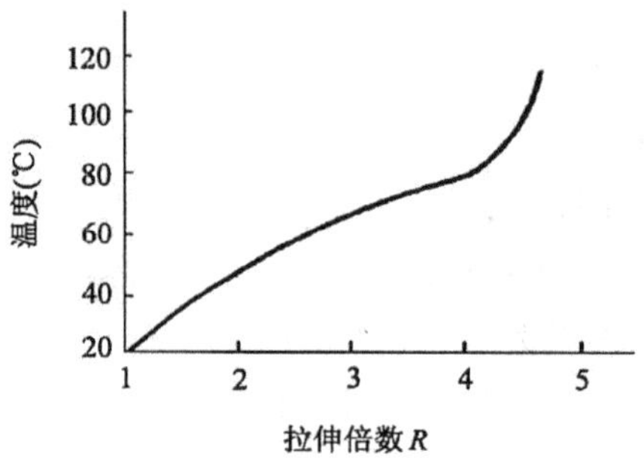

图 3－6－15　涤纶绝热拉伸过程中纤维温度与拉伸倍数的关系

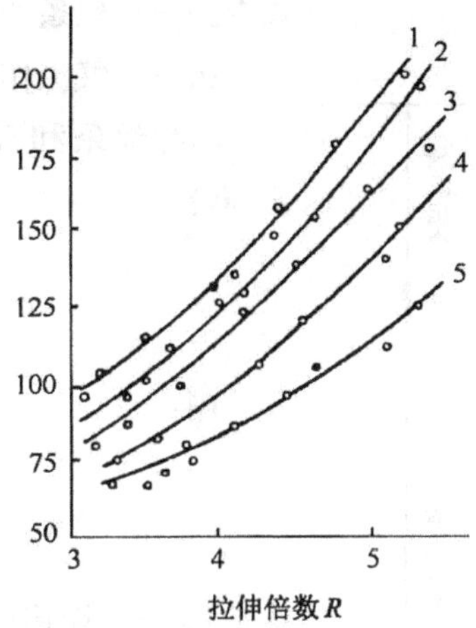

图 3-6-16 锦纶连续拉伸时，细颈温度与拉伸倍数的关系

拉伸速度 V_R(cm/s)：1—516 2—370 3—211 4—120 5—53.4

一般的拉伸工艺基本上是保持拉伸过程温度不变，因变形和结构重建的时间很短(0.005s 左右)，因而细颈拉伸接近于绝热过程，所以其温度升高是显著的，一般根据拉伸速度不同，可达 30～60℃或更高。

第四节 气流拉伸过程分析

在纺丝法成网非织造布生产中，由于纺丝、拉伸、铺网、加固连续进行，所以要求拉伸在极短的时间内完成，故难以采用通常化学纤维生产中使用的多辊机构拉伸方式，现在大多数工艺采用气流拉伸的方法，少数采用机械与气流拉伸相结合的方法，个别工艺仍采用机械拉伸方法。

采用气流拉伸有利于连续化高速生产，简化了分丝成网工艺，缩短了工艺流程，但就其拉伸效果而言，不如机械拉伸，但经气流拉伸后的纤维基本能满足非织造布使用的要求，因此其得到了广泛应用。

一、气流拉伸的基本原理

图 3-6-17 是 Reicofil 纺黏法工艺气流拉伸装置示意图，熔体细流从喷丝板挤出后进入拉伸风道，风道底部使用大功率的抽吸风机抽吸，在风道内产生自上而下高速运动的气流。这种牵伸气流的速度远远高于丝条挤出速度，因此丝条对气流运动的摩擦阻力(流体力学阻力)就成为施加在丝条上使其加速运动的主要动力。

丝条在与气流的摩擦力作用下加速运动，且在狭缝处速度达到最大值。丝条在狭缝与喷丝板间完成拉伸。

作用在丝条上的摩擦力 F_{drag} 的大小可表示为：

$$F_{drag} = \int_x^L \sigma_f \pi d \cdot dx$$

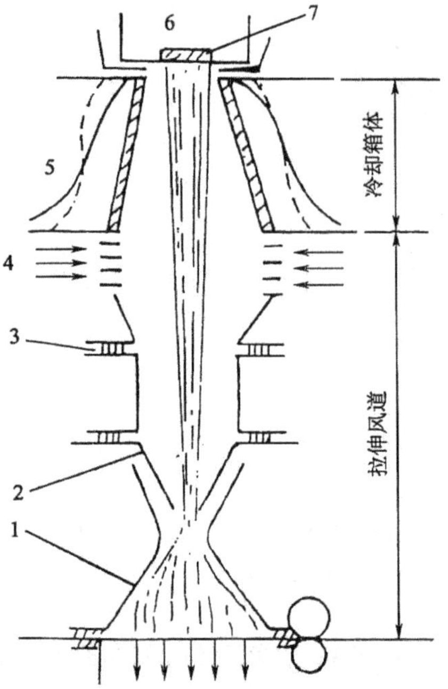

图 3－6－17 气流拉伸装置示意图

1,2—导板 3—密封体 4—补偿风入口

5—吹风方向调节手柄 6—纺丝箱 7—喷丝板

式中：d——丝条的直径；

σ_f——气流作用在丝条上的切应力。

σ_f与丝条和气流间的相对速度 $v(x)$ 的平方成正比，即：

$$\sigma_f(x) = \frac{1}{2}C_f\rho\left[v(x)\right]^2$$

则：

$$F_{drag} = \int_x^L \frac{1}{2}C_f\rho\left[v(x)\right]^2\pi d \cdot dx$$

式中：C_f——摩擦因数；

ρ——风道内气流密度。

实际上，F_{drag}就是纺丝张力的主要来源，可见纺黏法制得的纤维的结构主要是在纺丝和气流拉伸过程中形成的。气流拉伸实际上是在纤维成形过程中完成的。

二、气流拉伸的特点及拉伸作用的效果

气流拉伸适合于纺黏法非织造布高速生产的要求，易于实现在纺丝成形过程中对丝条进行高速拉伸，能简化工艺和设备，缩短工艺流程；使分丝和铺网工艺易于实现；使设备紧凑，占地面积小。

但是，就其拉伸作用效果而言，它与传统的机构拉伸还有一定区别。下表列出了几种工艺拉伸纤维的取向情况。

几种纤维性质的比较

工　艺	Reicofil 工艺	常规纺初生纤维	常规纺牵伸丝	高速纺预取向丝
双折射率（$\times10^{-3}$）	17～19	5～12	30～35	20～25
强度（cN/tex）	8.8～18.5	8.8～13.3	39.7～48.6	15.8～26.5
断裂伸长（%）	>120%	>200%	20%～60%	110%～200%

由上表可看出，采用 Reicofil 气流牵伸纺制的长丝，其双折射率高于常规纺丙纶初生丝，而低于常规纺牵伸丝，比较接近于高速纺的预取向丝。这说明采用气流牵伸纺制的丝，其取向度偏低。其强度比初生纤维大，比牵伸丝小。由上述分析可知，丝条的牵伸主要是在喷丝板和牵伸风道狭缝之间完成。由于丝条在完全冷却固化之前所能承受的张力较小，易于发生伸长形变，所以牵伸过程中，丝条的抽长拉细主要发生在喷丝板和固化点之间。因此，纤维中的取向也主要是在喷丝板和固化点的拉伸流动过程中形成。可见，气流牵伸丝结构的形成过程与常规纺初生丝的结构形成过程是相似的。

由纺丝取向机理可知，纺丝张力是影响纤维取向的一个主要因素，纺丝张力越大，越有利于丝条

的取向。气流牵伸过程中，纺丝张力的大小会受到以下几方面因素的影响。

1. 气流速度 提高气流速度，丝条的速度也会增大，但气流速度的增大值远大于丝条速度的增大值，因此 $v(x)$ 增大，将使 F_{drag} 提高，有利于丝条的取向。在 Reicofil 工艺上，减小狭缝宽度将会提高气流速度及牵伸作用，反之则降低牵伸作用。另外，在狭缝宽度和压力不变的条件下，增加抽吸风量将会提高牵伸气流的速度，改善牵伸效果。

2. 牵伸气流的密度 牵伸气流密度越大，F_{drag} 也越大，而密度与气压成正比。因此提高牵伸气流的压力也有利于改善牵伸效果，提高纤维中的取向程度和结晶度，从而改善纤维的性能。在 Reicofil 工艺中采用了负压牵伸，牵伸气流压力较低，这也是造成牵伸作用不充分的一个因素。相比而言有些纺黏法工艺采用正压牵伸，牵伸气流压力较高。所制得的纤维强度较好，如 Docan 工艺。

3. 纤维比表面积 纤维的比表面积直接影响作用在纤维上的 F_{drag} 的大小，在其他条件相同的情况下，提高纤维的比表面积，将提高 F_{drag}，从而提高牵伸效果。采用异形截面纤维，在相同线密度情况下，可大大增大丝条的表面积，改善牵伸效果。采用异形喷丝孔还可以改善纤维的弹性、光泽、抗起球性、耐磨性等，所以在纺丝工艺中采用异形喷丝板无疑是改善、提高非织造布性能的有效途径。

第五节　拉伸过程中纤维结构和性能的变化

一、拉伸过程中纤维结晶结构的变化

在拉伸过程中，纤维的超分子结构要发生深刻的变化，包括取向的提高和晶态结构的变化。在不同的拉伸条件下，对不同的高聚物，结晶结构的变化情况也不一样，一般而言，有下面 3 种典型的情况：

1. 拉伸过程不改变相态结构 即非晶态样品拉伸后仍保持非晶态，结晶试样则不改变其结晶度。

这是非结晶性高聚物如无规聚苯乙烯等拉伸时的一般规律。此时拉伸只影响非晶区的取向而不影响结晶。对于部分结晶的高聚物，在慢速低温拉伸条件下，也会出现这种情况，如未结晶的涤纶。

2. 在拉伸过程中伴随原来结构的部分破坏和结晶度下降 高度结晶的试样在拉伸过程中，在分子活动性低的条件下，原有的晶态结构就会发生破坏，新的结构会建立，这种新的结构具有较大的缺陷，并会沿张力方向取向。如果拉伸是在低温下发生以及原有的晶态结构破坏后不再重建，结果会形成非晶区和高度破坏的晶体共存的结构。在聚乙烯、聚丙烯冷拉伸时，都曾观察到结晶度降低的现象。这种结晶度下降常伴随着微晶体大小和完整性的改变。

3. 拉伸过程中结晶度提高 这种情况可能是由两种不同的因素所引起的。一种因素（纯动力学因素）是拉伸过程中分子的活动性增加。因为拉伸时的加热和形变能的转换会导致纤维温度升高，从而有利于纤维结晶速率的提高。另一种因素是拉伸过程中分子取向和应力的作用，它会影响高聚物结晶动力学平衡，取向和应力会促进结晶的形成，因此，非晶态高聚物的拉伸伴随着发生取向而引发的结晶过程。例如，橡胶是对取向结晶非常敏感的一类材料，在各向同性状态下，它是非晶态的，当拉伸时会很快结晶。这种效应对高于玻璃化转变温度的结晶高聚物都会发生。聚乙烯、聚丙烯、聚酯、聚酰胺在热拉伸或冷拉伸时都会使结晶度有所提高。

图3－6－18表示在应力作用下，结晶速率的变化情况。有应力作用时，结晶速率可以增大很多，而且在最大结晶速率时，温度向低温方向移动。例如聚酯在拉伸应力作用下，动力学结晶能力可增大10^4以上，因此，通过拉伸可发生较显著的结晶。

在拉伸工艺参数逐渐变化的过程中，还可能出现上述各种变化趋势的组合。图3－6－19所示是锦纶6结晶度随拉伸倍数增大的变化。当纤维拉伸至200%时，结晶度逐渐降低，此后拉伸倍数提高时，纤维结晶度逐渐增加；当纤维结晶度达最大值，即约增加了27%时，继续提高拉伸倍数，结晶度又下降。

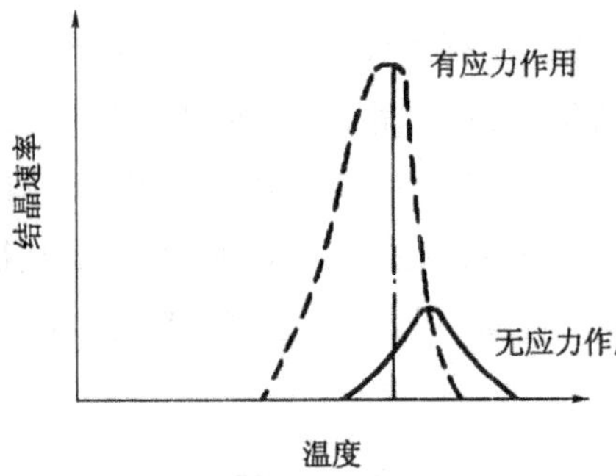

图3－6－18　应力作用下结晶速率特性曲线

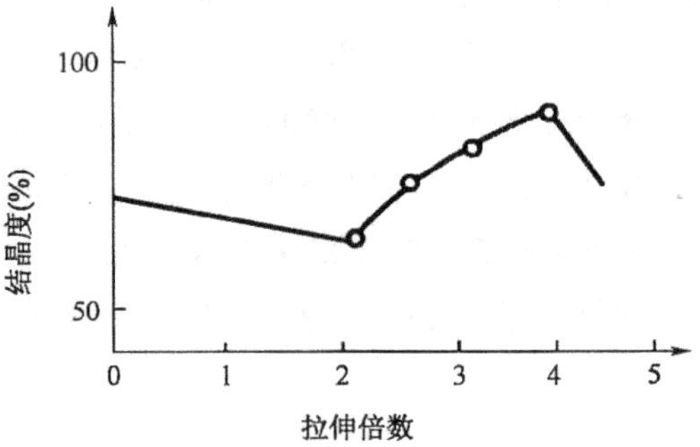

图3－6－19　锦纶6结晶度和拉伸倍数的关系

拉伸倍数、拉伸温度和拉伸速度都会对结晶度在拉伸中的变化产生影响。一般来说，拉伸温度越高，结晶度随之提高越大。拉伸速度对结晶度的影响比较复杂。对锦纶和涤纶来说，结晶度随拉伸速度的增加而增大；而对某些纤维而言，在较高的拉伸速度下结晶度的增加会有所减慢或受拉伸速度的影响不明显。

对于某些纤维，如锦纶6、丙纶等，随纺丝条件不同，所得纤维的晶体结构也不同，在拉伸过程中，晶体结构会进一步发生变化。锦纶6在成形后存放一段时间，一般形成不稳定的六方晶体，如果是慢慢冷却则生成稳定的单斜晶（α型）。对锦纶6的研究发现，在拉伸过程中不稳定的六方晶体变成单斜晶系，随拉伸倍数增大、拉伸温度的提高，稳定的单斜晶（α型）会增多，不稳定的晶型（β型）会减少，晶体结构会更完整。

二、拉伸过程中纤维取向的变化

如上所述，在拉伸过程中结晶的变化情况比较复杂，与此相反，取向在拉伸过程中的变化趋势十分简单，总取向度随拉伸程度的增加而增大。

不同的高聚物在拉伸中的结构变化有所不同。非晶态高聚物纤维的拉伸取向较简单，视取向单元的不同，分为大尺寸取向和小尺寸取向两类。大尺寸取向是指整个分子链取向，但链段可能未沿纤维轴向取向。小尺寸取向是指链段在纤维轴向的取向，而对整个大分子链排列杂乱无章。一般取向较低时，整个分子不能运动，在这种情况下，就得到小尺寸取向。

晶态高聚物纤维的拉伸取向过程比较复杂，在取向的同时伴随有复杂的大分子聚集态结构的改变。对于具有球晶结构的高聚物，拉伸取向过程实质上就是球晶的形变过程。在低倍拉伸时，球晶被拉长而成球，继续拉伸到不可逆形变阶段，球晶变成带状结构。球晶形变过程中，组成球晶的片晶之间发生倾斜、滑移甚至破坏，部分折叠链被拉直为伸直链，原有的结构部分或全部被破坏，从而形成新的结晶结构，它由取向的折叠链片晶与在取向方向上贯穿于片晶之间的伸直链段组成，这种结构是微纤结构，如图 3－6－20(a)所示；在拉伸过程中，原有的折叠链片晶也有可能部分转变成为沿拉伸方向的完全伸直链晶体，如图 3－6－20(b)所示。

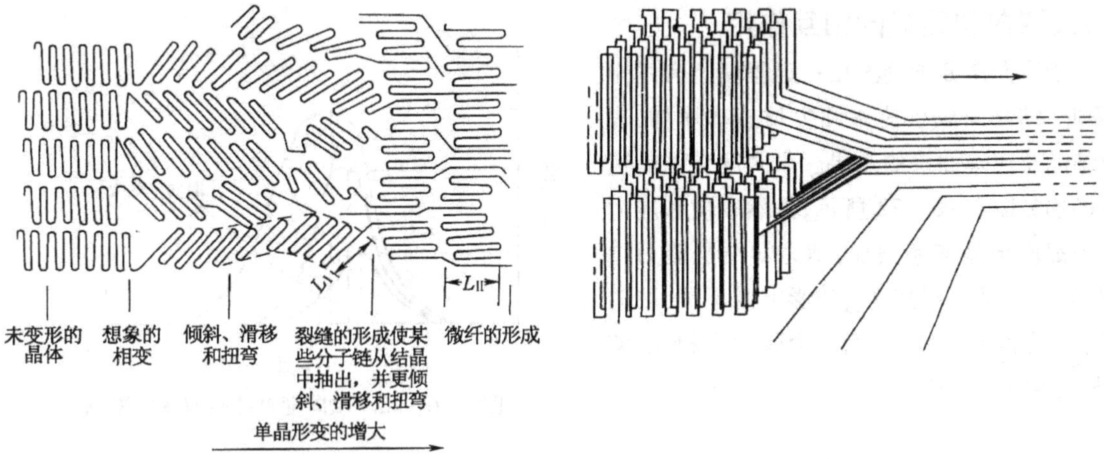

(a) 形成微纤结构的结晶

(b) 形成完全伸直链的结晶

图 3－6－20　晶态聚合物拉伸取向时的结构变化示意图

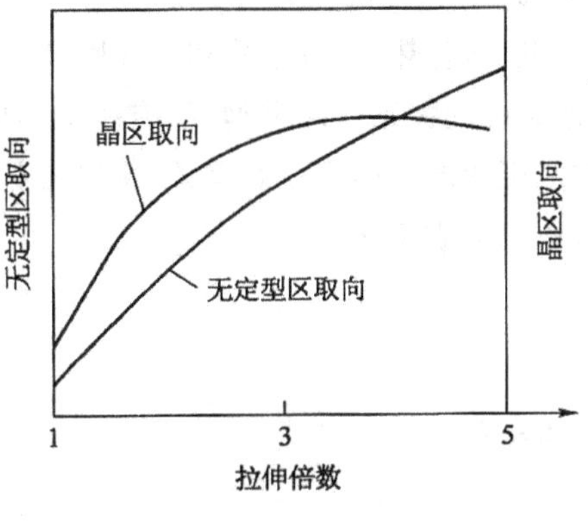

图 3－6－21　拉伸倍数与晶区、无定型区的取向关系

在同时存在晶态和非晶态的纤维时，晶区和无定型区的取向发展情况是不同的，晶区在较低的拉伸倍数下就已开始取向，无定型区虽然也发生取向，但不如晶区显著。在较高拉伸倍数时，晶区取向已达到极限而不再增加，而无定型区的取向却继续增大，如图 3－6－21 所示。高聚物拉伸取向的结果是伸直链的数目增多，而折叠链的数目减少。伸直链使得晶区之间的连接增加，从而提高了纤维的强度。因此，控制加工过程中生成的高聚物分子聚集状态，使它生成尽可能多的伸直链结构，是提高高聚物力学强度的一条有效途径。

根据这个原则，已经从两方面制造出了高强度、高模量的合成纤维。一是合成新的具有刚性分子链的高聚物，使它在结晶时不易生成折叠链结构，而倾向于生成伸直链结构，如芳香族聚酰胺，其强度可达247cN/tex，模量高达12×10^3cN/tex，接近理论值。二是采用新的纺丝工艺，使柔性链高聚物在成形过程中尽可能生成伸直链结构。

三、取向和结晶的相互作用

由于取向使分子链段在一定程度上有序排列，因此，结晶的成核速率和生长速率增加，表现出结晶总速率加快的效果。取向度对结晶速率的影响如图3－6－22所示，虽然取向和应力的作用都使结晶速率增加，动力学结晶能力增大，但对最快结晶温度T_{max}的影响则不同，取向使T_{max}向高温方向移动，而应力作用则相反，使T_{max}向低温方向移动。

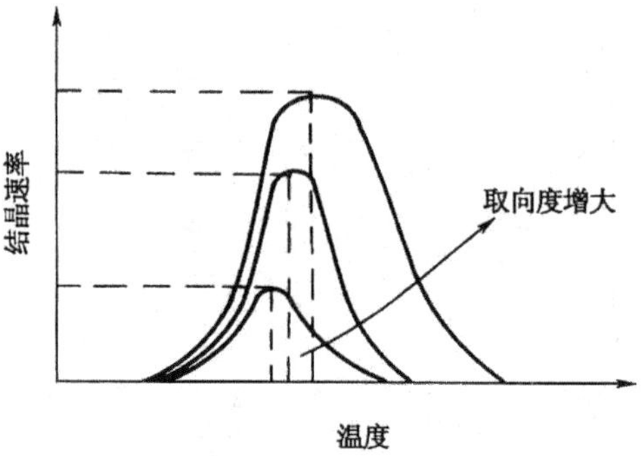

图3－6－22　取向度对结晶速率的影响

四、拉伸对纤维物理力学性质的影响

拉伸使大分子、晶粒和其他结构单元沿纤维取向。这种取向导致许多物理性质的各向异性，如导致光学性质（双折射、吸收光谱的二向色性）的各向异性以及热传导、溶胀和其他一些性质的各向异性。

拉伸对纤维结构的另一个重要影响为：伴随拉伸作用发生了相变、结晶、晶体破坏和晶型转化。与结晶度有关的物理性质主要有密度、熔化热、介电性质和透气性等。

拉伸纤维的力学性质与取向态结构的关系分两种情况：有一些力学性质直接与纤维的平均取向度有关；另一些力学性质直接与非晶区取向度相关。如模量、断裂强度、断裂伸长、回弹性都与聚合物的平均取向度有关；强度与非晶区取向度成正比。

思考题

1. 拉伸的目的是什么，有哪些方式？
2. 拉伸曲线的类型有哪些？
3. 初生纤维结构和拉伸条件对拉伸性能的影响有哪些？
4. 拉伸线上的速度和速度梯度分布是怎样的？
5. 拉伸中纤维结构与性能变化是怎样的？
6. 拉伸变形有几种机理？起主要作用的是什么形变？

第七章　纺黏法非织造布生产技术

本章知识点

1. 纺黏法的原料及其基本工艺流程。
2. 气流牵伸的三大流派及其牵伸器的动力。
3. 影响气流牵伸的主要因素。
4. 分丝的目的与方法。
5. 铺网的方法。

纺黏法非织造布是聚合物挤压成网法非织造布中技术最成熟、产品应用最广泛的非织造布生产方法。纺黏法非织造技术是化纤技术与非织造技术紧密结合的典范，它是利用化学纤维纺丝成形原理，在聚合物纺丝过程中使连续长丝纤维铺置成网，纤网经机械、化学或热黏合加固成布，整个过程由一套设备完成。其结构特点是由连续长丝随机组成纤网（纤维集合体），具有很好的物理力学性能。纺黏技术是DuPont和Freudenberg两大公司于20世纪50年代末和60年代初分别在美国和欧洲同时开发和工业化的。然而，第一条商业化的纺黏生产线却是德国Lurgi公司开发的Docan技术，它需要高额的投资，且生产成本高，是中小型企业无力购买和经营的。80年代中期，德国莱芬豪舍公司开发了一种新的纺黏工艺，它的造价低，生产规模小，生产成本低，深受中小型企业的欢迎。与此同时，出现了若干家能提供整套纺黏生产线的公司，从此纺黏法生产进入了高速增长时期。

据世界最大的纺织机械制造商苏拉（Saurer）公司的统计，2005年全球纺丝成网法非织造布（包括纺黏、熔喷及其复合产品）产量为220万吨，占当年非织造布总产量511.5万吨的43.2%，而我国2005年纺丝成网法非织造布（包括纺黏、熔喷及其复合产品）产量为44.86万吨，占我国当年非织造布总产量的38.98%，占全球纺丝成网法非织造布产量的20.4%，成为世界最大的纺黏法非织造布生产基地。

从纺黏非织造布的生产流程可以看出，纺黏法实际是将化纤生产与非织造布生产两者合二为一，在同一条生产线上同时进行两个工序生产，其牵伸之前的部分与合成纤维的生产工艺基本相同，均有螺杆熔融、过滤、熔体计量、纺丝、冷却等。纺黏法纺丝属于合成纤维的长丝类型，是一步法高速纺丝，纤维经过牵伸有较高的取向度和结晶度。牵伸之后两者的区别在于：

（1）合成纤维产品是短纤或长丝，最后是打包或卷装，而纺黏法纺丝则是将纤维经过牵伸后直接铺网一次成布。

（2）牵伸方式差异较大，合成纤维采用机械牵伸，容易控制，而纺黏法纺丝基本上是用气流牵伸，较难控制。

纺黏法非织造布由连续的长纤维组成，纤维经过高速气流的牵伸，有较高的取向度和结晶度，纤维成网时纵横交错，纤网又经过热轧加固，因而具有以下特点：

（1）有较高的断裂强力和较低的断裂伸长率。

（2）纵横强度比较小。

（3）线密度较低。

（4）可以在纺丝前加入各种不同性能的添加剂，使非织造布具有不同的性能。

第一节　纺黏法纺丝工艺

纺黏法非织造布的纺丝特点是采用超高速纺丝一步成形而获得径向长丝（FOY），一般丙纶非织造布的纺丝速度控制在3000～4500m/min，涤纶非织造布的纺丝速度控制在5000～8000m/min。如果低于这个速度，只能得到部分取向长丝（POY），剩余牵伸大；这种长丝制成的纺黏法非织造布必然伸长大、强力低、尺寸不稳定，容易变形，品质不高。因此，用于生产纺黏法非织造布的切片，必须使用生产化纤长丝 FOY 的原料，否则不可能生产出高品质产品。

一、原料的干燥与混合

PET 纺黏法非织造布生产用切片需要较好的干燥效果，切片含水率必须小于0.003%，干燥后切片的特性黏度差要≤0.01dL/g，生产中既要减少因切片中水分汽化形成的气泡丝、断丝，又要避免水解、热裂解造成的切片特性黏度降低。采用高预结晶温度（170℃）、低干燥温度（160℃）、延长干燥时间（8h）、降低减湿空气露点（≤－70℃）等一系列措施，可使干切片含水率在0.002%～0.0025%，干、湿切片的黏度降≤0.005dL/g。

在非织造布中，除了少量不添加其他颜色的本色产品外，市场经常需要五颜六色的产品或具有某些特殊功能的产品，这就必须在原料中添加各种着色母粒（包括增白母粒）及特殊功能母粒（如抗静电、抗老化、亲水、阻燃等），并使其与切片按预定的比例混合，搅拌均匀，从而生产出符合特定要求的产品。

一般情况下，当加进一种色母粒时，随着加入比例的增加，非织造布的颜色就会由浅到深变化，有时为了调配出某种颜色的产品，常会同时使用两种以上不同的着色母粒，通过改变各母粒的加入量比例，便能生产出仅用一种着色剂无法生产的产品，这对减少着色母粒的品种、减少库存都有实际意义。

根据生产要求、产品不同使用特点和助剂质量设计生产工艺配方，确定生产配比后，在多组分电脑自动计量配料系统上进行定标，设计菜单，由电脑进行程序控制，自动、准确配料；或者在螺杆加料器中设计好螺杆转速和挤压机螺杆转速的对应关系，确定配方比例；使用人工计量时，用电子秤称好助剂量，与原料在搅拌器中混合均匀后使用。

二、纺黏法纺丝的主要工艺参数

纺黏法纺丝有许多工艺参数，这些参数决定了纤维形成的历程以及纤维的结构和质量，在生产实际过程中必须根据原料、设备及产品要求合理设定。

1. 挤压机各区的温度　挤压机一般分为进料区、熔融压缩区和计量区三个区段，其加热分 7 ~ 10 个加热区，各区的温度按其工作任务而不同。

进料区的主要任务是预热，为保证螺杆的正常运转，在此区切片既不应过早熔化，又要使切片达到半熔状态。此区温度过高，易造成切片在进料口环结无法进料，若温度过低，则会加大熔融段压力，使切片不能很好地熔化，造成进料的阻力。该区的温度设计，丙纶一般为 200 ~ 210℃，涤纶为 265 ~ 270℃。

熔融压缩区为主要加热区，切片必须在此区全部熔化，因此此区温度要高，但温度过高又会使聚合物降解，质量下降。该区温度丙纶一般为 225 ~ 235℃，涤纶为 275 ~ 285℃。

计量区的作用是使切片进一步熔化，保持熔体在稳定的压力下流动，其温度比熔融压缩区可稍低一点。

2. 法兰区和弯管区的温度　法兰区和弯管区加热的主要作用是对熔体起保温作用，因而温度不必太高，应与计量区温度大体一致或稍低一些。

3. 纺丝箱体的温度　纺丝箱体的温度应稍高一些，其目的是增加熔体的流动性能，保证喷丝的顺畅，但过高的箱体温度会发生大量断头丝、毛丝，不利于生产的顺利进行。

各区温度分布根据设备不同、原料不同、工厂情况不同而不同。有的设备温度分布是低→高→低→较高，有的是高→低，还有的是温度平稳分布、各区温度一样，但不论如何分布，均必须保证生产时不会发生“环结”现象。熔体本身实际温度应比切片的熔点高 20 ~ 25℃，这样才能使纺丝正常进行、纤维质量好。

纺丝温度（即熔体温度）的控制直接影响纺丝生产的正常进行以及单丝质量，从而影响成品的布面质量和内在质量。温度升高，熔体的流动黏度降低，熔体的均匀性和流变性能变好，可纺性提高，经冷却后丝束的最大拉伸比和自然拉伸比增大，丝牵伸后丝束的单丝强力和断裂伸长加大，成品的各项指标也相应提高。但温度太高，则会加剧熔体降解、黏度降低，使螺杆压力产生波动，泵供量不稳，喷出的丝均匀性差，无法牵伸，牵伸丝毛丝、断头多，极易产生注头丝，在成网布面产生浆点，而且极易污染喷丝板，缩短喷丝板使用周期。熔体温度过低，因黏度太高，使熔体在喷丝孔中剪切应力加大，造成熔体破裂，可纺性差，布面易产生并丝。

综上所述，对于 PET 长丝纺丝，只要不污染喷丝板面、不产生注头丝，纺丝温度可适当提高。丙纶、涤纶的常见纺丝温度见表 3 – 7 – 1 ~ 表 3 – 7 – 3。

表 3 – 7 – 1　由低到高的丙纶纺丝温度

加热区	1	2	3	4	5	6	7	纺丝箱体
工艺温度（℃）	210	215	220	226	230	235	235	235

表 3 – 7 – 2　由高到低的丙纶纺丝温度

加热区	1	2	3	4	5	6	7	8	纺丝箱体
工艺温度（℃）	280	280	270	270	260	250	245	240	235

表 3-7-3　涤纶纺丝温度

加热区	1	2	3	4	5	6	7	法兰	弯管	纺丝箱体
工艺温度(℃)	275	275	275	280	290	290	285	285	285	285

4. 纺丝熔体压力　在纺丝过程中，除纺丝温度外，熔体压力也是影响纺丝的非常重要的因素。熔体压力低，熔体分配不均匀，形成的熔体细流粗细不一、表面不规整；熔体压力过高，易造成熔体破裂。在聚丙烯纺黏法非织造布生产过程中，熔体压力一般控制在 6～10MPa 之间，因此在纺丝箱体上都安装有测量范围为 50MPa 的压力测量头，以测量熔体压力，并安装有测量范围在 0～400℃ 的铂电阻测量头，以测量熔体温度。PET 纺丝，熔体压力应控制在 10～12MPa。

5. 喷丝速度与纺丝速度　喷丝速度是指熔体每分钟喷出喷丝板面的长度，纺丝速度是指纤维拉伸前进的速度。决定喷丝速度的因素主要是每分钟计量泵的泵供量、喷丝板的孔数和孔的直径大小。若喷丝板不变，泵供量越多，喷丝速度越快；反之则越慢。而泵供量是由计量泵的每分钟转数所决定的。这与纺黏法非织造布的产量有直接关系，对纤维的线密度与质量也十分重要。

纺丝速度也影响纺丝的稳定性，纺丝速度低，从喷丝板上的喷丝孔中喷出的熔体细流数量少，易冷却，只需要少量的冷却风即可满足工艺需要。但是，纺丝速度过低，从喷丝孔喷出的熔体细流量太少，极易冷却变硬，流动性差，延伸率低，拉伸过程易出现断丝现象。纺丝速度太高，从喷丝板中喷出的熔体细流速度太高，冷却难度大，易发生熔体粘连及并丝现象，且使纤维线密度增大。所以在纺丝过程中，合理设计纺丝泵转速对稳定生产、提高产品质量至关重要。

三、侧吹风冷却系统的工艺控制

熔体纺丝时，熔体细流自喷丝孔喷出后，在空气介质中冷却凝固成形是一个单纯的物理过程。产品均匀度、丝条线密度、外观质量与丝条冷却效果好坏有密切的关系。在选择冷却方式时，要着重考虑冷却气流与丝条热交换的能量传递，从喷丝孔喷出的熔体细流，放出大量的凝固热，必须对此热流进行热交换，故熔体离开喷丝板 10mm 左右，要对其进行冷却吹风，要求冷却对每一根丝条都具有均匀性，冷却长度对丝条的扰动要尽量小。因此在喷丝板下面装有很严格的冷却装置，要求在一定的长度内，对每根单丝均能进行均匀性冷却，这对正常生产和丝条的质量有重大影响。以下分析侧吹风(其装置结构如图 3-7-1 所示)对丝条线密度及产品质量的影响。

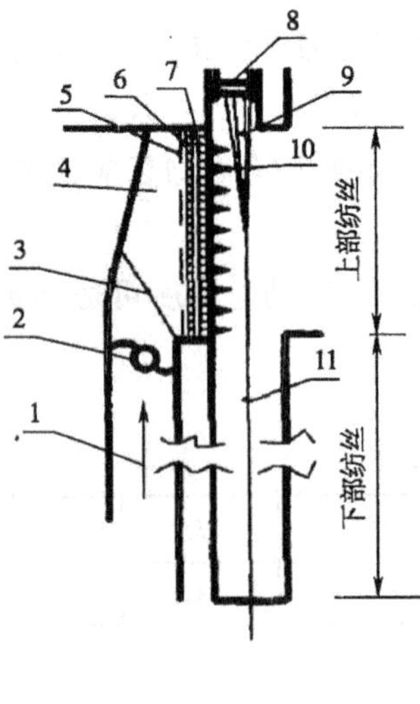

图 3-7-1　侧吹风装置结构图

1—风道　2—蝶阀　3—多孔板　4—稳压室　5—风窗　6—蜂窝板　7—金属网　8—喷丝板　9—缓冷室　10—冷却风　11—纺丝甬道

蝶阀用于调节冷却风量，在蝶阀后的风道上装有风量指示仪，指示各纺丝部位的冷却风量，多孔板呈倾斜状态，采用开孔率为 50%～80% 的金属板，孔径为 1～3mm，用来克服风窗垂直面上风速分布的不均匀。

蜂窝板采用金属薄板，制成蜂窝状结构，其作用是使冷却风呈层流状态水平吹出。如果蜂窝板有损坏，则对丝条冷却及布面外观有影响，冷却风在此处出现紊流，布面乱丝较多，云斑较重。

金属网采用不锈钢丝网，以不同角度交错而成，在风压不变的情况下，其作用是使冷却均匀、混合稳定、能过滤粉尘。通过测试证明，不锈钢网目数的大小对丝条线密度和产品均匀度有很大影响。目数过大，丝条冷却不够，容易并丝，牵伸中易断丝；目数过小，丝条过早冷却，牵伸受到影响，易出现粗丝。因此，一般采用100目的金属网。金属网的平整度直接影响产品的均匀度，金属网的褶皱不平使布面显示明显的厚条和薄区，布面乱丝较多。为了保证丝条冷却均匀、产品均匀度高，需保证整个金属网面同一水平线上风速大小均匀，这样将会大大减少布面的云斑和乱丝。

丝条冷却条件对纤维结构与性能有决定性的作用，侧吹风冷却系统工艺条件包括风压、风速、风温、风湿和冷却位置等。

1. 冷却风风压的设定 冷却风的风压必须十分稳定，以使所有单丝受冷均匀，这主要取决于风压与风速的设计。决定冷却风风压大小的因素有送风设备能力、送风量和冷却窗的结构、材料等。冷却风输送风机风压高、风量大，冷却风风压就高；冷却风窗的结构花板孔径小、密度低或过滤网密度高、孔隙小、阻力大，冷却风窗的风室内压力就大，反之风压就小。冷却风风室压力大，有利于冷风均匀分配或减少串风的干扰，但是压力过大，说明风窗透风效果差，不利于纤维冷却；压力过小，送风量不足或者屏蔽效果差，易产生送风不均现象。所以生产中冷却风的风压范围控制在400～1200Pa。

2. 冷却风风速的设定 管式拉伸纺丝机采用单向吹风冷却，冷却要从熔体细流的一面吹向另一面，吹风距离长，熔体细流对冷风的阻力大，因此在设计冷却风风速时要适当高一些。另外，挤出量不同，需要的冷却风风量不同，故冷却风风速也不同。根据经验，生产过程中冷却风风速一般设定在0.8～1.6m/s之间；宽狭缝式风速为2m/s左右，而窄狭缝牵伸工艺的冷却系统是由两面向熔体细流同时吹风冷却，吹风距离短，热量损失小，所以风速设计较低，一般在0.4～0.8m/s之间。风速不能过低，否则达不到冷却的目的，但也不能过大，风速过大，丝束会大幅飘荡，并在喷丝板处形成涡流，影响纺丝。

3. 冷却风风温的设定 经喷丝板喷出的熔体细流温度高，熔体处于无定型的黏流状态，需要进行骤冷，使熔体呈高弹状态进行拉伸。为了达到骤冷的目的，在控制冷却风风量的同时，还要设定好冷却风风温。风温高，冷却效率差，难以达到冷却的目的；风温低，冷却效率高，但风温太低，易使丝条冷却过分，丝条不易拉伸、易断丝，形成僵头丝，而且还会影响板面温度，使喷丝板更换率增加。因此，在生产过程中，应根据挤出量的大小、工艺温度高低及环境温度的变化，决定冷却风风温的高低。根据生产经验，冷却风风温一般设计在8～20℃之间较好，寒冷的冬季使用外界风就可满足纺丝过程中的冷却需要。

吹风湿度的大小对纺丝也有较大影响，其相对湿度纺PP一般应控制在65%左右，纺PET应控制在85%左右。

冷吹风位置对于冷却效果及成丝的质量也有一定影响。吹风窗顶部距离喷丝板约10cm左右。冷吹风部位一般在40～80cm高处，过长的冷却距离会使拉伸应力上升，造成拉伸气流增大，不利于拉伸。吹风面离丝束外缘距离也不能过大，一般为1～2cm。

除了上述冷却风条件外，丝室温度亦会影响纤维的冷却成形过程，应加以控制。生产时，丝室温度最好保持在40℃左右。

四、牵伸点及其控制

熔体细流在离开喷丝板面一定距离时，温度仍然很高，流动性较好。在牵伸力的作用下，细流很快被拉长变细，速度增快；同时由于接触到冷却风，细流从上到下温度逐渐降低。当达到一定距离后，温度下降造成的熔体细流黏度增高越来越明显，细流变细的速度也越来越缓慢，最后细流的变化基本停止，黏流态的熔体细流变成了固态纤维。

从微观上看，拉伸过程中丝条内大分子得到初步取向，取向诱导结晶，到达某一位置大分子取向最好，同时出现结晶取向，这一点是丝条受拉伸被超延伸的效果。过此点后丝条不再变细，保持其细度不变，这个细度变化的终点是细颈处，一般叫牵伸点，其位置如图 3－7－2 所示。

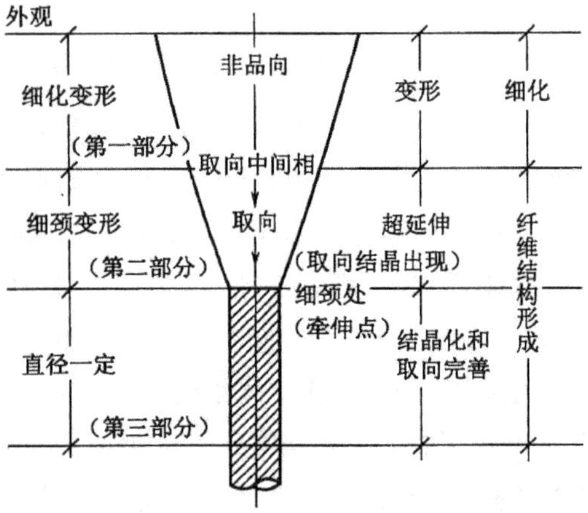

图 3－7－2　细颈变形过程

由图 3－7－2 可知，拉伸过程分为三部分：第一部分，细化变形阶段，变形是渐进式分子初步取向，非结晶或少结晶。第二部分，细颈变形阶段，超延伸变形，由分子取向中间相到分子完全取向，纤维结构初步形成，结晶和取向结晶同时出现。第三部分，细度不变，丝条直径一定，分子进一步取向和结晶，取向进一步促进细度提高，结晶完善和稳定，取向和结晶由丝条外部向内层扩展。在细颈变形牵伸点附近，分子大尺寸和小尺寸取向同时出现，这是熔体纺丝过程中最重要的拉伸变形区域，此点位置应控制好，它与纺丝速度、冷却降温速度和拉伸倍数等有关，当纺丝速度提高，牵伸倍数大，拉伸张力应力大时，此点会向喷丝板靠近，若冷却降温速度快，则此点也向喷丝板靠近；若降温速度慢，则此点会远离喷丝板。另外，它还与挤出速度有关，因为纺丝速度和挤出速度的比值，即喷头牵伸值，决定着拉伸应力的大小。如果喷丝板喷丝孔径选定，挤出速度又由泵供量决定，当泵供量减小时，挤出速度减小，拉伸倍数增加，则牵伸点也向喷丝板靠近。

牵伸点也可看成一段变形区间，一般约 1～2mm，影响其变化的因素有两个：一个是温度；另一个是张力。此点的丝条温度应稍高于或等于玻璃化温度（各种聚合物玻璃化温度相差很大），若丝条温度过高于玻璃化温度，则分子流动性好，拉伸应力小，丝条变形小，不会出现细颈，分子取向低；若丝条温度比玻璃点低得太多，则拉伸应力过大，牵伸点难以固定，发生振动，这又与冷却降温速度有关，如降温速度太快，没有充分实现自然拉伸，牵伸效果差，纤维粗且手感差；若降温速度太慢，熔体温度高的区域长，则丝条易粘连产生并丝，取向和结晶也差。降温速度快，牵伸点上移靠近喷丝板；降温速度慢，则牵伸点下移远离喷丝板。牵伸点位置适当，能使丝条有一个冷却过程，适当延长大分子链自由拉伸时间，使熔体温度稍高于玻璃化温度，并由纺丝速度控制细颈出现，在细颈处丝条温度略高于玻璃化温度，在细颈变形处达到平衡，即纺丝速度和牵伸值决定的丝条张力与细颈处超拉伸引起的变形达到平衡状态，由丝条外形观察其细变不再变细，而丝条内部分子取向，分子取向诱导结晶，丝条结晶度提高，完成取向和结晶的良好组合。若此点温度过高，则为均匀拉伸，细颈消失。若温度过低，则丝条被拉断，无法连续纺丝。也有人把丝条达到的玻璃化温度叫固化点，这是由降温过程去衡量的，有时和牵伸点是同一点，有时不同。丝条的降温区间要选好，最好先缓冷，再冷却加速，到某一点控制好降温，与拉伸应力配合好，最后可适当升温，再拉伸和热定型，开始降温吹冷风，应在喷丝板下 10cm 左右。适当保持喷丝板温度也可增加均匀流动拉伸的时间，降低径向差异，虽然分子取向有所减少，但因喷头拉伸应力降低，这对分子链间束状结晶发展有利，可适当提高结晶度。有人提出在丝条完成冷却固化初步成形后，可以在较热的通道中进行拉伸，这对纤维的取向和结晶都很有利，不过要控制恰当的环境和丝条温度才行。拉伸时，若温度过高，由于分子链的布朗运动较强，则得不到较高的分子取向；而拉伸温度过低，也会因丝条不能承受拉伸应力，丝条局部会出现微孔或裂纹，严重时会将丝条拉断。通过用激光对纺丝过程中的丝条测速，可得到拉伸速度变化和丝条降温关系的曲线图，测试结果如图 3－7－3 所示，用涤纶选择纺丝速度为 5000m/min，测出距喷丝板不同位置的拉伸速度变化，共有 3 个区间：Ⅰ区——出喷丝板的喷丝孔后 1cm 左右出口挤出胀大；Ⅱ区——拉伸形变区由 1～100cm，形变逐渐加大，到达最大值后再迅速降低；Ⅲ区——固化区，丝条直径不再变化，拉伸速度接近于零。

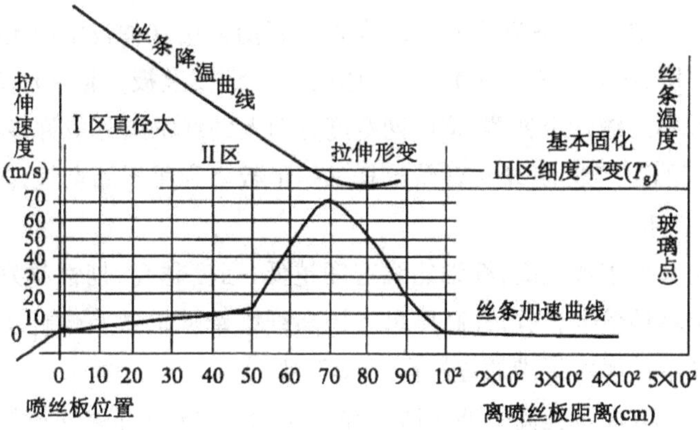

图 3－7－3 丝条降温与丝条加速变形

五、牵伸工艺

纺黏法生产工艺是采用气流牵伸并直接成布，因此纺黏法生产工艺的牵伸成为技术核心问题。纺黏法生产工艺的牵伸，过去曾经用过机械牵伸方式，但这种方式牵伸出的纤维呈束片状，对纤维的铺网均匀性甚为不利。目前世界各国的纺黏法生产线基本上不再采用机械牵伸，均使用气流牵伸，这是由纺黏法生产的特点所决定的。

气流牵伸是采用空气喷射的方法牵动纤维前进，从而形成牵伸，它是以流体力学、空气动力学为基础的一项技术。目前世界上纺黏法的气流牵伸基本上已形成三大流派，即管式牵伸、宽狭缝式牵伸和窄狭缝式牵伸。

1. 管式牵伸以意大利 STP 公司为代表 现在意大利的摩登（Modern）公司、ORV 公司及我国自行研制的纺黏法生产线（南海锦龙公司、浙江利达公司）均使用管式牵伸，它是将成网宽度方向上的纤维分成许多束，通过侧吹风冷却后，将其导入内径为 10mm 左右的不锈钢管中，用喷射的气流（压缩空气）夹持纤维高速向前，从而完成成纤过程。

2. 宽狭缝式牵伸以德国莱芬豪舍公司为代表 目前采用这种技术的还有日本 NKK 公司、美国诺信(Nordson)公司、日本神户制钢公司、希尔(Hills)公司;德国纽马格(Neumag)公司、瑞士立达(Rieter)公司和中国纺织机械集团公司等。采用宽狭缝式拉伸均是用一块基本与生产线宽度相同的整体长条形喷丝板来喷丝的,初生纤维进入一条相同宽度的狭缝式拉伸设备中,随着气流的高速前进,完成纤维的拉伸成纤过程。这种宽狭缝式牵伸的气流来源有三种方式:第一种是喷丝板与拉伸器组成一个封闭系统,拉伸气流主要由双面冷却风和一些补充气流组成,通过成网机底部排气抽吸系统和拉伸器内部截面积的变化,形成高速气流,完成成纤过程,称为负压拉伸。Reifenhauser 公司采用的就是这种方法。负压拉伸的最大优点是操作简单,能耗低;缺点是拉伸速度有限,只能生产对纺丝速度要求不高的聚烯烃类纺黏法非织造布。第二种是喷丝板与拉伸器分开,拉伸器有专门的风机提供高速气流来完成纤维拉伸过程,一般这种方法称为正压拉伸,日本 NKK 公司、美国诺信公司均使用此技术。此类设备的长处是拉伸足,基本可满足所有熔融纺合纤原料的生产要求。第三种是正负压相结合的牵伸,即下面抽风、上面射入压缩空气,使纤维在宽狭缝内受到上推下拉而高速前进,这种方法可使纤维前进速度大大提高,莱芬豪舍公司的 IV 型设备即采用此技术,其效果很好。

3. 窄狭缝式牵伸以意大利 NWT 公司为代表 目前采用这种技术的还有我国沈阳非织造布中心、上海合成纤维研究所、沈阳六零六研究所等,他们是在距喷丝板下面 40 ~ 50cm 处,每个喷丝板相应设 1 台 40 ~ 50cm 的小狭缝式牵伸器,将成网宽度方向上的纤维束分成许多与网帘前进方向平行的若干行。一般 3.2m 宽的生产线有 21 ~ 22 块这样的矩形板。利用压缩空气,向狭缝高速喷射,从而牵动纤维高速向前进行牵伸。

一般来说,纤维的牵伸倍数越高,纤维的线密度越低,强度越高,韧性越好。因此,不管采用哪种牵伸工艺,只要能提高牵伸倍数,均可提高质量。提高纤维牵伸倍数及牵伸机工作效率,主要可通过提高牵伸风速度、提高牵伸风对纤维的握持作用来实现。

提高牵伸风速度,一方面可提高牵伸风风量和风压;另一方面可减少牵伸风的流动阻力,使气流运行畅通。另外,改进牵伸机的结构,对提高牵伸风速度也有很大影响。现在,新研制的管式牵伸机的牵伸风道直径缩小,在同样风量和风压下,流经牵伸机风道的气流速度提高,这使纤维的牵伸倍数相应得到提高。另外,牵伸机的牵伸风道缩小后,牵伸气流和纤维束能够进一步集中在风道中心流动,更大程度地提高了牵伸气流对纤维束的握持作用,使纤维牵伸速度加快,牵伸倍数增加,牵伸效率提高。

对窄狭缝式牵伸机而言,在保持牵伸风风量不变的情况下,缩小牵伸风道的狭缝宽度后,可以使离开狭缝的气流继续保持高速运行,能有效地提高牵伸气流速度。

为了开发超细纤维非织造布,各个设计制造厂家都在探讨进一步提高牵伸气流速度的办法,如改进牵伸机的设计结构、提高加工精度、研制高速拉伸工艺、降低纤维线密度等。目前德国莱芬豪舍公司开发的丙纶长丝非织造布和日本三菱公司开发的涤纶长丝非织造布的纤维线密度均低于 1dtex。

在生产管理上,经常清理牵伸风风道也能有效提高牵伸机工作效率,因为在生产过程中,环境中的灰尘、杂质和聚合物在熔融纺丝过程中产生的蜡质挥发物经牵伸器入口进入牵伸风道后,易吸附在风道内壁上,形成黏性污垢,阻碍牵伸气流的流动,相应降低了纤维的牵伸倍数。因此要定期用纺丝专用清洗剂清洗牵伸风道,清理牵伸机狭缝,防止杂物阻塞。另外,及时更新牵伸用空压机入风口的过滤器,保持生产环境干净,也是一项行之有效的措施。

六、纺丝工艺计算

1. 单位时间内三组分混合配料速度计算

$$N = \frac{Q \times p}{Q_1}$$

式中：N——配料罐底部计量齿盘转数，r/min；

Q——每分钟投料总量，kg；

p——切片或色母粒占投料总量的百分比，%；

Q_1——配料罐底部计量齿盘每转的投入量，kg。

2. 单位时间纺丝机产量　纺丝机产量主要取决于纺丝泵的主要技术参数。

$$q_1 = 0.06nN\rho V\eta \quad (3-7-1$$

式中：q_1——纺丝机产量，kg/h；

N——运转的纺丝泵位数，位；

n——纺丝泵工艺转速，r/min；

ρ——熔体密度，g/cm³；

V——纺丝泵规格，mL/r；

η——纺丝泵效率，%。

0.06 是时间及重量单位换算系数。

熔体密度与熔体温度有关：

$$\rho_{PP} = 0.897 - 5.99 \times 10^{-4} T$$

$$\rho_{PET} = 1.35 - 5 \times 10^{-4} T$$

$$\rho_{PA6} = 1.1238 - 5.66 \times 10^{-4} T$$

式中：T—— 熔体温度，℃。

3. 单位时间成品产量

$$q_2 = 0.06dvw \quad (3-7-2)$$

式中：q_2——成品产量，kg/h；

d——产品规格（定量），g/m²；

v——成品卷绕速度，m/min；

w——成品幅宽，m。

0.06 是时间及重量单位换算系数。

4. 泵速、产品规格、幅宽及成品卷绕速度之间的相互换算　由公式（3-7-1）=公式（3-7-2）（生产中纺丝泵产量和成品产量相同）得：

$$0.06nN\rho V\eta = 0.06dvw$$

$$v = \frac{nN\rho V\eta}{dw}$$

5. 纤维牵伸倍数

$$\gamma = \frac{100000\pi R^2\rho}{\mathrm{Tt}}$$

式中：γ——纤维牵伸倍数；

R——喷丝板毛细孔半径，cm；

Tt——纤维线密度，tex；

ρ——熔体密度（与温度有关），g/cm^3。

100000 是转换因子。

6. 单孔的挤出量

$$Q_2 = \frac{Vn\rho\eta}{a}$$

式中：Q_2——单孔挤出量；

V——纺丝泵规格，mL/r；

n——纺丝泵转速，r/min；

ρ——熔体密度，g/cm^3；

η——纺丝泵效率，%；

a——单泵供应的喷丝板孔数。

七、纺丝生产常见故障、疵点及其产生原因、处理办法

纺丝生产中常见故障、疵点及其产生原因、处理办法见表 3－7－4。

表 3－7－4　纺丝生产中常见故障、疵点及其产生原因、处理办法

故障、疵点	产生原因	处理办法
飘丝	1. 熔体含水率高 2. 喷丝板板面和喷丝孔不清洁 3. 组件压力过低 4. 组件过滤破损 5. 熔体温度过高 6. 熔体黏度不匀	1. 调整切片干燥工艺，降低含水率 2. 清洁板面或更换组件 3. 增加过滤层压力 4. 更换组件 5. 降低箱体、熔体温度 6. 调整各区温度，增加挤出机混合效果
并丝	1. 熔体温度过高 2. 侧吹风冷却不良 3. 泵供量过大 4. 喷丝板板面不清洁 5. 喷丝孔有弯头丝	1. 降低螺杆各区及箱体、熔体温度 2. 增加侧吹风风速或降低风温 3. 降低泵供量 4. 清洁板面或更换组件 5. 更换组件，修整喷丝孔
注头丝和硬头丝	1. 新装组件的预热温度偏低 2. 熔体温度过低 3. 侧吹风冷却过快 4. 熔体与喷丝板剥离性能不良	1. 提高组件预热箱温度、延长预热时间 2. 提高熔体温度 3. 降低侧吹风风速或提高侧吹风风温 4. 更换组件

续表

故障、疵点	产生原因	处理办法
集束不良	1. 侧吹风风速过大 2. 冷却凝固点过长	1. 调整侧吹风风速 2. 改善冷却凝固条件
丝条晃动过大	1. 侧吹风风速过大或过小 2. 纺丝室空气流动过大，回风严重 3. 侧吹风风箱堵塞严重，吹风不匀	1. 调整侧吹风风速 2. 正确控制纺丝室气流状况 3. 清理侧吹风过滤网
挂丝	1. 喷丝板过滤网阻塞，喷丝速度不匀，冷却速度不一致，喷丝孔磨损 2. 冷却不充分	1. 更换纺丝组件 2. 提高冷却效率

第三节 纺黏法分丝和成网工艺

一、分丝工艺

（一）分丝目的

分丝可利用气流、静电或机械手段，使长丝彼此分开，防止纤维相互粘连或缠结，保证铺丝均匀。

（二）分丝方法

在纺黏法生产中，纤维的拉伸是在丝条尚未完全冷却固化的条件下进行的，有的采用气流拉伸，也有的采用机械拉伸。拉伸过程中极容易造成纤维间的相互粘连，形成并丝，影响纤网的均匀度和外观质量及性能。一般在拉伸工序后都采用一定的分丝方法。不同公司生产的设备采用的分丝装置各不相同，但基本上可归纳为以下几类。

1. 强制带电法 这种方法是在拉伸过程中，让丝束通过静电压高达几万伏甚至更高的电场，使丝条都带上同性电荷。根据高聚物特性，可以是正电荷或负电荷，利用同性电荷相斥的原理，达到分丝的目的。杜邦公司研制的 Typar 工艺就是根据这一原理进行分丝的。Typar 法以聚丙烯为原料，在高聚物熔体中加入一定数量的导电盐，熔体从喷丝板挤出后，经过一高压电极和金属板组成的高压静电场，使长丝带上同性电荷。

2. 摩擦带电法 这种方法是利用丝条在拉伸中与某一装置相互摩擦而产生静电来达到分丝的目的。为了保证有充足的静电荷产生，在聚合物中可以加入一些能增加静电作用的添加剂。对多数聚合物都可以采用摩擦带电的方法，此法简单易行。

3. 气流分丝法 这种方法是利用拉伸过程中的高速气流及在某一部位管道截面积突然变化而产生的空气动力学效应，使丝条相互分离，例如结合气流扩散或减速等方法形成紊流。Recofil 工艺就是采用这种方式，长丝经过拉伸后，当运动到拉伸风道末端时，由于管道截面积突然扩大，气流的速度突然减速扩散，使纤维运动状态发生无规则变化，而达到纤维相互分离的目的。

4. 机械分丝法 这种方法是利用挡板或振动板等机械装置，使经拉伸后高速运动的丝条，突然撞击受阻，从而改变了丝条原来的运动状态，使其无规则运动，从而达到分丝的目的。法国的 Bidim

纺丝成网法即是采用此种方式。

在以上介绍的方法中，以气流分丝法采用较多，这种方法设备结构简单，工艺上易于调节和控制，成网后纤维分布随机程度高，产品的各向同性性能较好。

二、成网工艺

成网就是将聚合物经熔融挤出、纺丝、冷却、牵伸后形成的连续长丝均匀分散开，并铺置在成网帘上形成均匀纤网。成网是纺黏法非织造布中的重要工序，技术难度很高，因为在纺丝牵伸后形成的长丝必须在很短的时间内分丝铺网；由于长丝运动速度高，而牵伸气流速度更高，故控制气流运动的难度更大。因此，在纺黏法非织造布生产过程中，纺丝成网均匀度很难进行有效控制。特别是生产薄型产品，纤网的均匀度就更难控制。所以许多设备制造厂家都在研制新的工艺技术，提高纺丝成网的纤网均匀度。

（一）铺网

铺网就是将经过牵伸、冷却、分丝后的长丝均匀地铺在成网帘上，形成均匀纤网，并使铺置的纤网不因外界因素而产生波动或使丝束产生飘动；网帘前进时，不会因外界气流影响而产生翻网现象，而且要消除纤维在牵伸时带来的静电。因此，铺网设备应包括凝网帘、吸风及消除静电等设备。铺网时凝网帘以规定方向和速度前进，在网下吸风装置作用下，将经过分丝后的纤维牢牢地吸附到网帘上，形成均匀连续的纤网送入下道工序。铺网方式可分为如下四种。

1. 排笔式铺网 以意大利 NWT 为代表，采用狭缝牵伸，使用圆辊式摆丝器，利用气流的附壁效应进行摆丝铺网。在摆丝铺网过程中，就一对摆辊而言，丝在摆动铺网时，两侧边界有停留，中间快速经过没有停留。在这样的铺网过程中，丝在两侧出现堆积，中间出现许多“平行线”。为了减少这种影响，采取使摆丝器与生产线轴线相交15°的方式。另外，由于利用附壁效应进行摆丝，气流裹夹丝束流过摆丝器后，形成一束宽度很窄的气流射到成网帘上，由于气流比较集中，流速很快，网帘下吸风吸不住，气流把纤网上部的丝吹散、吹乱，也能产生并丝。圆辊式摆丝器的附壁效应是 NWT 模式产生并丝的根源。这种铺网虽然布面的纵横向强力差别较小，但布面并丝较多。

2. 打散式铺网 以意大利 STP 为代表，采用管式牵伸器和摆片式摆丝器进行打散铺网。由于丝束从比较细的牵伸管喷出，比较集中，使用一般摆丝器很难把丝束分散均匀。采用打散方法，先让丝束打在一个摆片上，再折到另一个摆片上，丝束经打散后铺网，就像一块泥巴打在板上四处飞溅，飞溅出的各块泥巴大小不一，分散不匀。因此采用打散方法分丝铺网，布面必然产生“云斑”。为了减少云斑，摆丝器摆动频率要很高。

3. 喷射式铺网 以日本神户制钢和美国艾森为代表，采用横式整体牵伸器，没有摆丝器。气体离开牵伸器后，随着喷射气流截面宽度的扩大，气流速度下降，在气流速度与纺丝速度相等点以后，丝在气流中呈螺旋状向下运动，最后落到成网帘上。由于成网帘向前移动，所以丝落到成网帘上呈现椭圆形。成网帘速度越快，椭圆的长短轴比就越大，布面的纵横向强力差别就越大。这种铺网方式并丝极少，没有云斑，柔软性好，延伸度高，但布面的纵横向强力差别较大。

4. 流道式铺网 以德国莱芬为代表，牵伸器利用文丘里管原理，采用横式整体牵伸器，没有摆丝器，由于采用压布辊技术，牵伸器出来就是成网帘，纺丝甬道全部密封。随着牵伸器甬道宽度的扩大，气流速度下降，在气流速度与纺丝速度相等以后，丝在气流中呈螺旋状向下运动，最后落到网帘上。由于有成网吸风，哪里纤网薄，丝就往哪里去。因此流道式铺网产生纤网不匀的原因主要来自风系统内部的紊流和涡流。

综上所述，排笔式铺网有并丝；打散式铺网有云斑；喷射式和流道式铺网，没有并丝和云斑，柔软度好，延伸度高。所以目前喷射式和流道式铺网是比较好的方法。

（二）网下吸风

网下吸风在纺黏法非织造布生产中有两种作用，一种是在负压法拉伸工艺中，利用网下吸风，对纤维进行气流牵伸，例如，莱芬豪舍公司的技术就是如此。这种负压法牵伸的优点是噪声低，耗电量低，但要达到很高速的牵伸，单纯依靠网下吸风还不够，还需要适量增加一些正压吹风，莱芬 4 型的新技术就有了这种改进。另一种作用是对采用正压牵伸的设备，用以吸收牵伸带下的大量气流。若不排除这些气流，风在网上必然四面飞散，造成纤维的飞舞，使成网难以进行，纤网十分不均匀。因此网下吸风与牵伸风都非常重要，两者必须配合一致。

1. 成网方式与网下吸风　目前国内纺黏法生产线的成网方式主要有如下几种：

（1）Reifenhauser 公司采用网下负压牵伸的风将牵伸后的丝条按裙摆形均匀排在成网帘上，每根单丝下落时占一小块面积，成网帘运动时，其前面的单纤所占面积与之交叉重叠。由于系统封闭且采用关风辊技术，抽吸装置，包括冷却风在内均来自于牵伸装置上部，对成网机网面无干扰，纤网稳定。因此纤网不均匀的因素主要来自系统内部的湍流和涡流，外部环境对纤网的影响小，易于开出较高的生产速度。这种结构可以基本上不用设置风道，网下吸风主要用主风道，这是其耗能小的原因。

（2）绍兴利达公司、意大利 STP 工艺采用高压气流将一束纤维沿圆管喷出后先经分丝机构进行分丝，再经摆丝装置进行摆动铺网。为了避免长丝高速落下时产生反弹而破坏成网，网下采用下吸风来平衡反弹力。这种系统不封闭，整个成网机上都吸风（分主风道、辅风道），受外界环境干扰较大，能耗也较大。其分丝方法有撞击式和击打式；摆丝方式有斜板式和框式，均是依靠横向往复运动进行摆丝。

（3）国产及意大利生产线为保证成网机工作面上的纤网的稳定性，网下吸风除要保证将牵伸装置喷出的气流全部吸光外，还要吸入大量的网上风，这使成网机周围气流稳定性差，铺网很不均匀。而采用低压大流量的气流从狭缝形喷嘴中喷出，随之喷出的丝束经过其下部的一对圆形摆丝辊时，靠气流的附壁效应散开。摆丝辊同时进行横向往返运动，分开的丝束则以一定的宽度铺在成网帘上。这类设备一般有多个位，不同的位之间在铺网时产生一定范围的重叠，并以此改善成网均匀性。

对于第一种方式，系统密闭性能和网下吸风的均匀性是决定成网性能的关键；裙摆形风通道的调节则影响其内部的气流平稳性，是产生湍流、涡流的重要原因。

对于第二种方式，分丝板、摆丝板的形状和位置都很重要，摆丝板的运动轨迹对成网均匀性有更重要的影响。由于风速和丝速都很高，摆丝频率一般也较高，易造成连杆损坏且成网不匀。可以通过更换摇摆箱、降低摇摆幅度、提高频率并把摆片从原来的平面改为具有一定弧度的曲面来提高成网均匀性。

对于第三种方式，摆丝辊的光洁度、运动时的平稳程度、摆丝辊运动时的中心线与牵伸喷嘴出口的距离和平行度、摆丝的摆幅（一般可在 15°~18°之间调节）以及摆丝频率（可达 400 次/min）等都直接影响成网性能。要逐项调整好，才能取得好的成网效果。有时成网中的卷网是由于受成网帘高速前进的影响而造成的。摆丝辊后半段分丝不好是各位之间的铺网顺序不一致造成的。

2. 成网工序易出现的问题及解决措施 纺黏法生产中,成网帘上铺好的纤网在随成网帘前进时易产生卷网、翻网等问题,产生这些问题的主要原因有:

(1)系统不密封,网下吸风来自与纤网行进相逆的方向。

(2)成网帘上有局部堵塞,使吸网风颤动。

(3)成网帘本身凹凸不平,在速度较高的情况下和几级传送的结合部产生逆向风。

(4)外部环境太差,有大量很乱的环境风涌向纤网,妨碍正常成网。

(5)主风道、辅风道的风速调节不合理。

对生产中的翻网、卷网现象,可采取模仿莱芬豪舍封闭系统的方法来解决。具体做法是将多组牵伸装置连同摆辊一起用一个壳体进行密封并与网下吸风通道相通,这是解决这类问题的最佳方案。目前采用较多的方法是取消现设的辅风道,使其进出风量基本保持平衡,同时在成网机上增加一对挡风辊,挡风辊的直径越大,翻网的现象越不明显。一般其直径要大于300mm,最好能达到500mm,如意大利的STP工艺。

三、常用成网机的结构特点

纺黏法非织造布生产线工艺路线不同,牵伸工艺、冷却及分丝方法不同,选用的成网机结构也不同,即使使用相同的牵伸工艺和分丝方法,采用的成网机结构也有很大区别。

(一)意大利STP公司的成网机

意大利STP公司的成网机结构如图3-7-4所示,其结构特点是,主风道室处于封闭状态,吸风面被均匀地分为12部分(图3-7-5),每个部分由独立的风门控制网下风吸风强度,主风道风室与辅风道产生的网下风被预压辊严密分开,互不影响。纤网成形后首先被预压辊轧平,防止纤网在运行过程中被逆向风作用后形成翻网现象。因此,STP成网机很少产生翻网现象。成网机预压辊用变频调速,同步性能好。

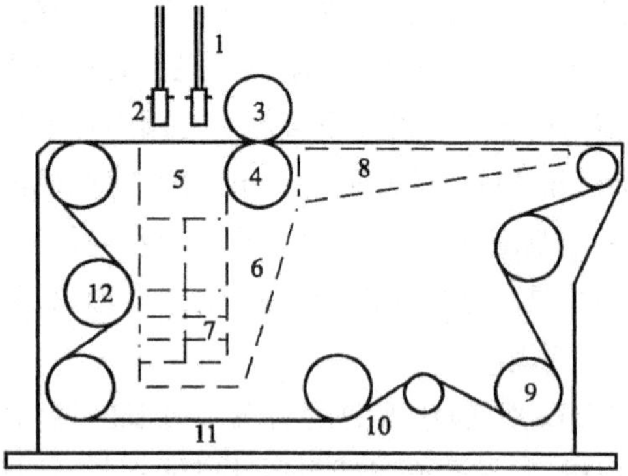

图3-7-4 STP公司成网机结构示意图

1—管式牵伸器 2—摆片 3—预压辊 4—胶辊 5—主风道 6—辅风道 7—主风道出风口 8—托板 9—主动辊 10—纠偏辊 11—成网帘 12—张紧辊

图3-7-5中1、2、3、1′、2′、3′由风机7控制,其他由另一台风机7′控制在STP成网系统中,利用摆片型摆丝器进行分丝,摆片的摆动频率达600~1400次/min,用变频调速。丝束在牵伸风的作用下高速撞击摆丝器的第一个摆片,被初步分离,接着又撞击到第二个摆片上,被进一步分离,纤维离开摆片后立即被网下风吸附到成网帘上。

由于摆片型摆丝器是左右横向摆动,成网帘是以一定速度做纵向运动,所以从摆丝器摆出的纤网呈现S形的运行轨迹而铺置到成网帘上。

由于STP公司的纺黏法非织造布生产工艺是用管式牵伸、摆片器摆丝、纤维铺置到成网帘上,

7			7′		
1	2	3	4	5	6
1′	2′	3′	4′	5′	6′

图 3－7－5　STP 成网机下风道吸风面分布示意图

又呈现 S 形的轨迹，所以当纤维束经铺置后，易出现云状花，在纤网中较多地散布着稀薄区疵病，造成较大范围的成网不均匀。

为了克服纤网厚薄不均的疵点，STP 公司最新开发的生产线，将原来的两排牵伸、两排分丝改成四排牵伸和四排分丝，有效地降低了纤网的不均匀率，提高了非织造布的厚薄均匀性。同时静电分丝系统研制成功，使分丝效果接近德国莱芬生产线水平。该成网机安装有光电跟踪仪、紧急停机装置，可保证成网机高速运动时成网帘不走偏。一旦走偏可紧急停机，防止网帘损伤。

（二）意大利 NWT 公司的成网机

意大利 NWT 公司的窄狭缝式牵伸工艺和我国研制的窄狭缝式牵伸工艺，均使用典型的主辅风道式成网机，意大利 NWT 成网机如图 3－7－6 所示。其中主辅风道之间的隔板预留一定间隙，有利于网下吸风强度平稳过渡，防止因主辅风道的吸风强度差别太大而引起翻网。

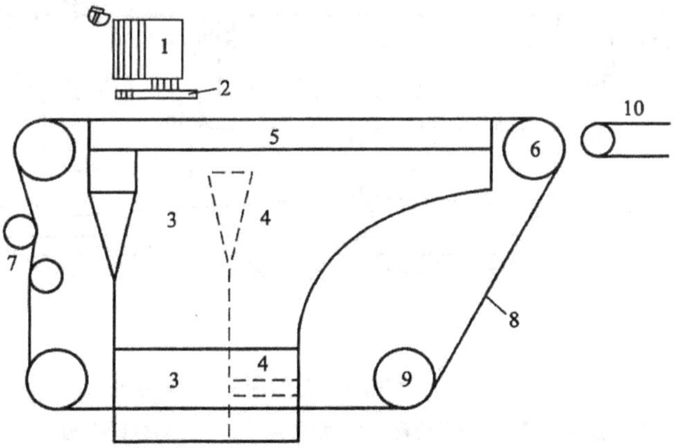

图 3－7－6　意大利 NWT 成网机示意图

1—窄狭缝牵伸机　2—摆杆式摆丝器　3—主风道　4—辅风道　5—托板
6—主动辊　7—纠偏辊　8—成网帘　9—张力调节辊　10—导布帘

在成网机上，窄狭缝牵伸机喷嘴下安装摆杆式摆丝器。丝束在牵伸风气流的夹持作用下经过摆丝器的两个摆杆的间隙喷向成网帘，在网下风的吸引下形成纤网。由于摆丝器以一定的频率和摆幅做往复运动，当某个摆丝器的摆杆靠近牵伸风气流时，在牵伸风气流的带动下，摆杆与牵伸风气流的出口夹角处呈真空状态，丝束在真空力的吸引下，随牵伸风气流一起改变流动方向，达到摆丝目的。当摆丝器摆杆远离牵伸风气流后，出口夹角消失，真空力消失，牵伸风气流与丝束恢复到原来的方向。

而另一个摆杆摆动到牵伸风气流处，同时使牵伸风气流和丝束改变流动方向，但方向相反。这样，牵伸风气流与丝束随摆丝器摆杆的左右往复摆动形成横向铺丝，并在成网机的纵向运动和网下风吸引下完成铺网工序。

由于成网机的主辅风道与纺丝箱体、牵伸喷嘴、摆丝器相对应呈15°角，在铺丝过程中，相邻喷嘴的丝束经摆丝后可以相互弥补均匀度方面的缺陷，提高纤网均匀性。该成网机采用机械限位纠偏系统，气缸带动纠偏辊进行纠偏，灵敏度较差。

现在的设计制造中，有的将摆辊式摆丝器改成摆板式摆丝器，降低了并丝现象；有的成网机也改成单一主风道的成网机。随着非织造布技术的不断提高，成网机的结构设计也在不断改进，铺网均匀性也在不断提高，这也是广大从事非织造布生产科技人员需要不断探索的课题，任务很艰巨。

（三）德国莱芬豪舍成网机

德国莱芬豪舍公司的成网机结构如图3－7－7所示，在拉伸通道最窄处的下一段为扩散段，呈上小下大的喇叭状，气流从喇叭口高速流出后，由于截面迅速扩大，速度随之急剧降低，气流除了继续向下运动外，还有一个沿水平方向扩散的运动，从而将原来集中的丝束分散开，扩散过程中形成的紊流还使丝条产生沿幅宽（横向）方向的摆动，然后落在铺网帘上，不同丝条之间的交叉、重叠，便形成连续的均匀纤网。

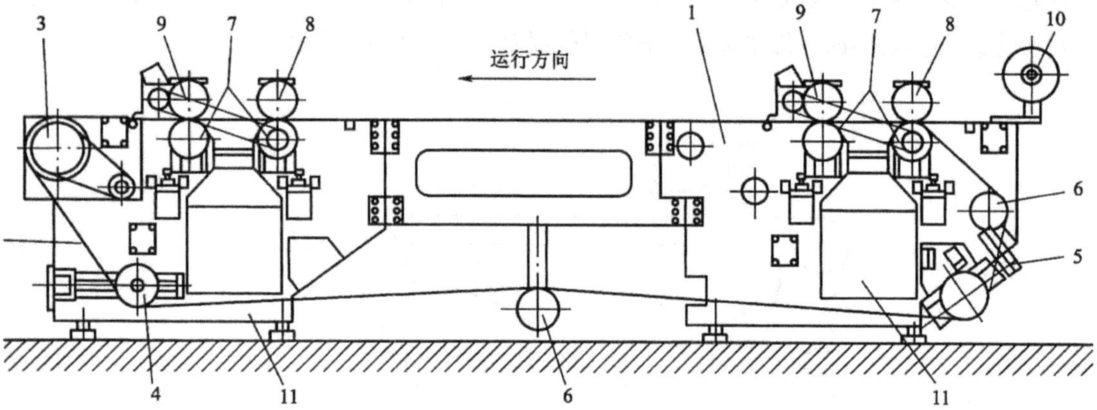

图3－7－7 带有两个纺丝系统的成网机

1—机架 2—输送网帘 3—驱动辊 4—张紧辊 5—自动纠偏机构 6—导向辊
7—支承辊 8—进入侧压辊 9—离开侧压辊 10—底布 11—抽吸风道

成网机上的输送网帘（也称筛网输送带）是具有透气性能、按一定方法编织而成的网状输送带，随着输送带的向前运行，丝条便在网帘的上表面形成均匀连续的蓬松纤维网。为了使纤网能可靠地附着在网帘上，并随着网帘运动，在网帘的下方与拉伸通道相对应的位置设置了一个密封的抽吸通道，通道与一个流量大于冷却及辅助风流量总和的离心式抽吸风机吸入口相连接，这样，在网帘下方的抽吸风机可以透过网帘和纤网将上方冷却气流全部吸走，并保持负压状态，通道上下形成足够大的压力差使气流产生高速运动，实现对丝条的拉伸；另一方面，抽吸气流把纤网紧紧吸附到带有孔眼的网面上，丝条便不会因高速撞击在网帘上而发生弹跳位移，并随网帘一起运动。对正压拉伸机型，由于其通道是开放式的，抽吸风机的主要作用是将纤网吸附到网帘上，因此，常用流量较大而排气压力较低的轴流式风机。

抽吸气流不仅对丝条的拉伸有很大影响，而且对铺网的均匀性有明显的作用。因此，无论是侧置抽吸风机的抽吸风道，还是底部中央抽吸式风道，都设置了相应的分配挡板，保持在与网帘上方拉伸通道相对应的区域，能有相同的压力和流量，从而保证了铺网的均匀性。

四、成网工艺计算及控制

成网机的最高速度已由生产线的设计规格确定，产品幅宽也是定数，实际操作成网速度取决于产品定量和泵供量（即泵的转速 n）。在纺黏法非织造布生产中，成网帘的运行线速度是决定非织造布产品定量（g/m^2）的主要参数之一，成网帘线速度 v 的计算公式如下：

$$v=\frac{KW}{GB}$$

式中：v——成网帘线速度，m/min；

G——产品规格，g/m^2；

W——计量泵挤出量总和，g/min；

B——有效铺网宽度，m；

K——速度系数，其值为成网帘线速度/固网线速度，一般取 $K=1$。

W 为所有计量泵挤出量总和，可用下式表示：

$$W=q\rho n$$

式中，q——纺丝泵每转排量，cm^3/r；

ρ——熔体密度，g/cm^3；

n——计量泵转速，r/min。

将上式代入成网帘线速度计算公式并转换，可得：

$$G=\frac{Kq\rho n}{vB}=\frac{K_2 n}{v}$$

式中的系数 K_2 对特定的单泵纺丝系统而言，由于其 K、q、ρ、B 值都是确定的，故为一定值，即：

$$K_2=\frac{Kq\rho}{B}$$

可见，产品的定量与计量泵的转速成正比，与成网帘的线速度或固网线速度成反比（图3-7-8）。

生产同一定量规格的产品，生产线的运行参数 n、v 并不是唯一的，只要 n 与 v 保持同一比例关系，则均可以制造出相同定量的产品，但不同的参数，对产品的质量、产量、工艺稳定性、能耗的影响是不一样的。

在非织造布的定量不发生变化的情况下，成布的力学性能随计量泵转速的提高而降低，透气性随计量泵转速的提高而升高。强力下降的主要原因是由于纤网中纤维的线密度发生变化。在纤网的克重一定的情况下，计量泵的转速会直接影响纤维的线密度，随着计量泵转速的提高，纤维的直径是不断增大的，这会导致纤维的拉伸不够充分，纤维的内部结构不完善，因此纤维在

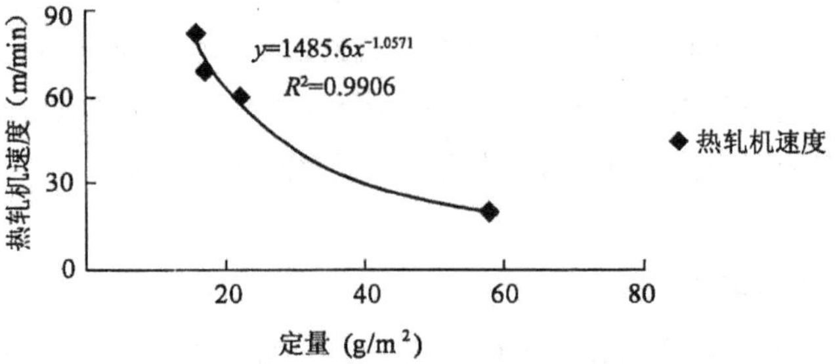

图3－7－8　产品定量与热轧机速度的关系

拉伸过程中很容易被拉断。

在纤维的线密度发生变化后，纤维与纤维之间的排列紧密程度也随之发生变化，纤维越细，它们之间可以透过空气的可能性越小，同时，在后面的热轧辊加热过程中也易于被热量穿透，纤维与纤维之间黏合固结的程度越高，因而导致纤维的透气量明显下降；而随着计量泵转速提高，纤维变粗，纤维与纤维之间的空隙就越大，透过空气的量就增大。

当计量泵转速一定，轧机的速度提高，产品的克重随之降低，纤维间搭接长度减小，相互间的缠结概率也变小，因而，力学性能随轧机转速的提高而下降，而产品的透气性随之迅速上升。

网下抽风风量与产品单位面积的质量成正比，产品单位面积的质量增加，网下抽风的阻力也增加，因此要提高抽风机的转速和风压，同时，风量也增加了。

在纺丝泵的转速及成网帘的线速度设定好以后，除非是产品定量不符合要求，否则不能单独调整其中的任何一个设定值，因此常以成网帘的线速度作为生产线中其他后续设备的速度基准，所有这些设备都会随着成网帘的线速度变化而同步变化，所以，对其调整精度及稳定性都有很高的要求。但这也同时简化了生产线的运行操作，因为在由很多台机器组成的电力驱动系统中，仅需调节成网机的速度，便可协调各台机器之间的速度关系，而无须逐台机器去设定。

在一条生产线中，可以有一套或多套采用不同原料、不同工艺的成网装置，成网工艺上有纺黏法（简称 S）、熔喷法（简称 M）或两者之间的组合。以纺黏法为基础，目前已有 SS、SSS、SMS、SMMS、SSMMSS 等多种复合式一步成网生产线，这对提高产品产量、改善产品质量和性能都有很明显的作用。

第四节　固网与热定型

一、固网

长丝经过冷却、牵伸、铺网之后，所得的纤网只是半制品，还必须把纤网固结成布，才能成为最终产品。目前世界上对长丝纤网固结成布的方法基本上有三种形式：一是热轧法，主要用于定量为 10～150g/m² 的纺黏法非织造布；二是针刺法，主要用于定量为 80g/m² 以上的纺黏法非织造布；三是水刺法，这是一种高新技术，主要用于高质量、手感柔软、成网均匀的纺黏法非织造布。此外，还有化学黏合法、热风法，但使用的很少。

二、热定型

目前,纺黏法非织造布生产使用的主要原料是聚丙烯、聚酯和聚酰胺,由于聚酯、聚酰胺的分子结构决定了其结晶能力较低,在纺丝过程中结晶很少或根本不能结晶。因此,为改善纤维的性能,在纺丝成形后,必须进行热定型,以提高纤维的结晶度,改善其结晶结构,从而在纤维中生成较多的稳定的结晶,提高纤维的物理力学性能。通过热定型处理,可以改善和提高非织造布的许多性能,如提高强度、降低纵横向强力比、增大密度、改善表面平整性、提高尺寸稳定性等,因此热定型工艺在非织造布生产中得到了广泛应用。

(一)概述

在纺丝和拉伸过程中,纤维所经历的时间很短,而大分子链段的松弛时间较长,一个大分子在周围其他大分子的影响下,常受到各个方向力的同时作用,使它的某些链段处于松弛状态,而其他一些链段则处于张紧状态,使纤维内部存在着不均匀的内应力;纤维的结晶结构也存在很多缺陷且不稳定。这种不均匀的内应力和结构上的缺陷对纤维的物理力学性能和尺寸稳定性十分不利,都有待于在后续的热处理中解决。这种后续的热处理工艺通常称为热定型。通过热定型后,纤维的结构和尺寸都比热定型前更为稳定。热定型可使某些链段间的连接得到舒解和重建,因为热定型所经历的时间较长,与大分子链段松弛时间近似,所以来得及进行纤维重建。在这个过程中,内应力大部分可消除,大分子链的连接点得以加固,也能生成一些新的连接点,无定型区的平均序态也有所提高。这样,就在很大程度上改善了纤维的品质。

由于纤维晶区的结构远比无定型区牢固,温度稍高于玻璃化温度不足以改变晶区的结构,所以必须采用远高于玻璃化温度的温度,才能达到改变晶区结构的目的。在实际热定型工艺中,所选用的温度常在玻璃化温度和熔点之间,再加上湿度、张力等共同作用,使纤维晶区结构发生改变。纤维种类和热定型条件不同,纤维的晶区取向、结晶度、晶粒大小和结晶完整性或多或少会发生变化。当然,彻底改变纤维的结晶结构并非热定型的目的,但结晶结构对纤维尺寸和性能的稳定确实有很大的作用。

纤维在热定型过程中,晶区和无定型区的结构都会发生变化,但热定型的目的是修补和改善纤维在成形或拉伸过程已经形成的不完善的结构,而不是彻底重建纤维结构。

总之,通过消除内应力和提高纤维结构的稳定性,可以达到提高纤维的尺寸稳定性,进一步改善纤维的物理力学性能,改善纤维的染色性能的目的。

热定型可以在不同的条件下完成,如可以在一定张力作用下进行,也可以在无张力作用下进行。根据所加张力的大小,纤维在热定型时可以完全不发生收缩或发生部分收缩。如果根据热定型时纤维的收缩状况来区分,则有以下 4 种热定型方式:

1. 控制张力热定型　热定型时,纤维不收缩而是略有伸长。

2. 定长热定型　在热定型过程中,纤维既不收缩也不伸长。

3. 部分收缩热定型　在热定型过程中,允许纤维产生一定的收缩。

4. 自由收缩热定型　又称为松弛热定型,在定型过程中对纤维的收缩不加控制。

热定型方式不同,所采用的工艺条件也不同,热定型后纤维的结构和性能自然就不同。不同类型的纤维在热定型时,其结构和性能方面的变化及热定型机理也是各不相同的,其热定型的效果也各异。因此热定型方式的选择应视产品的最终用途和性能要求而定。

（二）热定型过程中纤维结构的变化

在热定型过程中纤维超分子结构的变化比拉伸过程中更明显。热定型过程中纤维结构的变化，在很大程度上取决于大分子链的柔性和热定型条件，如温度、张力等。

1. 结晶方面的变化　对于结晶性的高聚物，在松弛状态下热定型，其结晶度有所提高，热定型时温度越高，结晶度的提高往往越快，常见的纤维，如聚酯、聚酰胺、聚丙烯等纤维，在热定型过程中结晶度都会提高，一般可达20%～30%。如果是在定长或在张力下进行热定型，结晶度增加得就比较缓慢或保持不变。

对锦纶66和聚酯纤维的热定型研究表明，热定型后，其大分子折叠链的数目增加了。热定型前，锦纶66的结构特点是：序态较低，分子间键能分布宽，结构中有少数折叠链，但多数大分子链是伸直的。在热定型过程中，加热使链段自由运动，改组成较稳定、较牢固的分子间键合，这种过程是一种局部的再结晶。纤维结构中原有的折叠链可能起到一种晶核的作用，使折叠链继续扩散，结晶度和结晶完整性随之提高。大量的折叠链引起纤维收缩。改组后的结果是晶区和无定型区都集中了，贯穿整个纤维网结构的长直链分子数减少，导致纤维强度下降。

涤纶热定型过程中，结晶度也有所提高，晶粒尺寸有所增加，折叠链的长度变大。实验表明涤纶在热定型过程中，在85℃时，急剧产生前段结晶，生成准晶态结构，而从130℃左右开始，缓慢发生后段结晶，生成三斜晶结构，可以预料，结晶的速率和平衡结晶度与纤维原有的结构有关。

热定型也能影响晶格的结构。对聚丙烯纤维的研究表明，定长热处理30min，准晶就可以变为有序性高的单斜晶，在70℃时更显著，随温度升高，准晶干涉强度下降，单斜晶干涉强度增大。

对取向的锦纶，如果在干状态下加热，则只能增加原来六方形结晶的完整性，如在水或其他氢键生成剂存在下加热，则会促使其转化为单斜晶变体。

一般认为，由于热处理而发生结晶时，以在高温下生成的结晶更为稳定，因此，低温下长时间热处理不及高温下短时间热处理好。

2. 取向度的变化　纤维取向度的变化受热定型方式的影响很大。纤维经松弛热定型后，总的来讲，双折射率减小，这是由于原来的晶区和无定型区部分解取向的结果；在180～200℃热定型，不论是松弛还是张紧热定型，双折射率都有所增大，这可能与折叠链结晶结构的形成和发展有关。

无论是定长热定型或张力热定型，双折射率都可能保持不变或略有增加。

3. 对纤维性能的影响　在热定型过程中，纤维发生松弛和结构变化，其物理力学性能也必然随之发生变化。这种变化取决于纤维的性质和热定型的条件，热定型温度和张力对其性能的影响最为明显。与纤维取向度密切相关的断裂强力，在松弛热定型中有所降低，这是因为纤维取向度降低的缘故；在不同温度下热定型时，涤纶的长度收缩随着热定型温度的升高而增大，而剩余收缩率则随温度升高而下降。剩余收缩率越小，纤维在以后的热处理过程中，收缩应力也会越小，有利于产品尺寸稳定性的提高，这正是松弛热定型的目的之一。另外，在热定型过程中，纤维的结晶结构发生了变化，而水分子及染料一般只能渗入纤维的非晶区，因此热定型后纤维的吸湿及其染色性都可能发生变化，对不同的纤维，其影响程度也不尽相同。

(三)热定型设备

热定型设备种类很多。应根据产品的最终性能要求和热定型条件选择合适的热定型设备。按照纤维或纤网的加热方式,热定型设备主要可分为两大类。

1. 热风式定型设备　这种设备的加热载体是热空气,通过热风穿透纤网,将热量传递给纤维,按照纤网在热定型设备内的运动方式,又分为圆网滚筒式和单网式两种。

图3-7-9是一种圆网滚筒式热定型设备。

当采用单个滚筒时,为增加受热时间,纤网对滚筒的包围角可达300°,轴流风机从滚筒侧面抽风,形成循环气流,气流经过热交换器时进行加热。这种设备具有占地面积小、加热速度快、热定型后表面平整等特点。圆网滚筒也有采用2个或更多的,排列方式可采取垂直排列和水平排列,如图3-7-10和图3-7-11所示。

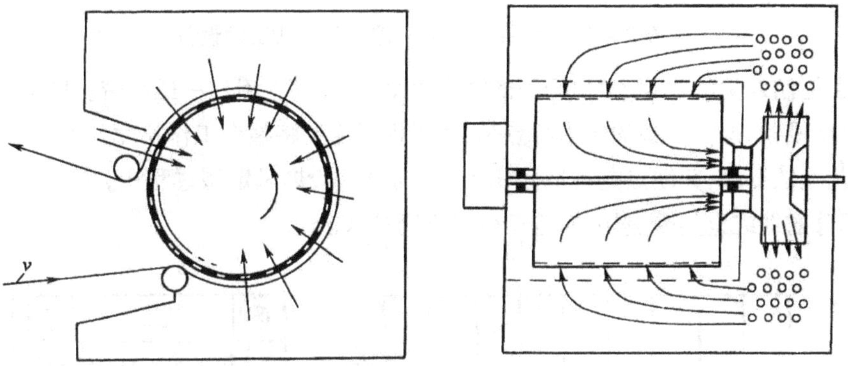

图3-7-9　圆网滚筒式热定型设备

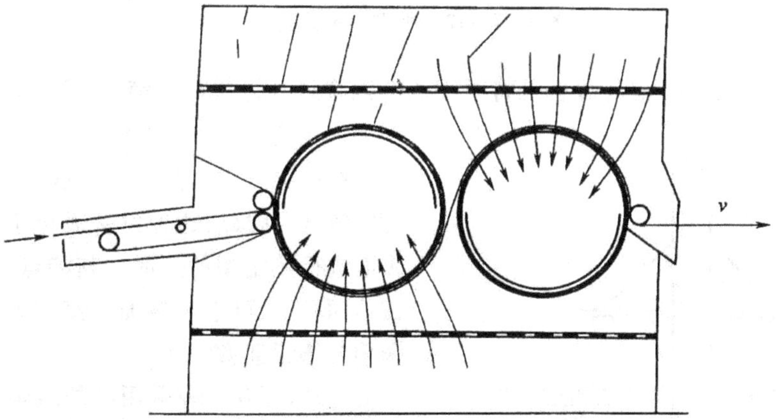

图3-7-10　水平排列双滚筒热风式定型设备

这两种设备都可使热风交替穿过纤网的两面,加热效果更理想,更适合于厚重产品的热定型,而且可以通过改变滚筒直径,增加其加热能力。每只滚筒都可以单独调速,以适应加工不同品种及规格的纤网,因为不同的纤维,其热收缩率不同。

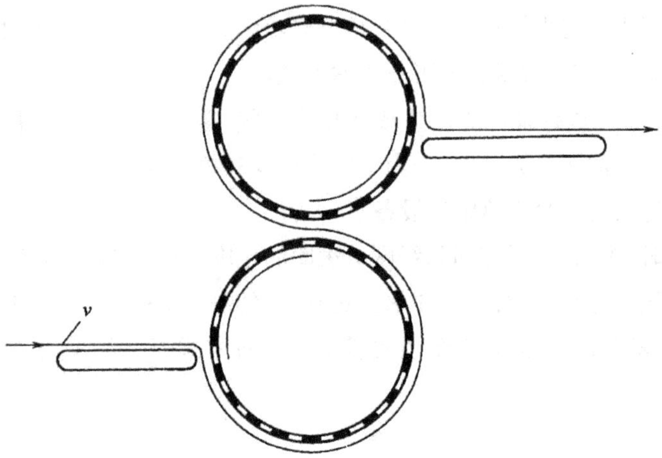

图 3-7-11 垂直排列双滚筒热风式定型设备

有时，为了控制纤网的收缩，增加纤网的密实程度，在滚筒上附加一压网帘。图 3-7-12 是单层平网热风式定型设备，这种设备的突出特点是，可以根据需要将整个工作长度分为几个不同的温度区域，以满足工艺上的要求；其缺点是占地面积大。一般来说，热风定型过程中，热空气穿透整个纤网，使纤网中间部分的纤维也能受热均匀，定型效果好而持久。

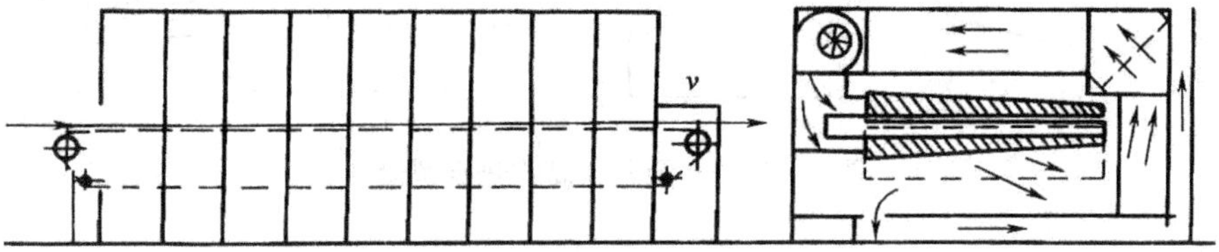

图 3-7-12 平网热风式定型设备

2. 接触式定型设备 这种设备是将纤维或纤网绕过一组加热的滚筒，通过热传导将纤维或纤网加热定型。由于热传导速度慢，对纤网而言，只是其表层纤维可以达到热辊温度，而中间层纤维的温度则较低。因此，这种设备适合于薄型产品或只需表面进行热定型的产品。其特点是设备结构简单，占地面积小，可采用热油或蒸汽对热辊进行加热或采用电热管直接加热。

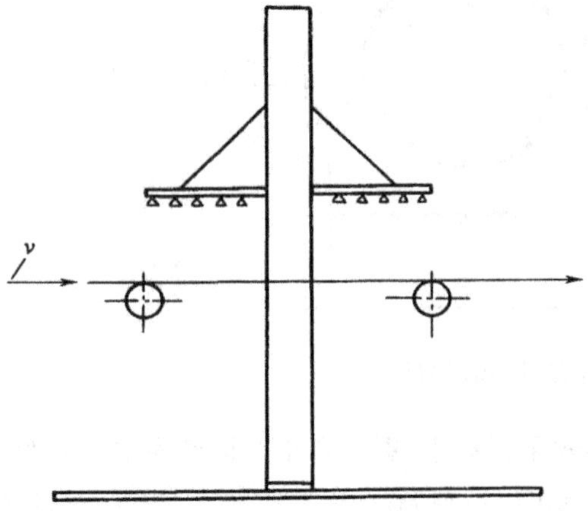

图 3-7-13 红外线热定型设备

此外，还有一种采用红外线辐射加热的热定型设备，如图 3-7-13 所示。其原理是任何材料都能吸收某特定波长的红外射线转变为热，使材料本身温度升高。这种设备加热速度快，热损失小，加热温度高，可达 500~1800℃，控制加热温度较容易，适合生产厚型、密度大的产品。

思考题

1. 纺黏法生产工艺流程是怎样的？
2. 气流牵伸的三大流派是什么？牵伸器的动力是什么？
3. 影响气流牵伸的主要因素有哪些？
4. 分丝的目的是什么？方法有哪些？
5. 不同铺网方法有什么异同？

第八章　熔喷法非织造布及其复合生产技术

本章知识点

1. 熔喷法非织造布的原料及其性能指标。
2. 熔喷法工艺流程、设备及各部分作用。
3. 熔喷法工艺参数及其产品用途。
4. 非织造布复合生产技术，SMS 复合生产技术。
5. SMS 各方法的优缺点及其应用领域。

第一节　熔喷法非织造布生产技术

熔喷法也是聚合物直接成网法中的一种，与纺黏法不同，熔喷法是将螺杆挤压机挤出的高聚物熔体通过用高速高温气流喷吹或其他手段（如离心力、静电力等），使熔体细流受到极度拉伸而形成超细纤维，然后聚集到成网帘或成网滚筒上形成纤网，再经自黏合或热黏合作用得以加固而制成非织造布的一种生产技术。

近年来，国内相继引进的数条宽幅连续生产熔喷法非织造布的生产线，使我国熔喷法非织造布的生产能力和水平有了较大的提高。随着产品开发工作的深入，熔喷法非织造布的应用领域也正在逐步扩大。

但是，由于熔喷法纺丝成形过程与传统的纺丝成形完全不同，对纤维的牵伸不能进行有效的控制，所以制得的纤维粗细均匀度较差，纤维的取向度较低，强力不足。另外，熔喷法的动力消耗比较大，成本偏高，对其应用领域的扩大有一定的消极影响。

一、熔喷法非织造布工艺原理及设备

（一）熔喷法的工艺流程

熔喷法是将聚合物切片通过螺杆挤压机熔融，经过滤后从喷丝模头的喷丝孔中挤出，在模头两侧高速热气流的喷吹下，受到极度牵伸形成超细纤维，这些超细纤维被吸附在成网帘或成网滚筒上凝集成网。由于其接收距离较短，丝条没有经过充分冷却，因此在凝聚成网后仍能保持较高的温度，通过

纤维间相互粘连，使纤网得以加固，形成的熔喷法非织造布可根据需要，进一步采用热轧黏合法加固。传统的熔喷工艺流程为：聚合物喂入→熔融挤出→纤维形成→纤维冷却→成网→黏合加固→切边卷绕→成品。

其中，聚合物一般都制成小球状或颗粒状切片，倒入料桶或料斗中，输入螺杆挤压机。在螺杆挤压机的进料端，聚合物切片要与稳定剂、增白剂等添加剂及色母粒等必需的原料，经充分搅拌混合后进入螺杆挤压机，加热成为熔体，最后由计量泵经过滤器将熔体送入喷丝板。在熔喷工艺中，一般螺杆挤压机也借其剪切作用与热降解作用来降低聚合物的相对分子质量，以利于热空气喷吹。

经过滤的清洁熔体经分配系统均匀送入每组喷丝板，使每个喷丝板的挤出量一致。其喷丝板与其他纺丝成网法不同，喷丝孔必须排成一条直线，上下两侧开有高速气流的喷出槽。由喷丝孔挤出的熔融状熔体聚合物细流在两侧高速热气流的冲击作用下迅速变细伸长，形成超细纤维。这时喷丝板两侧有大量的室温空气同时被吸入，与含有超细纤维的热空气流相混合，使其降温，从而使纤维冷却固化。

在熔喷法非织造布中，喷丝板可以水平放置，这时超细纤维喷在一个圆形收集滚筒上成网；也可以垂直放置，此时纤维落到一个水平移动的成网帘上凝集成网。由高速气流和室温气流相混的混合气流带向成网帘的超细纤维，基本上是以杂乱状态分布在气流中的，其中有些纤维相互间有少量的缠结。在适当的工艺条件下，纤维凝结在成网帘上时仍带有余温，十分柔软，有黏性。因此，纤网中部分纤维产生黏结作用，加上少量的缠结作用，使得纤网得到自身黏合加固。这种自身黏合作用，对于某些要求结构蓬松的熔喷法非织造布来说已经足够了，而对于很多其他用途的产品来说还不够，还需要进行热黏合或超声波黏合等其他手段加固。

可见，熔喷法和纺黏法的工艺过程类似，铺网前的工艺都是以合成纤维的生产工艺为基础，都是经过熔融、过滤、熔体计量、喷丝、牵伸黏合、卷绕等过程。但是，从技术角度分析，纺黏法和熔喷法这两种不同的生产技术还是存在很大的差别，主要表现在以下几个方面：

(1)对原料的要求不同。纺黏法要求聚丙烯树脂的 MFI（熔体流动指数）在 20～40g/10min，熔喷法则通常采用 MFI 在 400～1600g/10min 之间的聚丙烯树脂。这是因为聚丙烯树脂的 MFI 越高，熔融黏度越低，熔体的流动性越好，纤维就越容易被牵伸，因而容易获得线密度很低的纤维。

(2)纤维的牵伸速度不同。熔喷法纤维的牵伸速度可达 30km/min 以上，而纺黏法纤维的牵伸速度最高只能达到 6km/min。

(3)牵伸距离不同。纺黏法的牵伸距离为 2～4m，而熔喷法只有 10～30cm。

(4)冷却和牵伸的条件不同。纺黏法丝条的冷却是靠空调冷却风，即丝条先冷却，形成初生纤维，然后在冷却风和抽吸风的共同作用下进行牵伸；而熔喷法纤维从喷丝孔出来后，在热风的作用下进行牵伸，丝条的冷却是靠自然风（实际上为车间内的空调风）来完成。

(5)纺丝温度不同。由于熔喷法纤维的牵伸距离短，要求熔体有更好的流动性，因此其纺丝温度要比纺黏法高 50～80℃。

(二)熔喷法非织造布生产设备

下面以 Reifenhause 公司的 MB2400 全自动熔喷生产线为例，详细介绍熔喷设备的组成、结构图 3－8－1所示是其整条生产线组成示意图。

该生产线主要以 PP 为原料，可根据产品要求，分别添加色母粒和抗静电剂。设备的各个部分都可由电脑控制，自动化程度很高。产品定量范围在 10～500g/m^2，有效幅宽为 2400mm，年生产能力为 1500t/a。

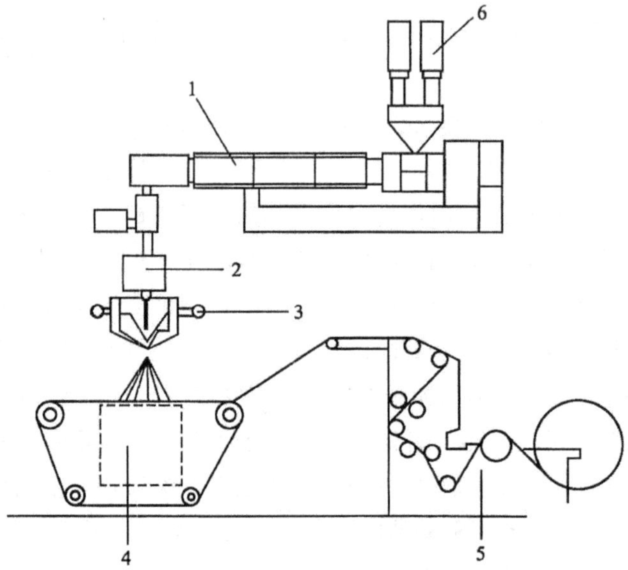

图 3-8-1　Reifenhauser 公司的熔喷法非织造布生产线示意图

1—螺杆挤压机　2—计量泵　3—熔喷装置　4—成网帘　5—切片卷绕装置　6—喂料装置

整套熔喷设备由主机、加热系统、润滑系统、液压系统、冷却系统、电气控制系统几个部分组成。

主机是整套设备的核心，主要包括喂料系统、螺杆挤压机、滤网、纺丝组件、熔喷模头、接收网系统和卷绕机构。

下面就主机的各部分组成、结构及作用逐一介绍，其中重点介绍模头部分。

1. 喂料系统　此熔喷线的喂料系统采用德国 AZO GMOHCO 公司的 P—320—38G 型三级料箱计量混料系统。喂料系统由 3 个料桶组成：1 个主料桶、2 个辅料桶，其中主料桶加入主体聚合物切片，两个辅料桶分别加入色母粒和抗静电剂，且通过 PLC/SB BL 自动控制主料、色母粒及抗静电剂的比例和喂入量。

喂料系统的主要作用是实行定时定量的喂料，以满足挤出量的要求。3 个料桶都有一个料位水平指示器，显示桶中料位的高度，由程序监控。当料不足时，发出加料信号，启动真空泵，在料桶和进料管之间建立起真空状态。在负压的作用下，储料箱中的粒料被吸入到料桶中，到达规定高度后，料位水平指示器发出信号，关闭真空泵，进料停止，并通过一个过滤阀恢复料桶常压状态。

喂料系统的另一个重要作用是混合作用。定量加入的粒料在混合计量桶内进一步混合，其桶内有一个螺旋搅拌器，通过搅拌使各种粒料混合均匀，再通过喂入管喂入螺杆挤压机。

2. 螺杆挤压机　螺杆挤压机采用的是 RH801 单螺杆挤压机，其组成结构如图 3-8-2 所示。

3. 滤网　在生产过程中，如果熔体含杂太多，易堵塞模头，影响正常生产，因此，熔体从螺杆挤压机挤出后，在进入纺丝组件之前需经过过滤装置。本生产线采用的是 Joachim Kreyenborg 公司的双活塞过滤装置，该装置可以保证在生产过程中在线更换滤网，其结构简述如下。

过滤器上配有上、下两个活塞杆（实际为两个圆柱体），分别装在滤网更换器的两个孔中。在每个活塞杆上沿径向开有一个熔体通道，其上装有过滤网，在正常工作时，活塞杆上的熔体通道与熔体管相通。熔体经活塞杆上的两个过滤元件过滤后进入熔体管路。当工作一段时间后，因过滤元件阻塞，使过滤装置内的压力增大到一定值时，需要更换滤网。这时液压系统将其中一个活塞杆缓慢移出，而另一个活塞杆仍正常工作。移出的活塞杆更换滤网后，复位，再更换另一个滤网。更换过程中，设备始终保持正常的工作状态，过滤机构的结构如图 3－8－3 所示。

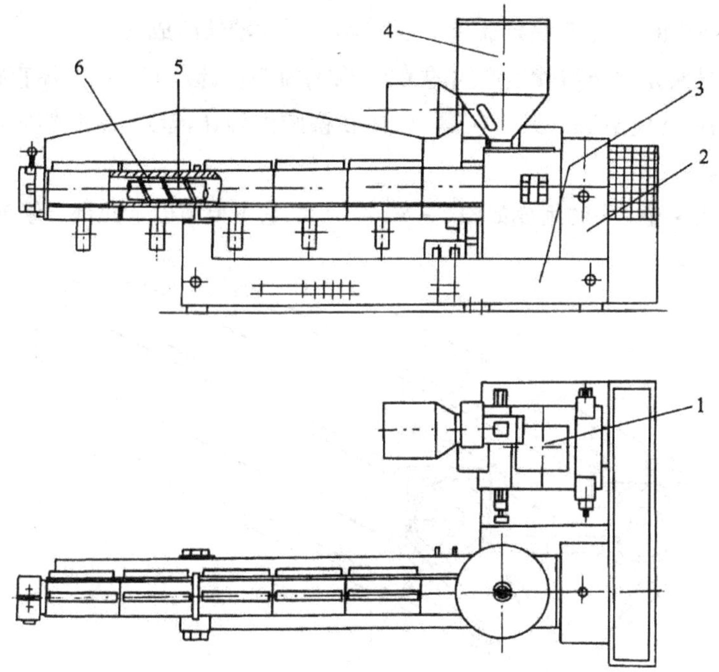

图 3－8－2 RH801 型单螺杆挤压机的结构

1—传动箱 2—齿轮箱 3—机架 4—喂料斗 5—螺杆 6—夹套

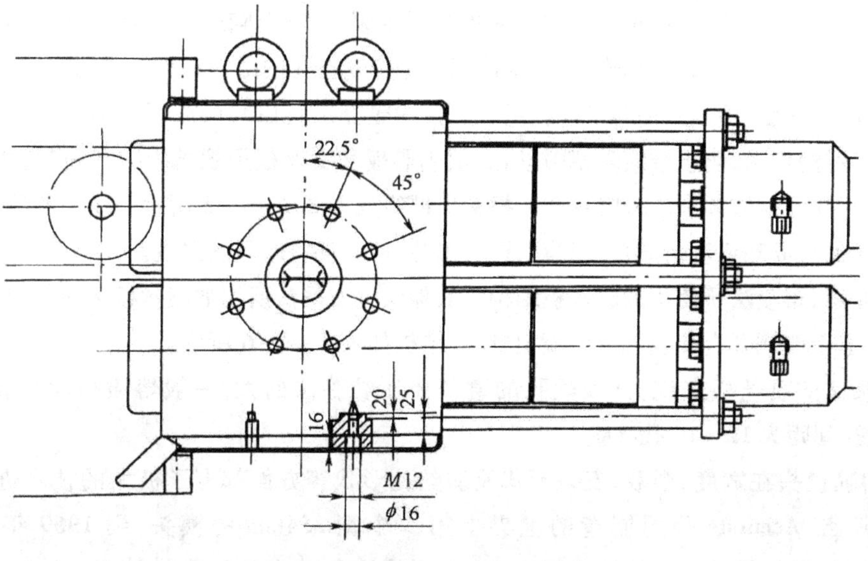

图 3－8－3 过滤机构的结构示意图

滤网采用的是复合滤网，共由5层组成，表面层目数较低，中间层目数较高，滤网的更换周期取决于使用原料的洁净程度。如果出现压力达到设定值、挤出量明显减少、螺杆挤压机动力消耗增大等情况，应及时更换滤网。

4. 计量泵 计量泵的作用是精确计量，连续输送高聚物熔体到纺丝模头，并产生预定的压力，以保证熔体能克服组件和喷丝头的阻力从喷丝头喷出，形成纤维。熔喷生产线使用的计量泵与纺黏法相同，是由1对精确啮合的齿轮、3块泵板、2个轮轴和1副联轴器组成的。

5. 熔喷模头 模头是整个熔喷生产线的关键部件，模头设计及调节的好坏直接影响熔喷产品的质量和性能。模头的设计应解决好几个问题：熔体在模腔内匀速流动；热气流在模头宽度上均匀分布；保养和维修简便。

Reifenhauser公司熔喷模头的组成如图3-8-4所示，它主要由以下几部分组成。

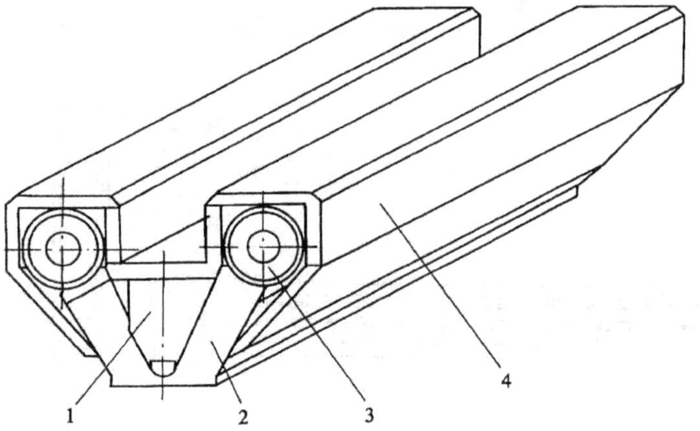

图3-8-4 熔喷模头

1—模头 2—热空气喷管 3—热空气刀阀 4—绝缘壳

（1）模头：模头要纺出均匀的纤维，最重要的是保证聚合物熔体在每个喷丝孔中的流量相同。模头由上下两部分组成，上部是均流管道，使熔体流至每个喷丝孔的阻力和流经时间相等。下部为模尖部分，它主要由过滤层、预成形层和纺丝板组成。其中过滤层是由几层滤网以铝合金导架复合而成，主要对熔体起过滤作用，防止杂质阻塞喷丝孔；预成形板和喷丝板用螺丝固结在一起，用聚四氟乙烯进行密封，作用是使熔体顺利流入喷丝孔。模头尖部组成如图3-8-5所示。模头两侧设有小孔，用于安装子弹式加热器和温度传感器，对模头进行加热，使其保持所需的温度。

前面已介绍，熔喷法所使用的喷丝板结构与其他纺丝成网法所用的喷丝板不同，其喷丝孔必须排成一条直线，上下两侧开有高速气流的喷出槽，其结构如图3-8-6所示。

对于熔喷法的喷丝板来说，其喷丝孔的直径要比纺黏法的大，一般熔喷喷丝板孔径为0.3～0.4mm，喷丝孔间距为12～16孔/cm。

目前，熔喷模头在宽度、个数、安装形式及纺丝孔形状等方面都有了极大的技术进步。如模头宽度，由1967年Accurate公司制造的世界上第一个宽254mm的模头，到1969年的1016mm、1970～1979年的有效尺寸在254～1727.2mm之间的调节模头及后来供给Kimberly-Clark公司的

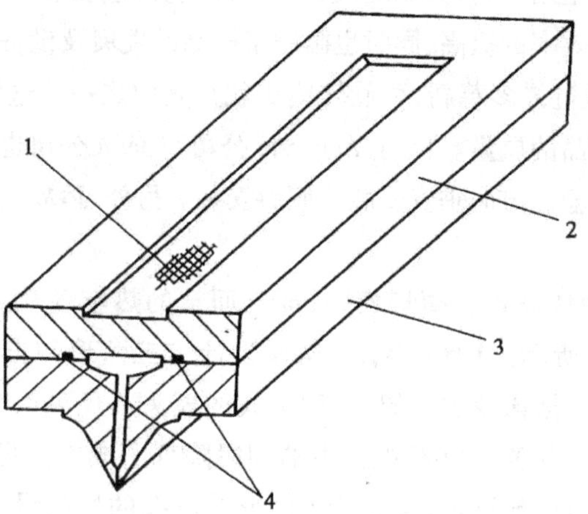

图3－8－5　模头尖部组成

1—滤网　2—预成型板　3—纺丝板　4—聚四氟乙烯密封

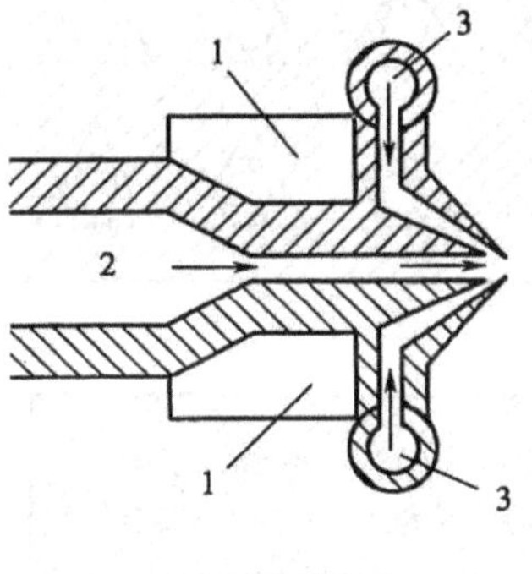

(a) 喷丝板横截面图

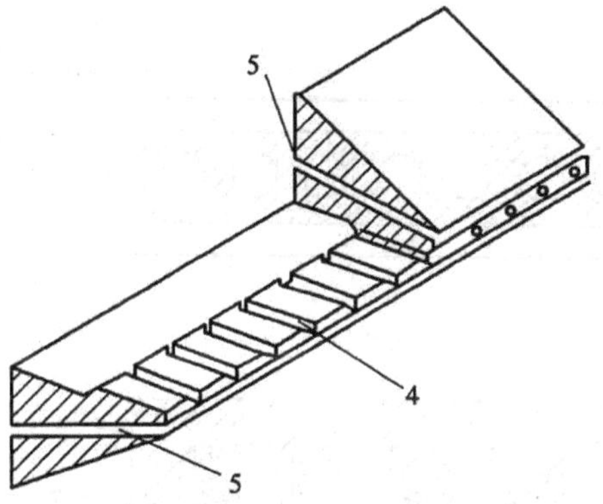

(b) 喷丝板立体结构图

图3－8－6　喷丝板结构图

1—加热元件　2—熔体　3—热空气　4—喷丝孔　5—热空气喷出槽

2692mm 的模头。随着熔喷技术的发展，模头的尺寸越来越宽，1992 年 Accurate 公司为 Corovin 公司提供了 3556mm 的模头。现在，Accurate 公司可为用户设计从 254～4318mm 之间的各种模头。

不仅熔喷设备的模头宽度增加了，其模头数目也增加了。Kimberly-Clark 公司已申请专利的熔喷非织造布设备就具有多个挤压机和多个模头，模头与纤网垂直，且沿纤网方向平行排列。各个模头的工艺参数设定可以不同，从而使每个模头产生的纤维层中纤维的直径各不相同，所以用其纺制的熔喷法非织造布具有深度方向的纤维直径梯度，产品具有很高的过滤效率。

不仅模头在纤网的纵向发生了数量方面的变化，其本身在横向也发生了变化。通常熔喷模头在宽度方向上是一个整体，它决定了纤网的宽度，当模头损坏或喷丝孔堵塞时，要换掉整个模头。1997 年的美国专利中有一种“标准化模头”，用户可根据需要将几个这种标准化的模头在宽度方向上连接起来，并且可随时增减模头的数量。模头异常时，只要更换相应的那部分即可。

另外，过去熔喷设备的模头是固定的，其宽度决定了产品的宽度，要生产不同宽度的熔喷产品必须更换模头，这不仅不利于生产效率的提高，同时也限制了产品的发展及设备的利用。德国的 Reifenhauser 公司曾在熔喷技术方面做过许多革新，可旋转模头就是其中之一。这种旋转模头可以调节产品的幅宽，同时也可提高最终产品的质量。目前，Accurate 公司和 J&M 公司也能提供这种模头的熔喷设备，实现了熔喷模头能与纤网输出方向垂直安装或倾斜安装。另外，J&M 公司的熔喷设备还可快速更换模头。

最初的熔喷设备，其模头为狭缝式双槽形模头，即长而窄的热空气喷出口分布在一排圆形喷丝孔的两侧，如图 3－8－7（a）所示。1983 年，Schwarz 设计了三角形和方形纺丝孔，并申请了专利，如图3－8－7（b）、（c）所示。据该专利介绍，这种形式的模头不仅可以减少熔喷过程中聚合物的降解，还可以节约能量，因此在提高最终纤维强力的同时降低了成本。另外，该工艺还可以使纤维的直径达到 2μm 以下。1995 年，Schwarz 又申请了圆形纺丝孔的熔喷设备，如图 3－8－7（d）所示，这种纺丝孔的纺丝板与特殊的空气盖板组合，可形成一级和二级两个空气腔，因此保证了各个熔体孔周围气流的均匀分配，所以纺丝孔的排数可更多（至少 4 排），这不仅提高了生产率，还保证了熔喷纤维的质量。

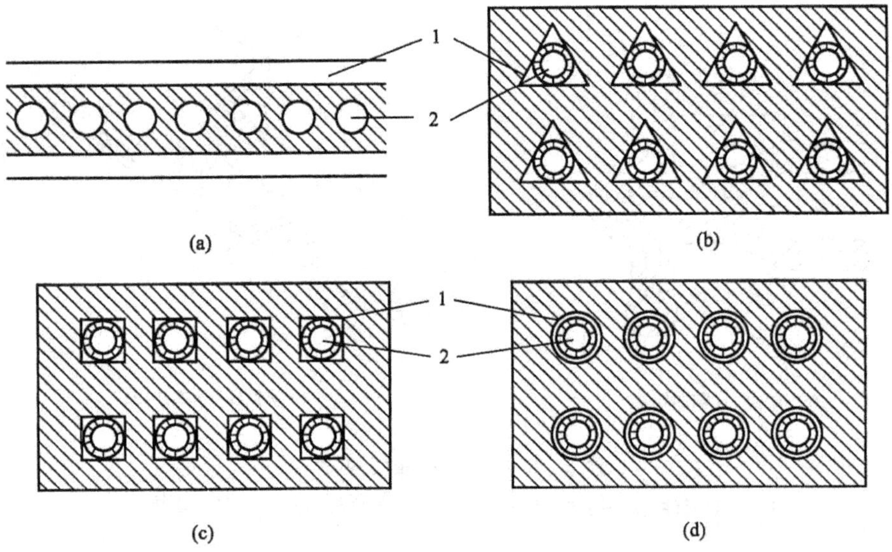

图 3－8－7　各种形状喷丝孔结构图

1—空气通道　2—熔体通道

Kimberly－Clark 公司还申请了狭缝式喷丝孔模头的专利，其喷丝孔不再是一个个单独的孔，而像喷出热空气的空隙那样，是一条连续的缝隙。因为从狭缝中挤出的熔体会形成薄膜，为了能生产出单根纤维，狭缝的一侧壁上刻有沟槽；另一侧壁则低于刻槽的这侧。这种模头最明显的优点是可以大大降低喷丝孔的堵塞，同时还可以减少维修费用、提高利用率。

经过多年的努力，Biax FiberFilm 公司在喷丝孔排数上也有了突破，已经能生产出喷丝孔排数为 12 排的喷丝板，其每排的孔间距为 6～7 孔/cm。图 3－8－8 是该公司设计的 8 排喷丝孔的设备（在正常生产中）。

(2)热气流喷嘴和刀形阀:熔喷纺丝成形是聚合物熔体从喷丝孔挤出后,经高温、高速热气流喷吹而完成的,所以模头整个宽度上每一点的气流速度应尽可能相同,否则无法保证成丝。空气喷吹风道的结构如图3-8-9所示。

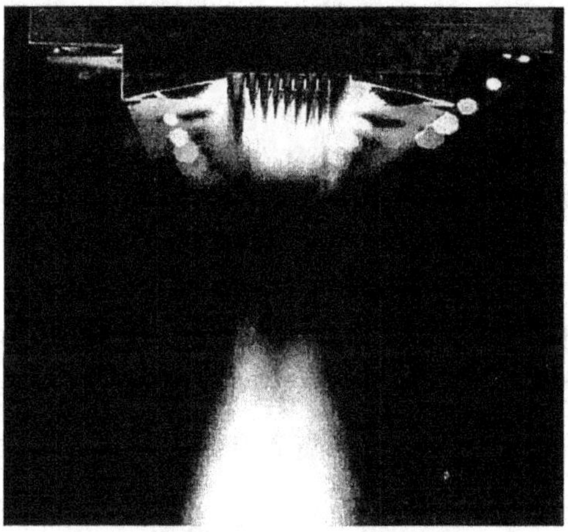

图3-8-8　Biax FiberFilm公司的多排孔熔喷模头

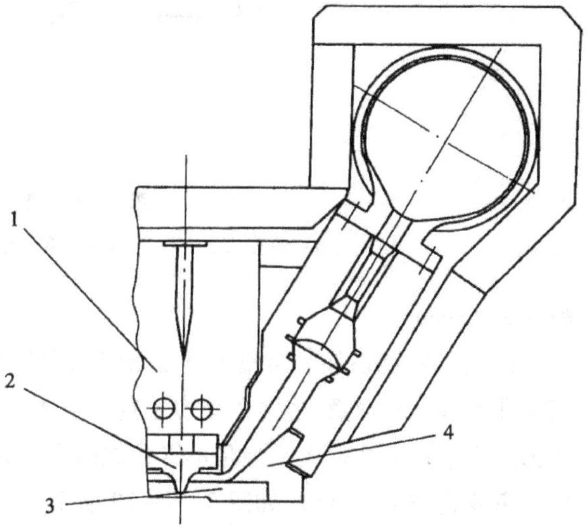

图3-8-9　空气喷吹风道的结构示意图

1—模头　2—模头尖　3—喷嘴边缘　4—气流调节块

热气流喷嘴安在模头的两侧,加热的气流经刀形阀进入热气流通道。为了保证气流的均匀分配,每个进气管都配有刀形阀。气流管道中间直径较大的部分,其作用是在气流进入管道后、从喷嘴喷吹出去之前,使其流动变得稳定。喷嘴边缘是可以调节的,它用螺丝固定在喷嘴上,使喷嘴口的宽度在0.3~0.5mm之间可调,调节块配合两边的压力调节螺栓和收紧螺栓,保证喷嘴边缘能够固定在所需位置上。喷嘴的结构如图3-8-10所示。

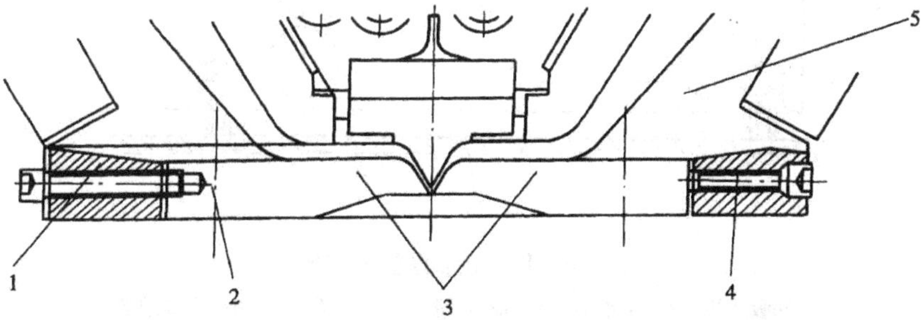

图3-8-10　喷嘴的结构

1—收紧螺栓　2—紧固螺栓　3—喷嘴边缘块　4—压力调节螺栓　5—调节块

风道的调节和设置至关重要,它直接影响热气流的喷吹方向,决定着纤维的质量。图3-8-11是喷嘴的调节示意图,其中风道的调节参数主要有喷嘴宽度W和模头尖至喷嘴边缘的距离H。其中喷嘴宽度W的可调范围在0~13.5mm,模头尖至喷嘴边缘的距离H的调节范

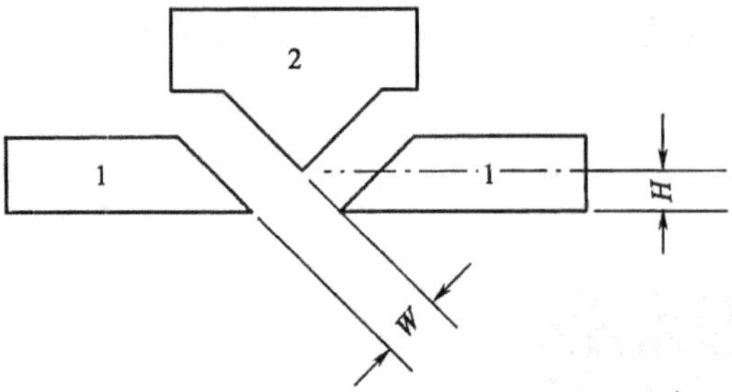

图3－8－11　喷嘴的调节示意图

1—喷嘴边块　2—模头尖　W—喷嘴宽度　H—模头尖至喷嘴边缘的距离

围在0～3mm。

(3)接收装置:接收装置也就是熔喷法非织造布的成网系统,前面已经讲过,熔喷法非织造布的喷丝孔可以水平放置,也可以垂直放置。若水平放置,则收集装置为圆形滚筒;若垂直放置,则收集装置为水平移动的成网帘。但是不管是成网帘还是成网滚筒,其下部或内部都有真空抽吸装置。一般成网帘用得较多,其组成如图3－8－12所示。

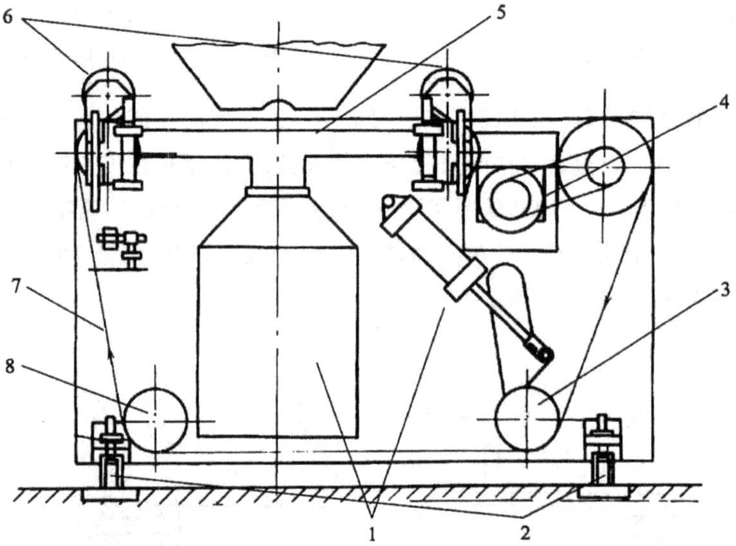

图3－8－12　接收装置的组成

1—抽吸风机　2—起落架　3—张力罗拉　4—传送装置　5—支撑装置
6—支撑罗拉　7—成网帘　8—导向罗拉

如图3－8－12,抽吸风机将模头喷出的超细纤维吸附在成帘网上。随着成网帘的回转,纤网沿设备输出方向输出。根据纤网定量的要求,调节成网帘的输出速度。起落架可调节模头到成网帘的距离,即接收距离(DCD)。

熔喷法的成网方式主要可分为间歇式和连续式两种。间歇式成网采用能往复运动且自转的滚筒接收熔喷纤维,纤维均匀地铺在其圆周表面,形成内径与滚筒外径相等的筒状材料,或经切割形成片状材料;连续式成网是使熔喷纤维凝聚在循环运动的成网帘上形成连续的纤网,并经卷绕装置加工成卷材。也可将纤网铺在一个滚筒接收器上,再把纤网引出进行卷绕。

以上介绍的是 Reifenhause 公司的单组分熔喷法非织造布生产线的组成结构及工作过程,其他公司设备的组成与其主要组成类似,只是在具体结构和控制上有所不同。

通常,熔喷法工艺生产的是单组分纤维熔喷产品。与单组分熔喷产品相比,双组分产品显示出了更高的蓬松性、弹性和抗渗性,且有纺制更细纤维的可行性,因而有很大的应用潜力。早在 20 世纪 80 年代,双组分熔喷技术就有报道,最近几年,人们对双组分熔喷技术越来越关注。后来,借助于 1999 年安装的 Reicofil 双组分熔喷生产线,双组分技术基础研究工作已完成,并已获得实际应用。Biax-fiberfilm公司生产的双组分熔喷设备,其喷丝孔最多可达 12 排,产量是一般熔喷设备的 10 倍,最大幅宽可达 3m,线密度接近一般熔喷法纤维。

目前已经有多个公司和研究中心能提供双组分熔喷法生产线或拥有双组分熔喷法非织造布技术。这种双组分熔喷法生产线跟单组分熔喷生产线的区别在于,其两种组分通过各自的熔融系统进行熔融,在喷丝模头处汇合,然后通过同一喷丝孔喷出。根据喷丝孔设计的不同,纤维可以是并列型、皮芯型或橘瓣型。其生产线原理如图 3 – 8 – 13 所示。

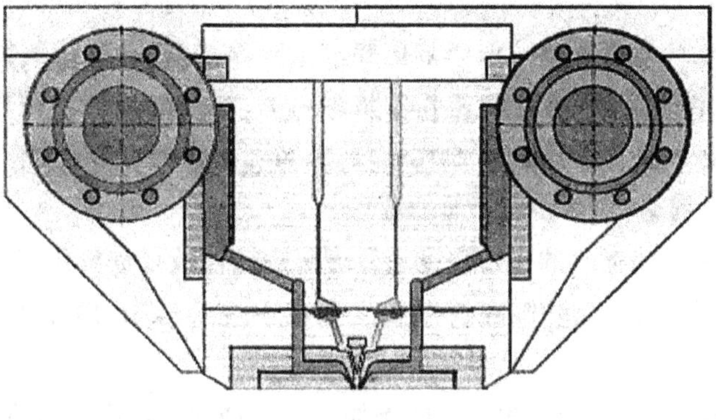

图 3 – 8 – 13　双组分熔喷法原理示意图

(三)熔喷法主要生产工艺参数

1. 熔融指数　在一定的温度和压力下,熔体在 10min 内流过标准毛细管的克重,称为熔融指数,单位为 g/10min。对于不同的产品,性能要求各不相同,应根据最终产品的性能要求来选择具有不同熔融指数的高聚物原料。

熔融指数的高低不仅反映了高聚物本身的流动性,而且与其制成纤维及纤网的物理力学性能密切相关。熔融指数高的聚丙烯树脂具有良好的流动性,是熔喷法的首选原料;有实验表明,熔喷非织造布的强度随原料熔融指数的升高而下降,断裂伸长也随之降低。

在螺杆速度相同的工艺条件下,采用熔融指数高的聚丙烯树脂,可使产量提高约 1/3,同时,由于热空气的温度可降低,能耗也会相应降低。表 3 – 8 – 1 列出了聚丙烯熔喷法非织造布定量与聚丙烯树脂熔融指数的关系。

表 3-8-1 不同产品与熔融指数、定量的关系

产品	A	B	C	D
PP 树脂的熔融指数	1000	500	400	110
定量(g/m^2)	130	120	120	100

2. 螺杆挤压机各区的温度 螺杆挤压机各区的温度设置,不仅会影响纺丝过程能否顺利进行,而且对最终产品的手感及力学性能有很大影响。温度设置不当,会产生堵塞喷头、磨损喷丝孔、增加布面疵点及飞花等现象,表 3-8-2 列举了不同产品螺杆挤压机各区的温度设置的实例。

表 3-8-2 不同产品螺杆挤压机各区温度的设置

产品	进料段(℃)	压缩段(℃)	计量段(℃)
A	165	260	270
B	170	270	275
C	175	275	280
D	180	280	290

3. 热气流速度 热气流速度是一项非常重要的工艺参数,它对纤维的线密度和产品的物理特性都有直接影响。在相同的温度、螺杆转速和接收距离下,纤维的直径会随热气流速度的增加而减小。表现在布面上,则是手感由硬变软,纤维缠结增多,布面由粗糙到密实、光滑。但热气流速度如超过某一值,就会出现飞花现象,严重影响布面外观。

4. 热空气喷射角度 热空气的喷射角度会显著影响拉伸效果和纤维形态。热空气喷射角接近90°时,将产生高度分散的湍流,使纤维在成网帘上形成无规则分布,角度越小,越易形成平行的纤维束。

5. 接收距离 一般情况下,随接收距离的增加,布的纵向强度、横向强度和弯曲刚度降低,纤维直径略有增加,手感变得蓬松、柔软,过滤效率和过滤阻力下降。

6. 聚合物熔体的挤出量 在温度不变的条件下,熔喷法非织造布的强度随着挤出量的增加而增大,达到一个峰值后便趋于减小。PP 树脂的熔融指数在 400~800 之间的原料在测试过程中,这一变化趋势不明显;但在对熔融指数为 1000~2100 之间的原料测试时,这一趋势变得较明显。熔喷法非织造布的强度达到一定值后出现下降的原因,可能是由于挤出量过高时,丝条牵伸不充分,并丝严重,布面黏结纤维减少所致。

二、熔喷法非织造布的应用

熔喷法非织造布是非织造布生产中发展较快的一种,在国外被誉为是流程最短的聚合物一步法生产工艺。由于熔喷技术生产的纤维很细,同时熔喷法非织造布具有很大的比表面积、孔隙小而孔隙率大,具有过滤效率高、过滤阻力低、体积小、质量轻、柔软、网络能自身缠结和黏合、手感好、可折性好及挺括性好等优点,其性能在许多方面优于传统纺织品。尤其是聚丙烯熔喷法非织造布,其内部纤维比表面积大,从而形成大量的微细孔隙,产品有很高的孔隙容积和很好的抗渗性,因而具有优良的过

滤性和透气性，主要用于中效及亚高效过滤材料，包括空气过滤、酸碱液体过滤、食品卫生过滤、工业防尘口罩制作等。此外，它还具有较好的屏蔽性、绝热性和吸油性等，所以熔喷法非织造布还广泛应用于医疗卫生材料、吸油材料、保暖材料、电池隔膜以及隔音材料等领域。随着后加工技术的不断开发，熔喷法非织造布的应用领域将更加广泛。

1. 过滤材料 过滤材料是聚丙烯熔喷法非织造布最早、最大的应用领域，其主要是利用熔喷超细纤维的特性。熔喷纤维直径能达到1～2μm，且排列是随机分布的，具有一定的杂乱性，这种结构使其具有更大的比表面积、更小的孔径，可以制作品质非常高的过滤材料，主要应用于空气过滤、水过滤、油过滤、油水分离等领域。如果通过静电驻极处理，其过滤效果更好。而其他非织造布工艺的纤维直径均达不到10μm以下。

目前，全世界熔喷法非织造过滤材料用量约20kt/a，主要用于气体和液体过滤，其中液体过滤占65%，气体过滤占35%。如用于空气净化器，作为亚高效、高效的空气滤芯以及用于较大流速的粗、中效空气过滤，它具有阻力小、强度大、优良的耐酸碱性、耐腐蚀、效率稳定、使用寿命长、价格便宜等优点，且用其净化后的气体中没有滤材脱落的短绒现象。随着现代工业的迅速发展，对环境的洁净度要求越来越高，要达到高等级的空气洁净度，就需要有性能优越的过滤材料。将聚丙烯熔喷法非织造布与纺黏法、针刺法等材料进行复合，可以得到综合效果较好的空气过滤复合材料，其在相同滤速下具有初始阻力低、过滤效率高、容尘量大的特点。聚丙烯熔喷法非织造布经热轧等特殊工艺处理后，可作为液体微滤膜，用于过滤粒径为0.02～10μm的颗粒，如细菌、血液及大分子等物质。

2. 医疗卫生材料 医疗卫生材料也是非织造布的一个主要应用领域。熔喷法非织造布过滤效果好，透气性能好，它与纺黏法非织造布复合普遍用于一次性医疗卫生材料，不会造成交叉感染。采用新型熔喷和驻极加工工艺生产的超微细纤维熔喷法非织造布与纺黏法非织造布复合，可代替传统纺织品作为口罩的阻隔层，其特点是强度高、手感好、有效地屏障细菌的穿透、不透血但可以透气；能够防止交叉感染、减少尘屑和毛羽的脱落、提供最佳的手术环境；减少护理人员的劳动量，方便储藏、供应和更换；穿戴及使用方便、价格低。尤其是2003年非典期间，通过对超微细纤维滤材的研究及口罩结构的设计，所制成的非典防护口罩的过滤效率大于95%，气流阻力小于343.2Pa，能够隔离病毒，过滤性能强、空气阻力小、密闭性能好，满足了抗非典一线医务人员、值勤人员、消毒人员、卫生人员的需要。这使得熔喷法非织造布成为当时非织造布市场上最为紧俏的产品，无论是过滤产品，还是医疗卫生产品，都十分热销。也正是由于在2003年非典期间，熔喷非织造布在医疗卫生行业发挥了重要作用，故在人类面临非典、禽流感以及其他空气传播疾病的危险时，为做到未雨绸缪，防患于未然，许多国家（特别是发达国家）已把熔喷法非织造布作为国家储备物资，以便应急时用之。

目前，熔喷法非织造布已大量做成绷带、急救包、开刀布、接生包（应用于医疗行业），以及妇女卫生巾、尿布等（应用于卫生领域）。其产品经特殊处理后还可做成消炎止痛膜，透气性好，无毒副作用，使用方便；与纺黏布复合的SMS产品可广泛用于手术衣帽等医疗用品。

3. 吸油材料 熔喷法非织造布主要采用聚丙烯作为原料。聚丙烯的密度小（0.91g/m^3），比水轻，几乎不吸水，也不溶于油类和强酸强碱，但有很好的亲油性，制成熔喷法非织造布后，具有孔隙率高、比表面积大的特点，故熔喷法非织造布具有很好的吸油性能。经过实验测得，它可以吸收比自身重量大17～20倍的油，且吸油速度快，吸油后能浮于水面而不下沉，水油置换性能好，能反复使用，可长期存放，是理想的吸油材料。根据熔喷法非织造布的这些特点，可做成吸油毡、吸油滤芯等，它们可广泛应用于环境保护工程、油水分离工程、港口环保以及海洋轮船事故处理中。

4. 保暖材料　熔喷超细纤维的平均直径在0.5～5μm之间，比表面积大；结构孔径小，其内部含有大量的空气，能够有效阻止热量散失，具有极好的保温绝热性；手感柔软，具有非常好的抗风能力，透气性能良好，重量非常轻，是做保温服装的最佳材料之一。经过国家级检测单位测定，相同重量的服装保温材料中，熔喷法非织造布的保温效果最好，因此可应用于保暖絮片。目前，熔喷法非织造布在国内外已大量使用，市场增长速度也较快。天津泰达洁净材料有限公司率先开发出了用熔喷法非织造布做的保暖材料，从而带来了中国熔喷法非织造布发展的高潮。熔喷法非织造布与三维卷曲纤维共纺制出的保暖絮片，不仅具有很好的保温效果，同时还具有非常好的弹性和蓬松性。这种特制的絮片材料松软、轻便但不显得单薄。熔喷絮片材料的优点还在于能用洗衣机洗涤、易干，且不像其他絮片材料会越洗越板，而是越洗越松软，越洗越保暖。因此它被广泛用于服装和各种绝热材料的生产中，如用于皮夹克、滑雪衫、防寒服、棉衬布等，具有质轻、保暖、不吸潮、透气性好、不霉烂等优点。

5. 电池隔膜　熔喷法非织造布纤维极细，耐酸性和碱性液体性能优良，具有多孔性及一定的强度，一直被国内外电池行业看做是良好的隔膜材料，并得到了广泛应用，这不但降低了电池成本，简化了工艺，且大大减小了电池的重量和体积。

第二节　SMS复合非织造布

一、概述

随着各种非织造布加工技术的成熟，各工艺之间相互渗透，复合化已成为当前非织造布发展的趋势，尤其是各工艺之间的复合越来越受到重视。非织造布复合技术就是将两种或两种以上性能各异的非织造布或其他材料经过复合加工，制成具有多功能、高性能、适用性强的多层非织造布的加工技术。

在非织造复合加工中，纺黏—熔喷非织造复合材料占有很大的比重，通常所说的SMS复合非织造布，其缩写取之于纺黏（Spunbond）和熔喷（Meltblown）的英文字头。其中，纺黏法非织造布的最大特点是纤维呈连续长丝结构，线密度范围大，与同克重的其他非织造布产品相比，其强度高，纵横向比性能优越，但其成网均匀度和表面覆盖性不如其他非织造产品。熔喷法非织造布为超细纤维结构，纤维直径细，比表面积大，纤网孔隙率小，过滤阻力小，过滤效率高，蓬松、柔软、悬垂性好，表面覆盖性及屏蔽性能均很好，而其缺点是强度低、耐磨性较差。将两者结合，所形成的复合非织造布则恰好弥补了彼此的弱点，不但强度高、耐磨性好，同时又具有优异的过滤和屏蔽等性能。目前，以聚丙烯（PP）为主要原料的SMS已经得到很好的应用，因其性能优良、价格低廉、生产技术成熟，应用市场也在逐步扩大。纺黏—熔喷复合非织造布的主要品种有SM、SMS、SMMS、SMXS等。

SMS复合非织造布的产生得益于纺黏和熔喷法非织造布技术的快速发展，20世纪80年代，人们开始研究SMS复合技术,90年代初,美国一家公司开发出了SMS复合非织造布。虽然SMS出现的历史短暂,但因其独特的性能和价格优势,已被广泛应用于医用防护服、医用口罩、手术服、婴儿尿裤、妇女卫生巾、过滤材料、化学防护服等领域。

Reifenhauser公司和Exxon公司通过进行技术合作使SMS复合非织造布得以商业化生产,极大地推动了熔喷技术的发展。目前,Reifenhauser,Kimberly-Clark和Nordson等公司的设备均可生产SMS复合非织造布。SMS复合技术中的熔喷技术采用多喷头技术提高熔喷产量,采用特殊结构的波形喷嘴以及叠片式熔喷头获得纳米级纤维,这些都将成为熔喷法非织造布生产技术的发展趋势。

二、SMS复合技术的分类

纺黏法和熔喷法技术在加工原理上非常接近,生产设备也很相似。根据其生产过程中两种技术的组合方式不同,可以分为在线复合、离线复合及一步半法复合三种。

(一)在线复合

在线复合工艺是指SMS复合可以通过在同一条生产线上的纺黏和熔喷设备来实现,即所谓的一步法SMS。

SMS的在线复合,大多数是在纺丝成网生产线的成网区设置熔喷系统,或在两个纺丝成网系统之间加设熔喷装置。当纺黏长丝铺成的纤网在成网帘的输送下通过熔喷成网区时,熔喷系统喷出的超细纤网落在纺黏长丝纤网上,就形成了由一层纺黏纤网与一层熔喷纤网并合而成的复合纤网,即SM纤网;如果熔喷装置设在两个纺丝成网系统之间,则在熔喷纤网铺置到第一层纺黏纤网上之后,又由第二层纺黏纤网将其覆盖,形成三层复合的纤网,即SMS纤网。采用SMS的成网方式时,当需要生产SM产品时,可停止第二个纺丝成网系统的运转。SM或SMS形成的纤网一般都经过热轧机黏合,最后经过卷绕机形成SM或SMS复合非织造布。图3-8-14是在线复合(SMS复合非织造布)原理示意图。

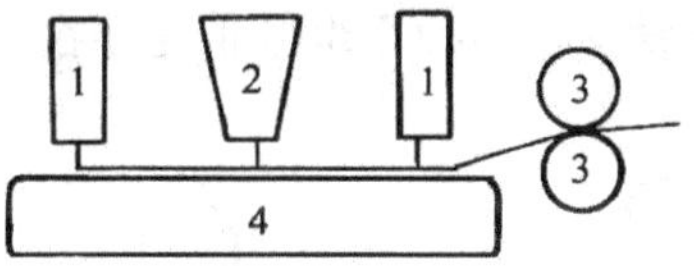

图3-8-14　在线复合原理示意图

1—纺黏装置　2—熔喷装置

3—热轧辊　4—成网帘

目前,随着纺黏和熔喷技术的发展和大规模生产方式的需要,这种复合方式已经扩展到一条铺网机上可设置6~7个纺丝箱体,可以是SMMS、SMXS、SSMMSS等,生产能力也扩大到一条生产线上能生产20000~30000 t/a。图3-8-15是Reifenhause公司的在线复合SMMS生产线示意图。

在线复合SMS生产线,采用两种不同的成网技术的结合,生产工艺具有许多优点和灵活性,例如,可以根据产品的性能要求,随机调整纺黏层和熔喷层结构的比例;产品具有良好的透气性;产品的过滤性能和抗静水压能力大大提高,可生产低克重的产品等。但是在线复合生产线投资成本大,建设周期长,生产技术难度相对较大,开机损耗大,故在线复合SMS不适合小订单生产。

目前,国内有6条进口SMS在线复合生产线,其中PGI南海南新和湖北金龙非织造布公司的生产线是Reifenhause公司的设备,辽阳石化公司无纺布厂为日本NKK公司的设备,杭州金富和香河华鑫非织造布公司为意大利STP公司的设备,张家港骏马化纤股份公司为美国Nordson公司的设备。另外,温州昌隆公司有一条自制SMS在线复合生产线,但其M头是从日本进口的。

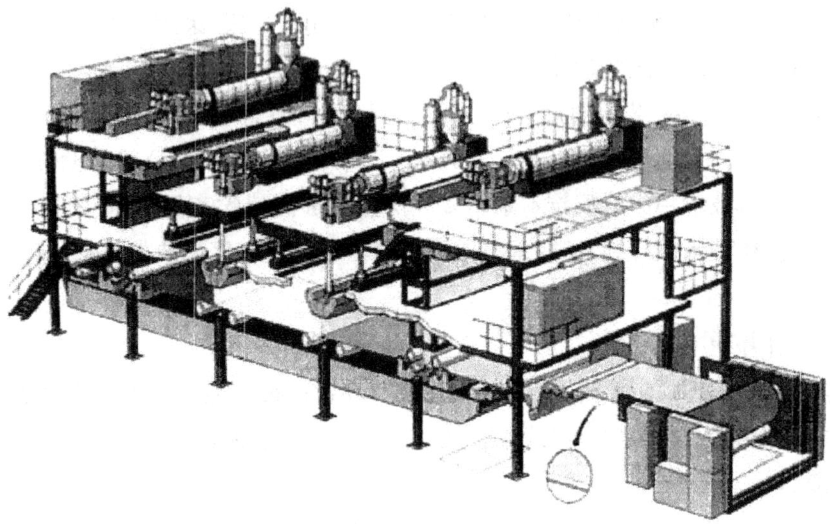

图 3－8－15　Reifenhause 公司的在线复合 SMMS 生产线示意图

（二）离线复合

离线复合工艺是指先由纺黏和熔喷两种工艺分别制得纺黏法非织造布和熔喷法非织造布，再经过复合设备将两种非织造布复合在一起，形成 SMS 复合非织造布，即所谓的二步法 SMS。离线复合 SMS 要经过 3 套设备，由纺黏生产线生产出纺黏法非织造布，由熔喷生产线生产出熔喷法非织造布，再将两层纺黏法非织造布中间夹持一层熔喷布，通过专门的热轧复合机热轧或者超声波黏合成三层复合材料 SMS，如图3－8－16所示。

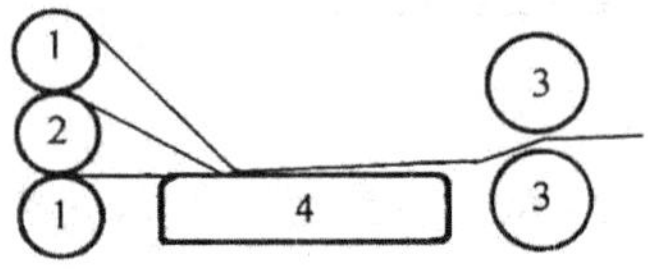

图 3－8－16　离线复合原理示意图

1—纺黏法非织造布　2—熔喷法非织造布

3—热轧辊　4—成网帘

离线复合生产的 SMS 产品的优点是灵活性高，投资小，见效快，适于小订单生产，也适于复合熔喷法非织造布含量高的产品，可提高复合材料的过滤、耐静水压等性能。

离线复合 SMS 产品的缺点是产品性能不够理想，如单独生产的熔喷法非织造布，因没有纺黏法非织造布的支撑作用，熔喷工艺难以灵活调整，很难改善产品的透气性、耐静水压等性能，而且熔喷法非织造布的强力低，受力拉伸后熔喷的 3D 结构容易破坏，因此离线 SMS 产品中熔喷法非织造布的克重很难降下来，产品的阻隔性和耐静水压能力也会因熔喷布受拉伸略有损失，这样复合的 SMS 产品，其均匀性很难得到控制。另外，离线复合 SMS 产品经过 3 次黏合，产品的透气性大大降低。

（三）一步半法复合

鉴于一步法 SMS 设备投资大、二步法 SMS 产品克重高的缺点，国内的一些企业已经开发出了一步半法 SMS，即一层纺黏法非织造布退卷随成网帘送到熔喷区和熔喷布结合后，再叠加一层纺黏布，最后通过热轧辊复合的工艺。这种设备投资较一步法 SMS 小，工艺比一步法 SMS 灵活，而且由于熔喷法非织造布是在线生产，不需要通过收卷、退卷工序，即使是低克重的熔喷法非织造布，由于有纺黏法非织造布支撑，其结构也不会破坏，这样就有效解决了二步法 SMS 产品克重高的缺点。其生产原理如图 3－8－17 所示。

一步半法复合具有一定的创新性，它解决了离线不能生产低克重产品的壁垒，如果使用低克重的小轧点纺黏法非织造布在线复合，产品外观与在线复合产品相当接近；工艺调节灵活，如可以通过更换不同颜色、克重的纺黏法非织造布灵活改变产品品种，但是由于复合用的纺黏法非织造布上有轧点，会对产品透气性有些影响。此外，纺黏法非织造布作为底层，纤维密度比纺黏纤网大，纺黏法非织造布上有轧点，这样就增加了熔喷区真空抽吸系统的负担。

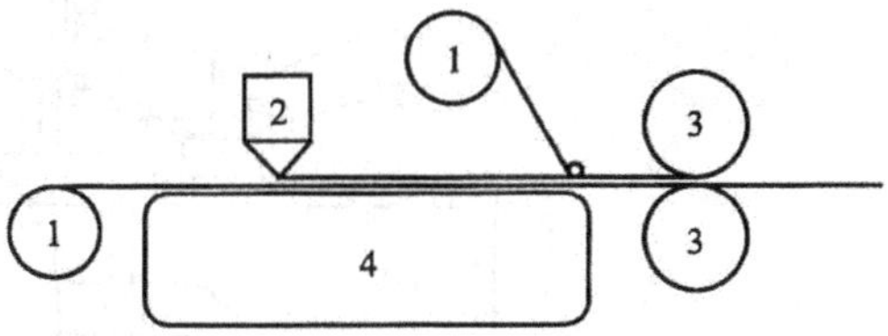

图 3－8－17　一步半法复合原理示意图

1—纺黏法非织造布　2—熔喷装置

3—热轧辊　4—成网帘

三、Reifenhauser 的 ReicofilⅢ在线复合生产线的组成和结构

（一）工艺流程

Reifenhauser 的 ReicofilⅢ生产线的工艺流程如图 3－8－18 所示。

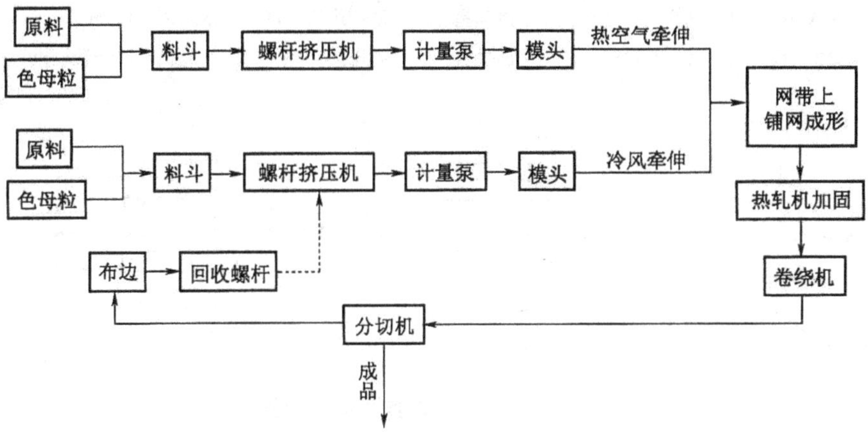

图 3－8－18　ReicofilⅢ的工艺流程图

（二）设备特点

Reifenhauser 公司的 ReicofilⅢ生产线的最大特点是组件式结构，简称 SMXS 生产线（其中 X 可以是 S 或 M）。复合设备总体图如图 3－8－19 所示。

“X”的组件可以是纺黏或熔喷，即可以是 SMMS 或 SMSS。这种设计使设备有了很大的灵活性，通过更换组件，可以生产不同的产品，以便满足不同的客户要求，增加该设备的市场占有量。但对于生产厂家来讲，更换组件并不容易，组件的价格不便宜。如果那样做，无疑增大了资金的投入和产品调试的时间。该设备的组件式结构还有一个重要特点，即熔喷装置可以设计成向上转移，这样便于维修。图 3－8－20 就是熔喷组件移动的示例。

对于这种组件式结构，只要加上一个附加标准组件，即熔喷的平行输送和改向装置，就可以进行纺黏（双束）和熔喷两者的平行生产，并具有所需要的灵活性。标准组件的其他工艺，如梳理、层压、

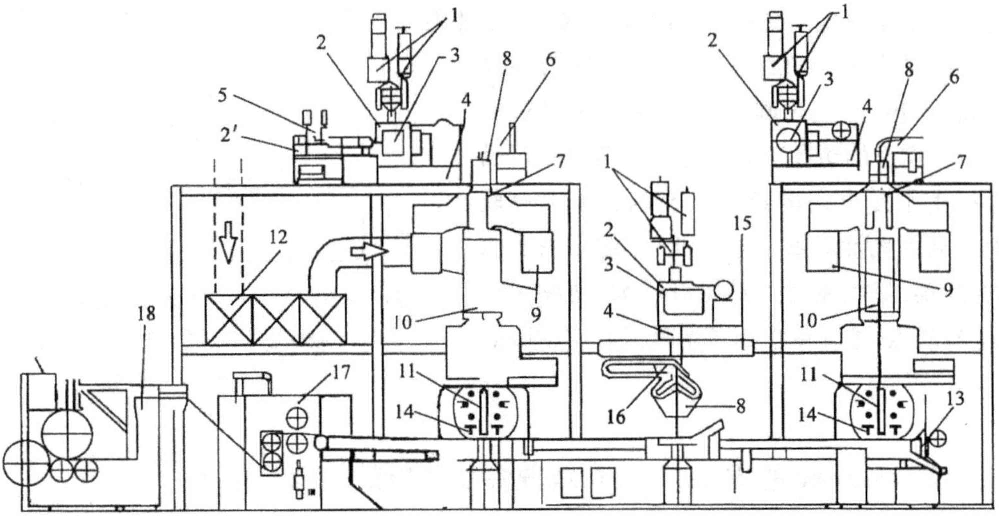

图 3-8-19　复合设备总体图

1—真空吸料泵　2—螺杆挤压机　2′—小螺杆　3—过滤网　4—计量泵　5—边料回收
6—单体管　7—风管　8—模头　9—冷却室　10—牵伸风道　11—扩散风道　12—冷却风机
13—挡风辊　14—热水辊　15—推出平台　16—高压热空气　17—热轧机　18—卷绕机

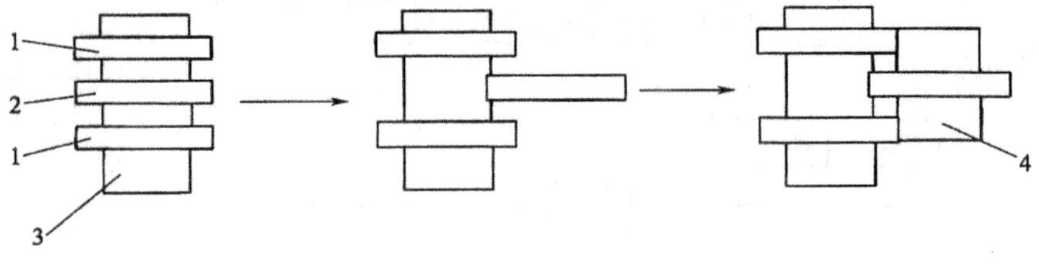

图 3-8-20　熔喷组件移动示例

1—纺黏组件　2—熔喷组件　3—网带　4—熔喷接收网

铸膜等，都可以很容易地嵌入，可以嵌入 SMS 生产线之内，也可以嵌入单独的熔喷系统中。这样的设计可以使设备的运行费用降低，因为除了大量订单的单一产品外，专用市场也正在兴起，这就需要较小和灵活的生产线，这正好是一种合理的解决方案。这种设备的优点是：

（1）生产能力高。它的线速度超过 350m/min，最高可达 400m/min。产量为 20t/天，年产量可达 9000t，是目前国内生产能力最高的非织造布生产线。

（2）能量消耗低（约 1.2kW · h/kg）。

（3）产品质量高。

（三）设备组成

下面分别介绍 ReicofilⅢ型的纺黏和熔喷设备的结构。

1. 纺黏设备　真空泵吸料系统将不同的原料吸入并送入螺杆挤压机，挤压熔融后的熔体经过滤网到达由齿轮控制的计量泵中。经严格计量后的熔体送入纺丝组件进行纺丝。纺出的丝束先经过冷风管吹出的冷风进行冷却,冷却后的丝束经过牵伸通道后被牵伸成细丝,然后铺置在成网帘上,其设备组成如图 3－8－21 所示。

2. 熔喷设备　真空泵吸料系统将不同的原料吸入,送入螺杆挤压机中。熔体经过滤网过滤后由计量泵进入熔喷模头的喷丝孔中,左右两股热气流经过喷丝孔左右侧的喷气槽高速喷出。由喷丝孔挤出的熔体细丝受到该高速热气流的喷射、拉伸作用,同时,室温冷却气流从喷丝头两侧带入该热气流,对纤维冷却,在成网帘上形成超细纤维网,其设备组成如图 3－8－22 所示。

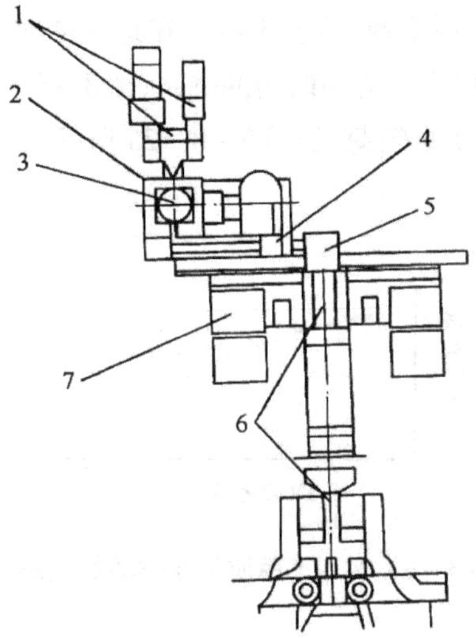

图 3－8－21　纺黏设备组成

1—真空泵吸料系统　2—螺杆挤压机

3—过滤网　4—计量泵　5—纺丝组件

6—牵伸通道　7—冷风管

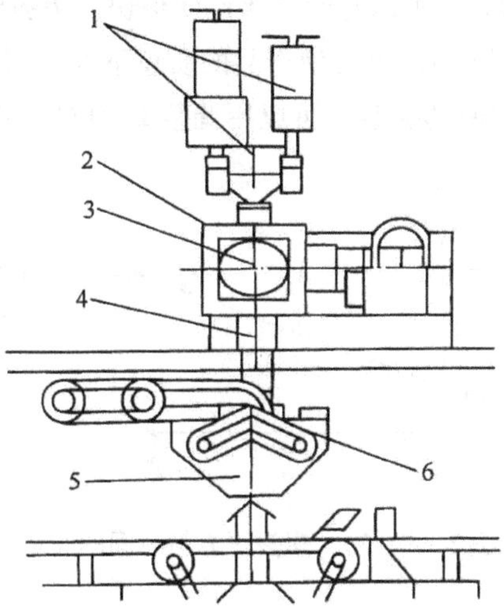

图 3－8－22　熔喷设备组成

1—真空泵吸料系统　2—螺杆挤压机

3—过滤网　4—计量泵

5—模头　6—热气流

(四)部分工艺

1. 原料　纺黏生产线采用的原料一般以 PP(聚丙烯)为多,也有采用 PET(聚酯)的,但相对来说要少得多。由于 PP 价格低,且不需要干燥设备,所以大多纺黏生产线采用 PP。PP 有很多规格,大多以熔融指数为主要选择参数。原料的熔融指数不同,在产品加工中的工艺参数就不同,所消耗的能量也不同。熔融指数小,熔体的流动性就不好,要将等量的熔体在等时间内挤出,纺丝泵要增大输出的功率,消耗更多的能量。另外,在牵伸部分,若采用熔融指数小的原料,牵伸的效果会变差,纤维的线密度会受到很大影响。如果要达到大熔融指数原料所加工的线密度,就要增大牵伸风的速度和风量这就增大了额外的能量消耗。相反,熔融指数太大的话,其流动性会很好,但在牵伸时极易发生毛细断丝现象。所以,尽管 ReicofilⅢ型纺黏设备所能加工 PP 的熔融指数在 12～35g/10min 之间,但在加工中,所用原料的熔融指数还是限定在 35g/10min 左右,所有的工艺参数也都是在这一前提下确定的。由于熔喷生产线是高温高速气流带动熔体高速喷出,所以必须采用熔融指数大的 PP 原料。国内的熔喷生产线大多采用传统的 PP 原料,其熔融指数在 35g/10min 左右,所以其生产速度不可能很快。而 ReicofilⅢ型熔喷设备必须和整台设备的生产速度相匹配,即熔喷的生产速度要跟上纺黏的速度,故它不能使用传统的 PP 原料。一般使用原料的理想熔融指数为 400～1200g/10min。但该设备的生产速度很高，所以原料的熔融指数应为 800～1200g/10min。目前，国内还不能生产这种高熔融指数的 PP，而只能依赖进口。此外，在生产中两种原料决不能混用，否则，纺黏生产过程中会发生断丝、缠辊现象，使生产中断；熔喷设备会堵塞喷丝孔，在布的表面形成纵纹。

2. DCD（从喷丝板到成网帘的距离）　纺黏设备的 DCD 很大，一般是一个固定值，无法调节。而熔喷设备的 DCD 是可调节的。DCD 是熔喷法非织造布质量控制的重要参数。熔喷设备的熔喷模头孔径很小，只有 0.5mm，且只有 1 排喷丝孔。虽然模头的压力只有 1.5×10^6Pa，但原料的熔融指数却是 800g/10min，所以它的纺丝速度很快。熔喷模头一般要 4 周更换、清洗 1 次。在这 4 周时间内，不能因为时间 t 的推移而使产品的质量下降。图 3－8－23 为模头压力与时间的关系，图 3－8－24 为产品质量与时间的关系。可以用调整 DCD 的大小来解决产品质量问题，如图 3－8－25 所示。

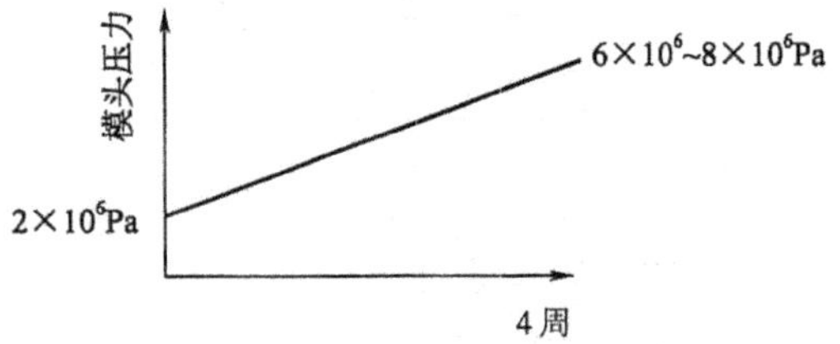

图 3－8－23　模头压力与时间的关系

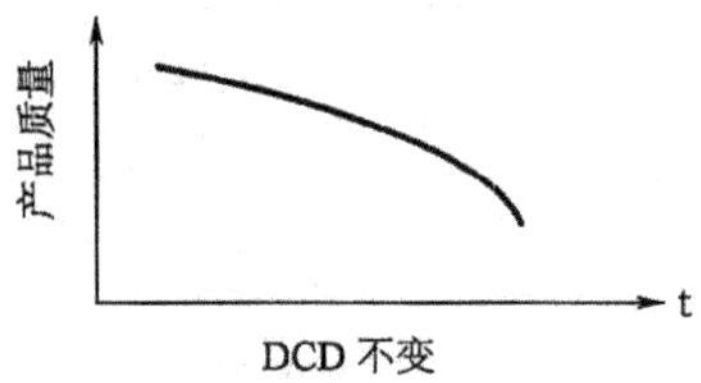

图 3－8－24　产品质量与时间的关系

图 3－8－25　调整 DCD 后产品质量稳定

四、ReicofilⅢ型与ReicofilⅡ型纺黏设备的比较

ReicofilⅢ型与ReicofilⅡ型纺黏设备的大部分构件结构组成是相同的，但是ReicofilⅢ型在许多方面进行了改进，提高了生产率和产品质量，ReicofilⅡ型与ReicofilⅢ型纺黏设备的比较见表 3－8－3。

表 3－8－3　ReicofilⅡ型与ReicofilⅢ型纺黏设备的比较

项　目	设备类型	
	ReicofilⅡ型	ReicofilⅢ型
SAS－Plate	无	有
冷却区高度（mm）	563	700

续表

项　　目	设 备 类 型	
	Reicofil Ⅱ型	Reicofil Ⅲ型
牵伸区高度(mm)	2695	1797
扩散风道(mm)	1483	915
冷却风量(m^3/min)	24000	44000
喷丝孔数(孔)	18000	24000
喷丝孔直径(mm)	0.7	0.6
丝条速度(m/min)	2200	3500

1. SAS-Plate　由于纺黏设备采取的是狭缝负压牵伸,牵伸风道在工作时是密封的。时间久后,会有一定的灰尘、油渍等吸附在风道表面,在纺丝时会产生阻力,甚至可能会将丝阻塞在风道内,所以必须定期清洗风道。Reicofil Ⅱ型设备没有可调节位置的SAS-Plate构件,清洗风道时需将设备卸下,这增加了工作量和工作时间。正因如此,Reicofil Ⅲ型设备在基本不改变风道的基础上增加了SAS-Plate构件,如图3-8-26所示。在清洗风道时,构件可随时打开、关闭;除进行清洗风道之外,SAS-Plate也成了调节风道狭缝大小的构件。平时将风道狭缝调大(一般为25mm),避免因没有气流牵伸而发生废丝阻塞风道的事故;工作时将风道狭缝调小(一般为18mm),以利于牵伸。

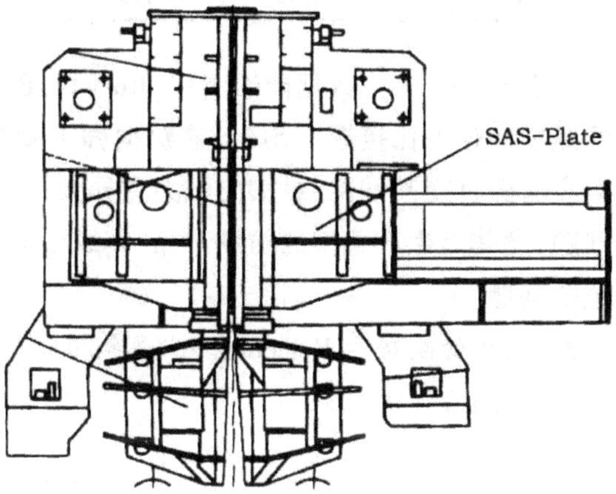

图3-8-26　SAS-Plate纺黏设备

2. *风道的改进(冷却、牵伸、扩散)*　由表3-8-3中可看出,Reicofil Ⅲ型增大了冷却风量和冷却区的高度,使丝条冷却的速度提高,冷却更充分。这是因为Reicofil Ⅲ型的产量比Reicofil Ⅱ型提高了近1倍(Reicofil Ⅱ型的产量约10t/a,这没有加上熔喷的量,仅仅是SS的比较)。从表3-8-3中还可看出,两者丝条的速度比为35/22,即速度增加了50%多。那么,风道内的冷却风量和冷却区的高度必须增加,否则无法满足丝条新的速度。但冷却风量和冷却区高度不能增加太多,如果熔体的温度过高,丝条会出现毛细断裂,致使纺丝中断;如果温度过低,可能出现"熔体破裂"现象,使丝条产生严重的畸变和表面粗糙,所以必须控制冷却的效果。Reicofil Ⅲ型把冷却风量增加后,使牵伸风量变大了,牵伸效果变好。如果使用原来的牵伸区高度,将会使纤维变得很细,易出现毛细断裂,所以设备把牵伸区高度降低了。这样有两点好处,一是不会使纤维牵伸得太细(纤维的线密度仍能达到0.11~0.13tex,大于Reicofil Ⅱ型所达到的最小线密度0.17tex);二是使设备的整体高度降低。

另外,Reifenhauser公司将Reicofil Ⅱ型扩散风道的专利技术进行了改进。首先是降低了扩散区的高度,由原来的1483mm降低到915mm,降低了568mm。其次,还适当改变了喇叭口的形状,稍微增大了喇叭口的开口。喇叭口中的气流在此扩散,一方面减速;另一方面形成紊流,紊流带动丝条进行杂乱铺网。增大喇叭口的开口和缩短它的高度，可相对降低气流速度，产生更大的紊流。这样就增加了横向铺网的概率，缩小了产品的纵横向强力比。经过测试，其产品的纵横向强力比为1.5:1，与ReicofilⅡ型相比较，其纵向强力略有下降，但横向强力增大了近1倍，见表3-8-4所示。

表3-8-4 ReicofilⅢ型与ReicofilⅡ型SS产品的强力对比

定量(g/m²)	ReicofilⅡ型			ReicofilⅢ型		
	断裂强力(N/5cm)		纵横向强力比	断裂强力(N/5cm)		纵横向强力比
	纵向	横向		纵向	横向	
14	33.33	16.33	2.04	30.50	18.67	1.63
18	37.84	18.69	2.02	35.33	21.79	1.62
21	40.92	19.83	2.06	44.47	27.06	1.64
33	71.00	42.67	1.66	74.01	68.24	1.08
60	172.60	77.58	2.22	127.25	72.00	1.78

从表3-8-4中数据能够看出，ReicofilⅡ型产品的纵横向强力比为2.1:1，而ReicofilⅢ型产品的纵横向强力比接近1.5:1。在纵向强力变化不大的情况下，横向强力增加了。非织造布产品如果没有经过交叉铺网，纵横向强力差异大，无疑是它的一个致命缺点，但国内外设备都能解决这一问题，尤其是生产薄型的纺黏产品，其纵横向强力比都能达到(2~3):1，该设备也能够很好地解决这个问题。

3. 风机的改进 ReicofilⅡ型的冷却风机在机器的右侧，ReicofilⅢ型改在了正前方，如图3-8-27所示。

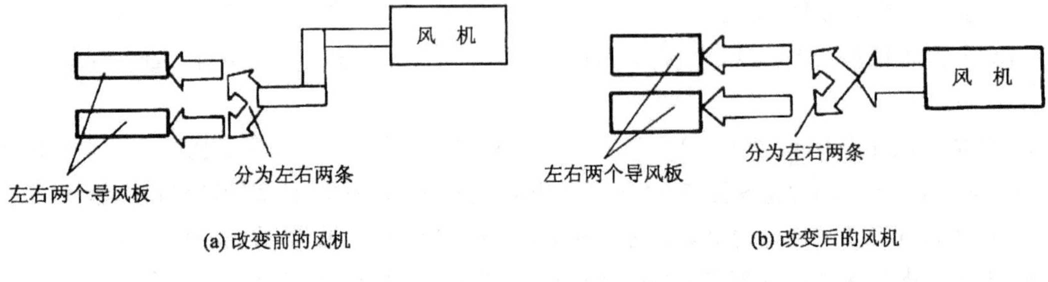

图3-8-27 改变前后风机位置示意图

冷却风机方向的改变能减少风机管道的弯道，因为每经过一个弯道，风机的风量就减少约20%。而风机的位置也由原来机器上的第三层改在了比第二层略高的地方。这样，由风机吹出的风直接对准了冷却风管，没有经过任何弯道，有效地利用了风机。另外，风机的冷风量由原来的24000m³/min提高到44000m³/min，几乎提高了1倍。所以，风机的输出功率和冷却系统的冷却工作效率也提高了约1倍。因冷却风量提高，再加上狭缝的补充风，要达到原设计的负压压力，网下吸风的吸风量也必须相应增大，其输出的功率也相应提高了。

4. 切片回收 ReicofilⅡ型生产速度较小，最大速度为200m/min，所以可以直接分切下卷。分切后的废边直接由吸风管道送入小螺杆，重新挤压熔融后送入大螺杆。而ReicofilⅢ型生产速度较大，最大速度为400m/min,不可能直接分切下卷,只能下几万米的大卷。然后再由1台高速分切机进行小卷分切。分切后的废边,拿到小螺杆处进行回收。从热轧机出来的布要经过很长一段时间才能回收废边,如果在此期间更换了产品种类(如加了不同颜色的色母粒),就只有将废边包装,留在以后生产相同产品时再进行利用。因此,Reicofil Ⅲ型的废边回收效率不如 Reicofil Ⅱ 型。

另外,Reicofil Ⅲ型整台设备的高度降低了,其 DCD 从 4.5m 降到 3.5m。机器高度的降低有以下优点:一是厂房的高度可降低(纺黏厂房通常都有十几米高);二是可以增强机器的可操作性;三是可降低设备成本。Reicofil Ⅲ型的产量比 Reicofil Ⅱ 型提高了 1 倍,除增加了纺丝速度外,还增加了喷丝孔数,由原来的18000 多孔增加到24000 多孔。当然,其他部件也要适当改变,如增大螺杆挤压机和计量泵的输出熔体量等,以使整条生产线匹配。

五、SMS 产品的特性和应用

SMS 复合技术充分利用了纺黏产品和熔喷产品的技术优势,大大扩展了非织造布的应用领域。SMS 产品既有纺黏层固有的高强耐磨性,同时中间熔喷层又提高了产品的过滤效率、阻隔性能、抗粒子穿透性、抗静水压、屏蔽性以及外观均匀性等,从而实现了良好的过滤性、阻液性和不透明性。

以 PP 为主原料的 SMS 复合非织造布具有如下的优异特性:布面均匀美观;高抗静水压能力;柔软的手感;良好的透气性;良好的过滤效果;耐酸、耐碱能力强。另外,还可以对 SMS 非织造布进行三抗(抗酒精、抗血、抗油)和抗静电、抗菌、抗老化等处理,以适应不同用途的需要。

正是由于 SMS 产品具有如此优异的特性,决定了其广泛的用途。

薄型的 SMS 产品,因为它的防水透气性,特别适用于卫生用品市场,如用作卫生巾、卫生护垫、婴儿尿裤、成人失禁尿裤等的防侧漏边及背衬等。

中等厚度的 SMS 产品,适合使用在医疗方面,如用作外科手术服、手术包布、手术罩布、杀菌绷带、创可贴、膏药贴等。也适合于工业领域,用作工作服、防护服等。在这部分市场上,过去一直是水刺法非织造布的天下,因其具有良好的柔软性、吸水性,且外观、性能最接近传统纺织品,曾一度得到推广并沿用至今,但水刺法非织造布抗静水压能力较差,阻隔能力也不够理想。在目前的医疗市场上,这两种产品用量基本相当。如今,SMS 产品以其良好的隔离性能,特别是经过三抗和抗静电处理的 SMS 产品,更适合作为高品质的医疗防护用品材料,在世界范围内已得到广泛应用。

厚型 SMS 产品,广泛用作各种气体和液体的高效过滤材料,同时还是优良的高效吸油材料,用在工业废水除油、海洋油污清理和工业抹布等方面。

☞ 思考题

1. 熔喷法非织造布的生产工艺原理是什么?
2. 熔喷法非织造布的特性及主要工艺参数有哪些?
3. 什么是非织造布复合生产技术?
4. SMS 离线复合和在线复合的优缺点分别是什么?

第九章 新型非织造布技术

本章知识点

1. 闪蒸法、静电纺丝法和膜裂法非织造布的原理。
2. 闪蒸法、静电纺丝法非织造布的制备工艺。
3. 闪蒸法、静电纺丝法非织造布的结构特点及应用前景。

随着非织造布生产技术的日益成熟和不断革新，非织造布产业将进入一个以超细纤维、纳米纤维等技术为代表的新的发展时期。

超细纤维通常是指单丝线密度小于0.3dtex的纤维，它是一种高品质、高技术含量和高附加值的新型纺织原料，其制品具有质地轻薄、手感柔软舒适、悬垂性好，比表面积大、吸附性强，保暖性、防水透气性能优异等特点，在衣着、家居、皮革和装饰材料等方面均有广泛应用。

纳米(nm)是一个长度单位，$1nm = 10^{-9}m$，纳米量级一般是指0.1～100nm的尺度范围，纳米材料是指在三维空间内至少有一维处于纳米量级的材料。在纳米量级的范围内，限域效应使物质产生许多新的特性，纳米材料的研制与生产正是对这种纳米效应的开发与应用。

纳米纤维从广义上而言，包括纤维直径为纳米量级的超细纤维，狭义上也包括将纳米微粒填充到普通纤维中对其进行改性的纤维。前者是真正意义上的纳米纤维(一维纳米材料)，由于其极大的比表面积和表面积—体积比所表现出的特殊性能，日益引起科学家们的重视。纳米纤维在纳米复合增强、过滤膜、组织工程支架、药物释放载体、光电器件等方面具有潜在的应用价值。

新型超细纤维及其非织造生产新技术的开发已成为国内外研究的一个热点，主要有以下几种制备方法：熔喷法、闪蒸法和静电纺丝法等。熔喷法前面已经介绍过，本章重点讲述闪蒸法和静电纺丝法新型非织造布生产技术。

第一节 闪蒸法非织造布

闪蒸法非织造布生产技术是美国杜邦公司于20世纪60年代初期开发出的一种新型非织造布生产方法，由于其特殊的成形方法，所得纤网中的纤维线密度极小，一般为0.1～0.3dtex，是一种超细纤维非织造布。目前世界上只有美国杜邦和日本旭化成两家公司生产，其商品分别为Tyvek和ルクサー。1955年，杜邦公司研究员White无意中发现了闪蒸纺丝法，深入研究该技术后，于第二年申请了专利。经过几年的技术改进，杜邦公司于1965年为该产品注册了商标Tyvek，1967年正式以该品牌生产产品进行商业销售。从此，Tyvek 独霸全世界的闪蒸法非织造布市场，历经 30 多年而长盛不衰。

一、闪蒸纺丝工艺原理

（一）干法纺丝工艺原理

闪蒸纺丝属于溶液纺丝中的干法纺丝。从聚合物溶液变成纤维的干法纺丝工艺过程如下：纺丝液由计量泵输送到喷丝头，经喷丝孔挤出的纺丝液细流进入纺丝甬道，在这里受到热气流的加热，使溶剂迅速挥发，丝条聚合物浓度逐渐升高，最后使丝条固化，接着以一定的速度卷取，使丝条拉伸细化而形成纤维。

一般成纤高聚物的熔点在其分解温度之上，熔融时要分解，不能形成一定黏度的、热稳定的熔体，但在某特定的挥发性溶剂中，它能溶解形成浓溶液，这类成纤聚合物就适合采用干法纺丝工艺进行纺丝。

（二）相分离原理

闪蒸纺丝最突出的现象就是相分离，如溶解过程中聚合物和溶剂在高温高压下搅拌转化为均相溶液；在低压室中，稍稍降低其压力，使溶液发生一定程度的相分离，形成两液相溶液，其中一相为富高聚物相另一相为富溶剂相；最后溶液由喷丝孔进入常温常压空气时，溶剂转化为蒸汽而迅速与聚合物产生相分离。聚合物溶液的相图曲线如图 3 –9 –1、图 3 –9 –2 所示。温度—浓度的曲线表明，聚合物溶液存在上临界共溶温度（UCST）和下临界共溶温度（LCST）。将图 3 –9 –1 中温度为 T_0 时所对应的相变化表示为图 3 –9 –2 所示的压力—浓度曲线，聚合物溶液存在上临界共溶压力（UCSP）。闪蒸纺丝利用聚合物的 LCST，以图 3 –9 –2 为例，聚合物溶液从 a 点到 b 点，压力逐渐减小，由均相变为两相，经喷丝口喷出，从 a' 点到 b 点，压力变化大小对网状纤维结构的形成有很大影响。具体数值要根据实际情况确定。总的来说，闪蒸纺丝的特点就是聚合物在高压下溶解而在低压下产生相分离。

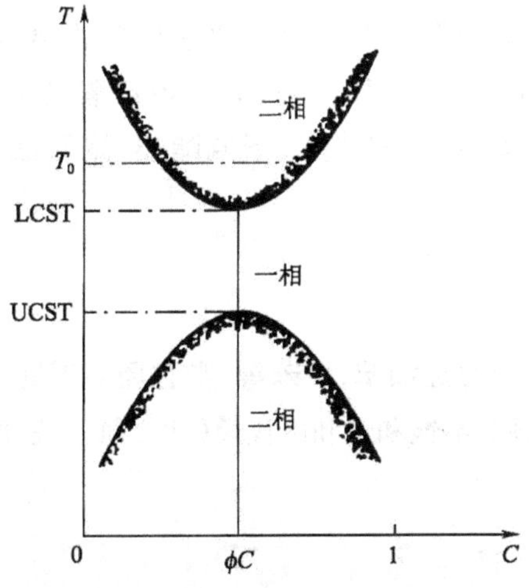

图 3 –9 –1　聚合物溶液温度—浓度相图曲线

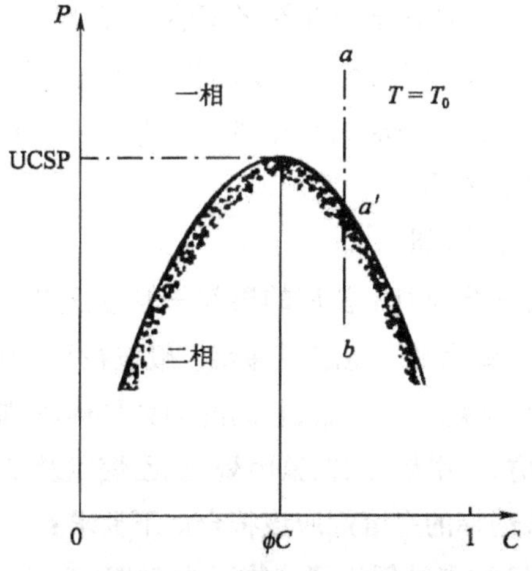

图 3 –9 –2　聚合物溶液压力—浓度相图曲线

(三) 超音速流原理

闪蒸纺丝喷丝口处的结构示意图如图3-9-3所示。聚合物在高温高压条件下溶解制备成一定浓度的均相纺丝溶液,送至 a 处,经减压节流孔进入减压室 b,此时由于压力降低,聚合物和溶剂产生相分离,其中一相为富高聚物相,另一相为富溶剂相。纺丝液由 b 点到 c 点时,压力降为常压,溶剂产生相转变,由液态转化为蒸汽,溶剂与聚合物产生相分离,在喷丝口处迅速膨胀,形成超音速流,聚合物由此而产生破裂且依靠速度梯度被超音速蒸汽流高速拉伸,相转换的同时,流体产生高速拉伸。在这个过程中,由于是绝热膨胀,溶剂需要吸收大量热量,温度猛烈下降,从而使得聚合物快速结晶冷却成高度取向的超细纤维丛丝。

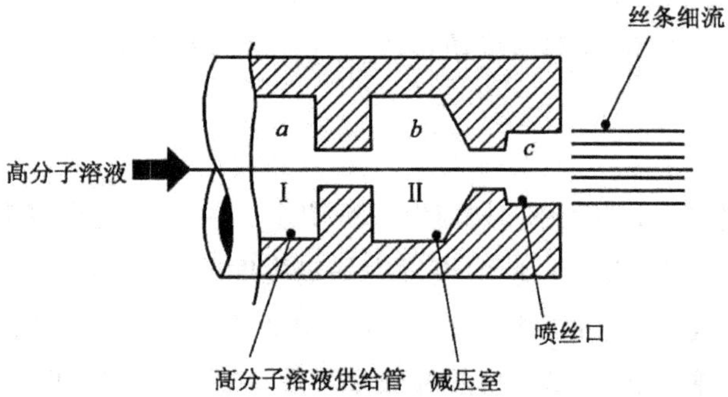

图3-9-3 闪蒸纺丝喷丝口处的结构示意图

二、闪蒸纺丝溶液的组成

(一)成纤高聚物

闪蒸纺丝使用的成纤高聚物一般为结构比较规整的聚烯烃,如线性高密度聚乙烯,聚丙烯以及聚甲基戊烯等,其中聚乙烯最为普遍。现在其种类更加丰富,如低密度聚乙烯、高密度聚乙烯、超高相对分子质量聚乙烯及烯类聚合物的共聚物;烯类聚合物与其他聚合物的混合物以及其他不饱和烯烃聚合而成的聚合物,如聚甲基丙烯酸酯类、聚丙烯酸类、聚乙烯乙酸酯类、聚环戊烯等;还可以采用聚酯类(PET、PBT、PBN等)、聚酰胺类、聚缩醛类、聚氨酯类、聚碳酸酯类、含氟聚合物等。

(二)溶剂

闪蒸纺丝液中使用的溶剂一般包括主溶剂和辅溶剂。

1. 主溶剂 主溶剂沸点一般应在0~100℃范围内,芳香烃如苯、甲苯等,脂肪烃如丁烷、戊烯、正己烷、庚烷、辛烷以及它们的同分异构体,脂环烃如环己烷、不饱和烃和卤代烃(如二氯甲烷、四氯化碳、氯仿、氯甲烷、三氯氟甲烷、氯乙烷以及二氯乙烯等)。

所选择的主溶剂应该符合如下要求:

(1)沸点需低于聚合物至少25℃。

(2)在其正常沸点或沸点以上时能溶解成纤高聚物,而在正常沸点或正常沸点以下最多溶解不到1%的成纤高聚物。

(3)在挤出温度下不与成纤高聚物发生反应。

(4)当温度为135～225℃,压强为5～20MPa的条件下能溶解成纤高聚物;

(5)若压强稍微减小,能发生快速相分离,形成两液相溶液,其中一相为富高聚物相,另外一相为富溶剂相;若压强进一步减小,则溶剂瞬间蒸发。

2. 辅溶剂 辅溶剂包括烷烃、环烷烃、卤代烃、醇类(如甲醇和叔丁基乙醇等)和一些气体(如氮气和二氧化碳等)。辅溶剂的主要作用是助溶、改变纺丝溶液浊点压强以及降低高聚物表面张力等。

3. 溶剂的选择 卤代烃是闪蒸纺丝的优良溶剂之一,特别是三氯氟甲烷,大部分工业生产的闪蒸纺非织造布都采用它作为主溶剂,但研究发现其会破坏大气中的臭氧层。目前杜邦一些科研人员正在寻找更好的代替溶剂。伍德尔发明了一种判定是否适合用于闪蒸纺丝溶剂的方法:将聚合物与一定数量的溶剂混合溶液(聚合物含量约占10wt%)密封在一个厚壁玻璃试管中(混合物所占体积为试管体积的1/3到1/2),并使混合物在自热的压强下加热,测试时温度通常是从约100℃到刚好低于被测液体的临界温度T_c(或者聚合物的分解温度,取较低的一个),若这一范围内的任何温度都没有在试管中形成一个单相的、可流动的溶液,那么溶剂的溶解力就偏低。如果在低于临界温度T_c的某一温度能够形成单相溶液,但该溶液在加热到更高的温度(仍低于T_c)时不能转变成具有两液相的液体,说明溶剂溶解能力偏高。可以通过添加辅溶剂来适当地调节溶剂的溶解性能,以使之适于应用。这里的临界温度是指物质处于临界状态时的温度,即加压力使气体液化时所允许的最高温度。在这一温度以上,物质只能处于气体状态,单用压缩方法不能使之液化。各种物质的沸点、临界温度等各不相同,表3－9－1列出了一些闪蒸纺丝溶剂的特性。

(三)添加剂

为了使闪蒸纺丝过程比较顺利或者给产品赋予某种特定性能,还需在纺丝液中加入其他添加剂,如成核剂、稳定剂、抗氧化剂、膨胀剂、染料和颜料等,如Harris等在聚乙烯中加入颜料,使得闪蒸法非织造片材具有更好的印刷性能。

三、闪蒸法工艺

闪蒸纺超细纤维非织造布是将成纤聚合物在高温高压条件下溶解制备成一定浓度的均相纺丝溶液,并使其在高压作用下进入低压室内,由于压力稍有降低而发生不完全相分离,随后纺丝溶液再快速经过喷丝孔,在喷丝口处迅速膨胀,溶剂发生相转变成为蒸汽与聚合物迅速产生相分离,且形成超音速蒸汽流,聚合物由此而产生破裂且被超音速蒸汽流高速拉伸,在这个过程中,溶剂需吸收大量热量,从而使得聚合物快速结晶冷却成高度取向的超细纤维丛丝;然后利用高速溶剂气流的冲击力,将超细纤维丛丝送至一个旋转分散盘中,由于受到旋转分散盘的阻挡作用,纤维丛丝改变方向向下面的传送带运动;最后通过电晕放电法对超细纤维丛丝施加静电场,使超细纤维丛丝带上同种静电荷,在拉伸的过程中相互排斥散开,通过摇摆装置,将开纤后的网状超细纤维丛丝进行堆积铺网,所得纤网经不同方式黏合加固,即得到闪蒸纺超细纤维非织造布。

表 3-9-1 一些闪蒸纺丝溶剂特性

溶 剂	沸 点(℃)	临界温度(℃)	临界压力(psi)	密 度(g/cm^3)
三氟氯甲烷	23.80	198.0	639.5	1.480
异丁烷	-11.75	135.1	529.3	0.577
丁烷	-0.45	152.1	551.0	0.600
环丁烷	12.55	186.9	723.6	0.694
2-甲基丁烷	27.85	187.3	491.6	0.620
2,2-二甲基丙烷	9.45	160.6	464.0	0.591
戊烷	36.1	196.6	488.7	0.630
环戊烷	49.25	238.6	654.0	0.745
2,2-二甲基丁烷	49.65	215.7	446.6	0.649
2,3-二甲基丁烷	57.95	226.9	453.9	0.662
2-甲基戊烷	60.25	224.4	436.5	0.653
3-甲基戊烷	63.25	231.4	452.4	0.664
己烷	68.80	234.4	436.5	0.660
甲基环戊烷	71.85	259.6	548.1	0.754
环己胺	80.70	280.3	590.1	0.780
2-甲基己烷	90.05	257.2	395.8	0.679
3-甲基己烷	91.85	262.1	407.4	0.687
庚烷	98.50	267.2	397.3	0.684
甲醇	64.60	239.5	1173	0.790
乙醇	78.30	240.8	890.3	0.789
丙醇	97.15	263.7	749.7	0.804
异丙醇	82.25	235.2	690.2	0.786
2-丁酮	79.55	263.7	610.5	0.805
特丁基乙醇	82.35	233.1	575.7	0.787
二氧化碳	升华	31.0	1070.1	

注 1psi=6.9kPa。

(一)纺丝液制备

纺丝液的制备是闪蒸纺丝工艺的重要环节。高聚物溶解的好坏,直接影响纺丝液的稳定性和可纺性,也将影响成品纤维的性质。闪蒸纺丝液与常规溶液纺丝液制备有较大差别,常规纺丝液选择的溶剂都是成纤高聚物的优良溶剂,可在常压下进行溶解;而闪蒸纺丝选择的溶剂在常压下不能溶解成纤高聚物,须在高温高压(高压反应釜中)下才能实现。闪蒸纺丝液的配置主要是要控制好纺丝液中成纤高聚物的浓度、温度和压力三者之间的关系。

图3-9-4是纺丝液温度和浓度的关系图。图中揭示了适合于闪蒸纺丝液的成纤高聚物浓度与温度的协同作用区域。曲线Ⅰ代表不同浓度的成纤高聚物在溶液体系中的固化曲线;曲线Ⅱ代表溶液中溶剂的临界温度 T_c,要获得理想的闪蒸纺超细纤维丛丝,纺丝液温度一般要高于 T_c-45℃(曲线Ⅲ),有时甚至高于 T_c,如果溶液添加成核剂,纺丝液温度也可以低于 T_c-45℃。曲线Ⅳ代表成纤高

聚物浓度的最低界限(约为2%),如果浓度低于2%,得到的纤维不连续且纤维中有溶剂残留。

曲线Ⅴ代表一系列边界条件。当溶液浓度和温度在曲线Ⅴ下方,那么将得到一些烧结的产品,如泡沫或粗糙纤维等。在曲线Ⅴ上方的A区域条件下,能获得理想的超细纤维丛丝,而B区域只能获得一些多孔片膜。曲线Ⅵ是获得理想的超细纤维丛丝和多孔片膜的分界线,一般来说,低温高浓度的纺丝液对获得多孔片膜有利,而区域A则被认为是获得理想的超细纤维丛丝溶液浓度和温度的初始条件。

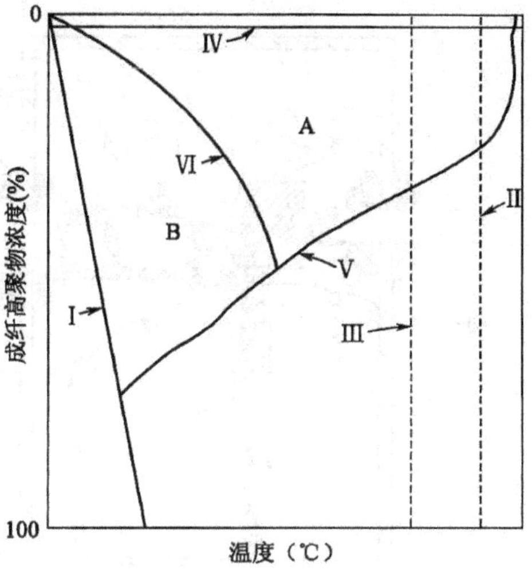

图3-9-4 纺丝液温度和浓度的关系图

纺丝液的压力由溶剂在加热密闭容器中自身产生的压力和通过注入惰性的气体(如N_2等)施加的压力组成。纺丝液的压力大小与所用溶剂、溶液浓度和温度有很大关系,一般必须要保证设定压力高于溶液的浊点压力。所谓浊点压力是指单相溶液开始转变为富溶剂相和富高聚物相两种液相分离时的压力在单一溶剂的溶液体系中,纺丝液的浊点压力与温度一般成正比关系,即温度越高,溶液浊点压力越大。另外,浊点压力的大小可以通过辅溶剂来调节,例如要提高浊点压力,可选择成纤高聚物的不良溶剂或者溶解性能低的辅溶剂。图3-9-5是纺丝液温度和浊点压力的关系曲线,分别是采用甲醇和二氧化碳提高聚乙烯溶解戊烷溶剂中的浊点压力。

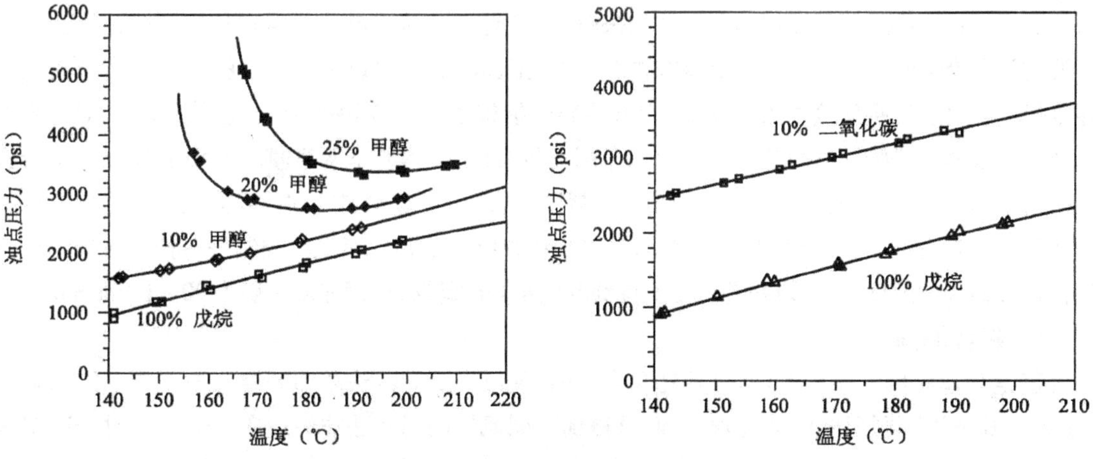

图3-9-5 纺丝液温度和浊点压力的关系曲线

为了赋予纤维某些功能,纺丝溶液中有时也加入一些别的助剂,如阻燃剂、抗静电剂等。

(二)过滤

为了防止喷丝孔堵塞和挤出液流紊乱,纺丝液溶必须均匀,且不含有任何未溶物、溶胀物以及其他杂质,所以纺丝液必须经过过滤。压滤机是适合于溶解高黏度溶液、含有微量微粒子的过滤装置一般都需在一定的温度下进行过滤。

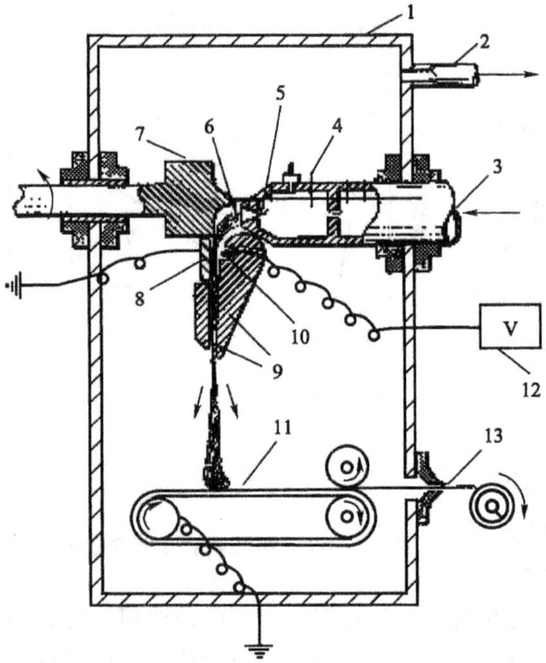

图 3-9-6　闪蒸法非织造布生产装置图

1—纺丝箱　2—通风口　3—纺丝液入口　4—低压室　5—纺丝孔　6—纤维网络膜丛丝　7—旋转变流器　8—导电板　9—护罩　10—放电针头　11—纤网　12—电源　13—非织造布

(三)纺丝成形

图3-9-6为闪蒸法非织造布生产装置图。整个生产过程是在一个纺丝箱内进行的。已经配制好的均一纺丝溶液从纺丝液入口进入纺丝组件,在高压的作用下,纺丝液进入低压室内,在此,纺丝液将由于压强略有降低而发生相分离。低压室内装有压强传感器,以控制适当的压强。随后,纺丝液再快速经过纺丝甬道呈梯形状的纺丝孔,在此过程中,纺丝液受到的高压作用将产生外延流体,这有利于高分子链取向。当纺丝溶液从纺丝甬道喷射出时,主溶剂将以气体的形式快速向外膨胀,膨胀出去的主溶剂气体将经过通风口,其经过处理又变成液态以便回收利用。留下来的固体物质便是结构错综复杂的纤维网络膜丛丝。

(四)静电分丝铺网

为了把闪蒸纺丝得到的丝条制成非织造布,必须对丝束进行开纤,使其分散成为网状纤维,以增加纤维的比表面积并有利于形成均匀的纤网。当纤维网络膜丛丝被纺丝孔释放出来时,由于受到旋转变流器的阻挡作用,其将转变方向,向着下面的传送带运动。旋转变流器上装有护罩,护罩上面的凹口内装有呈放射状分布的多个放电针头与导电板。当放射针头外接高压电源(5~20kV)导电板接地时,在其中间将产生放射电场,对纤维网络膜丛丝电晕放电。纤维网络膜丛丝在静电的作用下将带电,使得纤维网络膜丛丝中的纤维由于带有同种电荷而互相排斥,纤维网络膜丛丝于是向两边展开,构成一张很宽的纤网。因为旋转变流器可以左右来回旋转,再加上护罩的夹持作用,使得整张纤网沉积在接地的传送带上。控制好旋转变流器的旋转速度和传送带的传送速度,就可以在传送带上得到厚度不同的纤网,成网速度一般为90~100m/min。

(五)黏合加固

经静电分丝铺网后,纤网再通过热轧黏合加固,便可得到闪蒸法超细纤维非织造布。控制热轧温度、压力以及采用不同形式的热轧辊处理,可得到不同风格的闪蒸法非织造布。若由一对光面辊进行热轧处理,得到的是面黏合的"硬"型产品,随着热轧温度和压力的提高,产品硬挺度也有所增加。若用花纹辊与光面辊配合进行热轧,得到的是点黏合"软"型产品,在非织造布上具有浮雕花纹,手感柔韧。

(六)溶剂回收利用

干法纺丝所使用的溶剂必须回收,以降低消耗,防止污染环境,减少爆炸或火灾。目前,杜邦公司主要是应用密闭性较好的纺丝箱体,在纺丝过程中将溶剂蒸汽从箱体顶部吸出,经冷凝后实现回收利用。

四、闪蒸法非织造布的性能特点及用途

(一)性能特点

闪蒸法非织造布是一种杂乱的纤维网状材料,如图3-9-7所示,组成该非织造布的超细纤维丛丝是由长短不一、厚度小于4μm、宽度小于25μm的薄带状小纤维膜组成,小纤维膜在网络结构上基本都是沿同一空间方向纵向排列着,并且它们在长、宽以及厚度方向上的不规律连接与分离,形成了一个整体的三维网络超细纤维丛丝,如图3-9-8所示。

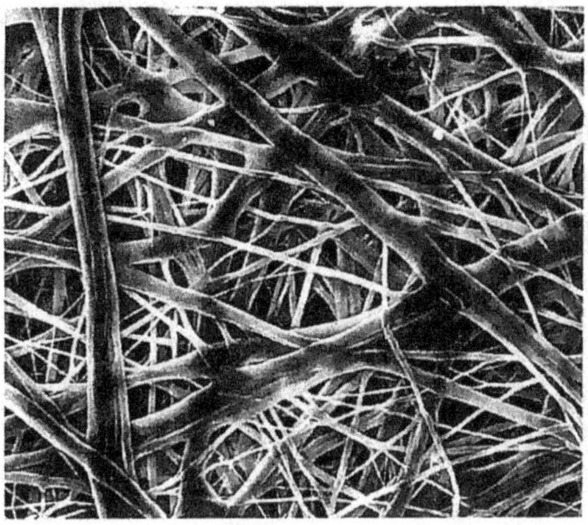

图3-9-7 闪蒸法非织造布

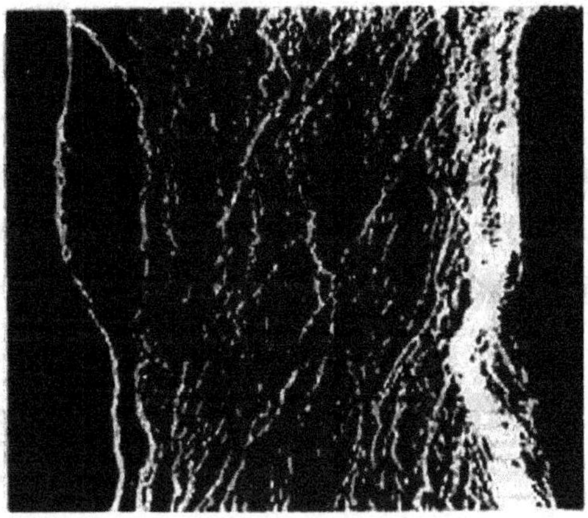

图3-9-8 超细纤维丛丝

闪蒸法非织造布的主要性能如下:

(1)纤维线密度可达0.11dtex,具有优良的防水透气性,浸在水中不影响其物理性能。

(2)生产纤维连续,产品强度高,抗撕裂性、耐穿刺性、耐破裂强度是其他方法生产聚丙烯非织造布的2~3倍,是牛皮纸的6倍。

(3)片材一般不起毛,不产生尘埃。

(4)纤维保持单根状态,使得闪蒸法非织造布产品质地均匀,表面光滑,尺寸稳定性好,不透明度高,非常利于印刷。

(5)进行防静电处理后,可防止静电蓄积。

(6)轻盈,手感好。

(二)产品用途

闪蒸法非织造布的著名品牌是美国杜邦公司的Tyvek,现有Tyvek-10、Tyvek-14、Tyvek-16等系列产品。Tyvek-10是硬型产品,它表面光滑、坚挺,是风格似纸一样的片基。Tyvek-14、Tyvek-16为软型产品,其中Tyvek-16是针孔型,布面具有众多直径为0.25~0.38mm的小孔,比Tyvek-14有更好的透气透湿性,质地柔软,悬垂性好,用它制作衣服较为舒适,但其对尘粒和细菌的阻挡性较差。

Tyvek的用途主要有:

(1)可用于医用防护材料。其质地轻盈,透气性好,穿着舒适,特别是作为医生的手术衣,可以避免手术时的血液、体液污染;由于Tyvek不起毛,可在很大程度上降低因纤维携带细菌接触伤口引起的破伤风。值得一提的是,我国"非典"期间非典隔离区医护人员就采用了美国杜邦公司用闪蒸法生

产的非织造布隔离服、口罩,保护了医护人员的生命安全。

(2)用于制作航海图、航空图、野外地图、军用图表、专递快件的信封、书籍封面、化学药品容器上的标签、户外标语和海报、旗帜。Tyvek 不怕风吹雨打,是在恶劣环境下使用的理想材料。

(3)Tyvek 对粉尘有良好的阻拦作用,对粒子直径为 0.5 ~ 3.0μm 的粉尘的阻挡率 >99%,对直径为 3.5 ~ 5.0μm 的粒子的阻挡率达 100%,用其制作防护工作服,对油漆、石棉和玻璃纤维等有害粉尘,其防护效果尤佳。

(4)Tyvek 不易起毛,柔韧,适合制作磁盘和唱片的保护套,也可用于医疗器械和医药制品的消毒、无菌包装。

(5)Tyvek 易于印刷,色彩鲜艳,轻盈,强度高,可用于户外活动服、旅游服装、旅行袋等旅游用品。

(6)Tyvek 可用作农用薄膜和温室栽培材料,以防止地表温度和温室内温度的升高,特别是在夏季高温期,更有助于农作物的生长,可提高作物的产量和质量。

(7)Tyvek 可与其他材料复合制作包装材料,具有较高的强度和透气性,特别适用于需频繁装卸的远洋运输业。

第二节 静电纺纳米纤维非织造布

目前,静电纺丝技术是制造纳米纤维最重要的方法。这一技术的核心,是使带电荷的高分子溶液或熔体在静电场中流动与变形,然后经溶剂蒸发或熔体冷却而固化,得到纤维状物质,这一过程称为静电纺丝,或简称电纺或电子纺。静电纺纳米纤维很难单独收集,基本上是以非织造布的形式出现。美国得克萨斯科技大学 Ramkumar 等认为,纳米材料将是非织造布生产中未来的热潮。他们预计,2015 年全球纳米非织造布市场将达到 900 亿美元。

早在 1934 年,美国人 Formalas 就已提出静电纺丝技术,并申请专利。1966 年,Simons 申请了由静电纺丝法制备超薄、超轻非织造布织物的专利。特别是 20 世纪 80 年代以后,由于纳米技术的升温,静电纺丝研究受到了广泛的关注。2004 年,捷克利贝雷茨技术大学正式宣告该大学与爱勒马公司合作生产的纳米纤维纺丝机"纳米蜘蛛"问世,为纳米纤维工业化生产奠定了基础。

一、静电纺丝原理

静电纺丝是高分子流体静电雾化的特殊形式,与之不同的是,静电纺丝雾化中分裂出的物质不是雾滴,而是微米级,甚至纳米级纤维。静电纺丝技术的原理可参见图 3 - 9 - 9 加以说明:在静电纺丝工艺过程中,将聚合物熔体或溶液加上几千至几万伏的高压静电,从而在毛细管和接地的接收装置间产生一个强大的电场力。当电场力施加于液体的表面时,将在其表面产生电流,相同电荷相斥导致了电场力与液体的表面张力方向相反。这样,当电场力施加于液体的表面时,将产生一个向外的力,对于一个半球形状的液滴,这个向外的力就与表面张力的方向相反。如果电场力的大小等于高分子溶液或熔体的表面张力时,带电的液滴就悬挂在毛细管的末端并处在平衡状态。随着电场力的增大,在毛细管末端呈半球状的液滴在电场力的作用下将被拉伸成圆锥状,这就是泰勒(Taylor)锥。当电场力超过一个临界值后,它将克服液滴的表面张力形成射流,喷射细流在外加电场中发生不稳定运动(如

"鞭动")并分裂,同时溶剂挥发或熔体固化得到纳米纤维,并落在接收装置上,形成纳米纤维非织造布。从纺丝过程的本质上看,静电纺丝与干法溶液纺丝和熔体纺丝过程极为相近,只是其驱动力为静电力,因而称为静电纺。

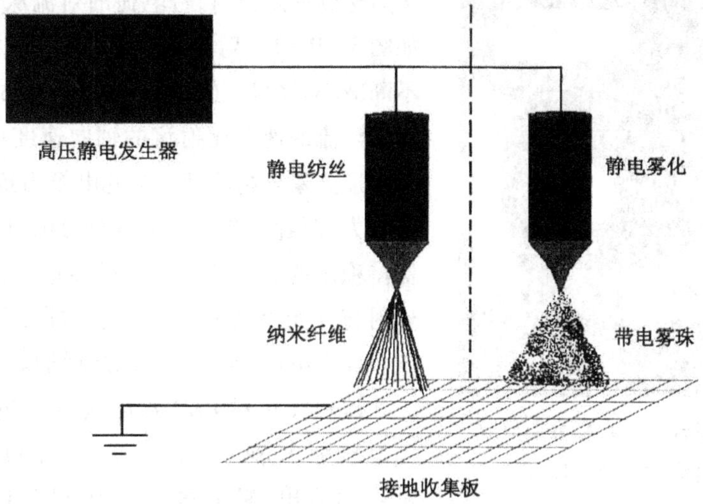

图3-9-9 静电纺丝和静电雾化过程示意图

二、静电纺丝过程

静电纺丝的理论分析涉及物理学、化学工程的不同分支,主要包括静电学,电流体动力学,流变学,空气动力学,湍流,固—液表面的电荷输运、质量输运和热量传递等,十分复杂。典型的静电纺丝过程可分为三个阶段:聚合物射流的产生和射流沿直线的初步拉伸;射流不稳定性的产生及进一步拉伸;射流固化收集。

(一)聚合物射流的产生和射流沿直线的初步拉伸阶段

在静电纺丝过程中,高分子溶液在毛细管顶端的液滴,在液滴表面电荷间的斥力和表面张力的共同作用下将呈凸形的半球状。液滴表面上施加某一电压,液滴曲面的曲率将逐渐改变。1964 年 Taylor 研究发现,当电压达到某一临界电压值 V_C 时,半球状液滴将变成锥形,其锥形的角度大约为 49.3°,这一带电的锥体称为 Taylor 锥。假定液滴周围是空气,液滴内的流体是稍有导电性的简单分子,临界电压值 V_C 可由下式确定:

$$V_C=\frac{4H^2}{L^2}\left(\ln\frac{2L}{R}-\frac{3}{2}\right)(0.117\pi\gamma R)$$

式中:H——毛细管末端与接受装置之间的距离,cm;

L——毛细管长度,cm;

R——毛细管半径,cm;

γ——液体的表面张力,dyn/cm。

悬挂于毛细管出口的半球形液滴发生雾化的最小电压 V 为:

$$V=300\sqrt{20\pi r\gamma}$$

式中：r——悬挂液滴的直径，cm。

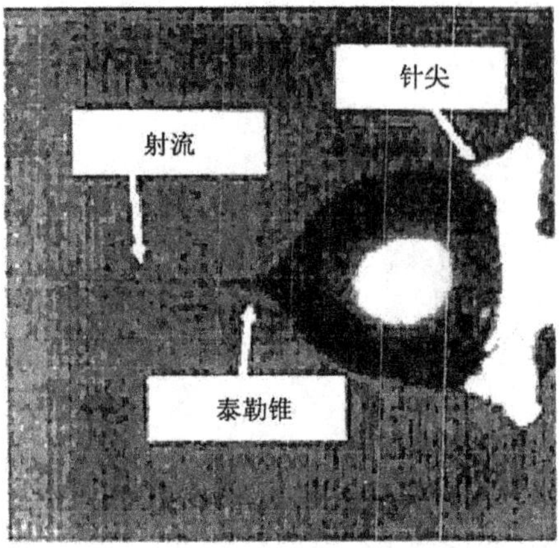

图 3-9-10　聚合物从泰勒锥顶形成射流的光学照片

随着电场强度增加，Taylor 锥沿直线拉伸变形，当电场力达到一定值时，带电荷的射流从 Taylor 锥顶端喷出，如图 3-9-10，射流在电场中沿直线加速运动，射流直径不断减小。电荷通常表现为离子形式，离子在聚合物溶液中漂流的速度比射流的轴向速度小，可把所受的电场力传递到聚合物溶液。与此电场力抗衡的是射流的伸长黏性力，两者的合力产生纵向的拉力，使射流在初始阶段保持稳定的直线运动。这样经过一段距离之后，静电纺丝射流开始经历拉力松弛。这段距离的长短由电压决定。增大电压，距离也将随之增加。

Deitzel 在对 PEO 水溶液电纺过程的研究中发现，当电压为 5.5kV[图 3-9-11(a)]时，射流从 Taylor 锥顶端喷出，随着电压增加到 7.0 kV[图 3-9-11(b)]，Taylor 锥收缩到毛细管里，射流从毛细管中的 Taylor 锥顶端喷出。Shin 也在 PEO 水溶液电纺过程增大电压，Taylor 锥很难观察到，射流好像直接从毛细管顶端发出。稳定的射流由凸形转变为凹形，射流逐渐移到毛细管的边缘。在离开 Taylor 锥之后，在纺丝头半径 2～3 倍距离的下游，细流十分相近。

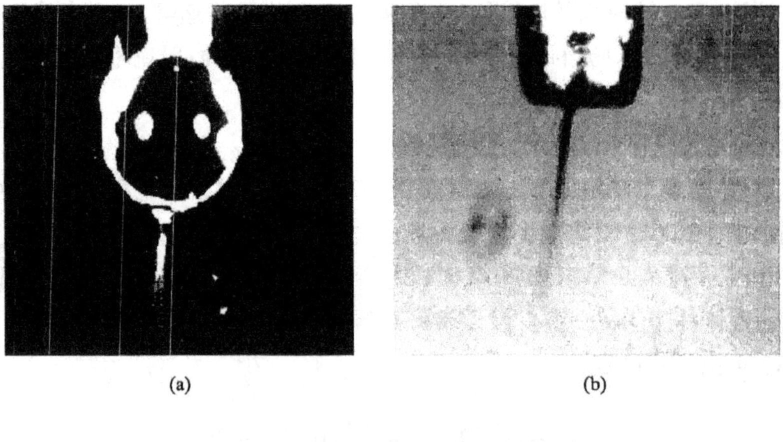

(a)　　(b)

图 3-9-11　电压增大初始射流变化情况

(二)射流不稳定性的产生及进一步拉伸阶段

当曝光时间在毫秒级时，在 PEO 水溶液电纺过程中，射流在电场中直线运动几厘米后，又出现一个锥状体为“倒锥体”，形成不稳定区，如图 3-9-12(a)所示。以前人们认为这是细流分支产生的，即当射流直径小到发生拉力松弛时，其携带电荷所受的法向力大于射流的黏性力，射流将裂分成许多直径相近、所携带电荷也近乎相同的细小射流(也有人称此为不稳定区)。那些裂分后的射流彼此互相排斥,从而得到一横向速率,所有射流的轨道呈放射状,呈现出所谓的倒锥体。Shin 等通过实验证实上述说法并不完全正确,他们采用高倍摄像机,曝光时间为 18ns 时,观察到"倒锥体"实际是"鞭动"不稳定性造成的,如图 3－9－12(b),它不是由细流的分支组成的,而是由流体中心线的快速波动引起的,这是多级螺旋高速行进引起的光学错觉。Reneker 等用高速摄影机拍摄纺丝过程中发现,所形成纤维的方向,并不是从喷丝口到接收屏的方向,而是与这个方向垂直。也就是说,纤维飞行的路径,是环绕这个方向的螺旋。他们从理论上计算出了这种螺旋的飞行轨迹。这些高速摄像和理论计算的结果说明,从纺丝口至接收屏之间,纤维是连续的,呈大小不等的多级螺旋状。

当然,在不稳定区内,射流的鞭动和分裂有时候是同时存在的,图 3－9－13 中给出了对 10% PEO(平均分子量为 400)水溶液电纺中捕获的事件,射流分裂出一条支流的高速摄像照片。

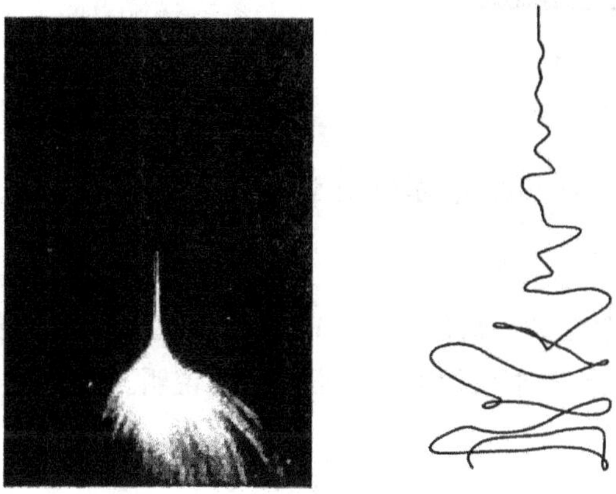

(a)　　(b)

图 3－9－12　电场中 PEO 溶液的不稳定射流

图 3－9－13　电纺中带电射流的分裂

(三)射流固化收集阶段

收集区是射流运动停止的区域。射流中溶剂挥发或熔体固化后成为纤维,纤维的收集可以视情况选择,如金属板、水浴、机械卷鼓和空气动力流体等。

三、静电纺丝机

静电纺丝机由喷丝头和纺丝液供给系统、纤维收集板及高电压发生器三个主要部分组成。静电纺丝机仍处于实验阶段,规模很小,外观也较为简陋,均为各实验室自行组装,尚无商品出售。目前各研究单位使用比较多的静电纺丝机按喷丝头与收集板之间的几何排布不同,可分为与重力线平行或垂直的两种基本构型,即立式和卧式。

(一)立式静电纺丝机

图 3－9－14 是一种平行板构型的立式静电纺丝机,它是由 Rutledge 等设计制造的。纺丝流体由

针筒式的活塞泵驱动，喷丝头由不锈钢管制造，外管直径为0.159mm，内管直径为0.102mm，泵与喷丝头之间用Teflon软管连接。高压发生器可产生的最高电压为30 kV。上下两个电极分别连接高压发生器正负极，它们是直径为10cm的铝板，采用平行排列的方式使电场方程式的形式简化。改变喷丝头尖端距离上电极板的露头距离，可以改变喷丝头附近的电场曲率。

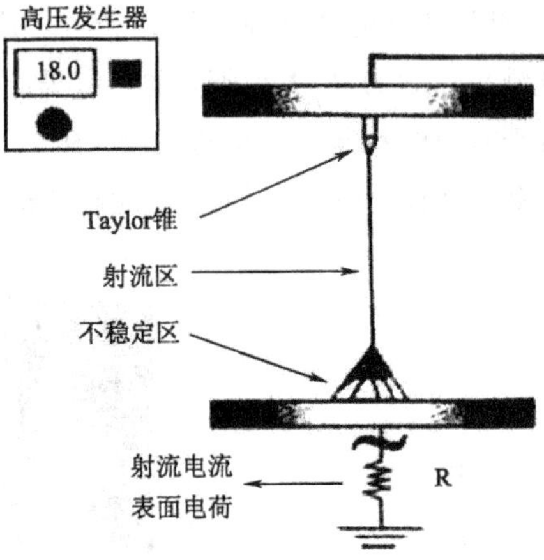

图3-9-14 平行板构型的立式静电纺丝机示意图

(二)卧式静电纺丝机

Rencker等设计了一种水平排列的卧式静电纺丝机，如图3-9-15所示。这种静电纺丝机的主件与图3-9-14的立式静电纺丝机基本相同，只是方向不同而已，不需再详尽说明。

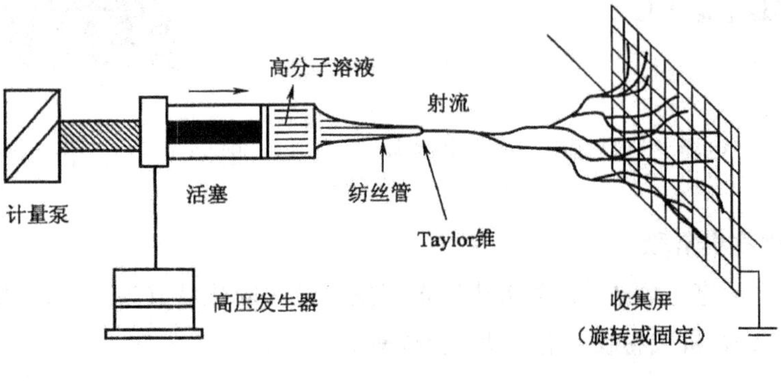

图3-9-15 水平排列的(卧式)静电纺丝机

(三)静电纺丝机的新发展

随着对静电纺丝研究的深入，静电纺丝装置也得到了较大的改进。例如为了提高静电纺丝产量，Gupta设计了多头喷丝装置，如图3-9-16所示。另外，还设计了并列形双组分静电纺丝设备(图3-9-17)。

为了获得取向度更好的纳米纤维，人们设计了许多新型的接收装置，如高速转滚、铁饼型收集轮、收集框等，如图3-9-18所示。

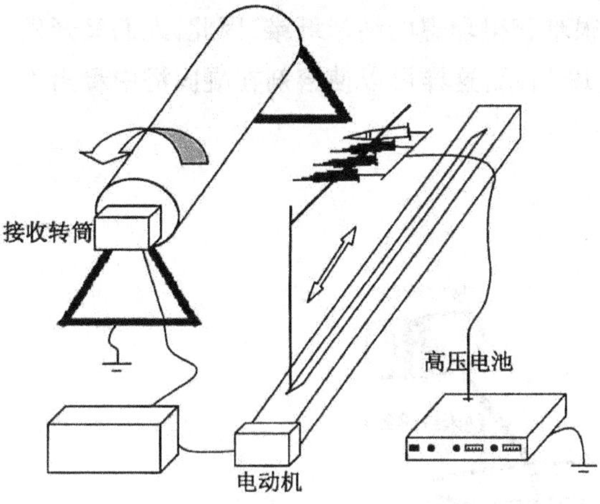

图 3-9-16　多喷头静电纺丝机

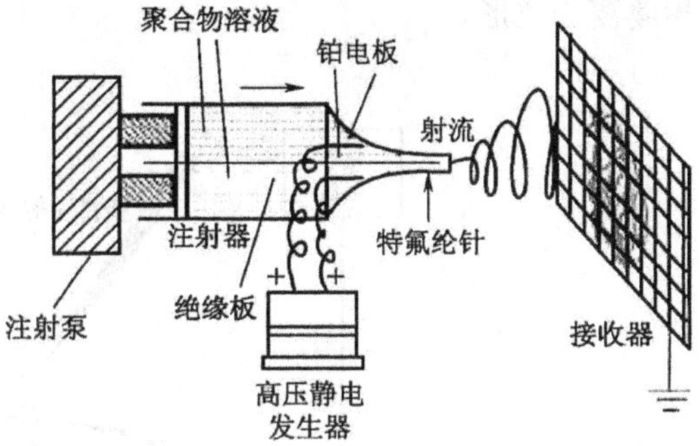

图 3-9-17　并列型双组分静电纺丝机

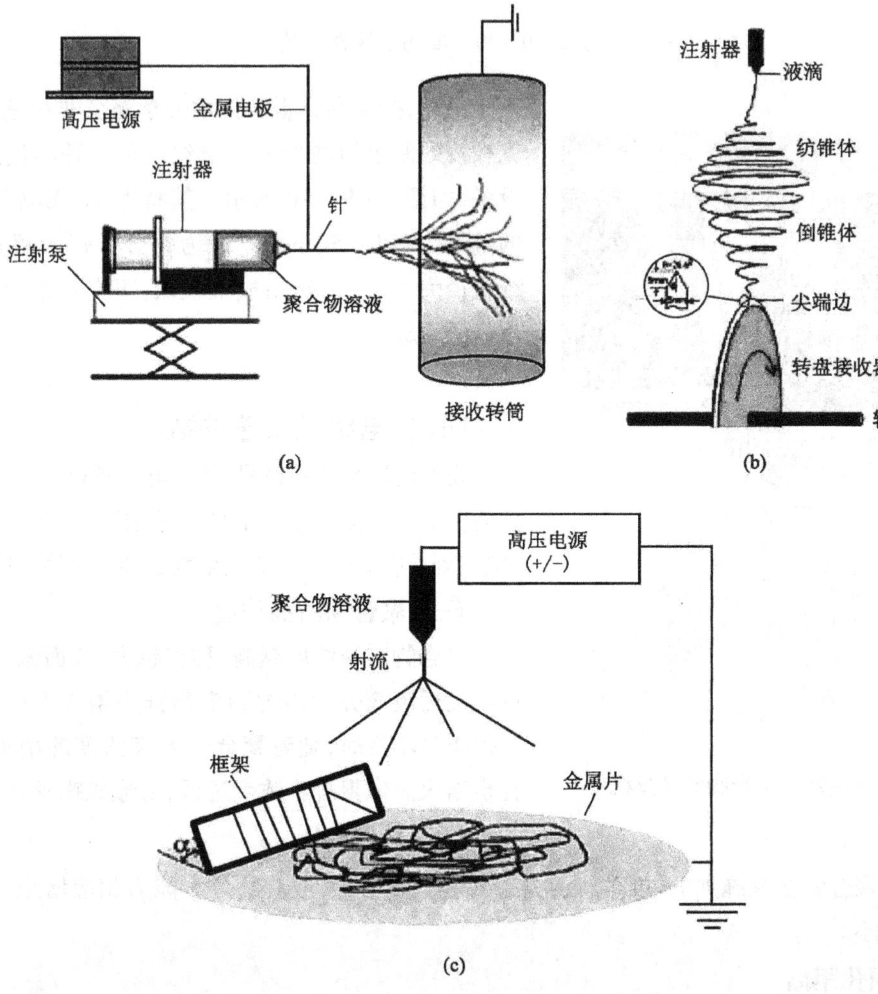

图 3-9-18　新型接收装置

大多数静电纺丝溶液中所采用的溶剂都是一些挥发性比较好的有机溶剂，纤维成形主要靠溶剂挥发后高聚物凝固而成。若是一些难以挥发的溶剂，就很难获得理想的纳米纤维，因此，人们又开发了一种模拟湿法纺丝中凝固浴的接收装置，如图 3－9－19 所示，这样可以使溶剂在凝固浴中释出而使高聚物凝固成形。

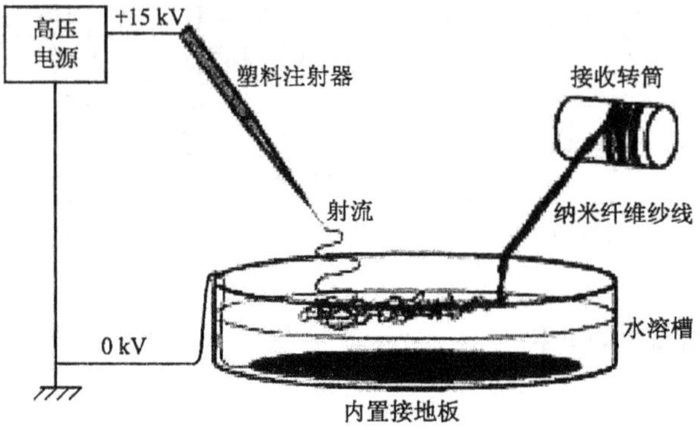

图 3－9－19　凝固浴接收装置

另外，捷克利贝雷茨技术大学著名非织造专家伊尔萨克教授研制出的纳米蜘蛛纺丝机是一种不使用喷丝头的设备，如图 3－9－20 所示。其特点是：无喷丝头；纳米布的重量为 0.1～5g/m^2；产量为每分钟每米幅宽 1～5g；纤维直径为 100～300nm；成本较低，可实现纳米纤维工业化生产的目标。

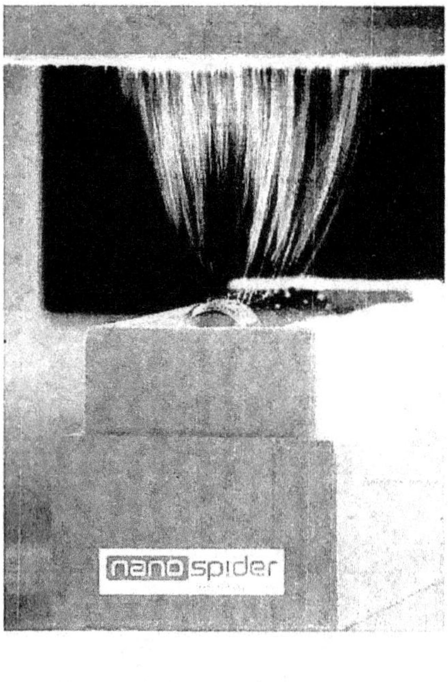

图 3－9－20　纳米蜘蛛纺丝机

四、静电纺丝工艺参数

现有的研究结果表明，在静电纺丝过程中，影响纤维性能的主要工艺参数有：聚合物溶液浓度、纺丝电压、固化距离（喷嘴到接收装置的距离）、溶剂的性质和挤出速度等。

（一）聚合物溶液浓度

聚合物溶液浓度越高，黏度越大，表面张力越大，而离开喷嘴后液滴分裂能力随表面张力增大而减弱。通常在其他条件不变时，随着聚合物溶液浓度的增加，纤维的直径也增大。但聚合物浓度过低，易形成蛛丝状纤维。

（二）纺丝电压

随着对聚合物溶液施加的电压增大，体系的静电力增大，液滴的分裂能力相应增强，所得纤维的直径趋于减小。

（三）固化距离

聚合物液滴经喷嘴喷出后，在空气中伴随着溶剂挥发的同时，聚合物浓缩固化成纤维，最后被接收装置接收。对于不同的体系,固化距离对纤维直径的影响不同。例如,对于PS/THF体系研究表明,改变固化距离,对纤维直径的影响不明显。而对于PAN/DMF体系,纤维直径随着接收距离的增大而减小。

(四)溶剂的性质

与常规的溶液纺丝相似,溶剂的性质对静电纺丝纤维的成形、结构和性能有很大的影响,溶剂的挥发性对纤维的形态起着重要的作用。

另外,高分子相对分子质量、相对分子质量分布及链结构以及环境条件,如温度、湿度等,都对静电纺丝效果有影响。

五、静电纺纤维的种类

(一)溶液法静电纺纤维

溶液法静电纺丝具有操作简单、易于控制等特点,因而受到极大关注,发展较快。目前,世界上已有近百种聚合物成功进行了溶液法静电纺丝,常规纺丝用原料如聚酰胺6,导电高分子如聚苯胺,生物高分子如多肽和胶原,可降解高分子如聚 ε - 己内酯和聚乙交酯、弹性体、生物大分子和导电高分子等,见表3-9-2。但是通过溶液法静电纺丝制得的聚合物超细纤维大多都含有残余溶剂,去除残余溶剂时会涉及产物净化、人身安全、环境保护以及生产效率等诸多问题。

表3-9-2 溶液法静电纺聚合物纤维

序号	聚合物	溶剂	溶液浓度(%)
1	锦纶66、锦纶46	甲酸	10
2	锦纶6	六氟异丙醇	10
3	聚酰胺	二甲基乙酰胺	
4	聚氨酯	二甲基甲酰胺	10
5	聚甲基丙烯酸甲酯	四氢呋喃,丙酮,氯仿	
6	聚甲基丙烯酸羟乙酯	乙醇,乙醇:甲酸=1:1	8~20
7	聚乙酸己二醇酯	1,2-二氯乙烷:三氟乙酸=2:1	8~16
8	聚丙烯腈	二甲基甲酰胺	10
9	聚氧化乙烯	蒸馏水/乙醇/异丙醇混合溶剂,氯仿	1~10
10	聚乙烯醇	蒸馏水	8~16
11	聚乙烯乙烯醇共聚物	蒸馏水:异丙醇=3:7	14
12	聚乙烯醋酸乙烯酯共聚物	二氯甲烷	14
13	聚苯乙烯	四氢呋喃,二甲基甲酰胺,甲苯,丁酮	8~30
14	聚氯乙烯	四氢呋喃,二甲基甲酰胺	10~15
15	聚偏氟乙烯	二甲基甲酰胺:二甲基已酰胺=1:1	20
16	聚乙烯酚	四氢呋喃	20
17	聚乳酸	二甲基甲酰胺,二氯甲烷	5~14

续表

序号	聚合物	溶剂	溶液浓度(%)
18	聚己内酯	氯仿:甲醇=3:1,二氯甲烷:甲醇=3:1	
19	聚对苯二甲酸乙二醇酯	二氯甲烷,三氟乙酸	4~18
20	聚碳酸酯	二甲基甲酰胺,四氟呋喃,二氯甲烷,氯仿	10~20
21	聚苯胺	二氯甲烷,樟脑磺酸	2~4
22	聚苯并咪唑	二甲基乙酰胺	10
23	聚乙烯咔唑	二氯甲烷	7.5
24	聚醚酰亚胺	四氢呋喃,二甲基甲酰胺	10
25	胶原蛋白	六氟2-丙醇	
26	醋酸纤维素	丙酮,乙酸,二甲基乙酰胺	12.5~20
27	丝素蛋白	六氟丙酮	2~10
28	蛋白质 SLPE	甲酸	0.8~16.2

(二)熔融法静电纺纤维

熔融法静电纺丝技术不需使用溶剂,而是直接对聚合物熔体进行纺丝,因此引起了人们的注意。但熔融法静电纺丝法自 1981 年(Larrondo 等首次用来制备聚合物纤维)到现在并没有取得很大的进步。这可能是由于熔融法静电纺丝对设备要求高(如电压与加热设备的绝缘等)、易受环境因素影响和纤维直径较粗(微米级)等特点造成的。迄今为止,仅有少数聚合物采用熔融静电纺丝技术制备纳米纤维,如聚丙烯、聚乙烯、聚酰胺以及聚萘酚(PEN)等,见表 3-9-3。

表 3-9-3 溶液法静电纺聚合物纤维

序号	聚合物	熔融温度(℃)
1	聚乙烯	200~220
2	聚丙烯	200~240
3	聚对苯二甲酸乙二醇酯	270
4	聚萘二甲酸乙二醇酯	290
5	聚酰胺 12	220

六、静电纺纤维的特点及应用前景

(一)静电纺纤维的特点

1. 直径达到亚微米级 目前,经过静电纺的各种高聚物纤维直径都明显小于用常规方法得到的纤维。由于这种纤维直径小,其形成的非织造布在吸附性等方面具有优良的性能。有的纤维直径甚至达到纳米级,Qiu 等人用静电法纺制聚对乙烯基苯(PPV),纤维直径可达 4nm。Park 等人纺制出了直径为 20nm 的聚乙炔纤维。

2. 比表面积大 纤维直径减小 1~2 个数量级,比表面积将增大几个数量级。Deitzel 等人纺制的 PEO 纤维比表面积可达 10 ~ 20m^2/g。大的比表面积使静电纺超细纤维的应用更广。Bognitzki 等人对聚丙交酯(PLA)和聚乙烯基吡咯烷酮(PVP)两种高聚物的混合物进行静电纺丝,选择性除去部分混合物,增大了比表面积。

3. 高吸附性 静电法超细纤维的比表面积大,使其具有很好的吸附性。无毒、吸附性好的高聚物制成纳米纤维非织造布,可用作生物医用材料,作为细胞培养基体。Zong 等人将聚乙交酯(PGA),聚丙交酯(PLA),乙交酯、丙交酯无规共聚物(PGA - CO - PLA)通过静电纺丝制成非织造布,其具有很好的吸附性,可吸附大量细胞组织液,使细胞、骨组织易于生长,也可作为植入器官、组织载体的基础物质。

(二)静电纺纤维的应用前景

1. 生物医学领域 由静电纺丝法制备的纳米纤维膜可作为药物缓释材料,同时,改变材料的组成、纤维直径等可有效控制生物材料的降解速度。另外,通过生物试验证实,静电纺丝制得的纤维膜确有防粘连的效果。人们利用静电纺丝原理设计出一种医用设备,它可以将降解高分子材料直接喷在伤口上,形成一层纤维包覆膜,这种膜不但能促进皮肤的生长,而且伤口愈合后不会留下疤痕。

静电纺丝形成的纳米纤维结构基本上能够满足组织工程支架的要求,即支撑并引导细胞繁殖。用静电纺丝法制备的乙交酯/丙交酯共聚物细胞支架,其结构与天然组织细胞外基质类似,具有多孔性、宽的孔径分布和良好的力学性能。

利用静电纺丝技术,以聚氨酯、聚四氟乙烯等为原料,可制得复合人造血管,其柔顺性好、孔隙率高、力学性能优良。人造血管的多孔性和顺应性能影响组织反应,多孔的人造血管有利于宿主组织的长入,使其内壁能更好地内膜化。从生物学角度看,人体所有的器官(如骨、牙周组织、胶原、皮肤、软骨等)几乎都是以纳米级纤维形式存在的。所以,利用静电纺丝技术制得的纳米级仿生纤维,具有广阔的市场发展前景,其经济效益与社会效益将十分可观。

2. 电子器件 纳米纤维可以用来制作多种纳米器件,如纳米导线、发光二极管、光电池和传感器等,还可以用来将大量的纳米器件连接成一个更大规模的体系。纳米纤维具有特种聚合物分子排列常称为"晶体缺陷",它本身具有纳米器件功能,能平移和旋转聚合物分子。

聚合物通过静电纺丝制成纳米纤维,不但能提高比表面积,也可以获得理想的化学性质。纳米纤维在微光电子和光电子领域具有潜在的应用价值。韩国科技学院研制成了含有静电纺丝膜的锂电池,并已申请了专利;掺有光电性染料和纳米半导体粒子的导电聚合物经静电纺丝制成膜后,可以用来开发太阳能电池;掺有铜酞菁和 TiO 纳米半导体粒子的聚丙烯腈经静电纺丝可制成一种柔韧的光电膜,这种光电膜可有效延长电子器件的寿命。

3. 纤维增强复合材料 纤维增强复合材料具有优异的力学性能。聚苯并咪唑静电纺丝纳米纤维在环氧树脂和橡胶中的增强效果十分显著,其拉伸强度、三点挠度、双扭转以及撕裂强度随着纤维含量的增加而增加,环氧纳米复合物的弯曲杨氏模量和断裂强度增加不大,断裂能却显著增加;而橡胶纳米复合物与未填充的橡胶材料相比,杨氏模量是原来的 10 倍,断裂强度是原来的 2 倍。

4. 滤材及防护材料 静电纺纤维的直径可达纳米级,比表面积大,表面黏合性好,用于过滤材料具有高效低阻的特点,直径为 0.5μm 的细小颗粒能够轻易地被此类过滤材料捕获。除了满足常规过滤,这种聚合物纳米纤维与其他选择性机体复合涂层后,还可以应用于分子过滤、化学和生化药物的隔离等。纳米纤维也可用于吸附媒质,包覆活性炭、生物杀灭剂等,用其制作的生物化学防护服,能够高效地吸收并降解有害液体和气体。

5. 传感器感知膜　纳米纤维膜比表面积大（约为 $1000m^2/g$），用其做传感器感知膜，可以有效地提高其灵敏度。如用PLGA制成膜包覆在厚度剪切模式（TSM）压电材料上，对气体和液体进行探测，灵敏度很高。

第三节　膜裂法非织造布

膜裂法非织造布是指聚合物挤出成膜阶段，通过机械作用（如针裂、轧纹等），使薄膜形成网状结构或原纤化得极轻薄的非织造布。用薄膜制作纺织品并不是十分新奇的事情，在有历史记载的早期，人类就已经开始用薄膜状材料制取天然纤维，如经过机械加工或化学处理，可使植物的叶子、树皮转变成纤维。但在结晶高聚物特别是高密度聚乙烯和聚丙烯得到开发之前，这一技术几乎没有什么发展。后来出现的经拉伸制得的薄膜纤维，绝大部分是以上述两种聚合物为基础发展起来的。合成薄膜纤维和纱线的问世，展示了化学纤维技术全新的发展领域，其初生产物已不是从各个喷丝孔中喷出来的一根根长丝，而是成片状的薄膜。薄膜纤维的生产方法有许多种，在这些方法中，均包含下述两个步骤：薄膜的成形和对薄膜进行单轴拉伸。下面先对薄膜的成形和拉伸进行简单的介绍。

一、薄膜的成形

现有的薄膜成形方法主要有三种。前两种方法是通过一个平模挤出形成膜片，随后在冷却辊上（图3－9－21）或通过水浴冷却，即冷却辊法和水浴冷却法。第三种方法是通过环形模头将熔体挤出成为圆筒状，接着向其中心吹气，使熔融高聚物的管状薄膜像气球那样膨胀起来而获得拉伸，一直到所要求的薄膜厚度，随后在环状空气帘中冷却、压平，经卷装成形后取下，即吹塑制膜法。如图3－9－22所示。

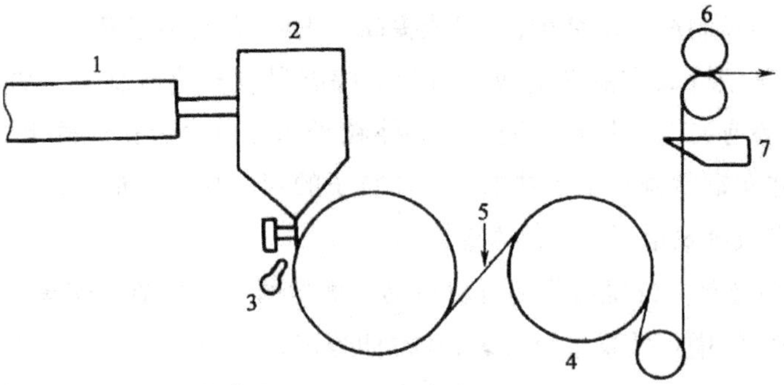

图3－9－21　冷却辊注膜法

1—挤出机　2—模头　3—气刀　4—冷却辊　5—薄膜　6—牵伸辊　7—修整刀

上述三种方法均为塑料工业所首创，现已是成熟的技术路线。水浴冷却法具有设备投资低和易于维修的优点。由于同时对薄膜两面进行冷却，故熔体冷却较为均匀。与其他两种方法相比，水浴冷却法形成的薄膜更易于拉伸，在同样的拉伸比下具有更高的强度。但该法对薄膜厚度的控制较差，水的湍流可使薄膜呈现波纹状或产生变形。冷却辊注膜装置所用的模头与水浴冷却法相似，区别在于聚合物膜片是直接挤压在转动辊的抛光面上，由该辊内部的循环液体使之冷却，所以冷却介质不与薄膜直接接触，薄膜是干燥的。这样形成的膜通常不起皱，对薄膜厚度的控制极好，且能以高的挤出速度生产很薄的薄膜，它的缺点是设备投资较大。吹塑制膜法最有意义的特性是，熔体筒形膜的膨胀使之产生双轴取向，这种双轴取向在随后的单轴拉伸中不会完全消失，因此，薄膜的耐撕裂性能较好。它的强度一般比注膜法产品要低，手感较松软。当聚合物从模头中挤出后，给予足够的时间让其缓慢冷却（就像在吹塑薄膜中那样），在固化过程中形成的结晶，就会有充分的时间聚集成为大的球晶结构，其结果会导致薄膜发硬和不透明。在平模的挤出过程中，无论是水浴骤冷还是冷却辊冷却，其冷却速度都很快，结晶速度较慢，因此得到的薄膜柔韧、透明。挤出阶段的有序程度决定薄膜的可拉伸性，进而影响其产品的力学性能。

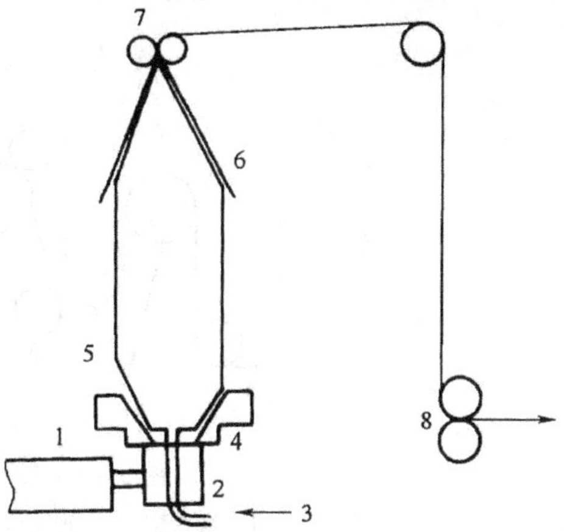

图 3－9－22　吹塑制膜法

1—挤出机　2—模头　3—空气　4—冷却环　5—薄膜　6—压平器　7—轧辊　8—牵引辊

二、拉伸

单轴向拉伸是原纤化生产中的第二个重要步骤，目前有三种不同的技术用于拉伸。

1. 在红外线加热箱、热空气箱或蒸汽加热箱中进行长距离拉伸　切膜条的热箱拉伸设备如图 3－9－23 所示。

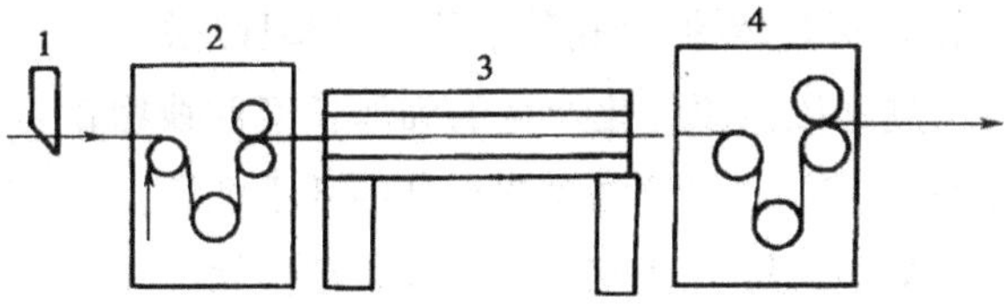

图 3－9－23　切膜条的热箱拉伸设备简图

1—切割刀架　2—第一组导辊　3—加热箱　4—第二组导辊

2. 在热板上进行长距离拉伸　其设备如图 3－9－24 所示。

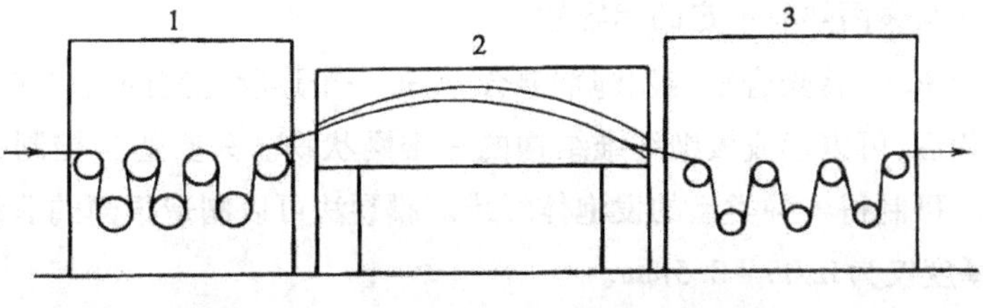

图 3－9－24　长距离热板拉伸设备简图

1,3—七辊拉伸机　2—长距离拉伸热板

3. 在热辊短隙间拉伸 其拉伸设备如图3－9－25所示。

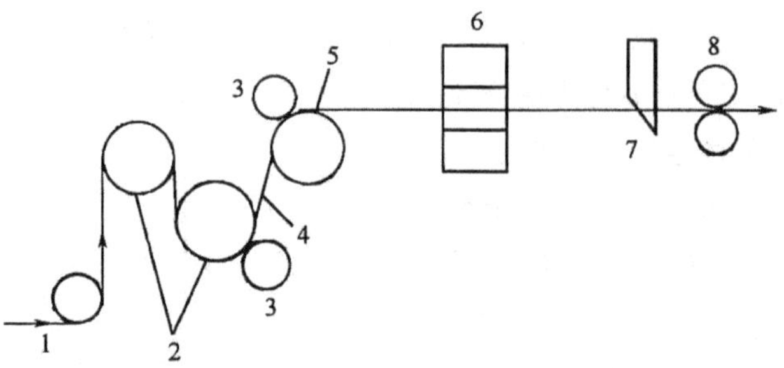

图3－9－25 薄膜的热辊拉伸设备简图

1—喂入辊 2—加热辊 3—压辊 4—拉伸间隙 5—冷却辊

6—β射线厚度测定仪 7—切割刀 8—牵引辊

拉伸取向的机理、加工条件与性能之间的关系与纤维加工过程是相同的。

三、膜裂丝的生产工艺

当对薄膜(如聚丙烯薄膜)的拉伸超过一定的拉伸比时,薄膜垂直于拉伸方向的横向强度会受损并开始撕裂成相互缠结的细丝。一般说来,高度取向的聚丙烯薄膜单靠自然撕裂不足以满足对原纤化程度的要求,尚需通过对切膜条进行处理,来增大它的撕裂或原纤化趋势。近年来,开发了许多薄膜原纤化的方法,大致有以下几种。

1. 无规机械原纤化 它是通过机械作用使薄膜或由薄膜制成的窄条发生原纤化,形成由宽度和长度都不等的细丝组成的规则网状结构。利用旋转的钢针刷或猪鬃刷对高度拉伸的薄膜施加一个剪切力,即可实现原纤化。此外,通过摩擦、加捻等手段也可实现这种结构。

2. 受控机械原纤化 无规则机械原纤化产生的细丝长度和线密度有很大差异,而受控机械原纤化生产出的细丝是长度和线密度均经过严格预先设计的纤维产品。就丝束的网络尺寸、线密度、强度和膨松性而言,这类产品要规则很多,在手感上也比较柔韧松软。

3. 聚合物相间原纤化 用聚合物相间原纤化生产薄膜丝,其关键是在聚合体内引入其他聚合物。引入的成分在成形后的薄膜中呈非连续相,在冷拉伸中,薄膜中的这一非连续相便成为应力集中点,并随之引起机械原纤化,该法适合于生产低特丝,而且只有采用注膜法时才适用。引入聚合体的基本特征是与原聚合物不具有相容性。如在聚丙烯中引入线性聚酯、聚酰胺和聚苯乙烯较为合适,聚乙烯则不适宜,因为它与聚丙烯有一定的相容性。

4. 用发泡剂原纤化 将聚合物与发泡剂混合,通过一个形状适宜的模口挤出,形成发泡薄膜条或薄膜,经拉伸原纤化后,可以形成极细纤维结构的三维网状物。只要适当控制模口、发泡剂性能和添加量以及挤出条件,可制得各种类型的发泡体纤维。膜裂法可以制造很薄的非织造布,一般单位克重为6.5～50g/m^2,厚度仅为0.05～0.5mm。

膜裂法非织造布主要用于叠层加工或热熔黏合中的热熔性黏合介质、医疗敷料、垫子面料以及其他面料,原料多为聚丙烯和聚乙烯。

思考题

1. 什么是闪蒸法非织造布，其工艺原理是什么？
2. 什么是静电纺丝法非织造布，其工艺原理是什么？
3. 什么是膜裂法非织造布，其原纤化方法有哪些？

参考文献

[1] 姚穆. 纺织材料学[M]. 北京:纺织工业出版社,1993.

[2] 西北纺织工学院毛纺教研室. 毛纺学[M]. 北京:纺织工业出版社,1990.

[3] 王文光. 梳毛机理论与实践[M]. 北京:纺织工业出版社,1991.

[4] 王延熹. 非织造布生产技术[M]. 北京:中国纺织出版社,1998.

[5] 马建伟. 非织造布实用教程[M]. 北京:中国纺织出版社,1994.

[6] 郭秉臣. 非织造布的性能与测试[M]. 北京:中国纺织出版社,1998.

[7] 罗瑞林. 织物涂层[M]. 北京:中国纺织出版社,1994.

[8] 陈士杰. 涂料工艺[M]. 北京:化学工业出版社,1996.

[9] 薛迪庚. 现代纺织品的开发[M]. 北京:中国纺织出版社,1994.

[10] 董纪震. 合成纤维生产工艺学[M]. 北京:纺织工业出版社,1993.

[11] 沈志明. 新型非织造布技术[M]. 北京:中国纺织出版社,1998.

[12] 宗平生. 针织工程手册:经编分册[M]. 北京:中国纺织出版社,1997.

[13] 天津纺织工学院非织造布教研室. 聚合物直接成网法非织造布工艺原理[M]. 天津:天津纺织工学院,1997.

[14] 天津纺织工学院非织造布教研室. 干法非织造布工艺原理[M]. 天津:天津纺织工学院,1997.

[15] 华南理工学院、天津轻工业学院. 纸浆造纸机械与设备[M]. 北京:中国轻工业出版社,1996.

[16] 郭合信. 纺粘法非织造布[M]. 北京:中国纺织出版社, 2003.

[17] 吴大诚. 纳米纤维[M]. 北京: 化学工业出版社, 2003.

[18] 刘丽芳,王卫章,储才元等. 针刺工艺参数对非织造布性能的影响[J]. 产业用纺织品,2001,19(11):30-33.

[19] 刘丽芳. 针刺工艺参数对非织造织物性能的影响[J]. 纺织导报,2003(5):132-136.

[20] 汪之光. 针刺产品质量的讨论[J]. 非织造布,2004,12(1):26-28.

[21] Terry Purdy. 针刺法得益于椭圆形刺针行程——超级针刺技术的优点探讨[J]. 谢峥,高德权,译. 产业用纺织品,2001,19(7):38-42.

[22] A. П. Cepreehkob. Hyperpunch 针刺系统在提高针刺非织造布质量中的作用[J]. 王惠中,译. 产业用纺织品,2006(11):41-42.

[23] 朱宁, 王小瑞. BOM 针刺造纸毛毯底网工艺与性能的研究[J]. 上海纺织科技产业用纺织品, 2004,32(3):48-49.

[24] 陈谦. 经济型轿车内饰用针刺毯的研制[J]. 产业用纺织品,2002(4):15-17.

[25] 程友刚,陈芳. 汽车顶篷针刺法非织造布性能的研究[J]. 非织造布,2007,15(1): 38-41.

[26] 段腊梅. 丙烯酸酯类粘合剂在纺粘法聚酯基胎中的应用研究[J]. 江西化工,2004(1): 91-95.

[27] 郭群. 泡沫粘合法薄型非织造布理论与实践[J]. 非织造布,1995(1): 18-21.

[28] 任元林,程博闻. 闪蒸非织造布工艺研究及应用的进展[J]. 产业用纺织品,2006,24(2):1-4.

[29] Blades H, Wilmington, White J R. Fibrillated Strand: US, 3081519[P]. 1963.

[30] Shin,Siemionko K R, Deng N L. Flash spinning process and flash spinning solution with azeotropes: US, 6319970[P]. 2001.

[31] Shin, Hyunkook ,Samuelset al. Flash – spinning polymeric plexifilaments: US, 5147586[P]. 1992.

[32] McGinty, Powers, Mildlothian. Process For Imoroving Electrostatic Charging of Plexifilatments: US, 5643525 [P]. 1997.

[33] Doshi J. , Reneker D. H. Electrospinning process and applications of electrospun fibers[J]. Journal of Electrostatics , 1995(35):151 – 160.

[34] Reneker D. H. , Yarin A. L. , Fong H. et al. Bending instability of electrically charged liquid jets of polymer solutions in electrospinning[J]. Journal of Applied Physics, 2000(87): 4531 – 4547.

[35] Lee K. H. , Kim H. Y. , Khil M. S. et al. Characterization of nano – structured poly (ε – caprolactone) nonwoven mats via electrospinning[J]. Polymer, 2003(44): 1287 – 1294.

[36] Viswanathamurthi P. , Bhattarai N. , Kim H. Y. et al. Preparation and morphology of niobium oxide fibres by electrospinning [J]. Chemical Physics Letters, 2003(374):79 – 84.